普通高等教育"十五"国家级规划教材

机 械 基 础

第 5 版

（非机械类专业适用）

东南大学　范思冲　编

王心丰　主审

机 械 工 业 出 版 社

"机械基础"课程是将机械制图、几何量公差、工程力学、工程材料、机械原理和机械设计等多门机械基础类课程的内容,经统筹安排、有机结合而成的一门综合性的技术基础课程。本教材就是这一整合课程改革的产物和主要成果之一。它具有整合课程的显著特色和一系列突出的优点。因此,本教材被评定为"面向 21 世纪课程教材"和"普通高等教育'九五'部级重点教材",同时又被列为"普通高等教育'十五'国家级规划教材"。本教材内容包括:制图基础,机械图,零件的受力分析、失效分析和材料选择,常用机构,机械传动,轴系零、部件,共六篇十六章以及附录。制图部分还有配套的习题集可供参考。

本教材适合于普通高等学校本、专科电气信息类等非机械类专业学生使用,也可供其他各种类型高等学校本、专科非机械类专业学生使用,还可供工厂、科研、设计等部门的工程技术人员参考。

图书在版编目(CIP)数据

机械基础 / 范思冲编. -- 5 版. -- 北京:机械工业出版社,2025. 7. --(普通高等教育"十五"国家级规划教材). -- ISBN 978-7-111-78626-9

Ⅰ. TH11

中国国家版本馆 CIP 数据核字第 2025R185W0 号

机械工业出版社(北京市百万庄大街 22 号　邮政编码 100037)

策划编辑:余　皞　　　　　责任编辑:余　皞
责任校对:王　延　张　薇　封面设计:张　静
责任印制:刘　媛
三河市骏杰印刷有限公司印刷
2025 年 8 月第 5 版第 1 次印刷
184mm×260mm · 24.5 印张 · 602 千字
标准书号:ISBN 978-7-111-78626-9
定价:79.00 元

电话服务　　　　　　　　　网络服务
客服电话:010-88361066　　机 工 官 网:www.cmpbook.com
　　　　　010-88379833　　机 工 官 博:weibo.com/cmp1952
　　　　　010-68326294　　金 书 网:www.golden-book.com
封底无防伪标均为盗版　　　机工教育服务网:www.cmpedu.com

　　本教材是将机械制图、几何量公差、工程力学、工程材料、机械原理和机械设计等多门技术基础课程的内容，经统筹安排、有机结合而成的一本教材。自 1999 年 10 月第 1 版出版以来，本教材得到了有关部门领导、专家、学者和广大读者的肯定和好评，先后获得了"普通高等教育'九五'部级重点教材""普通高等教育'十五'国家级规划教材"和"面向 21 世纪课程教材"等诸多荣誉，至今已印刷几十次，印数达数万册。经过几十年来的教学实践和用书单位的信息反馈，充分证明本教材是一部适合电气信息类等非机械类专业学生学习机械基础知识的好教材，为推动高等教育事业的发展发挥了积极的促进作用。

　　随着科学技术的不断进步、上述各学科的飞速发展和计算机技术的日益普及与广泛应用，工程各领域全面与国际接轨，在这样的时代背景下，本教材也必须紧跟形势，与时俱进，精益求精，更上一层楼，以不辜负广大读者的期待和厚爱，为此，在作者逾古稀之年修订出版本教材。

　　本教材除了保持第 1 版、第 2 版、第 3 版和第 4 版的主要特色和优点外，又有了新的、长足的进步与提高：①在总结几十年教学实践经验的基础上，对全书的内容、形式乃至语言均做了系统、全面的修改，使表达更为中肯、贴切、深入浅出，更加容易理解和自学；②为了全面与国际接轨，将几何量公差（尺寸公差、几何公差和表面粗糙度）等内容，根据现行国标进行重新编写，书中涉及的所有标准也全面采用了现行的国家标准；③对全书中的零件图等许多插图，均采用 AutoCAD 进行重新绘制，使之更加精确无误。总之，全书呈现出了崭新的面貌。

　　本教材配套有《机械基础习题集》，其特点如下：

　　1）全面采用 AutoCAD 进行图形绘制，使图形更正确、清晰、精美。

　　2）在读图练习方面，遵循了由易到难、循序渐进的原则，先从容易的图（三视图）、物（轴测图）对照形式的选择题练习入手，到较易的图、物对照形式的补漏线练习，再到较难的由两视图独立想象出物体并补画出第三个视图的练习。

　　3）在习题编排格式上，页面统一为正向排列，方便学生做作业。

　　4）提供习题答案，教师可在机械工业出版社的教育服务网上以教师身份注册后免费下载，以便教师备课和学生迎考复习时参考。

　　本教材的初版，花了本人约十年心血完成，此后每过几年修订一版，此次又进行了 1 年的耕耘，修订成了第 5 版。总之，为了对广大读者负责，本人总结了从事高校教学工作逾五十年的实践经验，并竭尽后半生的精力，为写成并不断提高本教材的质量而不懈努力。更诚恳欢迎专家、学者、同仁、同学在使用后对本教材提出宝贵意见，以便不断改进、日臻完善，使之成为当之无愧的精品教材。

本教材由南京航空航天大学王心丰教授、欧阳祖行教授、朱如鹏教授和李静谊副教授审稿，并由王心丰教授任主审。

本教材的成功可以说是众人智慧的结晶，集体劳动的成果，在此谨向为本教材的出版付出过心血和劳动、做出过努力和贡献的所有人员表示最衷心和诚挚的感谢！

编　者

目 录

第四篇　常 用 机 构

第五篇　机 械 传 动

第六篇　轴系零、部件

第一篇

制图基础

　　本书将机械制图分为制图基础和机械图两篇。机械制图是研究如何绘制和阅读机械工程图样的学科。所谓图样，就是根据投影原理、标准和有关规定，表示工程对象，并有必要的技术说明的图。设计者通过图样，表达对产品的设计思想；制造者依据图样进行产品的生产；使用者借助图样了解产品的结构、性能，以便正确使用和维修。因此，图样是产品设计、生产和使用全过程信息的集合。同时，在国内和国际进行工程技术交流时，图样又是传递技术信息的工具。总而言之，图样是用来指导生产和进行技术交流的重要技术文件，是表达和交流技术思想的工具，是工程界的技术语言。

　　本篇制图基础主要介绍绘制和阅读投影图的原理和方法，它是学习第二篇机械图的基础。本篇共分为如下三章：第一章制图的基本知识；第二章制图原理；第三章机件常用的表达方法。

第◆一◆章

制图的基本知识

第一节　制图的基本规定

为了便于国际贸易和国际的技术合作与技术交流，国际工程界必须具有统一的技术语言。因此，国际标准化组织（ISO）制订了"技术制图"和"机械制图"的国际标准，即"ISO"标准。我国加入世界贸易组织（WTO）后，必须与国际接轨。为此，国家质量监督检验检疫总局，以国际标准为基础，即在等效、等同或参照采用国际标准的原则下，制定了中华人民共和国国家标准，用 GB、GB/T 或 GB/Z 表示⊖，通常称为国家标准。制图标准一般包括制图的基本规定、图样的基本表示法、图样的特殊表示法和图形符号四类标准。本节先介绍制图基本规定方面的一些标准。

一、图纸幅面和格式

（一）图纸幅面

图纸的基本幅面共有五种，分别用幅面代号 A0、A1、A2、A3、A4 表示，如图 1-1 所示。其中 A0 的幅面尺寸规定为 841mm×1189mm，由 A0 幅面对折裁开的次数就是所得图纸的幅面代号数。由此得到的图纸基本幅面代号、幅面尺寸和图框尺寸见表 1-1。

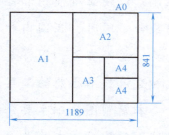

图 1-1　图纸的五种
基本幅面

绘制技术图样时，应优先采用国家标准 GB/T 14689—2008《技术制图　图纸幅面和格式》中的基本幅面。必要时，也允许选用该标准中所规定的加长幅面。

（二）图框格式

在图纸上必须用粗实线画出图框，图样必须画在图框之内。图框格式分为不留装订边和留有装订边两种。但同一产品的图样只能采用同一种格式。不留装订边的图纸，其图框格式如图 1-2a、b 所示；留有装订边的图纸，其图框格式如图 1-2c、d 所示。图框尺寸 e、c、a 按表 1-1 的规定选择。

⊖　GB 为强制性国家标准，GB/T 为推荐性国家标准，GB/Z 为指导性国家标准。

表 1-1　图纸基本幅面代号、幅面尺寸和图框尺寸　　　（单位：mm）

幅面代号	A0	A1	A2	A3	A4
$B×L$	841×1189	594×841	420×594	297×420	210×297
e	20			10	
c	10			5	
a	25				

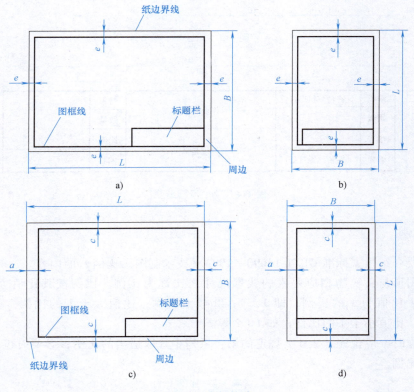

图 1-2　图框格式

二、标题栏

　　每张技术图样中均应画出标题栏。国家标准 GB/T 10609.1—2008《技术制图　标题栏》规定的标题栏的内容、格式和尺寸如图 1-3 所示。在学生的制图作业中，建议采用如图 1-4 所示的学生用标题栏。

　　标题栏的位置一般应位于图纸的右下角，如图 1-2 所示。看图的方向应与看标题栏的方向一致，即标题栏中的文字方向为看图方向。此外，标题栏的线型、字体（签字除外）和年、月、日的填写格式均应符合相应国家标准的规定。

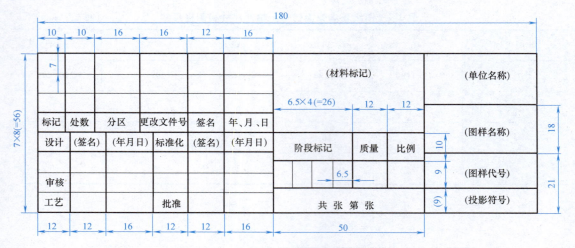

图1-3　标题栏

图1-4　学生用标题栏

三、比例

下面简要介绍国家标准 GB/T 14690—1993《技术制图　比例》的内容。

图样中图形与其实物相应要素的线性尺寸之比称为比例。比例按其比值大小可分为：①原值比例，比值为1的比例，即1∶1；②放大比例，比值大于1的比例，如2∶1等；③缩小比例，比值小于1的比例，如1∶2等。

绘制图样时，应优先从表1-2规定的第一系列中选取适当的比例；必要时也允许选取第二系列中的比例。

表1-2　比例

种类	选用					
	第一系列			第二系列		
原值比例		$1∶1$		—		
放大比例	$5∶1$ $5×10^n∶1$	$2∶1$ $2×10^n∶1$	$1×10^n∶1$	$4∶1$ $4×10^n∶1$	$2.5∶1$ $2.5×10^n∶1$	
缩小比例	$1∶2$ $1∶2×10^n$	$1∶5$ $1∶5×10^n$	$1∶10$ $1∶1×10^n$	$1∶1.5$ $1∶1.5×10^n$ ｜ $1∶2.5$ $1∶2.5×10^n$	$1∶3$ $1∶3×10^n$ ｜ $1∶4$ $1∶4×10^n$	$1∶6$ $1∶6×10^n$

注：n 为正整数。

比例用符号"∶"表示，如1∶1、1∶500、20∶1等。比例应标注在标题栏中的比例栏内；个别视图未采用标题栏中的比例时，可在视图名称的下方标注比例，如：$\dfrac{I}{2∶1}$、

$$\dfrac{A}{1:100}、\dfrac{B-B}{25:1}等。$$

四、字体

国家标准 GB/T 14691—1993《技术制图 字体》规定了技术图样及有关技术文件中的汉字、字母和数字的结构形式及公称尺寸。

（一）基本要求

1）图样中书写的字体必须做到：字体工整、笔画清楚、间隔均匀、排列整齐。

2）字体高度（h）的公称尺寸系列为：1.8mm、2.5mm、3.5mm、5mm、7mm、10mm、14mm、20mm。该数系的公比为 $1/\sqrt{2}$（$\approx 1:1.4$）。字体高度的毫米数就是字体的号数。

3）汉字应写成长仿宋体字，并应采用中华人民共和国国务院正式公布推行的《汉字简化方案》中规定的简体字。汉字的高度 h 不应小于 3.5mm，其字宽一般为 $h/\sqrt{2}$（$\approx 0.7h$）。

4）字母和数字分 A 型和 B 型。A 型字体的笔画宽度 d 为字高 h 的 1/14；B 型字体的笔画宽度 d 为字高 h 的 1/10。在同一图样上只允许使用一种形式的字体。

5）字母和数字可写成斜体或正体。斜体字字头向右倾斜，与水平基准线成 75°。

（二）汉字、字母和数字（A 型斜体）示例

1）长仿宋体汉字示例。

字体工整　笔画清楚　间隔均匀　排列整齐

横平竖直注意起落结构均匀填满方格

汉字应写成长仿宋体字并应采用中华人民共和国国务院正式公布推行的汉字简化方案中规定的简体字

长仿宋体字的书写要领是：横平竖直，注意起落，结构均匀，填满方格。

2）拉丁字母示例。

ABCDEFGHIJKLMNOPQRSTUVWXYZ

abcdefghijklmnopqrstuvwxyz

3）希腊字母示例。

ΑΒΓΔΕΖΗΘΙΚΛΜΝΞΟΠΡΣΤΥΦΧΨΩ

αβγδεζηθϑικλμνξοπρστυφφχψω

4）阿拉伯数字示例。

0123456789

5）罗马数字示例。

I II III IV V VI VII VIII IX X

(三)综合应用规定

1)用作指数、分数、极限偏差、注脚等的数字及字母,一般应采用小一号的字体。示例:

$$10^3 \quad S^{-1} \quad D_1 \quad T_d \quad \phi 20^{+0.010}_{-0.023} \quad 7^{\circ +1^{\circ}}_{\ -2^{\circ}} \quad \frac{3}{5}$$

2)其他应用示例。

$$R8 \quad 5\% \quad \frac{II}{2:1} \quad \frac{A \frown}{5:1} \quad \sqrt{Ra\,6.3}$$

五、图线

在绘制机械图样时,必须采用国家标准GB/T 4457.4—2002《机械制图 图样画法 图线》中规定的图线。

(一)图线的线型

在上述国家标准中,共规定了九种线型。其中常用的六种线型的代码、名称、线型、宽度和一般应用见表1-3,其应用示例如图1-5所示。

表1-3 机械图样上常用的图线及其应用

代码 No.	名称	线型	宽度	一般应用
01.1	细实线	——————	$d/2$	(1)尺寸界线 8 (2)尺寸线 9 (3)剖面线 7 (4)重合断面的轮廓线 5
01.1	波浪线	～～～～	$d/2$	(1)断裂处的边界线 15 (2)视图与剖视图的分界线 12
01.2	粗实线	——————	d	(1)可见棱边线 4 (2)可见轮廓线 14
02.1	细虚线	- - - - -	$d/2$	(1)不可见棱边线 1 (2)不可见轮廓线 11
04.1	细点画线	—·—·—·—	$d/2$	(1)轴线 13 (2)对称中心线 6
05.1	细双点画线	—··—··—	$d/2$	(1)相邻辅助零件的轮廓线 10 (2)轨迹线 3 (3)可动零件的极限位置的轮廓线 2

注:1. 本表未列入应用较少的三种图线:①No.02.2粗虚线(允许表面处理的表示线);②No.04.2粗点画线(限定范围表示线);③No.01.1双折线(应用同波浪线)。

2. 细虚线、细点画线和细双点画线,在本书中以后均省略"细"字,分别简称为虚线、点画线和双点画线。

（二）图线的尺寸

1. 图线的宽度

1）图线宽度的选择应根据图样的类型、尺寸、比例和缩微复制的要求确定，并在下列数系中选择：0.13mm、0.18mm、0.25mm、0.35mm、0.5mm、0.7mm、1mm、1.4mm、2mm。该数系的公比为 $1 : \sqrt{2}$（$\approx 1 : 1.4$）。

2）在机械图样上，采用粗、细两种线宽，它们的比例为 2∶1。粗线（粗实线、粗虚线、粗点画线）的宽度 d 为 0.25~2mm，而细线（细实线、波浪线、细虚线、细点画线和细双点画线）的宽度均为 $d/2$，见表 1-3。此外，建议粗线的宽度 d 优先采用 0.5mm。

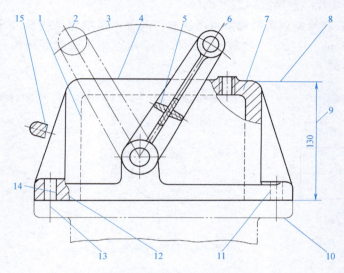

图 1-5 机械图样上常用的图线及应用示例

3）在同一张图样中，同类图线的宽度应保持一致。

2. 图线中各线素的长度

图线中的虚线、点画线和双点画线等不连续线的独立部分，也就是组成这些图线的元素称为线素，如点、画和间隔等。为了同种图线画法的统一和图样的美观，在国家标准 GB/T 17450—1998《技术制图 图线》中，将各种线素的长度分别规定为图线宽度 d 的倍数（本书未摘录）。在使用 AutoCAD 绘制图样时，应遵守标准中的具体规定；而在手工绘图时，则建议采用表 1-4 中的线素长度规格。并且在同一张图样中，各种线素的长度应各自大致相等。

表 1-4 各种线素的长度（手工绘图时）

虚线	点画线	双点画线
≈1 4~6	≈3 15~20 ≈1	≈5 15~20 ≈1

（三）图线的画法

在绘制机械图样时，首先应根据图线的用途正确选用相应的线型，并应符合各种图线的宽度要求和各种线素的长度要求。同时还应遵循如下画法：

1）平行画法：两条平行线之间的最小间隙不得小于 0.7mm。

2）相交画法：各种线型相交时，都应以画相交，如图1-6所示。

3）延伸画法：当虚线位于粗实线（直线或圆弧）的延长线上时，则在相接处，粗实线仍应画到位，而虚线则应留出少许空隙。

4）重合画法：当有两种或多种图线重合时，通常应按如下顺序确定优先绘制的图线：粗实线→虚线→细实线→点画线→双点画线。

5）其他画法：在绘制点画线和双点画线时，其首末两端应是线段，并应超出图形轮廓线 2~5mm，如图1-6a、b 所示。在较小的图形上绘制点画线或双点画线有困难时，可用细实线代替，如图1-6c 所示。

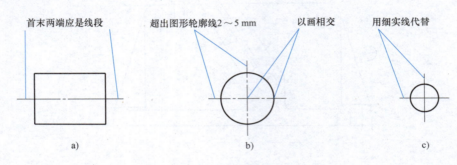

a)　　　　　　　　b)　　　　　　　　c)

图 1-6　图线的画法

六、尺寸注法

图样中的图形（视图）用于表达机件的结构形状，而机件的大小则需要用尺寸来表示。为此，下面介绍国家标准 GB/T 4458.4—2003《机械制图　尺寸注法》和 GB/T 16675.2—2012《技术制图　简化表示法　第2部分：尺寸注法》中的一些基本内容。

（一）基本规则

1）无论采用何种比例绘制的图样，都必须标注机件的实际尺寸，即图样上的尺寸表示机件的真实大小。

2）图样（包括技术要求和其他说明）中的尺寸，以毫米为单位时，不需要标注单位符号（或名称）；如采用其他单位，则必须注明相应的单位符号。

3）图样中所标注的尺寸，为该图样所示机件的最后完工尺寸，否则应另加说明。

4）机件的每一个尺寸，一般只标注一次，并应标注在反映该结构最清晰的图形上。

（二）尺寸的组成

一个完整的尺寸，一般应由尺寸界线、尺寸线（包括箭头）和尺寸数字（包括符号）组成，如图1-7所示。

（1）尺寸界线　尺寸界线用细实线绘制，并应由图形的轮廓线、轴线或对称中心线处引出。也可利用这些图线作为尺寸界线，如尺寸 4×φ6。

（2）尺寸线　尺寸线用细实线绘制，其终端应画出箭头，并指到尺寸界线；箭头的形式如图1-8所示。尺寸线必须单独画出，不得借用其他图线，也不得画在其他图线的延长线上。当对称机件的图形只画出一半或略大于一半时，尺寸线应略超过对称中心线或断裂处的边界线，此时仅在尺寸线的一端画出箭头，如图1-7所示的尺寸54、76和ϕ15。

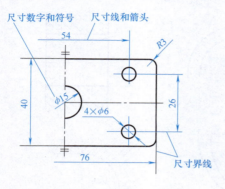

图1-7　尺寸的组成

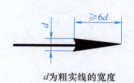

d为粗实线的宽度

图1-8　箭头的形式

（3）尺寸数字和符号　尺寸数字的注法和符号规定等，在下面各类尺寸的注法中介绍。需要强调的是：尺寸数字不可被任何图线所通过。当无法避免时，必须把该处图线断开，如图1-7所示的尺寸ϕ15。

（三）各类尺寸的注法

（1）线性尺寸的注法　标注线性尺寸时，尺寸线必须与所标注的线段平行。尺寸界线一般应与尺寸线垂直（必要时才允许倾斜），并超出尺寸线2～3mm。线性尺寸的数字应按图1-9所示的方向注写。即水平方向的尺寸注写在尺寸线的上方，字头向上；垂直方向的尺寸注写在尺寸线的左方，字头向左；倾斜方向的尺寸注写在尺寸线的斜上方，字头也向着斜上方（也允许将尺寸数字注写在尺寸线的中断处，但字头方向的规定不变）。应尽可能避免在图示30°范围内标注尺寸。当无法避免时，可按图1-10a、b所示的形式引出标注。

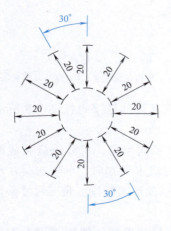

图1-9　线性尺寸数字的注法

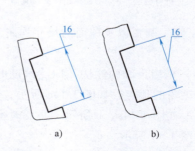

a)　　　　　　b)

图1-10　尺寸数字的引出标注

（2）圆、圆弧及球面尺寸的注法

1）标注圆的直径时，应在尺寸数字前加注符号"φ"；标注圆弧半径时，应在尺寸数字前加注符号"R"。圆的直径和圆弧半径尺寸线的终端应画成箭头，并按图1-11所示的方法标注。

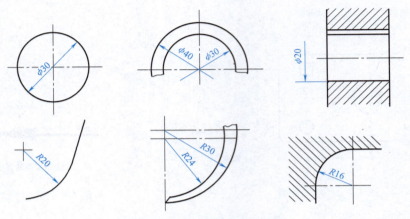

图1-11　圆及圆弧尺寸的注法

2）当圆弧的半径过大或在图样范围内无法按常规标出其圆心位置时，可按图1-12a所示的形式折弯标注；若不需要标出其圆心位置时，可按图1-12b所示的形式标注。

3）标注球面的直径或半径时，应在尺寸数字前分别加注符号"Sφ"或"SR"，如图1-13所示。

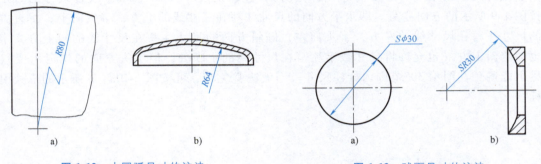

图1-12　大圆弧尺寸的注法　　　　　　　　　图1-13　球面尺寸的注法

a）折弯标注　b）不需标出圆心位置时　　　　　a）球直径的注法　b）球半径的注法

4）圆、圆弧以及球面的尺寸均属于线性尺寸，所以其尺寸数字也按图1-9所示的方向注写。

（3）角度尺寸的注法　标注角度时，尺寸界线应自径向引出，尺寸线应画成圆弧，其圆心是该角的顶点，如图1-14a所示；角度的数字一律写成水平方向，一般注写在尺寸线的中断处，如图1-14a、b所示，必要时也可按图1-14c所示的形式标注。角度尺寸必须注明单位，如图1-14所示。

（4）小间距尺寸的注法　对于小间距尺寸，即两条尺寸界线间的距离很小的尺寸，在没有足够的位置画箭头或注写数字时，可按图1-15所示的形式标注。即尺寸箭头可从外向

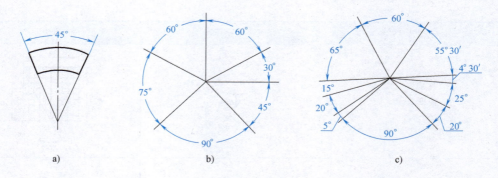

图 1-14 角度尺寸的注法

里指到尺寸界线，并可用实心小圆点代替箭头，尺寸数字可采用旁注或引出标注。

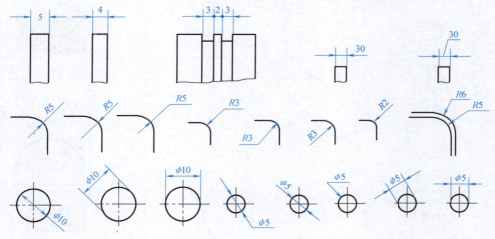

图 1-15 小间距尺寸的注法

（四）尺寸符号和缩写词

标注尺寸时，应尽可能使用符号和缩写词。常用的符号和缩写词见表 1-5。部分标注示例如图 1-16 所示。

表 1-5 标注尺寸时常用的符号和缩写词

尺寸型式	符号	画法
直径	ϕ	—
半径	R	—
球直径	$S\phi$	—
球半径	SR	—
正方形	□	

（续）

尺寸型式	符号	画法
深度	↧	
沉孔或锪平	⊔	
埋头孔	∨	
厚度	t	—
45°倒角	C	—
均布	EQS	—
弧长	⌒	
斜度	∠	
锥度	▷	

注：符号的线宽为 $h/10$（h 为字体高度）。

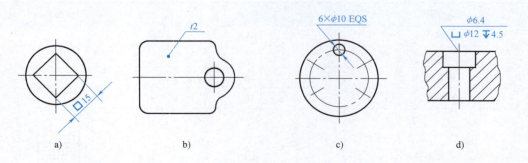

a)　　　　　　　b)　　　　　　　c)　　　　　　　d)

图 1-16 采用符号和缩写词标注尺寸示例

第二节　制图工具和仪器的使用方法

手工绘制机械图样时，需要使用绘图工具和仪器，因而正确、熟练地使用绘图工具和仪器可以提高图样的质量，加快绘图的速度。为此将常用的绘图工具和仪器的使用方法介绍如下。

一、图板

图板主要用来铺放和固定图纸，如图 1-17 所示。且各种绘图工具和仪器均需借助于平整、光滑的图板板面进行绘图。此外，丁字尺也以图板左边平直的工作边为依靠进行移动和工作。

二、丁字尺

丁字尺由尺头和尺身两部分组成，如图 1-18 所示。尺头的右边和尺身的上边为工作边。丁字尺的主要用途是与图板配合，用来画水平线。画线时用左手扶住尺头，并使尺头工作边与图板工作边靠紧，上、下移动丁字尺至画线位置，即可用笔沿尺身工作边从左向右画出水平线。

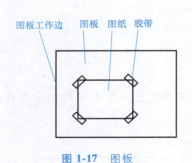

图 1-17　图板

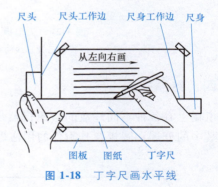

图 1-18　丁字尺画水平线

三、三角板

一副三角板有两块：一块是两锐角均为 45°的直角三角形；另一块是两锐角分别为 30°和 60°的直角三角形。三角板与丁字尺、图板配合，可以用来画水平线的垂直线，如图 1-19 所示。画线时，三角板的一个直角边靠紧丁字尺的尺身工作边，另一直角边置于左侧，左、右移动三角板至画线位置，即可自下向上画出水平线的垂直线。

一副三角板与丁字尺、图板配合，还可以画出与水平线成 15°整数倍角度的倾斜线，如图 1-20 所示。

此外，一副三角板配合，还可以画出任意已知直线的平行线或垂直线，如图 1-21 所示。如画平行线时，如图 1-21a 所示，将一个三角板的一边对准已知直线，即与已知直线重合；然后将另一个三角板的一边贴紧在第一个三角板的另一边上，并固定不动；再将第一个三角板沿两三角板的贴紧边移动至需要的位置，即可在该位置处画出已知直线的平行线。画已知直线的垂直线时，其画法与画平行线相似（图 1-20b），请读者自行分析。

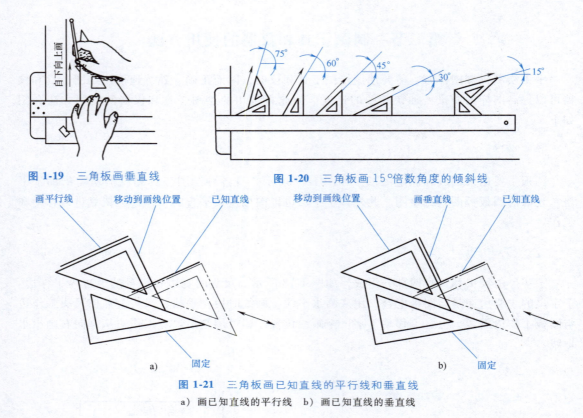

图 1-19　三角板画垂直线

图 1-20　三角板画15°倍数角度的倾斜线

画平行线　　移动到画线位置　　已知直线　　　　　移动到画线位置　　画垂直线　　已知直线

a)　固定　　　　　　　　　　　　　　　　b)　固定

图 1-21　三角板画已知直线的平行线和垂直线
a）画已知直线的平行线　　b）画已知直线的垂直线

四、绘图仪器

　　市场上有各种不同件数的绘图仪器出售。如图 1-22 所示是一盒十三件的绘图仪器。下面就其中的分规和圆规及其附件的用法做简要介绍。

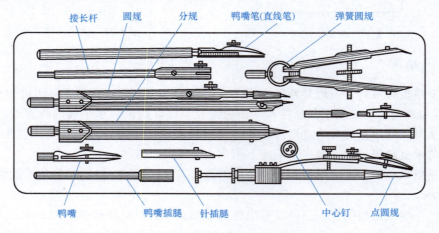

接长杆　圆规　　分规　　鸭嘴笔(直线笔)　　弹簧圆规

鸭嘴　　鸭嘴插腿　针插腿　　　中心钉　点圆规

图 1-22　绘图仪器

（一）分规

　　分规的两腿均装有钢针，当分规的两腿合拢时，两针尖应合成一点，如图 1-22 所示。

分规主要用于量取尺寸和截取线段,如图 1-23 所示。其中图 1-23c 所示为截取若干等长线段时的情况。截取时应使分规的两腿交替为轴,沿给出的直线连续截取,这样不但操作方便,而且截取线段的误差小。

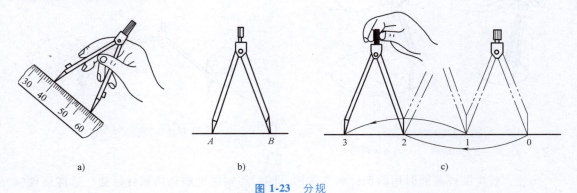

图 1-23 分规

a)量取尺寸 b)截取线段 c)截取若干等长线段

(二) 圆规

圆规主要用来画圆和圆弧。圆规有两条腿,其中一条腿上装有一枚钢针,钢针两端的形状不同:一端是长圆锥形,呈缝衣针状;另一端是短圆锥形,并有一个台阶。圆规的另一条腿上可安装铅芯插腿,用于画铅笔圆,或安装鸭嘴,用于画墨线圆。

画圆时,应将铅芯削好,将钢针有台阶的一端朝下,并调节两者适当的伸出长度,使台阶面与铅芯尖或鸭嘴尖平齐;然后采用单手定心法或双手定心法将钢针尖对准圆心,如图 1-24 所示,并扎入图板至台阶面抵住图板、接触纸面;再调节两腿间的距离,使其为所画圆的半径;最后按顺时针方向转动圆规(圆规的两腿应向转动方向稍微倾斜)画出该圆,如图 1-25 所示。

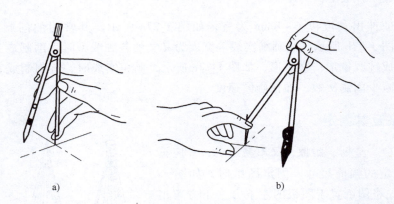

图 1-24 圆规定圆心

a)单手定心法 b)双手定心法

画大圆时,为防止画圆过程中铅芯插腿因受力而向外滑动,应调节钢针和铅芯插腿均与纸面保持基本垂直;当圆规两腿间张开的最大距离已不能满足画大圆的需要时,可接上附件接长杆后画圆,如图 1-26 所示。

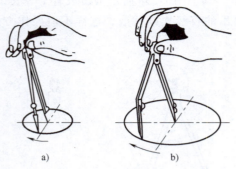

图 1-25 圆规画圆

a）画一般大小的圆 b）画较大的圆

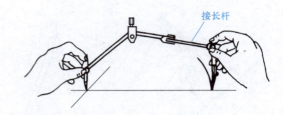

图 1-26 圆规画大圆

此外，若将圆规画圆时用的钢针调头使用，同时将铅芯插腿也换成针插腿，这样圆规就可以作为分规使用，实现分规的用途。

画小圆时，可使用弹簧圆规和点圆规，如图 1-22 所示。用法请读者实践之。

五、铅笔

绘图铅笔一般根据铅芯的软硬不同，分为 H~9H、HB、F 和 B~6B 共 17 种规格。国家标准 GB/T 26704—2022《铅笔》规定 H 前数字越大，表示铅芯越硬，B 前数字越大，表示铅芯越软，HB 表示软硬适中。

画图时可根据不同的用途来选择不同规格的铅笔，并推荐按表 1-6 选用。

表 1-6 铅笔硬度的选择

用途	打底稿	加深图线或写字	圆规用铅芯
硬度代号	H（HB）	HB（B）	B（2B）

注：画图时，习惯用力较轻者，可选用括号（ ）内的铅笔。

铅笔铅芯的伸出长度以 6~8mm 为宜，如图 1-27a 所示。其常用的削制形状有两种：①圆锥形，如图 1-27b 所示，当画细实线等宽度为 $d/2$ 的各种线型时宜削制成尖圆锥形，写字时则可削制成钝圆锥形；②矩形，如图 1-27c 所示，画粗实线时，宜削制成宽度为 d 的矩形，这样可以减少削制次数，加快画图速度。

六、图纸及其固定

图纸应洁白、坚韧、耐擦，又不易起毛，并应符合国家标准规定的幅面尺寸。固定图纸时，如图 1-28a 所示，应先将图纸置于图板的左下方（下方留出的尺寸应不小于丁字尺尺身的宽度），并使图纸上面的图框线（对于未印图框线的图纸，则将图纸上面的纸边界线）对准丁字尺的尺身工作边，然后将图纸的四角用胶带（不宜使用图钉或浆糊）粘贴在图板上。当图纸的幅面尺寸较大时，为防止图纸的中间

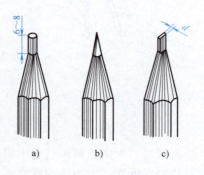

图 1-27 铅笔铅芯的削制形状

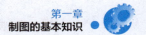

部分翘起，可在每边的适当位置加贴胶带固定，如图 1-28b 所示。

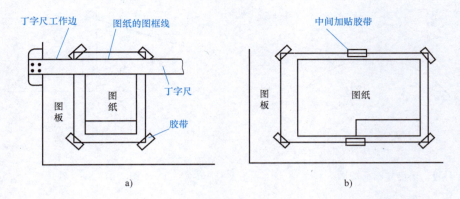

a)   b)

图 1-28　图纸的固定

以上所述是手工绘图所使用的最基本的绘图工具、仪器和用品。近年来，由于计算机技术的迅猛发展，用计算机绘图，并用打印机或自动绘图机出图，已经普及，从而代替了手工绘图工具。但无论目前或将来，手工绘图仍是计算机绘图所不能完全取代的。因此，同学们必须通过绘图实践，熟练掌握手工绘图工具的正确使用方法。

第三节　几何作图

图样是由一组平面几何图形组成的。而几何图形是用直线、圆弧和非圆曲线等通过几何作图方法画成的。因此，正确、熟练地掌握常用几何作图方法，可以提高绘制图样的质量和速度。

一、绘制线段的垂直平分线

设已知线段 AB，如图 1-29 所示。求绘制其垂直平分线。

作图：分别以 A 和 B 为圆心，以大于 $AB/2$ 为半径画两圆弧，得交点 C 和 D，则连线 CD 即为线段 AB 的垂直平分线。

二、绘制圆弧的圆心和半径

设已知圆弧 $\overset{\frown}{AC}$，如图 1-30 所示。求绘制它的圆心和半径。

作图：在圆弧 $\overset{\frown}{AC}$ 上适当位置处取一点 B，连接 AB 和 BC，并分别绘制它们的垂直平分线 12 和 34，其交点 O 即为所求的圆心，而线段 OA（或 OB、OC）即为圆弧 $\overset{\frown}{AC}$ 的半径 R。

图 1-29　绘制线段的
垂直平分线

三、等分已知线段

设已知线段 AB，如图 1-31 所示。求将线段 AB 三等分。

作图：从线段 AB 的端点 A 绘制任意射线 AC，并用分规在射线 AC 上取三个适当的等长线段 $A1 = 12 = 23$；再连接 $3B$，并过 1、2 两点分别绘制线段 $3B$ 的平行线交 AB 于 $1'$ 和 $2'$，则 $1'$ 和 $2'$ 即为等分点，即 $A1' = 1'2' = 2'B$。从而完成了线段 AB 的三等分。同理可将线段 AB 进行任意等分。

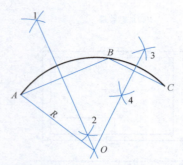

图 1-30　求已知圆弧的圆心和半径

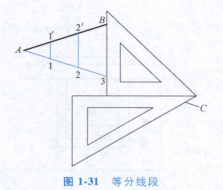

图 1-31　等分线段

四、绘制正六边形

在后面学习紧固件螺栓、螺母时，经常需要画正六边形。

1）设已知正六边形的对角长度 e，求绘制正六边形。

画法一：如图 1-32a 所示，以 $e/2$ 为半径画圆，并通过圆心 O 绘制两条互相垂直的中心线，设其中的水平中心线与圆周的交点为 A 和 D；再分别以 A 和 D 为圆心，$e/2$ 为半径画弧，与圆周分别相交于 B、F 和 C、E 四点，顺次连接 A、B、C、D、E、F、A 各点，即得所求的正六边形。

画法二：如图 1-32b 所示，以 $e/2$ 为半径画圆，并通过圆心 O 绘制两条互相垂直的中心线，设其中的水平中心线与圆周的交点为 A 和 D；再用 30° 和 60° 三角板，分别过 A 和 D 绘制 60° 斜直线 AF 和 CD；翻转三角板，再过 A 和 D 绘制反向的 60° 斜直线 AB 和 DE；最后连接 BC 和 EF，即得所求的正六边形。

2）设已知正六边形的对边长度 S，求绘制正六边形，其画法如图 1-33 所示。具体作图步骤请读者自行分析。

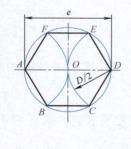
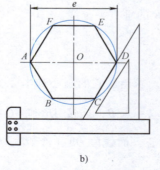

a) b)

图 1-32　已知对角长度 e 画正六边形

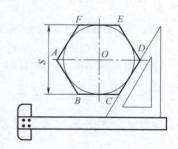

图 1-33　已知对边长度 S 画正六边形

五、斜度

（一）定义

一直线（或平面）相对于另一直线（或平面）的倾斜程度称为斜度，用 K 表示。其值为两者夹角的正切，在图样上通常化成 1:n 的比例形式标注。如图 1-34a 所示，直线 AC 对直线 AB 的斜度 K 可写为

$$K = \tan\alpha = BC/AB = 1:n \tag{1-1}$$

（二）画法

已知一水平直线 AB。求绘制直线 AC 对直线 AB 的斜度 K=1:4。

作图：把直线 AB 四等分，如图 1-34b 所示，设每等分为 a，即 AB=4a；再由点 B 绘制直线 AB 的垂线，并向上截取 BC=a，则直线 AC 对 AB 的斜度为 K=BC/AB=a:4a=1:4，故直线 AC 即为所求的直线。

（三）标注

斜度应标注斜度符号和斜度值。斜度符号的画法如图 1-34c 所示，斜度的标注如图 1-34d 所示。需要注意：斜度符号的倾斜方向应与斜度的方向一致。

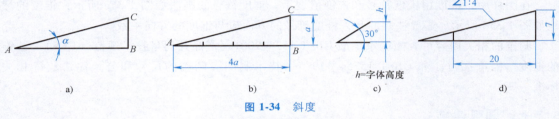

图 1-34　斜度

a）定义　b）画法　c）符号　d）标注

以上斜度的内容可查阅国家标准 GB/T 4096—2001《产品几何量技术规范（GPS）棱体的角度与斜度系列》。

六、锥度

（一）定义

两个垂直圆锥轴线截面的圆锥直径 D 和 d 之差与该两截面之间的轴向距离 L 之比称为锥度，用 C 表示，如图 1-35a 所示，即

$$C = \frac{D-d}{L} \tag{1-2}$$

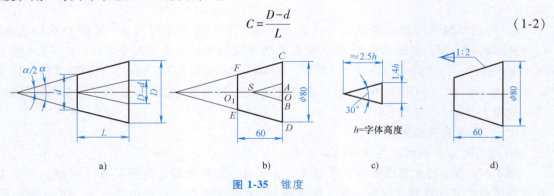

图 1-35　锥度

a）定义　b）画法　c）符号　d）标注

由图可知，锥度 C 与圆锥角 α 的关系为

$$C = 2\tan\frac{\alpha}{2} = 1:0.5\cot\frac{\alpha}{2} \tag{1-3}$$

锥度一般用比例 1 : n 或分式的形式表示。

（二）画法

试绘制一圆锥台，其底圆直径 $D = 80\text{mm}$，长度 $L = 60\text{mm}$，锥度 $C = 1 : 2$。

作图：如图 1-35b 所示。

1）自水平直线上的点 S 向右截取 2 个单位长度，得点 O；自点 O 绘制 SO 的垂线，并分别向上、向下各量取半个单位长度，得 A、B 两点；连接 SA 和 SB，则所得的圆锥 SAB 的锥度 $C = AB/SO = 1 : 2$。

2）自点 O 向上、向下取 $OC = OD = 40\text{mm}$，得 C、D 两点；并在 OS 直线上量取 $OO_1 = 60\text{mm}$，得点 O_1；再过 C、D 两点分别绘制 $CF /\!/ SA$，$DE /\!/ SB$，与过点 O_1 且垂直于 OO_1 的直线相交于 E、F 两点，则 $CDEF$ 即为所求的圆锥台。

（三）标注

在图样中，锥度用锥度符号和锥度值表示。锥度符号的画法如图 1-35c 所示；锥度的标注如图 1-35d 所示。需要注意的是，锥度符号的方向应与锥度的方向一致。

圆锥的相关内容可查阅国家标准 GB/T 157—2001《产品几何量技术规范（GPS） 圆锥的锥度与锥角系列》和 GB/T 15754—1995《技术制图 圆锥的尺寸和公差注法》等相关标准。

七、圆弧连接

在绘制机械图样时，经常需要用一已知半径的圆弧同时与两个已知线段（直线或圆弧）彼此光滑过渡（即相切），这种情况称为圆弧连接。此圆弧称为连接弧，两个切点称为连接点。为了保证光滑地连接，必须正确地定出连接弧的圆心和两个连接点，且两相互连接的线段都要正确地画到连接点处。

（一）圆弧连接的作图原理

1）与已知直线Ⅰ相切且半径为 R 的圆弧，其圆心 O 的轨迹是两条直线Ⅱ和Ⅲ，它们与已知直线平行且距离为 R。自选定的圆心 O 向已知直线绘制垂线，垂足 K 就是连接点，如图 1-36a 所示。

2）与已知圆弧（圆心为 O_1，半径为 R_1）相切的圆弧（半径为 R）的圆心 O 的轨迹是已知圆弧的同心圆，该圆的半径 R_x 要根据相切情况而定：当两圆弧外切时，$R_x = R_1 + R$，如图 1-36b 所示；当两圆弧内切且 $R_1 > R$ 时，$R_x = R_1 - R$，如图 1-36c 所示；当两圆弧内切且 $R > R_1$ 时，$R_x = R - R_1$，如图 1-36d 所示。而连接点 K 为两圆弧连心线或其延长线与已知弧的交点，如图 1-36b、c、d 所示。

（二）圆弧连接的画法

1. 用半径为 R 的圆弧连接两已知直线

图 1-37a 所示的平面图形由直线段Ⅰ、Ⅱ、Ⅲ、Ⅳ和四段连接圆弧 R10 组成。其中Ⅰ、Ⅱ间成钝角，Ⅱ、Ⅲ间成锐角，Ⅲ、Ⅳ间和Ⅰ、Ⅳ间成直角。虽然角度不同，但连接弧 R10 的画法相同，如图 1-37b、c、d 所示。具体的画法和步骤如下：

1）以连接弧半径 R10 为距离分别绘制被连接两直线的平行线，其交点 O 即为连接弧的圆心。

2）由点 O 分别向被连接的两直线绘制垂线，垂足 M 和 N 即为两个连接点。

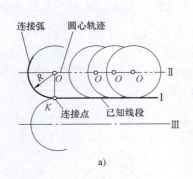

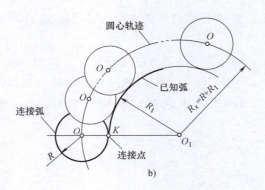

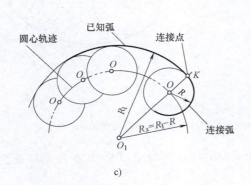

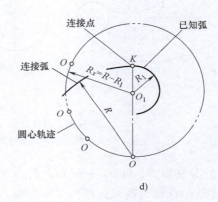

图 1-36　圆弧连接的作图原理

a) 圆弧与直线相切　b) 两圆弧外切　c) 两圆弧内切且 $R_1 > R$　d) 两圆弧内切且 $R > R_1$

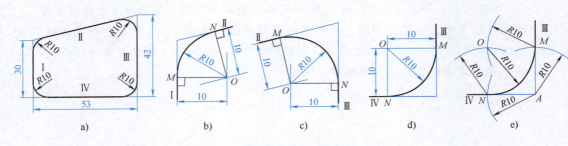

图 1-37　用半径为 R 的圆弧连接两已知直线

a) 给定的平面图形和尺寸　b) 两直线成钝角时　c) 两直线成锐角时　d)、e) 两直线成直角时

3) 以 O 为圆心，$R10$ 为半径，自点 M 至点 N 画弧，则 $\overset{\frown}{MN}$ 即为连接两直线的连接弧。

当被连接的两直线成直角时，还可用图 1-37e 所示的简便画法。

2. 用半径为 R 的圆弧连接两已知圆弧

（1）用半径为 R 的圆弧同时外切两已知圆弧　如图 1-38a 所示，圆弧 $R15$ 同时外切于两已知圆弧 $R10$（$\phi20$）和 $R5$（$\phi10$），其连接弧 $R15$ 的画法如图 1-38b 所示。

1) 分别以 O_1、O_2 为圆心，$R_{x1} = R10 + R15 = R25$ 和 $R_{x2} = R5 + R15 = R20$ 为半径绘制两圆

弧，其交点 O 即为连接弧 $R15$ 的圆心。

2）连 OO_1 交已知弧 $R10$ 于点 M，连 OO_2 交已知弧 $R5$ 于点 N，则 M、N 即为两个连接点。

3）以 O 为圆心，$R15$ 为半径，自点 M 到点 N 画弧，则 $\overset{\frown}{MN}$ 即为所求的连接弧。

（2）用半径为 R 的圆弧同时内切两已知圆弧　如图 1-38a 所示，连接弧 $R30$ 同时内切于两已知圆弧 $R10$（$\phi20$）和 $R5$（$\phi10$），其画法如图 1-38c 所示。

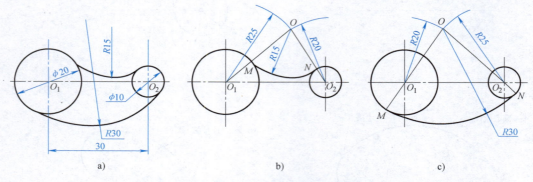

图 1-38　用半径为 R 的圆弧连接两已知圆弧（一）

a）给定的平面图形和尺寸　b）$R15$ 与两已知圆弧均外切　c）$R30$ 与两已知圆弧均内切

1）分别以 O_1 和 O_2 为圆心，$R_{x1}=R30-R10=R20$ 和 $R_{x2}=R30-R5=R25$ 为半径画两圆弧，其交点 O 即为所求连接弧 $R30$ 的圆心。

2）连接 OO_1 并延长交已知圆弧 $R10$ 于点 M，连接 OO_2 并延长交已知圆弧 $R5$ 于点 N，则 M、N 即为两个连接点。

3）以 O 为圆心，$R30$ 为半径，自点 M 到点 N 绘制圆弧，则 $\overset{\frown}{MN}$ 即为所求的连接弧。

（3）用半径为 R 的圆弧分别内、外切于两已知圆弧　如图 1-39a 所示，圆弧 $R28$ 与圆弧 $R8$（$\phi16$）内切，同时与圆弧 $R5$ 外切，其画法如图 1-39b 所示，请读者自行分析。

3. 用半径为 R 的圆弧连接一直线和一圆弧

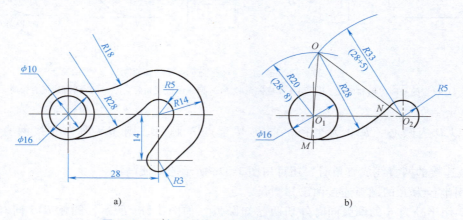

图 1-39　用半径为 R 的圆弧连接两已知圆弧（二）

a）给定的平面图形和尺寸　b）绘制连接弧 $R28$（一内切、一外切）

1) 如图 1-40a 所示，圆弧 $R5$ 与已知直线相切连接，并与已知圆弧 $R32$ （$\phi64$） 相内切，其连接弧 $R5$ 的画法如图 1-40b 所示。

2) 如图 1-40a 所示，圆弧 $R10$ 与已知直线相切连接，并与已知圆弧 $R14$ （$\phi28$） 相外切，其连接弧 $R10$ 的画法如图 1-40c 所示。

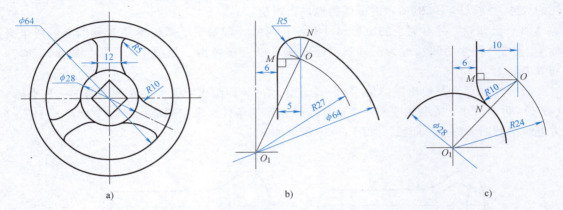

a)   b)   c)

图 1-40 用半径为 R 的圆弧连接一圆弧和一直线
a) 给定的平面图形和尺寸   b) 画连接弧 $R5$ c) 画连接弧 $R10$

综上所述可知，无论何种情况下的圆弧连接，都是根据连接弧与两个已知线段相切的条件，分别求得其圆心的轨迹，则两轨迹的交点就是连接弧的圆心，而连接点为已知弧和连接弧的连心线或其延长线与已知弧的交点，或连接弧的圆心向已知直线画垂线的垂足。

第四节　平面图形的分析、画法和尺寸注法

平面图形的分析，内容包括：①分析平面图形中所注尺寸的作用，确定组成平面图形的各个几何图形的形状、大小和相互位置；②分析平面图形中各线段所注尺寸的数量，确定组成平面图形各线段的性质和相应画法。总之，通过分析，搞清尺寸与图形之间的对应关系，从而可以解决以下两个问题：①通过对平面图形的尺寸分析，确定各线段的性质和画图顺序，即由尺寸分析，确定平面图形的画法；②运用尺寸分析，确定平面图形中应该标注哪些尺寸，不该标注哪些尺寸，即由尺寸分析，确定平面图形的尺寸注法。

一、平面图形的分析

（一）分析平面图形中尺寸的作用

平面图形中的尺寸，可根据其作用不同，分为定形尺寸和定位尺寸两类。用于表示平面图形中各个几何图形的形状和大小的尺寸称为定形尺寸；而用于表示各个几何图形间的相对位置的尺寸称为定位尺寸。如图 1-41 所示，尺寸 20、40 和 28 都是定位尺寸，而其他尺寸均为定形尺寸。

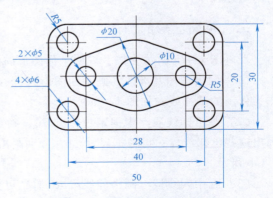

图 1-41 平面图形的尺寸分析

（二）分析平面图形中各线段所注尺寸的数量，确定平面图形中线段的性质和画法

平面图形中的线段（圆弧或直线段）可按其所注定形、定位尺寸的数量分为已知线段、中间线段和连接线段三类。

图 1-42a 所示为瓶盖起子的内、外轮廓形状，图 1-42b 所示为其外形轮廓和小孔及其所注的尺寸。现以图 1-42b 所示的圆弧为例加以讨论。

（1）已知弧 注有完全的定形尺寸和定位尺寸，即给出了圆弧半径 R 和圆心的两个坐标 x、y 三个尺寸的圆弧称为已知弧。已知弧可以直接画出，如图 1-42b 所示的 $\phi6$、$R5.5$ 和 $R20$。

（2）中间弧 只给出定形尺寸和一个定位尺寸，即给出圆弧半径 R 和圆心的一个坐标 x（或 y）两个尺寸，需利用它与一个已知线段相切的条件，求出圆心的另一个坐标 y（或 x）方能画出的圆弧称为中间弧，如图 1-42b 所示的 $R6$。

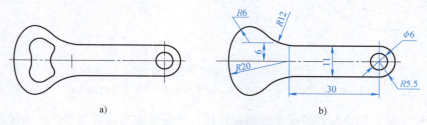

图 1-42 平面图形的线段分析

（3）连接弧 只给出定形尺寸，没有定位尺寸，即只给出圆弧半径 R 一个尺寸，需利用它与相邻两个已知线段都相切的条件，求出圆心的两个定位尺寸 x 和 y 后，方能画出的圆弧称为连接弧，如图 1-42b 所示的 $R12$。

连接弧的画法在圆弧连接中已经做了介绍，中间弧的画法与其相似，请读者自行分析。

对于直线段也可做类似的分析：过两个已知点或过一已知点并已知其方向的直线段为已知直线段；过一已知点或已知直线的方向且与已知圆弧相切的直线段为中间直线段；两端分别与两已知圆弧相切的直线段为连接直线段。

由上面的分析可知，在画平面图形时，必须首先画出已知线段，然后画出中间线段，最后画出连接线段。

二、平面图形的画法

现以图 1-42b 所示为例，说明平面图形的画法。

（1）画出作图基准线 画平面图形时，一般先要画出两条正交直线（相当于坐标轴），作为作图的基准线，如图 1-43a 所示。

（2）画已知线段 根据定位尺寸 30，确定已知线段 $\phi6$、$R5.5$ 和 $R20$ 的圆心位置，并画出这些已知线段；再根据尺寸 11，分别画出与弧 $R5.5$ 上下相切的两条平行直线段，如图 1-43b 所示。

（3）画中间线段 画中间线段 $R6$ 时，可由定形尺寸 $R6$、定位尺寸 6，以及它和已知线段 $R20$ 相内切的条件绘制出，如图 1-43c 所示。

（4）画连接线段　画连接线段 R12 时，可由定形尺寸 R12，以及它和已知直线段、已画出的中间弧 R6 都相切的条件绘制出，如图 1-43d 所示。

（5）完成全图　擦去多余的作图线，按线型要求加深图线，完成全图，如图 1-42b 所示。

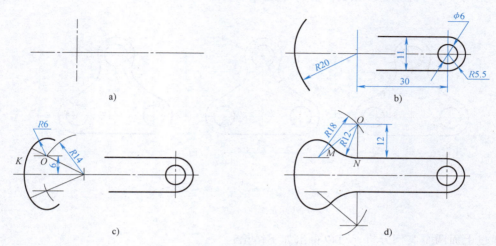

图 1-43　平面图形的画法

a）画作图基准线　b）画已知弧 φ6、R5.5 和 R20　c）画中间弧 R6　d）画连接弧 R12

三、平面图形的尺寸注法

分析图 1-44a 所示的平面图形，可以知道应该标注的定形尺寸有 φ30、20、2×φ6 和 4×φ5 等；应标注的定位尺寸有 φ15（它是 4×φ5 的定位圆直径，而 4×φ5 在定位圆上为均匀分布，如图 1-44a 所示已示明，故一般省去该定位尺寸或标注为 4×φ5 EQS）和 22（确定 2× φ6 的位置）。

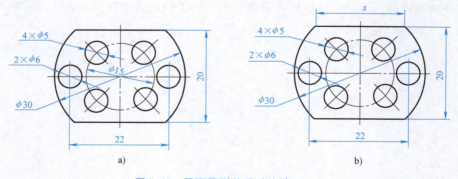

图 1-44　平面图形的尺寸注法（一）

a）正确　b）错误

分析图 1-44b 所示的尺寸注法，尺寸 x 可以由尺寸 φ30 和 20 作图确定（也可由这两个尺寸计算得出），所以是多余尺寸，不应标注；而 4×φ5 则缺少一个定位尺寸 φ15。

再分析图 1-45 所示平面图形，可以知道图 1-45a、b 所示的尺寸注法都是正确的。而如图 1-45c 所示，R6 是连接圆弧，直线 I 是连接线段，这样要画出 R6 必须先画出直线 I，而要画出直线Ⅰ又必须先画出 R6，因此这两个线段都无法绘出。这就是说，图1-45c 中所注尺寸不全，需要增加一个定位尺寸15，使 R6 成为中间弧，如图1-45a 所示；或增加一个定位尺寸14，使直线Ⅰ成为中间线段，如图1-45b 所示。但如果在图1-45c 中同时增加尺寸15和14，则两个尺寸之一是多余的，必将导致尺寸矛盾而无法作图。

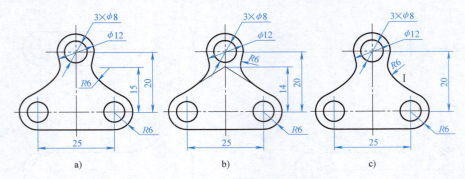

图1-45 平面图形的尺寸注法（二）
a）、b）正确 c）尺寸不全

通过上面两个实例分析，可以得出如下结论：

1）在两个已知线段间，可以有任意个中间线段，但只能有一个连接线段。

2）对于连接弧，只要注出其定形尺寸半径 R，而不必注出其圆心位置的两个定位尺寸；对于中间弧，只要注出其定形尺寸半径 R 和圆心位置的一个定位尺寸。而它们的圆心位置的确定可通过相切条件由作图决定。即凡可由作图决定的尺寸（一定也可以由已标注的尺寸经过计算得到）均不必标注。

3）同一平面图形通常都可以有不同的尺寸注法，如图1-45a、b 所示，其线段性质和画图过程也相应不同，请读者自行分析。

4）同一平面图形的不同尺寸注法，虽然都可以完全确定其平面图形，但当平面图形作为表达零件的视图时，不同尺寸注法将直接影响其加工制造的难易程度，从而影响产品的成本和质量。

制 图 原 理

本章涉及多个国家标准：GB/T 13361—2012《技术制图　通用术语》、GB/T 14692—2008《技术制图　投影法》、GB/T 16948—1997《技术产品文件　词汇　投影法术语》和 GB/T 4458.1—2002《机械制图　图样画法　视图》的内容，主要介绍制图原理，目的是为"第三章　机件常用的表达方法"的学习打下良好的基础。

第一节　投　影　法

一、投影法概念

投射线通过物体，向选定的面投射，并在该面上得到图形的方法称为投影法。根据投影法所得到的图形称为投影图，简称投影；在投影法中，得到投影的面（P）称为投影面，如图 2-1 所示。

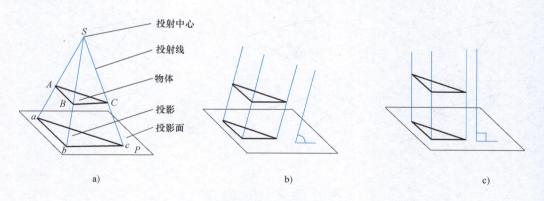

图 2-1　投影法及其分类

a）中心投影法　b）平行投影法——斜投影法　c）平行投影法——正投影法

二、投影法的分类

根据投射线的汇交或平行，投影法可分为中心投影法和平行投影法。

1. 中心投影法

投射线汇交于一点的投影法称为中心投影法，如图 2-1a 所示。投射线的汇交点（起源点）S 称为投射中心。

2. 平行投影法

投射线相互平行的投影法称为平行投影法，如图 2-1b、c 所示。在平行投影法中，又以投射线与投影面的相对位置不同而分为斜投影法和正投影法。

（1）斜投影法　投射线倾斜于投影面的平行投影法，如图 2-1b 所示。根据斜投影法所得到的图形称为斜投影（图）。

（2）正投影法　投射线垂直于投影面的平行投影法，如图 2-1c 所示。也就是说，正投影法要满足如下两个条件：①投射线彼此平行；②投射线垂直于投影面。根据正投影法所得到的图形称为正投影（图）。

用正投影法画出的图样（多面正投影图）来表达机件的结构形状和大小，具有度量性好、作图简便等优点，因此，国家标准 GB/T 4458.1—2002《机械制图　图样画法　视图》中明确规定：技术图样应采用正投影法绘制，并优先采用第一角画法。本书主要介绍的也是这种方法。

三、正投影的基本特性

正投影图度量性好，作图简便，这是由正投影的多种基本特性所决定的。下面以平面为例加以说明。

1. 实形性

当物体上的平面与投影面平行时，其投影反映平面的实形，这种特性称为实形性。如图 2-2a 所示的平面 $\triangle ABC$ 平行于投影面 P，则其投影 $\triangle abc^\ominus$ 反映 $\triangle ABC$ 的实形。

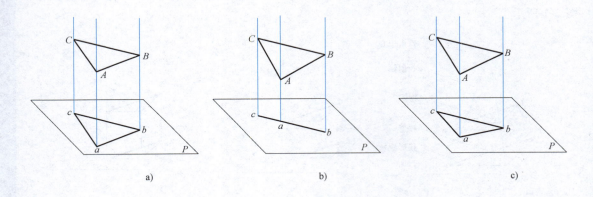

a)　　　　　　　　　　b)　　　　　　　　　　c)

图 2-2　正投影的基本特性
a）实形性　b）积聚性　c）类似性

2. 积聚性

当物体上的平面（或柱面）与投影面垂直时，则其投影积聚成一条直线（或曲线），这种投影特性称为积聚性。如图 2-2b 所示平面 $\triangle ABC$ 垂直于投影面 P，则其投影 $\triangle abc$ 积聚成一条直线。

───────────

⊖　空间物体上的点（线、面）用大写字母表示，其投影用相应的小写字母表示。

3.类似性

当物体上的平面倾斜于投影面时，其投影的面积变小了，但投影的形状仍与原平面的形状类似，这种投影特性称为类似性。如图 2-2c 所示的平面 $\triangle ABC$ 倾斜于投影面 P，其投影 $\triangle abc$ 既不反映实形，也不积聚成直线段，而是一个面积缩小而边数不变的类似图形。

以上正投影的特性可归纳为：平面平行投影面，形状、大小都不变——实形性；平面垂直投影面，投影成为一条线——积聚性；平面倾斜投影面，形状、大小都改变——类似性。

对于物体上的直线（棱线）与投影面的相对位置也有平行、垂直和倾斜三种情况，它们的投影同样分别具有实形性（反映线段实长）、积聚性（积聚成一点）和类似性（长度缩短了的直线段）。

图 2-3 所示为一个斜截圆柱体（截平面倾斜于圆柱轴线）及其正投影（投射方向 S 平行于圆柱轴线，并垂直于投影面，图中投影面省略未示出）。此时，圆柱体的底面圆、侧表面圆柱面和顶面椭圆的正投影都是圆，且重合在一起。其中，底面圆的投影仍为圆是实形性；圆柱面的投影为圆是积聚性；而顶面椭圆的投影变成圆是类似性。

在画物体的正投影图时，应该把物体放正，即把物体上的主要轮廓表面与投影面保持平行或垂直的位置关系，从而使这些表面的投影具有实形性或积聚性，可以得到比较简单的投影图，便于画图，也便于标注尺寸。

图 2-3 斜截圆柱体的投影特性分析

第二节 立体的三视图

一、视图

下面讨论物体（立体）的正投影图。将物体（撞块）如图 2-4 所示放置，则物体上的面 A、B 平行于投影面 V，其投影 a'、b' 反映面 A、B 的实形；而 C、D、E、F 等面均垂直于 V 面，所以它们的投影积聚成 c'、d'、e'、f' 等直线段，并与面 A、B 的投影 a'、b' 的轮廓线重合，这样就得到了物体在 V 面上的正投影图。这种正投影图又称为视图，这是因为假想人（观察者）的视线为正投影时的投射线，并由此观察得到的图形而得名。

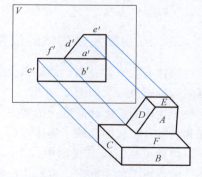

图 2-4 撞块的正投影图——视图

二、三视图

如图 2-5 所示，将三个不同的物体分别向投影面 V 进行正投影，得到的却是一个完全相同的视图。这就说明：一个视图不能唯一地确定物体的结构形状。这是因为物体的这一个视图只能表达出物体长度（左右）方向和高度（上下）方向的尺度，而不能表达出物体宽度（前后）方向的尺度的缘故。

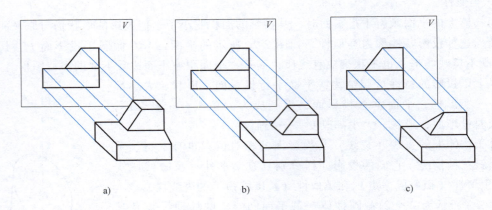

a)　　　　　　　　　b)　　　　　　　　　c)

图 2-5　一个视图不能唯一确定物体的结构形状

为了同时反映物体长、宽、高三个方向的尺度，从而能唯一地确定物体的结构形状，通常需要选用三个相互垂直相交的投影面，组成一个三投影面体系，如图 2-6a 所示。三个投影面分别称为：①正面投影面，简称正面，以 V 表示；②水平投影面，简称水平面，以 H 表示；③侧面投影面，简称侧面，以 W 表示。三个投影面之间的交线 Ox、Oy、Oz 称为投影轴。三根互相垂直的投影轴的交点 O 称为原点（图 2-6a 中未标出点 O，参见图 2-6b）。

然后将物体放在三个投影面之间，用正投影法分别向三个投影面投射，就得到了三个视图，称为三面视图，简称三视图。其中由前向后投射所得到的视图称为主视图；由上向下投射所得到的视图称为俯视图；由左向右投射所得到的视图称为左视图。这三个视图能唯一地确定物体的结构形状。

为了在同一张图纸上画出三视图，三个投影面必须展开、摊平在一个平面（纸面）上，并规定：①正面 V 不动；②水平面 H 绕 Ox 轴向下旋转 $90°$；③侧面 W 绕 Oz 轴向右旋转 $90°$，如图 2-6b 所示。这样，V-H-W 就展开、摊平在一个平面上，如图 2-6c 所示。在画三视图时，投影面的边框线和投影轴均不必画出，同时按上述方法展开时，即按投影关系配置视图时，也不需要标出视图的名称，最后得到的三视图如图 2-6d[⊖] 所示。这种不画出投影轴的三视图称为无轴投影图。

三、三视图反映物体的位置关系

物体有上下、左右、前后六个方向的位置，如图 2-7a 所示。而每一个视图只能反映四个方向的位置关系，如图 2-7b 所示。其中，主视图反映了物体左右、上下之间的位置关系，即反映了物体的长度和高度；俯视图反映了物体前后、左右之间的位置关系，即反映了物体的宽度和长度；左视图反映了物体前后、上下之间的位置关系，即反映了物体的宽度和高度。

由此可见，在三视图中，主、左视图上的上和下，也真实反映了物体的上下位置关系；主、俯视图上的左和右，也真实反映了物体的左右位置关系；左视图上的右和左以及俯视图上的下和上，都是反映物体的前后位置关系的（在俯、左视图上，远离主视图的一侧为物体的前

⊖　这种获得三视图的方法称为第一角投影（第一角画法），而美国、日本、加拿大和澳大利亚等国则采用第三角投影（第三角画法）。

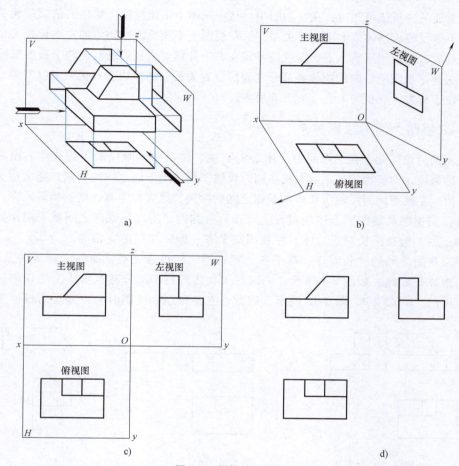

图 2-6　物体的三视图

a）物体在三投影面体系中的投影　b）投影面的展开方法　c）展开、摊平后的三面视图　d）三视图

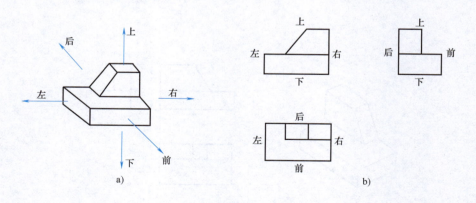

图 2-7　物体的位置关系

a）物体六个方向的位置关系　b）三视图反映物体的位置关系

面，靠近主视图的一侧为物体的后面）。初学者在画图和读图时，对物体的前后位置关系特别容易搞错，所以一定要结合投影面的展开方法和三视图的形成过程来思考和想象，才能避免出

错。通过上面的分析还可知道：在三视图中，从主视图上不能反映出物体的前后位置关系；从俯视图上不能反映出物体的上下位置关系；从左视图上不能反映出物体的左右位置关系。即主视图不辨前后，俯视图不辨上下，左视图不辨左右，分别要由相应的其他两个视图来辨别。

　　根据上述三视图所反映的物体各部分之间的位置关系，由撞块的三视图可以判定，其直角梯形竖板位于长方体底板的上方、右方和后方。

四、三视图之间的投影关系

　　由上面的讨论可知，在三视图中（图 2-8），主、俯视图同时反映了物体左右面之间的距离，通常称为长，则长相等；主、左视图同时反映了物体上下面之间的距离，通常称为高，则高相等；俯、左视图同时反映了物体前后面之间的距离，通常称为宽，则宽相等。

　　同时，三视图又是按照上述规定方法展开后得到的，所以三视图之间就一定保持这样的对应关系：主、俯视图长对正；主、左视图高平齐；俯、左视图宽相等。

　　这种三视图之间的"长对正、高平齐、宽相等"的投影关系，简称"三等关系"。它对于物体的整体是如此，如图 2-8 所示；同时对于物体的每个部分甚至物体上的任何一点来说也都是适用的，如图 2-9、图 2-10 所示。因此，它是画图和读图时必须遵循的投影规律。

图 2-8　物体整体的"长对正、高平齐、宽相等"的投影关系

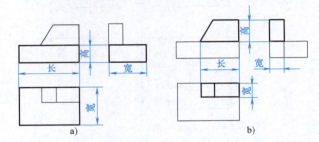

a)　　　　　　　　　　b)

图 2-9　物体上每个部分的"长对正、高平齐、宽相等"的投影关系
a）底板部分　b）竖板部分

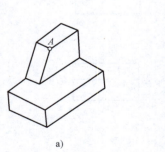
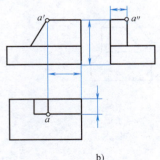

a)　　　　　　　　　　b)

图 2-10　物体上每个点的"长对正、高平齐、宽相等"的投影关系
a）物体上的 A 点　b）点 A 的投影关系

　　如图 2-10 所示点 A 的正面投影用 a′ 表示，水平投影用 a 表示，侧面投影用 a″ 表示。

五、回转体的三视图

之前以撞块为例说明了平面立体（表面全部是平面的立体）三视图的画法。下面以圆柱体为例来说明曲面立体（表面既有平面又有曲面或者全部是曲面的立体）中的回转体三视图的画法。

一动线（直线、圆弧或其他曲线）绕一定直线回转一周后形成的曲面称为回转面，形成回转面的定直线称为轴线。由回转面或回转面与平面围成的立体称为回转体。常见的回转体有圆柱、圆锥、圆球（球）和圆环（环）等。

（一）正圆柱体的形成

正圆柱体（简称圆柱体）是由圆柱曲面和上下两个圆形平面所围成的。而圆柱曲面可以看成是由一直线绕与它平行的定直线（轴线）回转一周而成的，如图 2-11a 所示。因此圆柱曲面的素线都是平行于轴线的直线。

（二）圆柱体的三视图

图 2-11a 所示为轴线垂直于水平面的圆柱体的投影示意图。它的俯视图是一个圆，主、左视图是大小相同的矩形。需要特别强调的是，在任何回转体的投影图中，都必须用点画线画出轴线和圆的两条中心线，并超出图形轮廓线 2~5mm，如图 2-11b 所示。

从图 2-11b 中可以看到，水平投影的圆是整个圆柱面的水平投影（具有积聚性），也是上下底面圆的投影（具有实形性）。

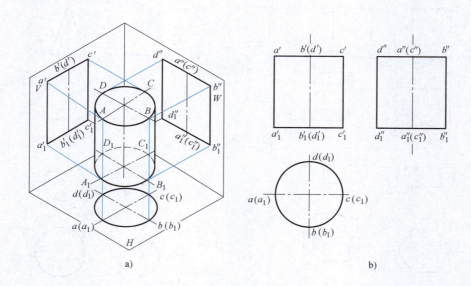

图 2-11　圆柱体的三视图

a）投影示意图　b）三视图

主视图上左、右两条轮廓线 $a'a_1'$、$c'c_1'$ 分别是圆柱体的最左、最右两条素线 AA_1、CC_1 的投影，由此确定了圆柱体正面投影的范围，故称为正面的投影轮廓线。它也是可见的前半个圆柱体和不可见的后半个圆柱体的分界线。在左视图上，AA_1、CC_1 的投影位于轴线处，不应画出，故轴线处仍为点画线。

同理，最前与最后两条素线 BB_1、DD_1 的侧面投影 $b''b_1''$、$d''d_1''$ 为可见的左半个圆柱体与不可见的右半个圆柱体的分界线，即为侧面的投影轮廓线。其主视图上的投影位于轴线处，不应画出。而圆柱体的上、下底面圆在主、左视图上均积聚成直径长的直线。

　　一个基本立体，简称基本体，通常都有长、宽、高三个方向的尺度。下面将常见基本体的三视图和尺寸列于表 2-1 中，这是画组合体三视图和标注组合体尺寸（详见本章第七节）的基础。

表 2-1　基本体的三视图和尺寸

基本体	三视图和尺寸	基本体	三视图和尺寸
三棱柱		圆柱	
四棱柱		圆锥	
六棱柱		圆球	
四棱锥		圆环	

六、画三视图综合举例

下面以托架为例说明画三视图的一般方法和步骤。

（1）形体分析 如图 2-12a 所示托架是由带圆角和小孔的长方体底板Ⅰ和上部为半圆柱且带通孔的竖板Ⅱ以及三棱柱形肋板Ⅲ三个部分组成的。画图时，通常也是逐个部分地画出其三视图，从而得到整个物体的三视图。

（2）确定比例和图幅 请读者自行思考。

（3）选择主视图 主视图是三视图（或一组视图）中最主要的视图。一般选择原则是：①把物体放正、放稳；②选择最能反映物体结构形状的方向作为主视图的投射方向，称为形状特征原则。对于托架应选择按图 2-12a 所示位置放置，并将箭头所指方向作为主视图的投射方向画主视图。

（4）画出作图基准线（定位线） 为了合理地布置视图，使图样布局美观，在作图时应首先画出作图基准线，从而确定三视图的合适位置。一般选择物体的对称面、底面、大的端面和主要轴孔的轴线等作为作图基准线。对于托架应选择左右对称面的投影作为长度方向的基准线；底板底面的投影作为高度方向的基准线；底板和竖板后表面的投影为宽度方向的基准线。并画出这些基准线，如图 2-12b 所示。

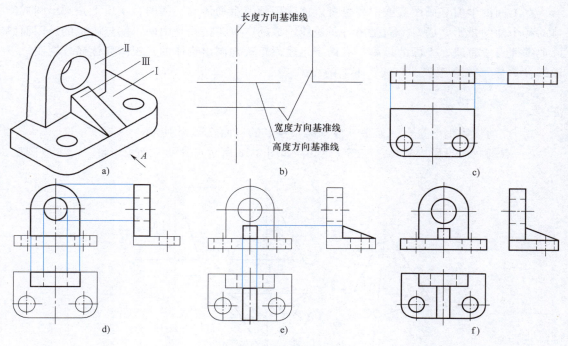

图 2-12 托架三视图的画法

a）托架轴测图 b）画作图基准线 c）画底板 d）画竖板 e）画肋板 f）加深图线，完成全图

（5）画底板的三视图 应首先画出反映底板实形的俯视图，再画出主、左视图。其中两小孔在主、左视图上的投影轮廓线均为虚线，且在左视图上重影。画图时要以垂直线保证主、俯视图长对正；以水平线保证主、左视图高平齐；在俯、左视图上量取底板的宽度保证宽相等，如图 2-12c 所示。

（6）画竖板的三视图 应先画出反映竖板正面实形的主视图。画图时要先画出半圆柱和圆孔的轴线和中心线，再画出竖板的投影：先画反映实形的主视图，并按"三等关系"分别画出俯视图和左视图。其中竖板在左视图上除了画出具有积聚性的前后表面的投影（直线）外，还需画出半圆柱对侧面投影的投影轮廓线；圆孔在俯、左视图上的投影轮廓线均为不可见，应画成虚线。还应注意，竖板位于底板的后方，且后表面平齐，在俯、左视图上的位置不能画错，如图 2-12d 所示。

（7）画出肋板的三视图 肋板应先画出反映实形的左视图，再按"三等关系"画出主、俯视图，如图 2-12e 所示。

（8）整理、加深并完成全图 画完底稿后应仔细检查，改正错误，并擦去多余的作图线，最后按线型要求加深图线，完成全图，如图 2-12f 所示。

第三节　点、直线和平面的投影

点、直线、平面是构成空间物体的基本几何元素，如图 2-13 所示的三棱锥是由四个三角形平面△SAB、△SBC、△SAC 和△ABC 所围成的，也可看成是由 SA、SB、SC、AB、BC 和 AC 六条棱线组成的，又可以认为是由 S、A、B、C 四个顶点所决定的。

在上面的学习和画图实践中，也可以体会到画一个物体的三视图，实质上是画出围成物体的各个面的投影，而每个面是由各条棱线围成的，每条棱线是由两个端点决定的。因而熟练地掌握点、直线、平面的投影，有助于迅速而正确地画出物体的三视图和读懂三视图。下面结合"体"来介绍点、直线、平面的投影。

一、点的投影

1）点的投影仍然是点，如正三棱锥的顶点 S 的三面投影分别为 s′、s 和 s″。

2）点的三面投影应满足"三等关系"，如图 2-13 所示点 S 的三面投影 s′、s、s″应满足：

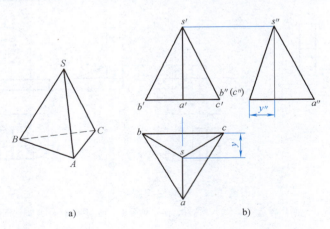

a)　　　　　b)

图 2-13　三棱锥的轴测图和三视图

① s、s′ 在一竖直的连线上——体现了长对正；

② s′、s″ 在一水平的连线上——体现了高平齐；

③ s、s'' 应满足 $y=y''$——体现了宽相等。

由于三视图是一种无轴投影图，因此，点在宽度方向上的位置只能用相对坐标 $y=y''$ 来确定。

3）对于立体表面上的点，由它的任意两个投影即可求出第三个投影。在一定条件下，由点的一个投影就可以求出其他两个投影（详见本章第五节）。

4）如图 2-13 所示，B、C 两点的侧面投影 b''、c'' 重合在一起，则该投影点称为 B、C 两点对于侧面投影的重影点，并标记为 b''（c''）。

二、直线的投影

直线的投影一般仍为直线（垂直于投影面时积聚成一点），因此只要作出直线上任意两点（一般取两端点）的投影，即可得到直线的投影。由此可知，只要已知直线的两个投影就可以求出它的第三个投影。

根据直线在三投影面体系中的不同位置，可将空间直线做如下分类。

（一）投影面垂直线

垂直于某个投影面的直线（必同时平行于其他两个投影面）统称为投影面垂直线。投影面垂直线又可分为正垂线（垂直于正面）、侧垂线（垂直于侧面）和铅垂线（垂直于水平面）三种。表 2-2 列出了它们的三面投影及其投影特性。

投影面垂直线的投影特性可归纳为：

1）在直线所垂直的投影面上的投影积聚成一点。

2）在其他两个投影面上的投影，平行（或垂直）于相应的投影轴，且都反映线段的实长。

即三个投影中，一个具有积聚性，两个具有实形性。这些投影特性，尤其是一个投影积聚为一点，也是识别投影面垂直线的依据。

（二）投影面平行线

平行于某个投影面，同时倾斜于其他两个投影面的直线，称为投影面平行线。投影面平行线又可分为正平线（平行于正面）、侧平线（平行于侧面）和水平线（平行于水平面）三种。表 2-3 列出了它们的三面投影及其投影特性。

投影面平行线的投影特性可归纳为：

1）在直线所平行的投影面上的投影倾斜于投影轴且反映实长。

2）在其他两个投影面上的投影长度均缩短，且都平行于（或垂直于）相应的投影轴。

表 2-2　投影面垂直线

名称	正垂线（AB）	侧垂线（AC）	铅垂线（AD）
投影图与轴测图	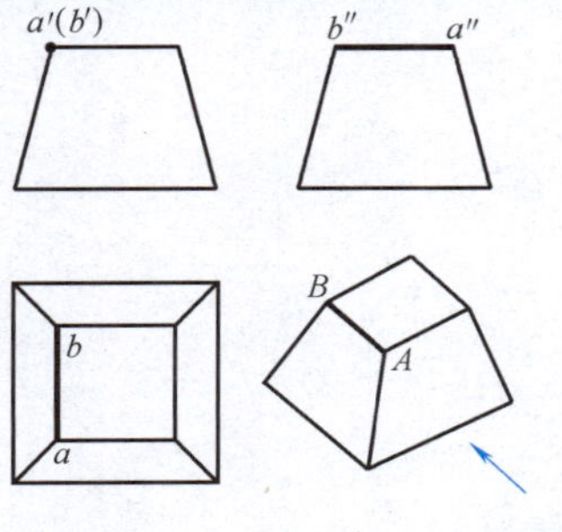	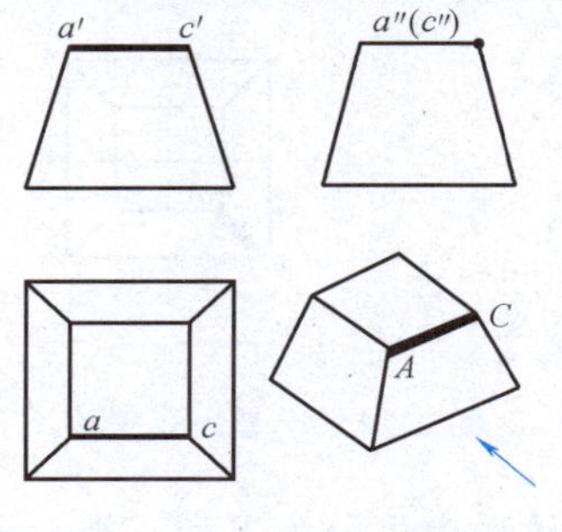	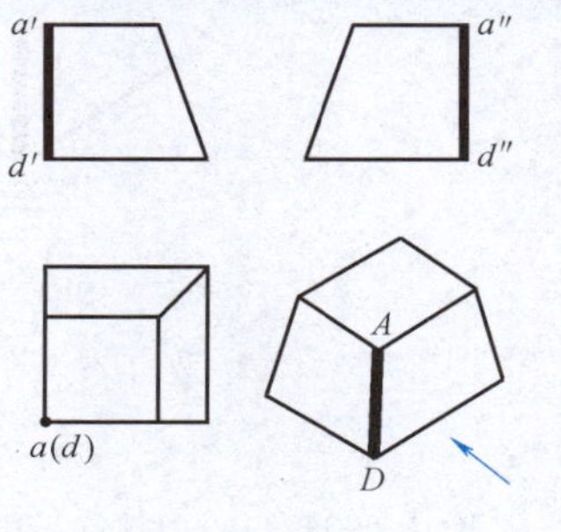

（续）

名称	正垂线（AB）	侧垂线（AC）	铅垂线（AD）
投影特性	1）正面投影积聚为一点 $a'(b')$ 2）水平投影和侧面投影反映实长，即 $$ab = a''b'' = AB$$	1）侧面投影积聚为一点 $a''(c'')$ 2）正面投影和水平投影反映实长，即 $$a'c' = ac = AC$$	1）水平投影积聚成一点 $a(d)$ 2）正面投影和侧面投影反映实长，即 $$a'd' = a''d'' = AD$$

表 2-3　投影面平行线

名称	正平线（AB）	侧平线（CD）	水平线（AC）
投影图及轴测图			
投影特性	正面投影反映实长，即 $a'b' = AB$（实形性）；水平投影和侧面投影均小于实长（类似性）	侧面投影反映实长，即 $c''d'' = CD$（实形性）；正面投影和水平投影均小于实长（类似性）	水平投影反映实长，即 $ac = AC$（实形性）；正面投影和侧面投影均小于实长（类似性）

即三个投影中，具有一个实形性和两个类似性。以上投影特性也是识别投影面平行线的依据。

投影面垂直线和投影面平行线统称为特殊位置直线。

（三）投影面倾斜线

倾斜于三个投影面的直线称为投影面倾斜线或一般位置直线。如正四棱台按图 2-14a 所示位置放置，并将箭头所指方向作为主视图的投射方向时，它的侧棱线 AB（和其他三条侧棱线）就是投影面倾斜线，它的三个投影 ab、$a'b'$ 和 $a''b''$ 都较线段 AB 的原长缩短了，且都倾斜于投影轴，如图 2-14b 所示，即三个投影都具有类似性。

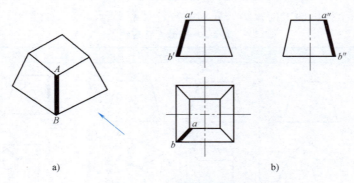

a)　　　　　　　　　　　　　　　b)

图 2-14　投影面倾斜线

综上所述，直线在三投影面体系中可分为下列三类七种情况：

$$投影面垂直线\begin{cases}正垂线\\侧垂线\\铅垂线\end{cases} \qquad 投影面平行线\begin{cases}正平线\\侧平线\\水平线\end{cases} \qquad 投影面倾斜线$$

三、平面的投影

根据平面对三个投影面的相对位置，平面可分为如下三类：

（一）投影面平行面

在三投影面体系中，凡平行于一个投影面（必然同时垂直于其他两个投影面）的平面称为投影面平行面。投影面平行面又可以分为正平面（平行于正面）、侧平面（平行于侧面）和水平面（平行于水平面）三种。表2-4列出了它们的投影图和投影特性。

表2-4　投影面平行面

名称	正平面(P)	侧平面(Q)	水平面(R)
投影图和轴测图	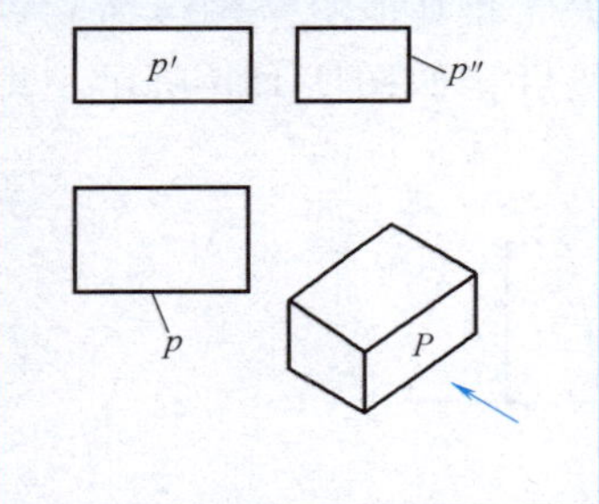	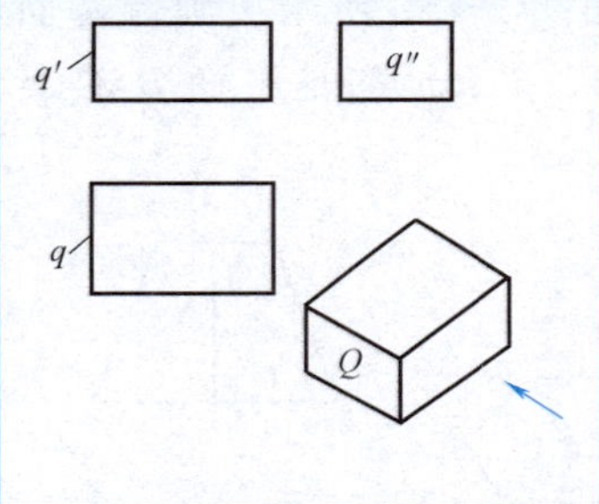	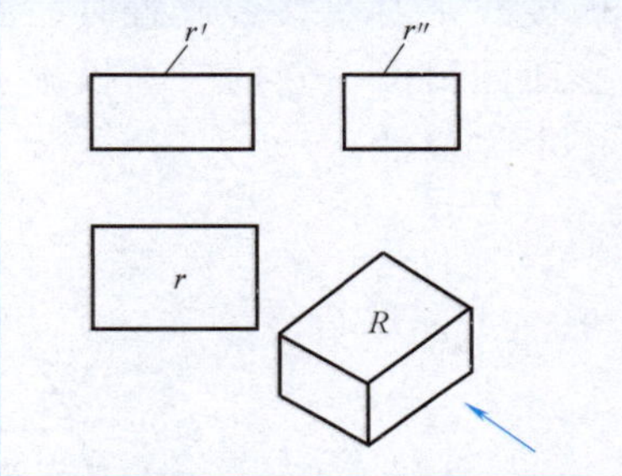
投影特性	正面投影反映平面的实形，水平投影和侧面投影积聚成直线	侧面投影反映平面的实形，正面投影和水平投影积聚成直线	水平投影反映平面的实形，正面投影和侧面投影积聚成直线

投影面平行面的投影特性可归纳为：

1）在平面所平行的投影面上的投影反映实形。

2）在其他两个投影面上的投影均积聚成直线，且平行（或垂直）于相应的投影轴。

即投影面平行面的一个投影具有实形性，两个投影具有积聚性。

（二）投影面垂直面

在三投影面体系中，凡垂直于一个投影面，同时倾斜于其他两个投影面的平面称为投影面垂直面。投影面垂直面又可以分为正垂面（垂直于正面）、侧垂面（垂直于侧面）和铅垂面（垂直于水平面）三种。它们的投影图和投影特性见表2-5。

表2-5　投影面垂直面

名称	正垂面(P)	侧垂面(Q)	铅垂面(R)
投影图和轴测图	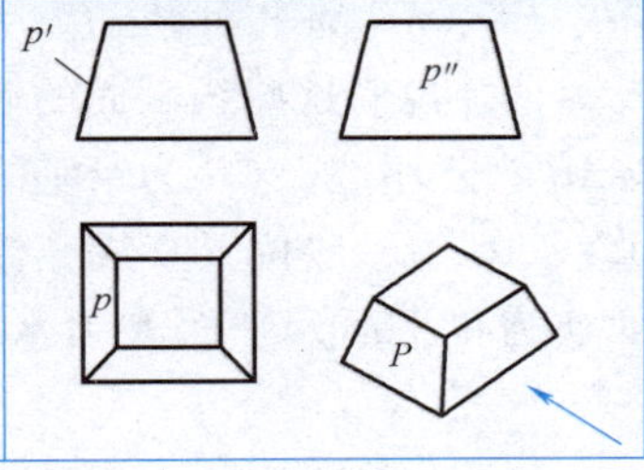	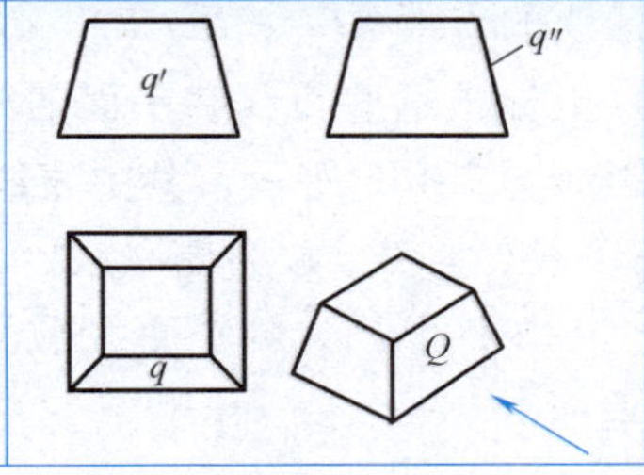	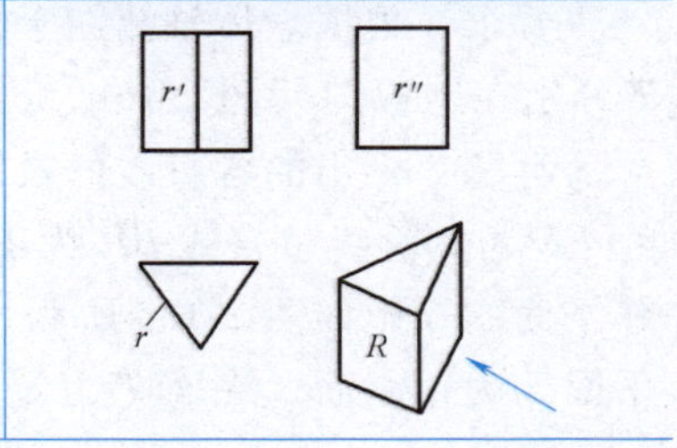

（续）

名称	正垂面（P）	侧垂面（Q）	铅垂面（R）
投影特性	正面投影积聚成直线,其他两个投影具有类似性	侧面投影积聚成直线,其他两个投影具有类似性	水平投影积聚成直线,其他两个投影具有类似性

投影面垂直面的投影特性可归纳为：

1）在平面所垂直的投影面上的投影积聚成直线，且倾斜于投影轴。

2）在其他两个投影面上的投影是面积缩小了的类似图形。

即投影面垂直面的投影具有一个积聚性和两个类似性。

投影面平行面和投影面垂直面统称为特殊位置平面。

（三）投影面倾斜面

对三个投影面都倾斜的平面称为投影面倾斜面或一般位置平面。当正四棱台的一根侧棱线正对观察者放置时，如图 2-15a 所示，则侧棱面 P（和其他三个侧棱面）就是投影面倾斜面。它的三个投影 p、p'、p'' 都是平面 P 的类似形，如图 2-15b 所示。即具有三个类似性。

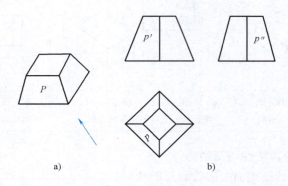

a)　　　　　　　　　　b)

图 2-15　投影面倾斜面

综上所述，平面在三投影面体系中可分为下列三类七种情况：

投影面平行面 { 正平面, 侧平面, 水平面 }　　投影面垂直面 { 正垂面, 侧垂面, 铅垂面 }　　投影面倾斜面

例 2-1　已知：立体的轴测图（图 2-16a）和两组相同的三视图（图 2-16b、c）。

要求：根据立体轴测图上标明的直线 AB、CD、EF、BH、EK、AG 和平面 P、Q、R、S、T 分别在三视图（图 2-16b、c）上标出这些直线和平面的投影，并说明这些线、面的名称。

解题：标出的各直线的投影如图 2-16b 所示，其中直线 AB 为正垂线，CD 为铅垂线，直线 EF 为侧垂线，直线 BH 为正平线，直线 EK 为侧平线，直线 AG 为一般位置直线。标出的各平面的投影如图 2-16c 所示，其中平面 P 为侧平面，平面 Q 为正平面，平面 R 为水平面，平面 S 为正垂面，平面 T 为侧垂面。

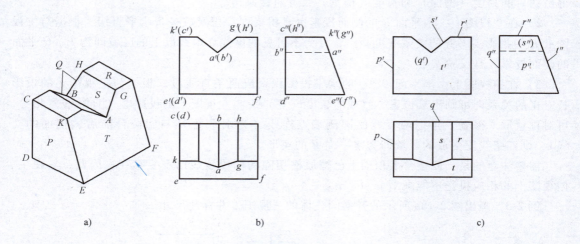

a)   b)   c)

图 2-16   立体表面上的线、面投影分析

a）轴测图   b）立体表面上线的投影分析   c）立体表面上面的投影分析

第四节   带切口立体的三视图

本节通过几个实例进一步讨论工程上常见的带切口立体的三视图画法。

例 2-2   画出图 2-17a 所示带切口正四棱台的三视图。

分析：带切口正四棱台按图 2-17a 所示位置放置，并将箭头所指 A 方向作为主视图的投射方向时，切口是由两个侧平面 P、Q 和一个水平面 R 切割得到的，并形成通槽。因此，侧平面 P、Q 的正面投影和水平投影均积聚成直线，而侧面投影反映实形；水平面 R 的正面投影和侧面投影均积聚成直线，而水平投影反映实形。

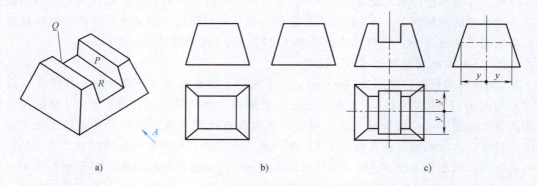

a)   b)   c)

图 2-17   带切口正四棱台的三视图画法

a）轴测图   b）画出完整四棱台的三视图   c）画出切口，得切口四棱台的三视图

作图：（1）画出完整四棱台的三视图，如图 2-17b 所示。

（2）画出切口的投影，如图 2-17c 所示。

1）在主视图上，由于平面 P、Q、R 均垂直于正面，所以正面投影积聚成三条直线段，可由切口的高度（槽深）和长度（槽宽）尺寸直接画出。

2）在左视图上，水平面 R 的侧面投影也有积聚性，积聚成一条水平直线，根据与主视图上 R 的投影高平齐的关系即可画出，且为不可见的虚线。虚线以上的区域即为 P、Q 平面的侧面投影，且反映实形。

3）在俯视图上，侧平面 P、Q 的水平投影积聚成两条直线段，根据与主视图上的投影长对正的关系即可画出其位置，直线的长度（宽）应与左视图上的投影虚（直）线宽相等，可对称量取 y 得到。再把两直线的同侧端点连线（为水平面 R 与四棱台前后侧棱面的交线），则四条线段围成的区域即为水平面 R 的实形。

需要注意的是：四棱台上顶面上已被通槽切除的两段棱线已不复存在，因此，它在主、俯视图上的相应投影不能画出。

例 2-3　画出图 2-18a 所示的开槽圆柱体的三视图，并标注尺寸。

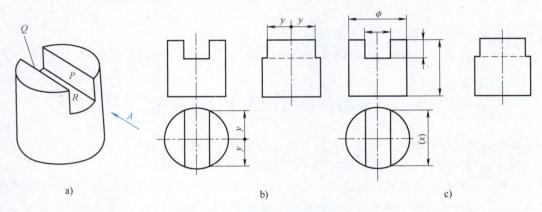

图 2-18　开槽圆柱体的三视图和尺寸

a）轴测图　b）三视图　c）标注尺寸

分析：开槽圆柱体采用图 2-18a 所示位置放置，并将箭头所指 A 方向作为主视图的投射方向。此时槽的两侧面 P、Q 为侧平面，它们与圆柱面的交线为四条平行于圆柱轴线的直素线；槽底面 R 为水平面，它与圆柱面的交线是同一圆上的两段圆弧。

作图：1）画出完整圆柱体的三视图。

2）画通槽的投影，如图 2-18b 所示。在主视图上根据槽宽（长度尺寸）和槽深（高度尺寸）可画出由平面 P、Q、R 积聚成的三条直线段；在俯视图上，侧平面 P、Q 的投影积聚成两条直线段，可根据长对正关系画出，该两条直线段和所夹的两段圆弧就是水平面 R 的水平投影，且反映实形；在左视图上，圆柱体上部的两段投影轮廓线被通槽切除，所以不应再画，而应画出侧平面 P、Q 与圆柱面的交线——四条铅垂线的投影，可根据与水平投影（积聚成四点）保持宽相等的关系画出，即对称量取 y 得到；水平面 R 积聚成为直线段，其两端的一小段是可见的，应画成粗实线，中间部分被圆柱面遮挡为不可见，应画成虚线，该虚线以上部分的矩形线框就是平面 P、Q 的实形。

3）标注尺寸。开槽圆柱体应标注圆柱体的定形尺寸：直径和高度；还应标注切口的相对位置尺寸，即通槽的长度和高度尺寸，如图 2-18c 所示。而图 2-18c 所示的尺寸"x"是不必标注的，因为该尺寸已经由圆柱的直径和通槽的长度尺寸确定。

例 2-4　画出图 2-19a 所示开槽半圆球的三视图，并标注尺寸。

分析：开槽半圆球按图 2-19a 所示位置放置，并将箭头所指 A 方向作为主视图的投射方向，则槽的两侧面 P、Q 为侧平面，它们与半圆球的交线为两段等半径的圆弧，它们的侧面投影重影，并反映实形，在主、俯视图上的投影积聚成直线。槽的底面 R 为水平面，它与半圆球的交线为同一圆上的两段圆弧，且水平投影反映实形，它在主、左视图上的投影均积聚成直线。

作图：（1）画出完整半圆球的三视图。

（2）画出通槽的投影，如图 2-19b 所示。

1）根据通槽的高度（槽深）和长度（槽宽）尺寸，画出形成通槽的平面 P、Q、R 在主视图上的投影，积聚为三条直线段。

2）在俯视图上，根据与主视图长对正的关系，画出平面 P、Q 的水平投影，积聚成两直线段，并以主视图上量得的 R_1 为半径画出两段同心圆弧，则由它们所围成的封闭图形就是通槽的水平投影，也是水平面 R 的实形。

3）在左视图上，以主视图上量得的 R_2 为半径画出一段圆弧（侧平面 P、Q 与半圆球的交线），又根据与主视图高平齐的关系，画出水平面 R 的侧面投影，积聚为直线段，该直线段与 R_2 弧两交点以外的两小段为可见，应画成粗实线，中间部分为不可见，应画成虚线。

需要注意的是：在主、左视图上，已被通槽切除的投影轮廓线不能画出。

最后进行整理并加深图线，就得到了开槽半圆球的三视图。

（3）标注尺寸　开槽半圆球应标注球的定形尺寸球半径 SR，以及通槽的长度和高度尺寸，如图 2-19c 所示。

注意，图 2-19b 所示的平面 R、P 分别与半圆球的交线圆弧半径 R_1 和 R_2 仅供作图时使用，在标注尺寸时不应注出，如图 2-19c 所示。理由请读者自行理解。并请读者注意比较：在本节带切口立体的三视图的三个例题中，形成切口（通槽）的平面 P、Q、R 在俯、左视图上的投影及其画法的不同之处。

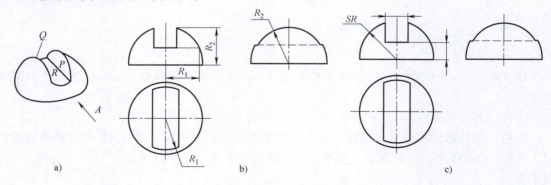

图 2-19　开槽半圆球的三视图和尺寸

a）轴测图　b）三视图　c）标注尺寸

第五节　立体表面上点的投影

求作立体表面上点的投影通常称为立体表面取点。在后面求作立体表面交线——截交线和相贯线时，经常需要应用立体表面取点的方法。

在前面点的投影中已经介绍：在三投影面体系中，已知点的任意两个投影就可以确定点的空间位置，即一定可以求出第三个投影。对于立体表面上的点，在已知立体三视图的情况下，则一般只需知道点的一个投影即可求出其他两个投影。下面分两种情况介绍其求法。

一、位于立体表面上的点，当该表面的一个（或两个）投影具有积聚性，且点的一个已知投影不在积聚性的投影上

在这种情况下，可以直接利用积聚性作图求解，举例如下。

例 2-5 已知正六棱柱的三视图和左前棱面上的一点 D 的正面投影 d'，如图 2-20a、b 所示。

求作：另外两个投影 d 和 d''。

分析：点 D 所在棱面为铅垂面，其水平投影积聚成直线，故点 D 的水平投影 d 必在该直线上，且与 d' 长对正，由此可求得 d；再由 d' 和 d 利用"三等关系"可求得 d''。

作图：如图 2-20c 所示。

1）根据"长对正"，由 d' 绘制垂直线与左前棱面的水平投影——积聚性直线的交点即为 d。

2）根据"高平齐、宽相等"，由 d' 和 d 可求得 d''。

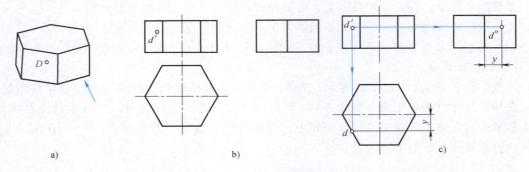

图 2-20 求正六棱柱表面上点的投影

a）轴测图 b）已知 c）求解

例 2-6 已知圆柱体的三视图和圆柱面上 A、B 两点的正面投影 a'、b'，如图 2-21a、b 所示。

求作：另外两个投影 a、a'' 和 b、b''。

分析：圆柱的轴线垂直于侧面，圆柱面的侧面投影积聚成圆，故 A、B 两点的侧面投影 a''、b'' 必在该圆周上，且应满足"高平齐"，据此可求得 a''、b''；再由"长对正、宽相等"可求得 a、b。

作图：如图 2-21c 所示。

1）由 a'、b' 分别绘制水平线，与左视图投影圆的两个交点即为 a'' 和 b''。由于 a'、b' 为可见（位于前半个圆柱体上），所以 a''、b'' 在右半个投影圆上。

2）由"长对正、宽相等"求得 a、b。

讨论：

1）对圆柱表面上的点，若一个投影位于轴线上（如 a'），则另一个投影必位于投影轮

廓线上（如 a）；反之亦然。

2）若点的一个已知投影本身位于积聚性的投影上，如图 2-21b 所示的 c''，则无法求出其他两个投影 c 和 c'。

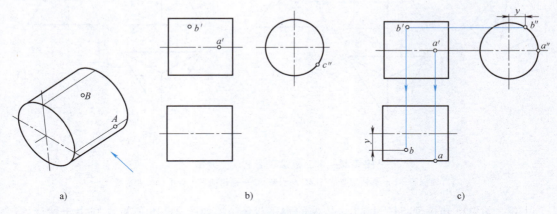

图 2-21　求圆柱体表面上点的投影
a）轴测图　b）已知　c）求解

二、位于立体上投影无积聚性的表面上的点

已知立体的三视图和投影无积聚性的表面上点的一个投影，求另外两个投影时（此时无积聚性可利用），除需要利用"三等关系"外，还需要借助于"点在线上，线在面上，则点必定在面上"的关系来求解。即一般应先在表面上过该点取一辅助线——直线或圆，求得辅助线的各投影，再根据"三等关系"求得点的另外两个投影。

例 2-7　已知三棱锥的三视图和棱面 SAB 上点 M 的水平投影 m，如图 2-22 所示。

求作：点 M 的另外两个投影 m' 和 m''。

分析：点 M 所在棱面 SAB 为一般位置平面，其三个投影都没有积聚性，所以必须通过画辅助线来求解。可过点 M 和三棱锥顶点 S 画辅助线 $S(M)D$ 或过点 M 画辅助水平线 I(M)II，如图 2-22a 所示，并画出辅助线的各投影，再由 m 通过"三等关系"求得 m' 和 m''。

作图：

方法（一），如图 2-22b 所示。

1）连接 sm，并延长交 ab 于 d，得 sd。

2）根据长对正，由 d 向上投射可求得 d'；根据宽相等，由 d 可求得 d''。从而可得到连线 $s'd'$、$s''d''$，则 m' 和 m'' 应分别在线段 $s'd'$ 和 $s''d''$ 上。

3）再根据长对正，由 m 向上投射可求得 m'；根据高平齐，由 m' 向右投射，可求得 m''。

方法（二），如图 2-22c 所示。

1）过点 m 画线段 $12//ab$，分别交 sa、sb 于 1、2 两点。

2）根据长对正，由 1 向上投射，与 $s'a'$ 相交，其交点即为 $1'$。由于空间直线 I II$//AB$，且均为水平线，如图 2-22a 所示，故 I II 的正面投影和侧面投影均为横平线，因此由 $1'$ 点画横平线，即可求得 $1'2'$ 和 $1''2''$，则 m' 和 m'' 应分别在线段 $1'2'$ 和 $1''2''$ 上。

3）根据长对正，由 m 向上投射可求得 m'，根据宽相等，由 m 可求得 m''。

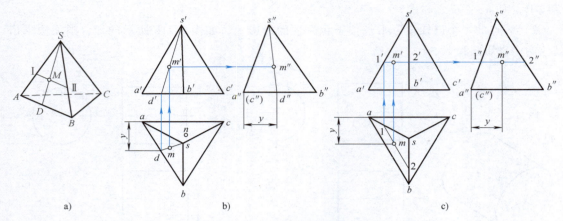

图 2-22　求三棱锥表面上点的投影

a）轴测图　b）画辅助直线 $S(M)D$ 求解　c）画辅助水平线 Ⅰ(M)Ⅱ求解

讨论：如果已知棱面 SAC 上的一点 N 的水平投影 n，如图 2-22b 所示，则由于棱面 SAC 在左视图上有积聚性，故可借助于积聚性来求解 n' 和 n''，而不必绘制辅助线来求解。即属于第一种情况，请读者试解之。

例 2-8　已知圆锥的三视图和圆锥表面上一点 K 的正面投影 k'，如图 2-23 所示。

求作：点 K 的另外两个投影 k 和 k''。

分析：因为圆锥表面的三个投影均无积聚性，所以由点的一个投影求其他两个投影，应在圆锥表面上过该点画辅助线来求解。即先画出辅助线的投影，再根据投影关系由 k' 求出 k 和 k''。常用的方法有辅助纬线（圆）法和辅助素线（直线）法两种。

作图：

方法（一）辅助纬线法，如图 2-23a、b 所示。

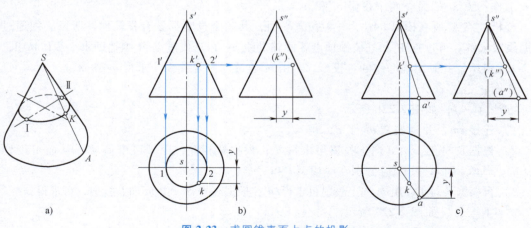

图 2-23　求圆锥表面上点的投影

a）轴测图　b）用辅助纬线法求解　c）用辅助素线法求解

1）过点 K 画一平行于底面的辅助纬圆，即在正面投影中过点 k' 先画一横平线 $1'2'$，则 $1'2'$ 即为辅助纬圆的正面投影，并反映辅助纬圆的直径；再在水平投影上，以点 s 为圆心，$1'2'$ 的二分之一长度为半径画圆，该圆即为辅助纬圆的水平投影。

2）因为点 K 在辅助纬圆上，所以点 K 的水平投影 k 一定在辅助纬圆的水平投影圆上，根据长对正由 k′可求得 k。

3）由 k′和 k 可求得（k″）。

讨论：如果已知圆锥表面上点 K 的水平投影 k 或侧面投影（k″），求另外两个投影。此时应如何用辅助纬线法求解，请读者自行完成。

方法（二）辅助素线法，如图 2-23a、c 所示。

因圆锥表面的素线均为直素线，所以本题也可以过圆锥顶点 S 和点 K 画辅助素线 S（K）A，如图 2-23a 所示，并求出其三个投影，再按投影关系由 k′求出 k 和（k″），如图 2-23c 所示。具体步骤请读者自己分析。需要说明的是：在本例题中，点 K 位于右半个圆锥面上，在左视图上的投影为不可见，故标记为（k″）。

第六节　立体表面交线

在物体上经常遇到平面与立体表面相交以及立体与立体表面相交而产生的交线——截交线和相贯线。因此，为了迅速、正确地画出物体的三视图，除了要正确画出物体上的棱线和投影轮廓线的投影外，还必须熟练掌握这些立体表面交线的画法。下面分别予以介绍。

一、截交线

（一）截交线的概念

平面与立体表面相交产生的交线称为截交线，如图 2-24 所示；截切立体的平面称为截平面；而立体被截切后形成的平面，即截交线所围成的平面称为截断面或断面。

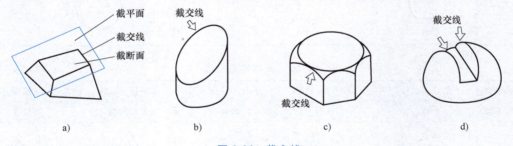

截平面
截交线
截断面
截交线
截交线
截交线

a)　　　　　b)　　　　　c)　　　　　d)

图 2-24　截交线

a）截切平面立体　b）截切圆柱体　c）截切圆锥体　d）截切球体

（二）截交线的性质

1）截交线是截平面与立体表面的共有线，即截交线上的点都是两者的共有点，既在截平面上，又在立体表面上。

2）截交线一般是由直线或曲线或直线和曲线围成的封闭的平面图形。

3）截交线的形状取决于立体的形状以及截平面与立体的相对位置（其投影的形状则还取决于截平面与投影面的相对位置）。

（三）几种常见曲面立体（回转体）的截交线

平面立体的截交线都是由直线围成的平面多边形，形状和画法都比较简单；而曲面立体的截交线一般都是由曲线或直线和曲线围成的平面曲线（特殊情况下，才是由直线围成的平面多边形），其形状和画法都比较复杂，是本节讨论的主要对象。其中，圆柱、圆锥和圆球的截交线尤为常见。

1. 圆柱的截交线

截切圆柱时，截平面与圆柱轴线的三种不同相对位置及其相应的截交线见表 2-6。

2. 圆锥的截交线

平面截切圆锥时，截平面与圆锥的各种相对位置及其相应的截交线见表 2-7。

表 2-6　圆柱的截交线

截平面位置	与轴线平行	与轴线垂直	与轴线倾斜
截交线形状	矩形	圆	椭圆
轴测图	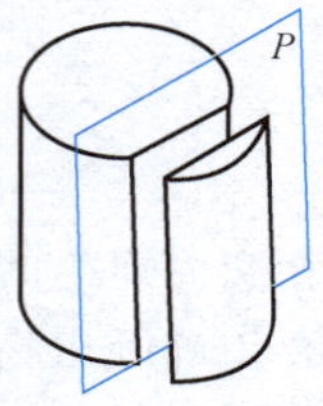	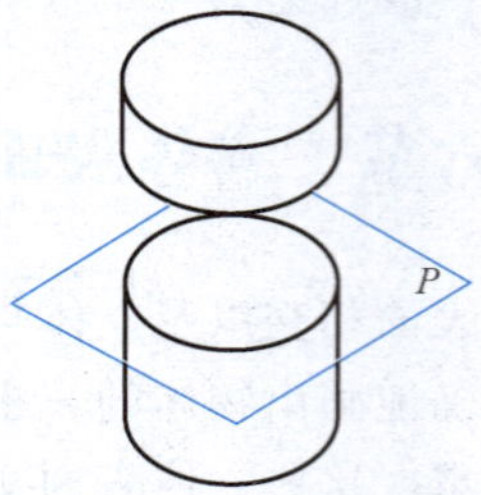	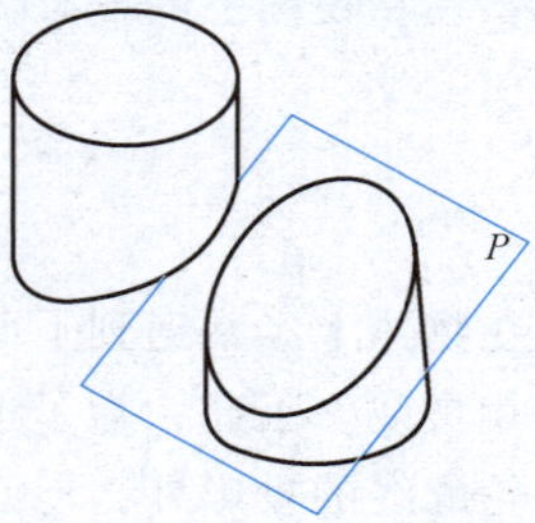
投影图	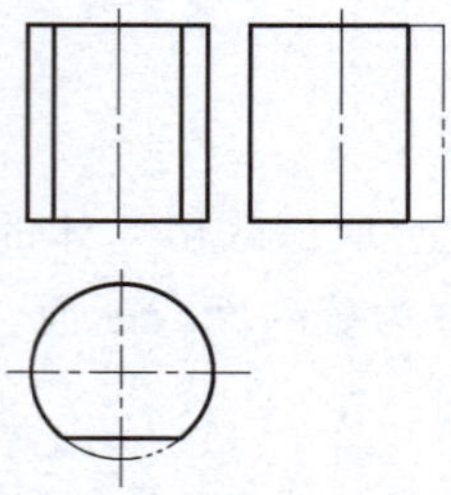	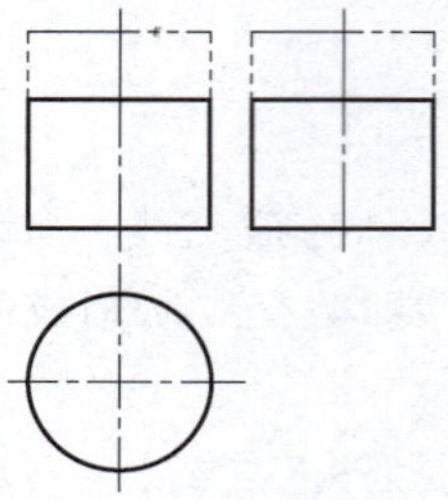	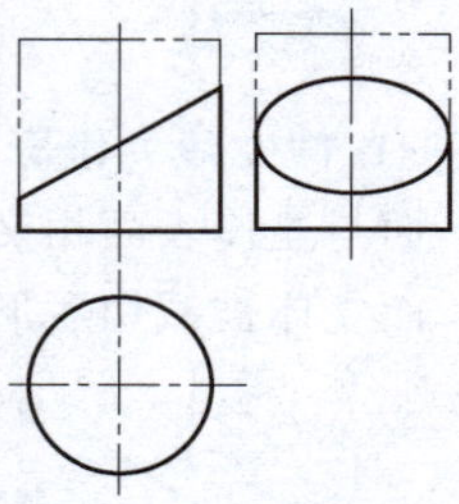

表 2-7　圆锥的截交线

截平面位置	垂直于轴线	与所有素线相交	平行于一条素线	平行于轴线	过锥顶
截交线形状	圆	椭圆	抛物线	双曲线	两直线
轴测图	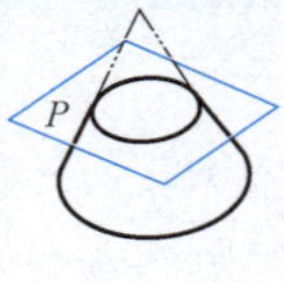	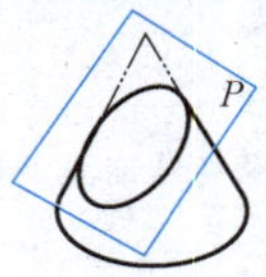	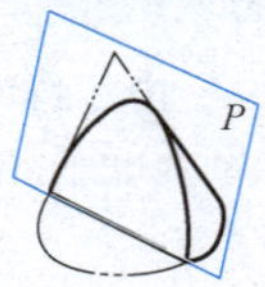	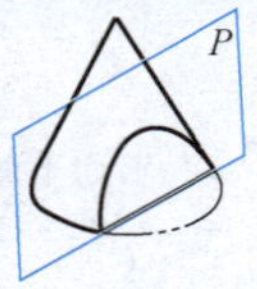	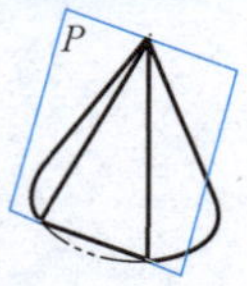
投影图		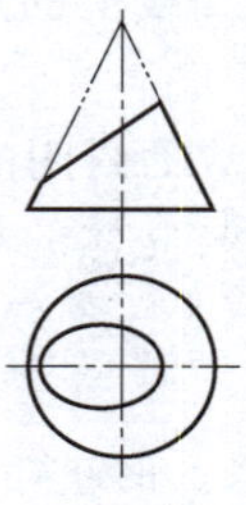	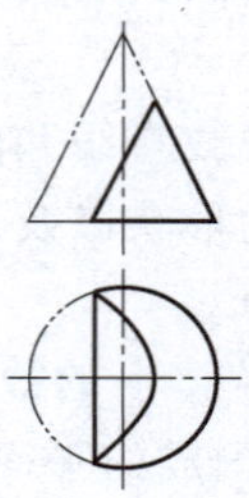	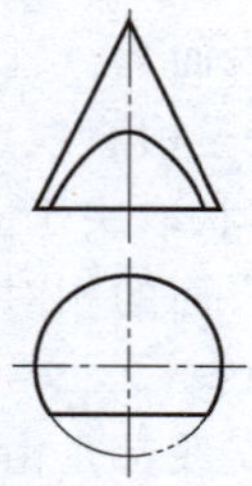	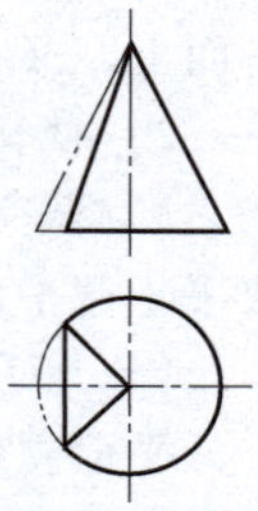

3. 圆球的截交线

平面截切圆球时，无论截平面位置如何，都与球的轴线垂直，其截交线均为圆。只是截平面相对于投影面的位置不同，其截交线的投影可以是直线、圆或椭圆，见表2-8。

表2-8　圆球的截交线

截平面位置	正平面	水平面	正垂面
截交线形状	圆	圆	圆
轴测图	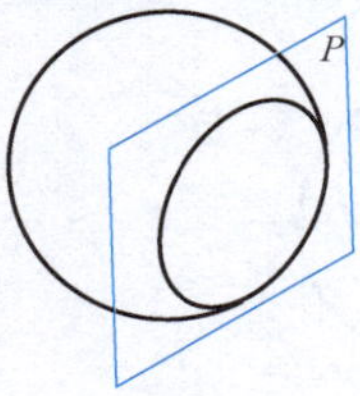	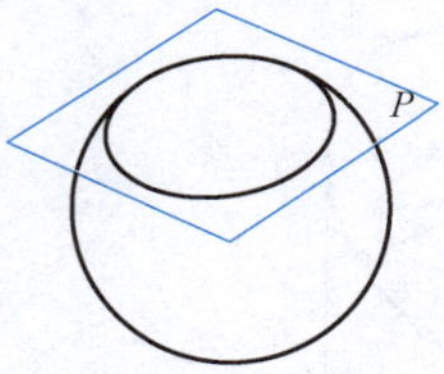	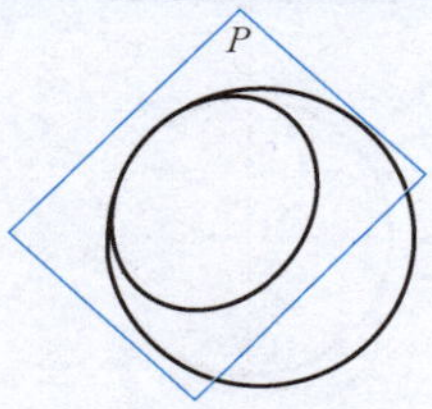
投影图	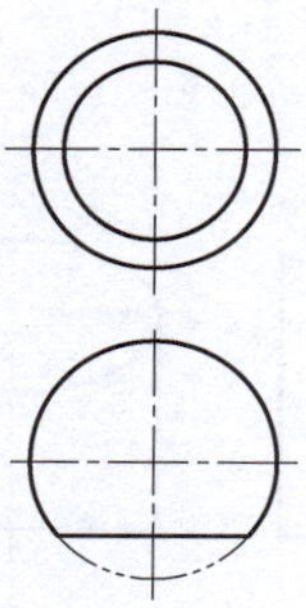	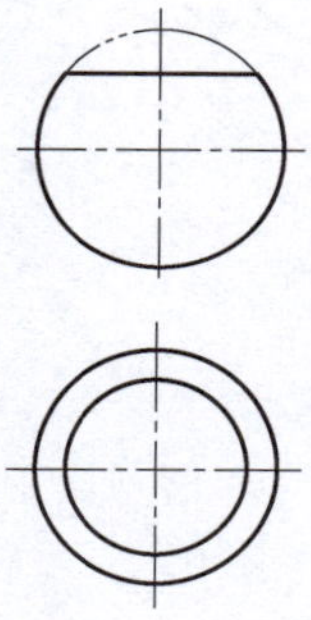	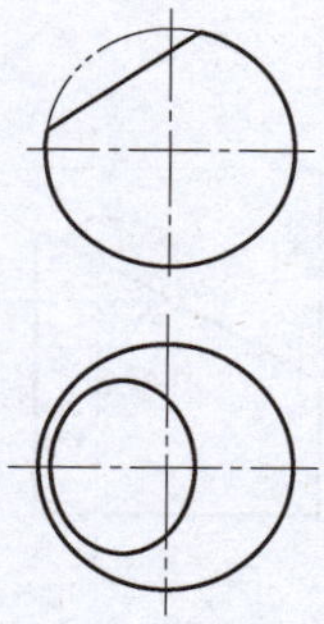

（四）截交线的画法

在前面讲述带切口立体的三视图时，事实上形成切口的平面就是截平面，它与立体表面的交线就是截交线。其中切口四棱台为平面与平面立体相交，切口圆柱体和切口半球体为平面与曲面立体相交，且截平面与它们的轴线平行或垂直，所以上述三例中，截交线均为直线和圆，比较容易画出，已在前面讲解。下面通过实例说明包含非圆平面曲线截交线的画法。

例2-9　已知圆柱被正垂面 P 斜截后的主、俯视图，如图2-25a 所示，试画全其左视图。

分析：正垂面 P 与圆柱轴线斜交，由表2-6可知截交线为一椭圆，其正面投影积聚成直线，水平投影与圆柱的水平投影（圆）重合。所以，画全左视图主要是画出截交线的侧面投影。可利用圆柱表面取点（二求三）的方法求出截交线上一系列点的侧面投影，再光滑连接各点即可。

作图：

1）求出截交线上特殊点的投影，如最低点 I、最高点 II（I、II 又是椭圆长轴的两端点和圆柱正面投影轮廓线上的点）、最前点 III 和最后点 IV（III、IV 又是椭圆短轴的两端点和圆柱侧面投影轮廓线上的点）等特殊点的侧面投影 1″、2″、3″、4″，如图2-25b 所示。

2）用表面取点的方法，求得一般位置点 V、VI、VII、VIII 的侧面投影 5″、6″、7″、8″，如图2-25c 所示。

3）按照各点水平投影中的顺序依次光滑连接侧面投影上的各点，即得截交线的侧面投影——椭圆，并画全斜截圆柱体的左视图，如图 2-25d 所示。

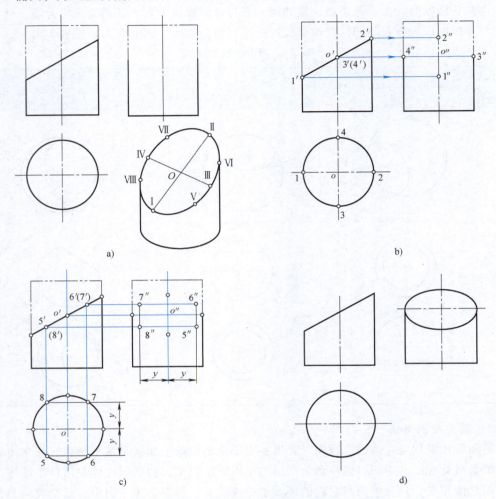

图 2-25　斜截圆柱体截交线的画法

a）已知　b）求特殊点侧面投影　c）求一般点侧面投影　d）光滑连接各点

例 2-10　已知圆锥被侧平面截切后的主、俯视图，如图 2-26a、b 所示。

求作：它的左视图。

分析：由于截平面是侧平面，与圆锥轴线平行，故由表 2-7 可知截交线为双曲线。并且其侧面投影反映实形，水平投影和正面投影均积聚成直线，所以截交线的投影也在这两条直线上，即截交线的两个投影是已知的，因此可用表面取点的方法求得侧面投影。

作图：如图 2-26c 所示。

1）求出截交线上的特殊点Ⅳ（最高点，又是正面投影轮廓线上的点）、Ⅶ（最前、最低点）、Ⅰ（最后、最低点）的侧面投影 4″、7″和 1″。

2）用辅助纬线法求一般点Ⅱ、Ⅵ的侧面投影：在正面投影中，过点 6′、（2′）画辅助纬圆——投影为一水平直线段，且反映辅助纬圆的直径；以此直径为直径，画出反映辅助纬圆实形的水平投影圆，该圆与截交线水平投影直线的两个交点即为 6 和 2；再由"三等关

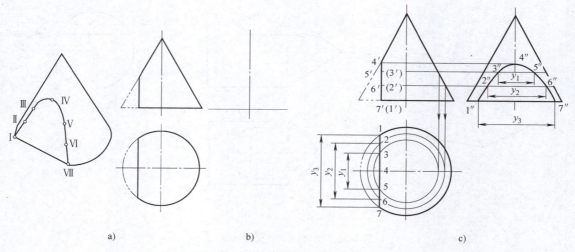

a)　　　　　　　　　　　　b)　　　　　　　　　　　　c)

图 2-26　圆锥被侧平面截切的截交线画法

a）轴测图　b）已知　c）求出截交线的侧面投影

系"即可求得侧面投影 6″和 2″。

3）同理，沿用此法可求得截交线上的Ⅲ、Ⅴ等一系列一般点的侧面投影 3″、5″等。

4）依次光滑连接以上各点，即得截交线的侧面投影。最后，再画全左视图。

讨论：本题也可以使用辅助素线法求解，只要作图正确，其结果一定是相同的。

上面两个例题介绍了基本立体表面截交线的求法。当平面截切组合立体时，首先必须分析它是由哪些基本立体组成的，并找出它们的分界线；然后分别求出它们的截交线及其分界点，也是连接点，则连接点将几段不同的截交线连接而成的组合平面图形即为组合立体的截交线。下面举例说明其求法。

例 2-11　已知机床顶尖头部被 P、Q 两平面截切，形成切口，如图 2-27a 所示。

求作：截交线的投影和顶尖的三视图。

分析：图 2-27a 所示的顶尖是由同轴线的圆柱和圆锥组成的，公共底圆是它们的分界线。按图 2-27a 所示位置放置时，顶尖的轴线为侧垂线，P 为水平面，Q 为正垂面。平面 P 截切圆锥的截交线为双曲线Ⅱ Ⅰ Ⅲ，截切圆柱的截交线为两条直素线ⅡⅣ和ⅢⅤ；平面 Q 截切圆柱的截交线为部分椭圆Ⅳ Ⅵ Ⅴ。由于平面 P 在主、左视图上均积聚成直线；平面 Q 在主视图上也积聚成直线，在左视图上与圆柱的投影圆重合（指截交线部分）。因此截交线的正面投影和侧面投影均可视为已知，故只需求出水平投影。

作图：如图 2-27b 所示。

1）画出水平面 P 截切圆锥所得的截交线——双曲线的水平投影（画法参见例 2-10）：先画出特殊点Ⅰ、Ⅱ、Ⅲ的水平投影 1、2、3；再画出一般点Ⅶ、Ⅷ的水平投影 7、8；最后光滑连接 2、7、1、8、3 各点。

2）画出正垂面 Q 截切圆柱所得的截交线——椭圆弧的水平投影（画法参见例 2-9）：先画出特殊点Ⅳ、Ⅴ、Ⅵ的水平投影 4、5、6；再画出一般点Ⅸ、Ⅹ的水平投影 9、10；最后光滑连接 4、9、6、10、5 各点。

3）画出水平面 P 截切圆柱所得的截交线——两条直素线的水平投影：分别连接 2、4

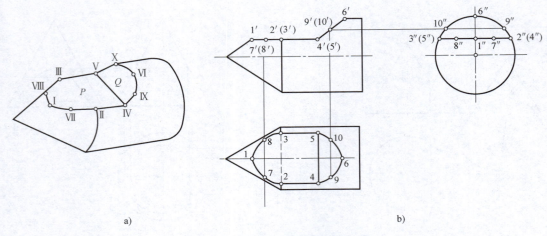

图 2-27　组合立体截交线的求法

a）轴测图　b）画出截交线和三视图

和 3、5，则 24 和 35 即为所求两直线（因为 2、3、4、5 四点为三组截交线的连接点）。

4）画出 P、Q 两平面交线的水平投影：连线 45 即为所求。

5）补画圆柱和圆锥公共底圆的水平投影：过 2、3 两点的直线段，且 2、3 两点的外侧为粗实线，2、3 两点间为虚线。

6）检查、整理、加深图线，完成全图。

二、相贯线

（一）相贯线的概念

两立体相交产生的表面交线称为相贯线。根据两立体的几何性质，相贯又可分为：两平面立体相贯，如图 2-28a 所示；平面立体和曲面立体相贯，如图 2-28b 所示；两曲面立体相贯，如图 2-28c 所示。前两种情况的相贯线比较简单，总是由直线、平面曲线所组成的，作图容易，所以本节只讨论两曲面立体相贯的相贯线。

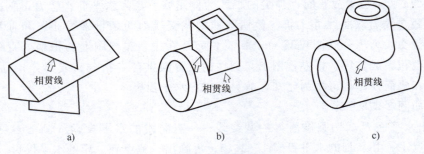

图 2-28　相贯线

a）两平面立体相贯　b）平面立体与曲面立体相贯　c）两曲面立体相贯

（二）相贯线的性质

两曲面立体的相贯线具有如下性质：

1）相贯线是两曲面立体的共有线（相贯线上的点是两曲面立体的共有点），因此相贯线的投影必定在两曲面立体的公共投影部分。

2）两曲面立体的相贯线在一般情况下是封闭的空间曲线，如图 2-28c 所示，特殊情况下可以是平面曲线（图 2-32）或直线（图 3-12b）。

3）相贯线的形状取决于两立体的形状及其相对位置。当两立体为回转体时，其相对位置有两立体的轴线正交（90°相交）、斜交（非 90°相交）、偏交（两轴线交叉）。本节只讨论最为常见的正交相贯。

（三）求两曲面立体相贯线的方法

根据具体情况的不同，求两曲面立体的相贯线可分别采用如下三种不同的方法。

1. 表面取点法

当两曲面立体的投影均具有积聚性时，可利用积聚性并通过表面取点的方法求得相贯线。

例 2-12　已知两圆柱体的轴线垂直相交，如图 2-29a 所示。

求作：它们的相贯线的投影。

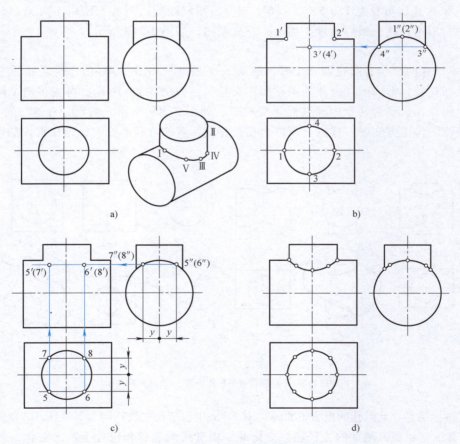

图 2-29　求两个正交圆柱的相贯线

a）轴测图和已知两投影　b）求特殊点的正面投影　c）求一般点的正面投影　d）连接各点并整理、加深

分析：由图 2-29a 所示可知，两正交相贯圆柱的轴线分别垂直于水平面和侧平面，故小圆柱的水平投影和大圆柱的侧面投影均积聚为圆。又因为相贯体具有前后、左右的对称面，

因此相贯线应为前后、左右对称的一条封闭的空间曲线。由于小圆柱全贯（所有素线都参加相贯）于大圆柱，因此相贯线的水平投影在小圆柱的投影圆上，而侧面投影在大圆柱投影圆的一段圆弧上（与小圆柱公共投影的部分）。根据这两个已知投影，就可以用表面取点的方法求出相贯线的正面投影。

作图：（1）求特殊位置点 1′、2′为两圆柱正面投影轮廓线的交点，一定是相贯线上的点，同时它们又是相贯线的最高点，最左、最右点，相贯线在正面投影上可见与不可见部分的分界点，由投影关系可求得1、2和1″、（2″）；同理，在侧面投影上，3″、4″也是相贯线上的点，且为相贯线的最前、最后点，也是最低点，由投影关系可求得3、4和3′（4′），如图2-29b所示。

（2）求一般位置点 在相贯线水平投影的圆上取一般位置点5，则根据"宽相等"可求得它在左视图上的相应投影5″；再根据"长对正"，由5向上投影，根据"高平齐"，由5″向左投影，其交点即为正面投影5′。同理，可求得6′、（7′）、（8′）等一系列一般位置点的正面投影，如图2-29c所示。

（3）依次连接可见点1′、5′、3′、6′、2′ 因相贯线前后对称，所以不可见部分与可见部分重影，不用连接，最后整理、加深，完成全图，如图2-29d所示。

讨论：

1）本例是两个实心圆柱即两个外圆柱面正交相贯，如图2-30a所示；若将垂直小圆柱变成一个圆柱孔，即内圆柱面和外圆柱面正交相贯，如图2-30b所示；再或将两个圆柱同时变成两个圆柱孔，成为两个内圆柱面正交相贯，如图2-30c所示。然而，在这三种情况下，求其相贯线的作图方法是一样的。所以当正交相贯两者的直径不变时，则相贯线的形状也是完全一样的。

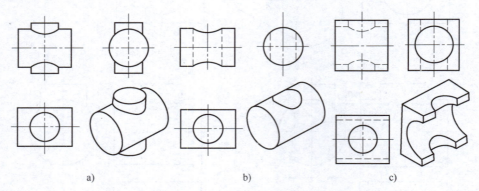

a)   b)   c)

图 2-30 两圆柱（或圆柱孔）正交相贯的三种形式

a）两圆柱相贯 b）圆柱与圆柱孔相贯 c）两圆柱孔相贯

需要注意的是：此时孔的投影轮廓线（图2-30c中包括相贯线）均为不可见，应画成虚线。

2）当正交相贯两圆柱的直径相对变化时，相贯线的形状和位置也随之变化，如图2-31所示。从图2-31a、c中可以看出，较小圆柱的素线全部与大圆柱相贯，而大圆柱只有一部分素线参与其相贯，因此两圆柱相贯线的正面投影必然向大圆柱内弯曲，即如图2-31a所示时，相贯线是上、下两条曲线；如图2-31c所示时，相贯线是左、右两条曲线。尤其要注意的是，当两圆柱直径相同时（简称等径相贯），相贯线由两条空间曲线变化为两条平面曲

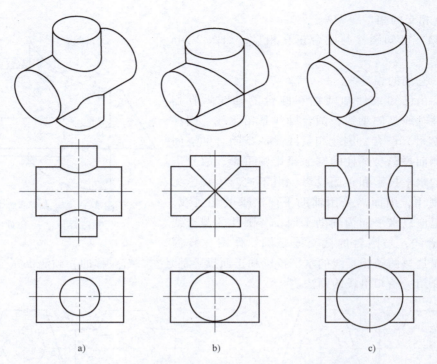

图 2-31 圆柱（铅垂圆柱）直径变化时相贯线的变化

a）铅垂圆柱直径小时　b）等径相贯时　c）铅垂圆柱直径大时

线——两个垂直于正面的椭圆。此时它的正面投影为相交两直线，如图 2-31b 所示。图 2-32 所示为两圆柱等径相贯的三种常见情况。

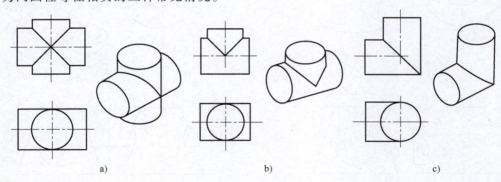

图 2-32 两圆柱等径相贯的三种常见情况

2. 辅助平面法

求两曲面立体的相贯线时，有时无积聚性可利用，此时可以绘制与两个曲面立体都相交（也可以与立体相切，有切线）的辅助平面切割这两个立体，产生两条截交线，这两条截交线（或切线）的交点是辅助平面和两曲面立体表面的三面共有点，即为相贯线上的点。如图 2-33 所示，P、Q 为两曲面，为求其表面交线（相贯线）MN，可画一辅助平面 R，面 R 分别与面 P、Q 相交产生交线 Ⅰ、Ⅱ，则 Ⅰ 和 Ⅱ 的交点 K 是 P、Q、R 三面的共有点，必是相贯线 MN 上的点。同理，再画若干个辅助平面，即可求得一系列的共有点，这些点的连线

就是 *P*、*Q* 相交的相贯线 *MN*。

例 2-13　已知圆柱与圆台正交相贯，如图 2-34a 所示。

求作：它们的相贯线。

分析：由已知条件知圆柱和圆台的轴线垂直相交，且圆柱轴线是侧垂线，圆台轴线是铅垂线。圆柱贯穿（即全贯）圆台，因此相贯线是两条闭合的空间曲线，其侧面投影与圆柱的侧面投影圆重影，故只需求相贯线的水平投影和正面投影。由于这两个投影无积聚性可利用，因而需采用辅助平面法求其相贯线。显然，这里应以水平面为辅助平面，与圆柱的截交线是两条直素线，与圆台的截交线是圆，作图比较简

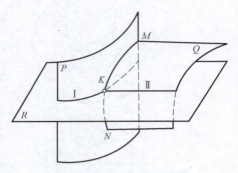

图 2-33　用辅助平面法求相贯线原理——三面共点

便。又由于这里两条相贯线的水平投影和正面投影都是左、右对称的，画法也完全相同，所以下面只介绍一条相贯线的画法。

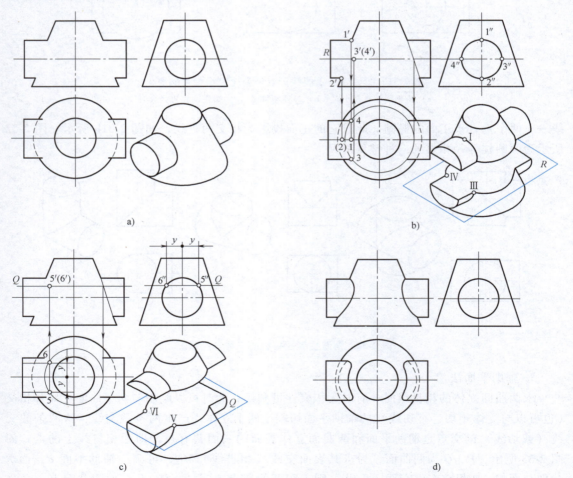

图 2-34　求圆柱与圆台正交相贯时的相贯线

a）轴测图和已知条件　b）求特殊点　c）求一般点　d）连接各点并整理、加深

作图：如图2-34b、c所示。

（1）求特殊位置点　如图2-34b所示，1′、2′两点为圆柱与圆台的正面投影轮廓线的交点，也是相贯线上的最高点、最低点，又是相贯线在正面投影上可见与不可见的分界点，由投影关系可求得1、（2）和1″、2″。再过圆柱轴线画辅助水平面R，R与圆台的交线为圆，与圆柱的交线为两条直素线，且为圆柱水平投影的投影轮廓线。画出两交线的水平投影，其交点3、4即为相贯线上的点Ⅲ、Ⅳ的水平投影，且为相贯线水平投影中可见与不可见的分界点，由投影关系可求得3′、（4′）和3″、4″。

（2）求一般位置点　如图2-34c所示，在适当位置画辅助水平面Q，则面Q的正面投影与侧面投影积聚为两条等高的直线。其中侧面投影的直线与相贯线的侧面投影圆的两个交点，即为相贯线上的点5″、6″，由5″、6″根据"宽相等"可绘制出面Q与小圆柱截交线水平投影的两条直线；再画出面Q与圆台截交线的水平投影圆，则两直线与圆的两个交点即为5、6；最后由5、6向上投影，与面Q的正面投影的直线的交点即为5′、（6′）。同理，可求得一系列一般位置点的投影（图中省略未画）。

（3）判别可见性　对某一投影面来说，相贯线只有同时位于两立体的可见表面上才是可见的，否则是不可见的。本题相贯线的水平投影以点3、4为分界，在圆柱上半部是可见的，下半部是不可见的。可见点依次连成粗实线，不可见点依次连成虚线；在正面投影上，相贯线前后重影，只需用粗实线连接前面的可见点，如图2-34d所示。

（4）补全两立体的投影　整理、加深，完成全图，如图2-34d所示。

3. 辅助球面法

用表面取点法求相贯线时，必须是两立体表面的投影具有积聚性，才可利用其积聚性画图。用辅助平面法时，必须使所画辅助平面切割两立体时得到简单交线——直线或圆，才便于作图和求解，这在多数情况下是可行的。但在上例中，如果圆柱和圆锥的轴线斜交时，则将找不到这样合适的辅助平面，此时就需要用辅助球面法来求解。本书限于篇幅，不再介绍辅助球面法，需要时可参考其他有关书籍。

（四）相贯线的简化画法

立体上的相贯线，若按上述求点、连线的方法，即按真实投影绘制要花费不少精力和时间。在实际生产中，除钣金工下料等少数情况，要求将相贯线在图样上精确画出外，一般铸、锻、机械加工等则要求不高，可以采用简化画法。国家标准GB/T 16675.1—2012《技术制图　简化表示法　第1部分：图样画法》中，规定相贯线可以采用代替画法或模糊画法。所谓代替画法，就是用圆弧或直线来代替非圆曲线的相贯线，如图2-35a、b所示；模糊画法是：当两立体在各视图中已清楚表达出立体的形状、大小及相对位置的情况下，可在应有相贯线投影的视图上，

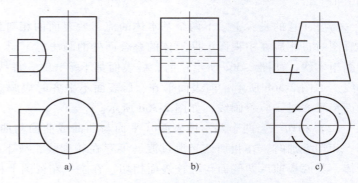

图 2-35　相贯线的简化画法

a）圆弧代替画法　b）直线代替画法　c）模糊画法

将两立体的轮廓线画成相交，各伸出 2~5mm，如图 2-35c 所示。

第七节 画组合体的三视图和标注尺寸

在工程制图中，通常把棱柱、棱锥、圆柱、圆锥、圆球等比较简单的物体称为基本立体或基本形体，简称基本体。而把由若干基本体按一定方式组合而成的比较复杂的物体，称为组合立体或组合形体，简称组合体。

一、组合体的形成方式

组合体的形成方式可分为叠加和切割两种基本方式，以及既有叠加又有切割的综合方式。

（一）叠加

（1）叠合 当两个基本体的表面互相重合时的叠加方式称为叠合。如图 2-36 所示，基本体Ⅰ的下底面与基本体Ⅱ的上表面互相叠合在一起。

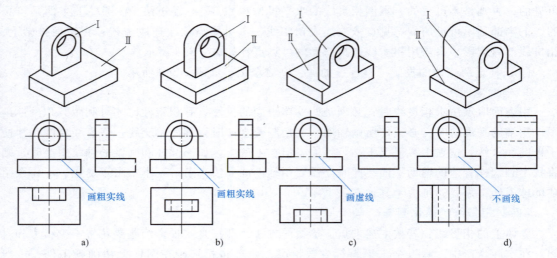

a)　　　　　　　　b)　　　　　　　　c)　　　　　　　　d)

图 2-36 组合体的形成方式——叠合叠加

a）前表面不平齐，后表面平齐 b）前后表面都不平齐 c）前表面平齐，后表面不平齐 d）前后表面都平齐

需要注意的是：上、下两个基本体的前、后表面的相对位置有平齐或错开等多种情况，在画图时，相应在主视图上两形体的叠合面处的画法也不同。前表面不平齐、后表面平齐时应画粗实线，如图 2-36a 所示；前、后表面都不平齐时，虚线与粗实线重影，所以也只画粗实线，如图 2-36b 所示；前表面平齐、后表面不平齐时应画虚线，如图 2-36c 所示；前、后表面都平齐时，应不画线，如图 2-36d 所示。

（2）相切 当两个基本体表面（平面与曲面或曲面与曲面）相切时的叠加方式称为相切。相切叠加时，在相切处光滑过渡、不存在轮廓线，故不画分界线。如图 2-37 所示的组合体，其底板前后两侧面与圆柱表面相切，在主、左视图上相切处均不画切线的投影，且底板的上表面在主、左视图上投影的直线均应画到相切处的切点为止。

（3）相交 当两个基本体的表面相交时的叠加方式称为相交。相交叠加时，应画出交线的投影。如图 2-38a 所示组合体，左下方底板前后两侧面与圆柱表面相交，其交线应画出。图 2-38b 中，带孔小圆柱与带孔大圆柱的内、外表面都相交，其内、外相贯线分别为虚线和实线，都应画出。

需要注意的是：上述底板和圆柱体相切或相交叠加后，圆柱体在主视图上该位置处的投影轮廓线因叠加而消失，故此处不应再画线，如图 2-37 和图 2-38 所示。

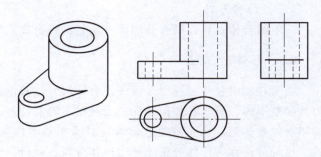

图 2-37　组合体的形成方式——相切叠加（不画切线）

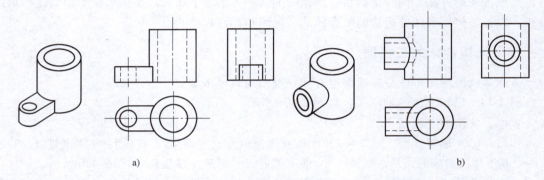

a)　　　　　　　　　　　　　　　　　　　b)

图 2-38　组合体的形成方式——相交叠加（画出交线）

（二）切割

组合体也可由切割方式形成。所谓切割，就是在某个（或某几个）基本体上切去一部分材料，从而在形体上形成沟、槽、坑、洼、孔等结构。如图 2-39a 所示的底板，它是在基本体——长方体上经切角（形成圆角）、切口（形成缺口）、开槽、穿孔等切割以后形成的组合体。图 2-39b 所示为其三视图。

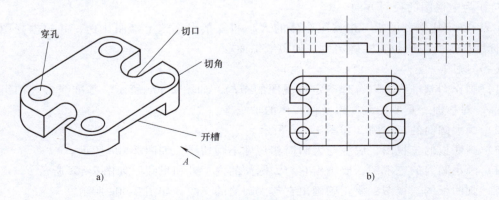

a)　　　　　　　　　　　　　　　　　　　b)

图 2-39　组合体的形成方式——切割

a）轴测图　b）三视图

（三）综合方式

一般组合体总是以既有叠加又有切割的综合方式形成，如图 2-40a 所示。

二、形体分析法

通常在画组合体三视图、标注组合体尺寸以及读组合体视图时，首先需要将组合体分解为若干基本体，分析其如何叠加，又经过了哪些切割，切割了什么形体，并分析各组成部分的相对位置如何，从而明确组合体是由哪些基本体组合而成以及它们的相对位置和组合方式。这种分析称为形体分析。通过形体分析，就可以全面了解组合体的结构形状。

在上述形体分析的基础上，再逐一画出各个基本体的三视图和标注尺寸，并根据基本体组合为组合体时，对视图和尺寸引起的变化，做出相应的调整，从而最终得到组合体的三视图和尺寸。这种解决问题的过程和方法称为形体分析法。这是组合体画图和标注尺寸的最基本也是最重要的方法，同时也是组合体读图的基本方法。下面通过实例来说明如何进行形体分析，以及如何用形体分析法画组合体的三视图和标注尺寸。

三、画组合体的三视图

下面举例说明用形体分析法画组合体三视图的具体步骤。

例 2-14 已知支座的轴测图，如图 2-40a 所示。

求作：支座的三视图。

作图：（1）形体分析 图 2-40a 所示的支座是由直立大圆筒 I、底板 II、小圆筒 III 以及肋板 IV 四个基本体所组成的，并在形体 I、II、III 上都进行了切割（穿孔），如图 2-40b 所示。

又底板 II 位于大圆筒的左侧，与大圆筒相切叠加，并且两者的下底面平齐；小圆筒 III 位于大圆筒 I 的前方偏上的位置，与大圆筒正交相贯；同时小圆筒的内孔与大圆筒的内孔也为正交相贯；肋板 IV 位于底板的上面，大圆筒的左侧，与底板叠合，与大圆筒相交。

（2）选择主视图 画图前首先要选择主视图，即确定组合体的安放位置和主视图的投射方向（同时也就确定了俯、左视图的投射方向）。

一般应将组合体放稳、放正，主视图的投射方向应能较多地反映组合体的结构形状，称为形状特征原则。根据这一原则，支座应按图 2-40a 所示的位置放置，并将图中箭头所指的 A 方向作为主视图的投射方向。

（3）确定比例和图幅 根据组合体的大小和复杂程度选定绘图比例，并根据视图、尺寸和标题栏等所占的位置，确定所需的图纸幅面。

（4）画图

1）画作图基准线，以合理确定各视图的布局，如图 2-40c 所示。基准线常选用组合体的底面、对称面、重要的端面以及回转体的轴线等。

2）画大圆筒的三视图，如图 2-40d 所示。

3）画底板的三视图，底板与大圆筒相切处不画切线，如图 2-40e 所示。

4）画小圆筒的三视图，要画出它与大圆筒的内、外相贯线，如图 2-40f 所示。

5）画肋板的三视图，要正确画出它与大圆筒的交线，如图 2-40g 所示。

6）检查、改正、整理并加深图线，完成全图，如应删去图 2-40g 中打"×"处的多余图线等，如图 2-40h 所示。

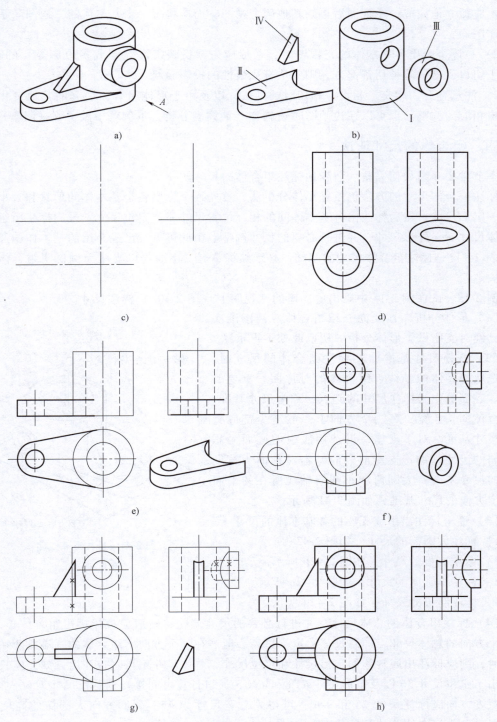

图 2-40　组合体（支座）三视图的画法

（5）需要注意的事项

1）为了严格保持三视图之间"长对正、高平齐、宽相等"的投影关系，并提高画图速度，不应孤立地完成一个视图后再画其他两个视图，而应将每一个基本体的三视图联系起来同时作图。

2）在逐个画出各基本体的三视图时，一般应先画反映实形（圆或多边形等）的视图，而对于切口、槽子等被切割部分，则应从有积聚性的投影画起。

3）注意叠合、相交、相贯、相切时的画法，以及由于形体组合而引起的其他变化，一并做出相应的调整，也可以在边画图时边调整（请读者分析，本例题中做了哪些调整）。

四、组合体的尺寸注法

本节主要介绍如何完整、清晰地标注组合体的尺寸。

标注组合体尺寸的方法仍然是形体分析法。首先逐个标出各个基本体的形状和大小的尺寸——定形尺寸；然后标注出各基本体间的相互位置尺寸——定位尺寸；最后标注出组合体的总体尺寸——外形尺寸，并进行必要的尺寸调整。由此可见，已经介绍的基本体的尺寸注法（表2-1）是标注组合体尺寸的基础，必须熟练掌握。下面仍以支座为例说明组合体尺寸的注法。

例2-15 试在例2-14中画出的支座的三视图上（图2-40h）标注尺寸。

（1）**形体分析** 在上面介绍组合体三视图画法时，已经对支座做了形体分析，所以此处不再重复。

（2）**选择尺寸基准** 在标注组合体的尺寸时，通常选取回转体的轴线、组合体的对称面、重要的端面、底面等作为标注尺寸的起点，称为尺寸基准。在组合体的长、宽、高三个方向上一般至少都应有一个尺寸基准。对于支座，可选用底板的底面为高度方向的尺寸基准；支座前后的基本对称面为宽度方向的尺寸基准；大圆筒和小圆筒轴线所在的平面为长度方向的尺寸基准，如图2-41所示。

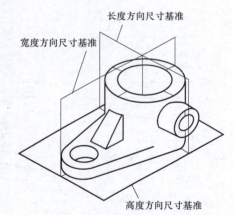

图2-41 尺寸基准的选择

（3）**逐个标注出组成支座的各基本体的尺寸**

1）标注大圆筒的尺寸，如图2-42a所示。

2）标注底板的尺寸，如图2-42b所示。

3）标注小圆筒的尺寸，如图2-42c所示。

4）标注肋板的尺寸，如图2-42d所示。

（4）**标注组合体的总体尺寸，并进行必要的尺寸调整** 一般应直接标出组合体长、宽、高三个方向的总体尺寸，即总长、总宽、总高。但当在某个方向上组合体的一端或两端为回转体时，则应标注出回转体的定形尺寸和定位尺寸，总体尺寸不再直接注出。如支座长度方向注出了定位尺寸36以及定形尺寸$R10$和$\phi40$，通过计算可间接得到总长尺寸为66。同理，支座宽度方向应标注尺寸25和$\phi40$，可得到总宽尺寸为45。高度方向大圆筒的高度尺寸28，同时又是组合体的总高尺寸。

组合体在按上述步骤和方法进行尺寸标注，满足正确、完整要求的同时，还应注意尺寸的配置要有条不紊，使所注尺寸清晰易懂，不致造成误解和错误。为此，应注意以下几点：

1）组合体的尺寸应尽量集中标注在反映各形体形状特征的视图上。例如在图2-42中，

底板的尺寸 $\phi 12$、$R10$、36（除厚度 7 外）都集中标注在反映底板实形的俯视图上。显然其中的圆弧半径 $R10$ 不宜标注在主视图上，更不能标注在左视图上。

2）直径尺寸一般标注在非圆视图上较为清晰，而在圆上尤其是在一系列的同心圆上标注多个直径尺寸时会很不清晰，如图 2-43 所示。

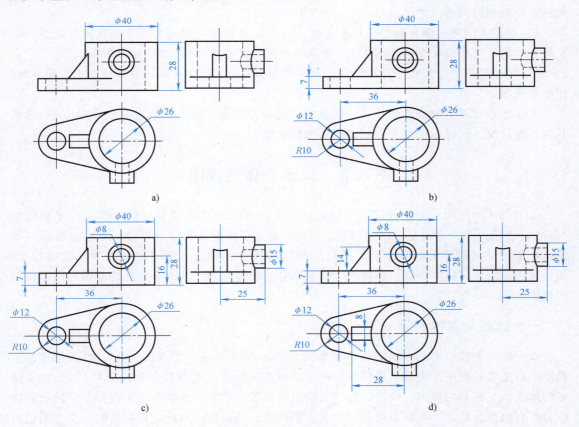

图 2-42 组合体的尺寸标注

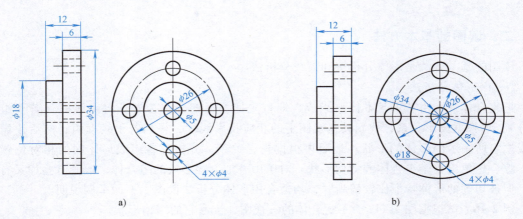

图 2-43 标注尺寸的比较

a）清晰 b）不清晰

3）尺寸一般应标注在视图的外面，以免尺寸线、尺寸界线、尺寸数字与投影轮廓线交错重叠，影响清晰度。但当某些结构的投影位于视图的里面，如将尺寸注到视图外面，则所注尺寸距离所注部位太远，尺寸界线引出过长，会穿过许多图线，造成不清晰；此时若视图里面有足够的位置标注尺寸，不甚影响清晰度时，就可以标注在视图里面，如图 2-42d 所示俯视图中肋板的宽度尺寸 8。

4）在视图的同一侧有多个平行尺寸时，应小尺寸靠近视图，大尺寸依次向外配置，以免尺寸线与尺寸界线相交，如图 2-42d 所示主视图上高度方向的尺寸 16 和 28。

5）应尽量避免在虚线上标注尺寸，如图 2-42d 所示，尺寸 $\phi 26$ 注在俯视图上，尺寸 $\phi 8$ 注在主视图上。

上述注意事项有时会互相矛盾，此时应以清晰为原则，服从主要矛盾。同时也还会遇到其他各种情况，同样以清晰为原则，灵活加以处理。

第八节　读组合体的视图

读组合体的视图，简称读图，又称看图、识图等。画图是将空间物体用一组平面图形（视图）表示出来，是由物画图的过程；而读图是画图的逆过程，是根据一组平面图形（视图）想象出空间物体的结构形状，是由图想物的过程。显然，画图和读图两者相辅相成、相互促进。因此，应多画图、多读图、读画结合、反复练习，才能真正熟练掌握画图和读图的技能。

一、读图的基本要领

以主视图为核心，几个视图联系起来读。在三视图（或一组视图）中，顾名思义，主视图是最主要的视图。通常主视图较多地反映物体的特征（形状特征和位置特征），它是反映物体信息量最多的视图。所以，读图时应以主视图为核心。然而一个主视图不可能反映物体的所有信息，即一个视图不可能完整表达物体的结构形状。因此，在读图时，又必须把表达物体所给出的几个视图联系起来读，才有可能完全读懂，从而正确想象出空间物体的结构形状。

二、读图的基本方法

读图的基本方法是形体分析法和面线分析法。

（一）形体分析法

把组合体视为由若干基本体所组成，即首先把主视图分解为若干封闭线框（若干组成部分），再根据投影关系，找到其他视图上的相应投影线框，得到若干线框组；然后读懂每个线框组所表示的形体的形状；最后再根据投影关系，分析出各组成形体间的相对位置关系，综合想象出整个组合体的结构形状。对于由叠加方式形成的组合体，或既有叠加又有切割，但被切割的形体特征比较清晰时，均适合用形体分析法读图。下面举例说明。

例 2-16　试根据图 2-44a 所示组合体的三视图，读懂它的结构形状。

（1）分析　从已知的三视图可以初步看出，这是一个左、右对称且以叠加方式形成的组合体，所以适用形体分析法读图。

（2）分线框、对投影　一般从主视图着手，先将主视图分成1′、2′和3′三个封闭线框；可以认为组合体由Ⅰ、Ⅱ、Ⅲ三个基本体组成。再利用三角板、分规等工具，根据三视图之间的投影关系，找出1′、2′、3′三个线框所对应的水平投影1、2、3和侧面投影1″、2″、3″，从而得到三个线框组1′、1、1″，2′、2、2″和3′、3、3″，如图2-44a所示。

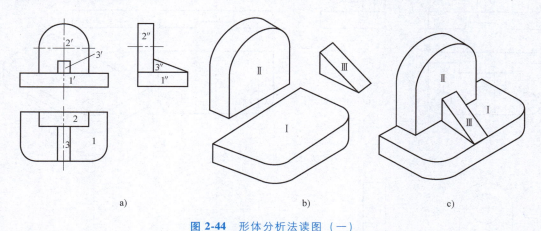

图2-44　形体分析法读图（一）
a）分线框、对投影　b）想基本体　c）想组合体

（3）想基本体　根据各个线框组，分别想象出它们各自所表示的基本体的形状。由线框组1′、1、1″可知形体Ⅰ是在长方体的左前方和右前方带有圆角的一块底板；由线框组2′、2、2″可知形体Ⅱ是一块顶部为半圆柱的竖板；由线框组3′、3、3″可知形体Ⅲ为一块三棱柱的肋板，如图2-44b所示。

（4）想组合体　根据三视图所反映的各基本体之间的位置关系，想象出整个组合体的结构形状。

从主视图看，竖板和肋板均叠加于底板的上方，并且位于左右方向的正中间，即左右对称；结合俯、左视图可知，竖板位于底板的后面，且两者后表面平齐，肋板则同时叠加于竖板的前方，且其倾斜面与底板前表面的上方相接。由以上分析和阅读，综合起来可想象出组合体的结构形状，如图2-44c所示。

讨论：

在本例中，线框的划分和三视图中线框之间的对应关系都很清楚，并且各线框均为粗实线框。因此，通过对投影可以方便地得到线框组，从而确定各基本体的形状和整个组合体的结构形状。然而对于多数较为复杂的组合体，由于两形体表面平齐叠合，使两形体的分界线消失（图2-36d）；由于两形体相切不画切线的投影，使形体的投影构不成封闭线框（图2-37）；由于两形体相交（截交或相贯），使某些投影轮廓线消失，并形成新的交线——截交线或相贯线（图2-38），从而给线框的划分和寻找线框之间的对应关系带来困难，此时就需要假想地添加上这些相应的线条之后再来分析。同时，有的线框可能是带有虚线或完全由虚线围成的虚线框。下面举例来说明。

例2-17　已知组合体的三视图，如图2-45a所示。试想象出它的结构形状。

（1）分析　从三视图可以初步看出，这可能是一个左右对称的组合体，同时也是一个以叠加为主的组合体，且切割部分的形体特征也较明显，所以应采用形体分析法读图。

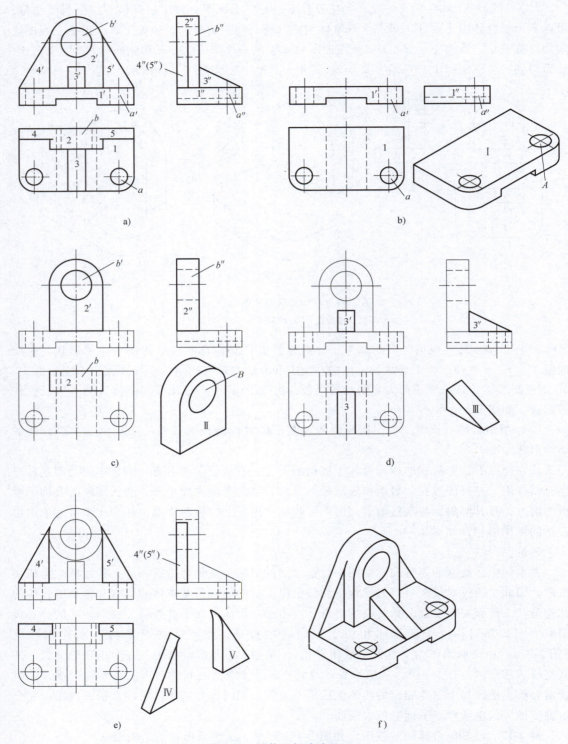

图 2-45 形体分析法读图（二）

a）分线框、对投影 b）读出底板 I c）读出竖板 II d）读出肋板 III e）读出支撑板 IV 和 V

f）想象出组合体结构形状

（2）分线框、对投影　从主视图入手，将它划分成1′、2′、3′、4′、5′五个线框及a′、b′两个线框；并根据投影关系，分别找出相应俯视图中的1、2、3、4、5、a、b，以及在左视图中的1″、2″、3″、4″、5″、a″、b″各线框，即得到各个线框组。需要说明的是：在划分线框4、5和线框4″、（5″）时，需要假想添加切线的投影，对照图2-45a、e；在划分线框2时，也要假想添加轮廓线的投影，对照图2-45a、c。

（3）想基本体　根据各个线框组的三个投影，即可想象出各形体的形状。由线框组1′、1、1″，结合线框组a′、a、a″，可知形体Ⅰ是一块底板，中、下部开有通槽，前方左、右角为圆角，圆角中心处有两个小通孔，如图2-45b所示。由线框组2′、2、2″，结合线框组b′、b、b″，可知形体Ⅱ是一块竖板，上部是半圆柱，半圆柱轴线位置上有一通孔，竖板Ⅱ位于底板Ⅰ上面的正中后方，并且两者后表面平齐，如图2-45c所示。由线框组3′、3、3″可知，形体Ⅲ是一块三棱柱肋板，叠合在底板Ⅰ的上方，竖板Ⅱ的前方，且上表面与底板的前表面相接，如图2-45d所示。由线框组4′、4、4″和5′、5、5″可知，形体Ⅳ和Ⅴ位于底板Ⅰ的上方，且对称地分布在竖板Ⅱ的两侧，与竖板Ⅱ相切叠加，其后表面与形体Ⅰ、Ⅱ的后表面平齐，其前表面在竖板Ⅱ的前表面之后，它们是两块支撑板，如图2-45e所示。

（4）想组合体　通过以上读图，可归纳总结出整个组合体的结构形状，如图2-45f所示。

（二）面线分析法

形体分析法是从"体"的角度出发，将组合体分析为由若干基本体所组成（将三视图分解为若干封闭线框组），以此为出发点进行读图。立体都由面围成，而面又由线段所围成，因此还可以从"面和线"的角度将组合体分析为由面和线组成，将三视图分解为若干线框组和线段组，并由此想象出组合体表面面、线的形状和相对位置，进而确定组合体的整体结构形状，这种读图方法称为面线分析法。

在形体分析法中，只分析线框组，且表示的是一个"体"的三个投影。在面线分析法中，也分析三个线框组成的线框组，但表示的是一个一般位置平面；同时还分析两线框、一线条组成的线框组，表示的是投影面垂直面；还分析一线框、两线条组成的线框组，表示的是投影面平行面；还分析三线条组成的线段组：三线条均为斜线时表示的是一般位置直线；只有一条是斜线时，表示的是投影面平行线；还有两条线和一个点时，表示的是投影面垂直线。此外，在形体分析法中，表示"体"的三个线框之间无类似性关系；而在面线分析法中，表示"面"的三个线框或两个线框（还有一条线）之间一定具有类似性的关系。以上是两种读图方法的显著差别。下面举例说明用面线分析法读图的具体方法和步骤。

例2-18　试根据图2-46a所示组合体的三视图，确定该组合体的结构形状。

（1）分析　由于三视图中所有图线均为直线，所以该组合体是一个平面立体；又由于三个视图的外框均为矩形，可知该组合体是由一个长方体经过切割而成的。

（2）分线框、对投影　先将主视图分成1′、2′、3′、4′四个线框；对投影可得相应的水平投影1、2、3、4和侧面投影1″、2″、3″、4″，如图2-46a所示。在这里，各同名投影之间要么是类似形，要么有积聚性。

（3）按投影想面（线）形　由线框组1′、1、1″可知平面Ⅰ为正平面，它的正面投影反映实形，如图2-46b所示。

由线框组2′、2、2″可知平面Ⅱ是一个铅垂面，并与平面Ⅰ相交，如图2-46c所示。

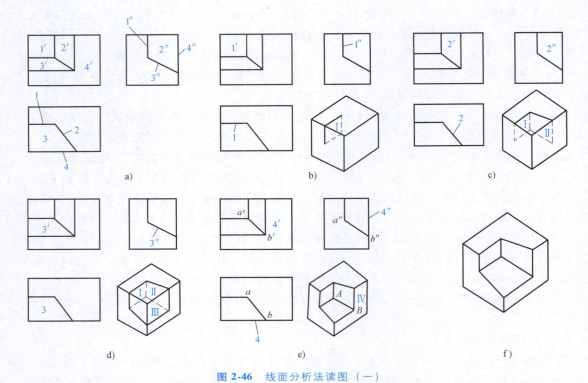

图 2-46 线面分析法读图（一）

a）分线框、对投影　b）定面形Ⅰ　c）定面形Ⅱ　d）定面形Ⅲ　e）定面形Ⅳ和直线 AB　f）想组合体结构形状

由线框组 3′、3、3″可知平面Ⅲ是一个侧垂面，并与平面Ⅰ、Ⅱ都相交，如图 2-46d 所示。

由此可见，平面Ⅰ、Ⅱ、Ⅲ彼此相交，把长方体的左前上方切去了一块。

由线框组 4′、4、4″可知平面Ⅳ是一个正平面，它的正面投影反映实形，它是长方体经上述切割后留下的前表面，如图 2-46e 所示。

再分析线段组 a′b′、ab 和 a″b″（图 2-46e），这三个同名投影均倾斜于投影轴，表明空间直线 AB 为一般位置直线。这正是铅垂面Ⅱ和侧垂面Ⅲ的交线的特征。

（4）想组合体　综上所述，可想象出整个组合体的结构形状，如图 2-46f 所示。

本例题中，主视图上线框的划分以及在俯、左视图上对应的投影关系都很清楚，很容易得到线框组。而在多数情况下，主视图上除需要分析线框外，还需分析其中的线段，并且对应的投影关系也难以看出，必须经过正确的分析判断，去伪存真，才能最终确定。下面举例说明。

例 2-19　已知组合体的三视图，如图 2-47a 所示，试想象出组合体的结构形状。

（1）分析　已知三视图中均为直线段，所以组合体为平面立体；且主、俯视图的边框均为矩形，左视图的边框接近为矩形，只在前上方少了一部分，可见该组合体是由长方体经切割而成的。

（2）分线框、对投影、想面（线）形　将主视图分成 1′、2′、3′三个线框以及 4′、5′两个线段；由 1′对投影，粗略看在俯视图上可能是线框 abcd 或线段 bc；在左视图上可能是斜线 a″b″、垂直线 e″f″或线框 a″b″e″f″，这样就有六种可能性。当然其中只有一种是正确的，只要深入分析就能确定是哪一种。首先在俯视图上与 1′对应的投影如果是线段 bc，则平面Ⅰ

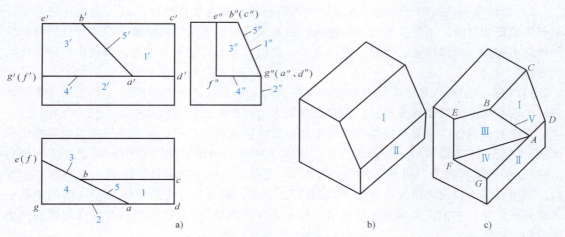

图 2-47　线面分析法读图（二）

为正平面，在左视图上的对应投影应为平行于 z 轴的直线段，是否就是 $e''f''$ 呢？由于 bc 和 $e''f''$ 的位置不符合宽相等的关系，所以结论是否定的，这就是说在左视图上找不到这个正平面的投影，由此可见与 $1'$ 对应的水平投影只能是线框 $abcd$（1），于是由 $1'$ 和 1 对投影，满足高平齐、宽相等的只有线段 $a''b''$（$1''$），而线框 $a''b''e''f''$ 和线段 $e''f''$ 均被排除。由此可见，平面 I 是一个侧垂面，长方体就是被这个侧垂面在前上方切去了一个三棱柱，如图 2-47b 所示。

再由线框 $2'$ 对投影，可分别得到唯一的水平投影线段 2 和侧面投影线段 $2''$，可见平面 II 是一个正平面，是长方体经切割后留下的前表面，如图 2-47b 所示。

再由线框 $3'$ 对投影，粗略看也有六种可能性：水平投影可能是线框 afg 或线段 af，由于线框 afg 为三边形，而线框 $3'$ 为四边形，两者不是类似形，所以 $3'$ 对应的水平投影只能是线段 af（3），由 $3'$ 和 3 可知平面 III 是一个铅垂面，故侧面投影只能是类似形的线框 $a''b''e''f''$（$3''$），可见长方体的左前上方又被一个铅垂面 III 截切。

再分析线段 $4'$，水平投影只能是线框 afg（4）（因为线段 af 上面已确定为 3），可见平面 IV 是一个水平面，侧面投影就是水平线段 $a''f''g''$（$4''$）。可见水平面 IV 与铅垂面 III 共同截切的结果，是将长方体的左前上方切去一角，如图 2-47c 所示。

再分析线段 $5'$（$a'b'$），它可能是正垂面的投影或一直线的投影。如果是正垂面的投影，则高平齐的侧面投影和长对正的水平投影应为具有类似性的两个线框，而事实上找不出这样的线框，可见它是一直线的投影。对投影可得水平投影 ab 和侧面投影 $a''b''$，可见 AB 是一条一般位置直线。不难分析，它是侧垂面 I 和铅垂面 III 的交线，如图 2-47c 所示。

（3）想组合体　至此，可以想象出整个组合体的结构形状如图 2-47c 所示。

通过对以上两种读图方法的分别举例，可以做出如下小结：

1）形体分析法是从"体"的角度出发，"分线框、对投影"，所得的线框组都是线框，一般无类似性关系，表示一个形体的三个投影；"想形体"，也是想形体的形状。而面线分析法是从"面和线"的角度出发，"分线框、对投影"，所得线框组要么是具有类似性的线框，要么积聚成线段（没有类似性，必有积聚性），表示一个表面的三个投影；"想面（线）形"也是想面、线的形状。"想组合体"，两种方法都能根据三视图所反映的位置关系，分别确定各组成形体或面、线的相对位置，从而想象出物体的结构形状。

2）形体分析法适用于以叠加方式形成的组合体，或者既有叠加又有切割，且切割部分的形体比较明显时，如穿孔等也可用此法。而面线分析法适用于被切割的物体，且切割后的形体又不完整，形体特征不明显，并形成了一些切割面与切割面的交线，难以用形体分析法读图时。

3）组合体的形成往往是既有叠加又有切割的综合方式，所以读图时，也往往是在形体分析法的基础上辅以面线分析法，即综合应用上述两种方法使之相互配合、互为补充。

对于有些物体，只要有反映形状特征和位置特征的两个视图，就能唯一确定物体的结构形状。因此，作为读图的一种训练方法，常常采用给出两个视图（已唯一确定物体的结构形状），补画第三视图，通常称为"二补三"，或者给出缺少部分投影线的不完整的三个视图，要求补画出缺漏的图线，称为"补漏线"。显然，这必须在完全读懂已知视图的基础上才能完成，并且它把读图和画图紧密结合在一起（读画结合），这是培养和提高读图和画图能力的有效方法。

下面举一个综合运用两种方法读图并进行"二补三"练习的例子。

例 2-20 已知组合体的主、俯两个视图，如图 2-48a 所示，试补画其左视图。

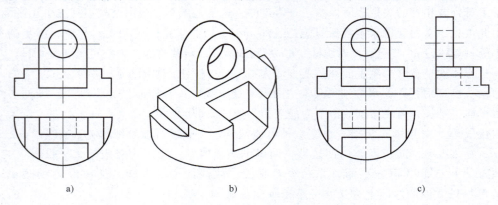

图 2-48 综合读图（一）
a）已知的主、俯视图 b）想象出物体结构形状 c）补画左视图

读图：从已知的主、俯视图可以看出，该组合体为一个左右对称的物体。进一步从主、俯视图对应的投影关系看，组合体由上、下两部分形体叠加而成。上部为带半圆端的竖板，下部为半圆柱体形状的底板。同时上、下两部分形体又进行了切割：从主视图上部竖板投影部分的小圆和对应俯视图上的两条虚线可知，在竖板半圆端中心处穿了一个小孔。从主视图下部底板投影的左上方和右上方各缺去一角和对应俯视图上的投影可知，在半圆柱体底板的左上方和右上方分别用一个水平面和一个侧平面各切去一块。再从底板部分主、俯两个投影中间的两个对应线框可以看出，在底板的前上方正中位置上用两个侧平面、一个正平面和一个水平面切去一块形体，形成切口。

至此可想象出组合体的结构形状，如图 2-48b 所示。

根据想象出的物体的结构形状，并由左视图应与主视图高平齐，与俯视图宽相等的投影关系，即可补画出物体的左视图，如图 2-48c 所示。

在读组合体视图（及以后读零件图）时，往往会遇到投影重影的问题。由于投影重影时只画可见轮廓线——粗实线，而不画不可见轮廓线——虚线，因此读图时必须分析出重影的虚线，才能读懂视图，想象出组合体的结构形状。下面举一例说明。

例 2-21 已知组合体的主、左视图，如图 2-49a 所示，试补画其俯视图。

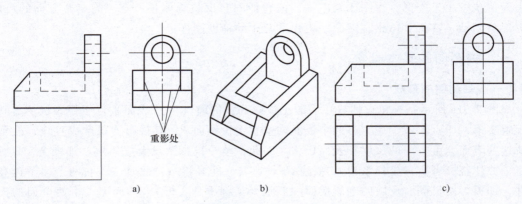

重影处

a)   b)   c)

图 2-49 综合读图（二）

a）已知主、左视图   b）想象出组合体形状   c）补画俯视图

读图：从已知的主、左视图可以看出，该组合体是一个前后对称的物体，且有位于右侧的半圆端竖板和箱体两部分叠加而成。箱体的左侧前后位置上各有一块三棱柱形肋板。箱体在主视图上的虚线投影说明它是一个有底无顶的中空箱体，并可看出箱体内腔的左、右壁和底面位置，但前后壁位置则无法反映。而在左视图上底面位置和前后壁位置均无明确的投影线，故只能是与其他图线重影。经仔细分析可知，该三处投影均为虚线，且与可见的轮廓线重影，如图 2-49a 所示标明的重影处，于是便可想象出组合体的结构形状，如图 2-49b 所示；并可补画出它的俯视图，如图 2-49c 所示。

对于初学者来说，掌握上述读图的要领和方法是至关重要的。然而读图和"游泳"一样，光领会要领、方法是远远不够的，还必须"下水"实践，即必须多读图、多想象、反复练习、持之以恒，才能熟能生巧，不断提高读图能力，真正掌握读图的本领。

第九节   轴测投影图

多面正投影图具有度量性好、作图简便等优点，因此是工程上最常用的图样，如图 2-50a 所示。但多面正投影图缺乏立体感，必须运用正投影原理，对照几个投影，即几个

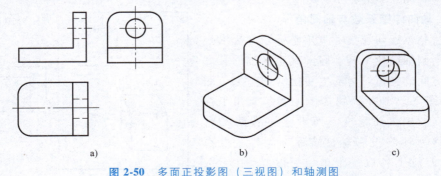

a)   b)   c)

图 2-50 多面正投影图（三视图）和轴测图

a）多面正投影图（三视图）   b）正等轴测图   c）斜二轴测图

视图联系起来读，才能想象出物体的结构形状。而轴测投影图，简称轴测图（GB/T 4458.3—2013）是用平行投影法原理形成的单面投影图，如图 2-50b、c 所示。尽管物体上的表面形状发生了变形，作图比较困难，但它能同时反映物体长、宽、高三个方向的尺度，图形形象生动，富有立体感，因此是工程上常用的辅助图样。

一、轴测图的基本概念

（一）轴测图的形成

如图 2-51a 所示是一正方体放正后的正投影，它的前（后）表面平行于投影面 P，其投影反映实形；而上、下、左、右四个棱面均垂直于投影面 P，其投影均积聚成直线，故不能反映这些表面宽度方向的尺度和表面形状。因此，整个投影图没有立体感。如图 2-51b 所示是将正方体绕参考直角坐标系 $Oxyz$ 中的 Oz 轴旋转一个角度 α，此时左、右两个面不再有积聚性，即投影图可同时反映四个侧棱面的形状（虽都不是实形）；然而上、下两个面的投影仍积聚成直线，故投影图还是缺乏立体感。如图 2-51c 所示，再将正方体绕坐标原点 O 向正前方旋转一个角度 β，则其投影图就能同时反映出正方体所有 6 个棱面（其中 3 个棱面的投影为虚线）的形状，从而有了立体感。省略虚线后，最终得到的轴测图，如图 2-51d 所示。

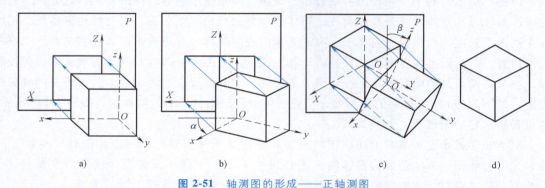

a) b) c) d)

图 2-51　轴测图的形成——正轴测图

如图 2-52 所示，物体与投影面的相对位置如图 2-51a 所示不变，而改变投射方向，使投射方向倾斜于投影面，即采用斜投影的方法也能得到反映物体三个方向形状的具有立体感的投影图形。

用以上两种方法获得的具有立体感的单面投影图称为轴测投影图，简称轴测图。相应的投影面称为轴测投影面。

（二）轴向伸缩系数与轴间角

上述将物体连同其参考直角坐标系一起沿投射方向投射到轴测投影面上时，其坐标轴的长度以及两轴之间的夹角均会发生变化（图 2-51、图 2-52）。如图 2-53 所示，物体上的参考直角坐标轴 Ox、Oy、Oz 在轴测投影面 P 上的投影 OX、OY、OZ 称为轴测投影轴，简称轴测轴。设在 Ox、Oy、Oz 轴上各取一个单位长度 u，在 OX、OY、OZ 轴上的投影长度分别为 i、j、k，则 i、j、

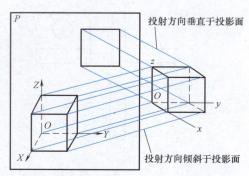

投射方向垂直于投影面

投射方向倾斜于投影面

图 2-52　轴测图的形成——斜轴测图

k 与 u 之比称为轴向伸缩系数，并分别用 p_1、q_1、r_1 表示，即 $p_1=i/u$，$q_1=j/u$，$r_1=k/u$。而在轴测图中，两根轴测轴之间的夹角 $\angle XOZ$、$\angle XOY$ 和 $\angle YOZ$ 称为轴间角。

（三）轴测图的分类

按投影方法的不同，可将轴测图分为两类：

1）正轴测图：用正投影法得到的轴测图（物体斜放），如图 2-51d 所示。

2）斜轴测图：用斜投影法得到的轴测图（物体正放），如图 2-52 所示。

在正轴测图（图 2-51）中，若物体两次旋转的角度 α 和 β 分别取不同的值或在斜轴测图（图

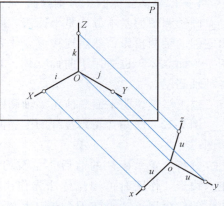

图 2-53 轴向伸缩系数和轴间角

2-52）中，改变投射方向，都将引起三个轴向伸缩系数的变化（三个轴间角和轴测图的形状相应变化）。因此，按轴向伸缩系数的不同，可将轴测图分为三类：

1）等轴测图：三个轴向伸缩系数均相等的轴测图，即 $p_1=q_1=r_1$。

2）二等轴测图：两个轴向伸缩系数相等的轴测图，即 $p_1=q_1\neq r_1$（或 $p_1=r_1\neq q_1$，或 $q_1=r_1\neq p_1$）。

3）三测轴测图：三个轴向伸缩系数均不相等的轴测图，即 $p_1\neq q_1$，$q_1\neq r_1$，$p_1\neq r_1$。

综合以上两种分类方法，可以得到以下六种轴测图：正等轴测图、正二（等）轴测图、正三轴测图、斜等轴测图、斜二（等）轴测图、斜三轴测图。本书仅介绍最常用的正等轴测图和斜二（等）轴测图。

二、正等轴测图

如图 2-51 所示为了获得具有立体感的正轴测图，同时又要画图方便，取 $\alpha=45°$、$\beta=35°16'$（Oz 轴与轴测投影面的夹角）。不难证明：此时 Ox、Oy 轴与轴测投影面的夹角也为 $35°16'$，即三个参考直角坐标轴与轴测投影面倾斜成相同的角度，投影后得到的三个轴测轴之间的夹角也一定相等，由此得到的轴测图就是正等轴测图。可见正等轴测图具有如下两个特点（图 2-54）：

1）三个轴向伸缩系数相同，即 $p_1=q_1=r_1=1\times\cos35°16':1\approx0.82$。

2）三个轴间角相等，即 $\angle XOY = \angle YOZ = \angle XOZ = 120°$。

在实际工程中，为了进一步方便作图，通常采用简化系数 $p=q=r=1$，取代之。也就是在三个轴测轴方向上的尺寸均按实际长度量取，这样作出的轴测图其轴向尺寸皆放大了，其放大率 $k=1/0.82\approx1.22$，即每个轴向尺寸放大了约 1.22 倍，而轴测图的形状和直观性没

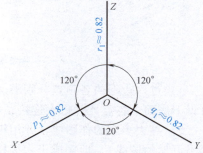

图 2-54 正等轴测图的特点

有变化，却大大简化了作图。综上所述可知，画轴测图时，只能沿着轴测轴或平行于轴测轴的方向测量尺寸，轴测图的名称即由此而得。

（一）平面立体的正等轴测图

画轴测图的基本方法是坐标法。所谓坐标法，就是根据立体表面上每个顶点的坐标，画出它们的轴测投影，然后连接成立体表面的棱线，从而获得立体的轴测投影的方法。它既适用于平面立体，也适用于曲面立体，且同时适用于正等轴测图、斜二（等）轴测图和其他各种轴测图。

以下举例说明平面立体正等轴测图的画法。

例 2-22 已知：正六棱柱的主、俯视图和尺寸 a、b、h，如图 2-55 所示，求作其正等轴测图。

分析：正六棱柱的前后、左右均对称，顶面与底面均为正六边形。作图时可用坐标法先作出正六棱柱上顶面的正六边形的六个顶点，再在 OZ 方向上将各顶点向下移动距离 h，得到正六棱柱下底面的各顶点，最后将对应顶点连接成棱线和棱面，即得到正六棱柱的轴测图。

作图：1）在两视图上确定参考直角坐标系（以下简称坐标系），坐标原点 O 取为顶面的中心，并在俯视图上将各顶点依次编号为 1、2、3、4、5、6，并将线段 23 和 56 的中点编号为 7 和 8，如图 2-55 所示。

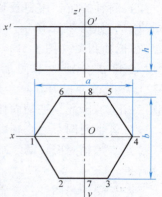

图 2-55　正六棱柱的主、俯视图

2）确定点 O，画出轴测轴 X、Y、Z，并以点 O 为起点，在 X 轴上向两边各量取距离 $a/2$ 得 Ⅰ、Ⅳ 两点；在 Y 轴上向两边各量取距离 $b/2$ 得 Ⅶ、Ⅷ 两点，如图 2-56a 所示。

3）过 Ⅶ、Ⅷ 两点画 X 轴的平行线，并量取 Ⅶ Ⅱ = 72，Ⅷ Ⅲ = 73，可得 Ⅱ、Ⅲ 两点；同理可得 Ⅴ、Ⅵ 两点。再依次连接 Ⅰ、Ⅱ、Ⅲ、Ⅳ、Ⅴ、Ⅵ、Ⅰ，即可得正六棱柱上顶面的轴测投影，如图 2-56b 所示。

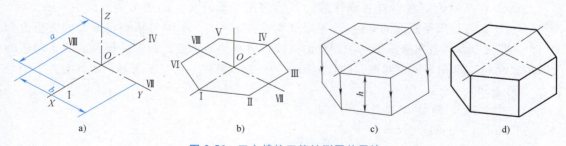

a)　　　　b)　　　　c)　　　　d)

图 2-56　正六棱柱正等轴测图的画法

4）过六边形的各顶点分别沿 Z 坐标方向向下画出可见的棱线，并取各棱线的高度为 h，可得下底面上各点，并依次连接，如图 2-56c 所示。

5）擦去多余的作图线，并用粗实线画出正六棱柱的可见棱线（必要时，才用虚线画出其不可见的棱线），即完成正六棱柱的正等轴测图，如图 2-56d 所示。

例 2-23 已知：图 2-57 所示的平面立体的三视图。

求作：它的正等轴测图。

分析：读三视图可知，该平面立体由两个长方体叠加而成；同时在上部长方体的前上方切去了一个三棱柱，形成切角；又在平面立体的前方正中间位置开有一上、下方向的通槽。

作图时可以先画出两个叠加的长方体，再画切角，最后画出通槽。

作图：1）在三视图上建立坐标系 $Oxyz$，如图 2-57 所示。

2）画出轴测轴，并根据两个长方体的坐标尺寸 x_1、y_1、z_1 和 x_2、y_2、z_2 分别定出它们的各个顶点并连线，即画出了两个叠加的长方体，如图 2-58a 所示。

3）根据前上方切角的坐标尺寸 x_3、y_3、z_3 定出切角后的各顶点并连线，即画出了切角，如图 2-58b 所示。

4）根据通槽的坐标尺寸 x_4、y_4、z_4（图 2-57 中 z_4 取为相对坐标），定出开槽后的各顶点并连线，即画出了通槽，如图 2-58c 所示。

5）整理、加深，完成轴测图，如图 2-58d 所示。

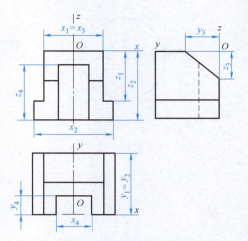

图 2-57　组合平面立体的三视图

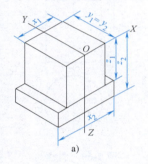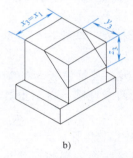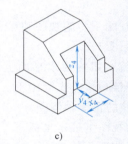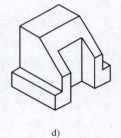

a)　　　　　　b)　　　　　　c)　　　　　　d)

图 2-58　平面立体正等轴测图的画法

a）画出两长方体　b）画出切角　c）画出通槽　d）整理、加深，完成全图

（二）回转体的正等轴测图

画回转体的正等轴测图，关键在于画出立体表面上圆的轴测投影——椭圆。该椭圆虽然同样可以使用坐标法来绘制，即用坐标定出椭圆上一系列的点，再光滑连接成椭圆，但工程上一般采用较为简便的菱形法，即用四段圆弧来近似代替椭圆。由于不论圆所在的平面平行于哪个投影面，其投影椭圆的画法均相同，所以这里仅以水平面上的圆为例，说明其投影椭圆的画法，如图 2-59 所示。

1）画圆的外切正方形，设切点为 1、2、3、4 四点，并确定坐标轴 Ox、Oy，如图 2-59a 所示。

2）画出轴测轴 OX、OY，确定 1、2、3、4 四点的轴测投影 Ⅰ、Ⅱ、Ⅲ、Ⅳ，并画出圆的外切正方形的轴测投影——菱形，设菱形短对角线顶点分别为 O_1 和 O_3；再连接 O_3Ⅲ 和 O_3Ⅳ（或 O_1Ⅰ 和 O_1Ⅱ），分别交菱形长对角线于 O_2 和 O_4，如图 2-59b 所示。

3）分别以 O_1 和 O_3 为圆心，O_1Ⅰ 或 O_3Ⅲ 为半径画圆弧 $\overparen{ⅠⅡ}$ 和 $\overparen{ⅢⅣ}$，如图 2-59c 所示。

4）分别以 O_2 和 O_4 为圆心，O_2Ⅱ 或 O_4Ⅳ 为半径画圆弧 $\overparen{ⅡⅢ}$ 和 $\overparen{ⅠⅣ}$，如图 2-59d 所示。

5）加深上述四段圆弧，即得水平面上圆的正等轴测投影的近似椭圆，如图 2-59e 所示。

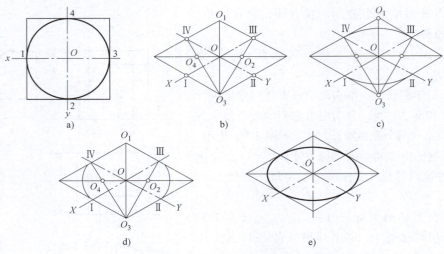

图 2-59　菱形法画近似椭圆

同理可画出正平面和侧平面上圆的正等轴测图的椭圆，如图 2-62 所示。

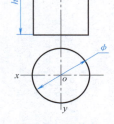

例 2-24　已知：圆柱的主、俯视图和尺寸 ϕ、h，如图 2-60 所示。

求作：它的正等轴测图。

分析：圆柱的顶面与底面均为水平面上的圆，其轴测投影均为椭圆，且长轴应垂直于轴测轴 OZ。先画出上、下两个椭圆，再画出其外公切线，即可求得该圆柱的正等轴测图。

作图：1）在圆柱的视图上确定坐标系，如图 2-60 所示。

图 2-60　圆柱的
视图和尺寸

2）用菱形法画出圆柱顶面的椭圆。显然圆柱底面的椭圆形状与之完全相同，仅位置不同，故可用移心法画出底面的椭圆，即将画顶面椭圆时的每个圆心沿 Z 方向向下移动 h 高度，并采用对应相同的半径画圆弧，便可得底面的椭圆。再画上、下两椭圆的外公切线，便可得圆柱的正等轴测图（下底面椭圆的不可见轮廓的虚线可省略不予画出），如图 2-61a 所示。

3）整理、加深，完成全图，如图 2-61b 所示。

三种常见位置圆柱（轴线分别垂直于水平面、正平面和侧平面）的正等轴测图如图 2-62 所示。它们的不同之处是外切菱形的方向不同，即椭圆的长、短轴方向不同，其椭圆的长轴分别垂直于 OZ 轴、OY 轴和 OX 轴，而作图方法是相同的。

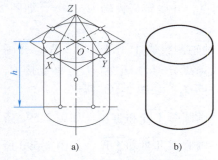

图 2-61　圆柱的正等轴测图画法

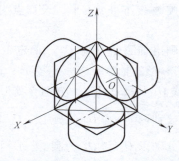

图 2-62　三种常见位置的圆柱体的正等轴测图

例 2-25 已知：圆台的主、左视图和尺寸 ϕ_1、ϕ_2、h，如图 2-63a 所示。

求作：它的正等轴测图。

分析：图中圆台的轴线为侧垂线，左、右圆端面均为侧平面，其轴测投影椭圆的长轴必定垂直于轴测轴 OX，先按尺寸 ϕ_1、ϕ_2、h 分别画出两端面的椭圆（由于两端面椭圆的大小不同，所以此处不能采用移心法），再画出其外公切线，即可得到圆台的正等轴测图。

作图：1）在视图上确定坐标系，如图 2-63a 所示。

2）画出轴测轴 OX、OY、OZ，用菱形法分别画出左、右两端面圆的轴测投影椭圆，并画出大、小椭圆的外公切线，即得圆台的正等轴测图，如图 2-63b 所示。

3）整理、加深，完成全图，如图 2-63c 所示。

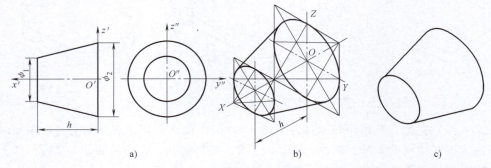

图 2-63 圆台的正等轴测图画法

例 2-26 已知：如图 2-64a 所示是一块长、宽、高分别为 a、b、h 的底板，其四周均为圆角，半径为 R。

求作：该底板的正等轴测图。

分析：底板上表面四角处的四段圆弧拼合起来是一个圆，而底板的四个圆角拼合起来就是一个圆柱体。在上面采用菱形法画圆柱体上顶面圆的正等轴测图椭圆时，如图 2-64a、b 所示的四段圆弧 $\overset{\frown}{12}$、$\overset{\frown}{23}$、$\overset{\frown}{34}$、$\overset{\frown}{41}$ 分别与如图 2-64c 所示的四段圆弧 $\overset{\frown}{Ⅰ Ⅱ}$、$\overset{\frown}{Ⅱ Ⅲ}$、$\overset{\frown}{Ⅲ Ⅳ}$、$\overset{\frown}{Ⅳ Ⅰ}$一一对应。即轴测图中仍然为圆弧，只是半径不同了。因此在画出长方体底板后，只要找出四段圆弧 $\overset{\frown}{Ⅰ Ⅱ}$、$\overset{\frown}{Ⅱ Ⅲ}$、$\overset{\frown}{Ⅲ Ⅳ}$、$\overset{\frown}{Ⅳ Ⅰ}$各自的圆心和半径即可画出它们；再用移心法画出底板下底面上的各段圆弧；最后画出相应圆弧的公切线，即得到四角为圆角的底板的正等轴测图。

作图：1）画出完整长方体底板的正等轴测图，如图 2-64d 所示。

2）画出 4 个圆角。①以长方体上表面上的 4 个顶点为起点，分别向两边截取长度 R（圆角半径），得到 Ⅰ、Ⅱ，Ⅱ、Ⅲ，Ⅲ、Ⅳ，Ⅳ、Ⅰ 各点；②再分别过这些点画相应边的垂线，可得到交点 O_1、O_2、O_3 和 O_4；③分别以交点 O_1、O_2、O_3、O_4 为圆心，以交点到对应边的距离为半径，画出四段圆弧 $\overset{\frown}{Ⅰ Ⅱ}$、$\overset{\frown}{Ⅱ Ⅲ}$、$\overset{\frown}{Ⅲ Ⅳ}$和 $\overset{\frown}{Ⅳ Ⅰ}$；④用移心法画出底板下底面上的四段圆弧，并画出上下对应圆弧的公切线，便得到底板四周的圆角，如图 2-64e 所示。

3）检查、整理、加深图线，完成全图，如图 2-64f 所示。

例 2-27 已知直角支架的三视图，如图 2-65a 所示。

求作：它的正等轴测图。

分析：从三视图中可以看出，直角支架由两块垂直相交的板组成，两块板的连接处以圆

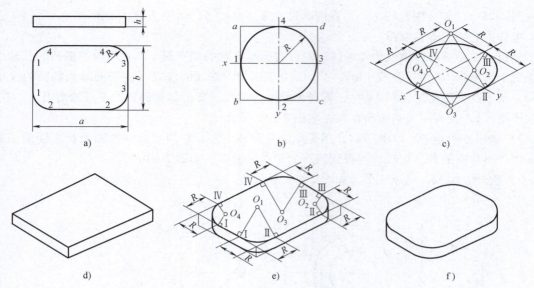

图 2-64 带圆角底板正等轴测图的画法

角 R_3（1/4 圆）过渡，且两块板本身各有两个圆角 R_1 和 R_2，以上各圆角均可应用如图 2-64 所示方法求得其轴测投影图。在垂直板上，又有一腰形通孔，孔的两端是 1/2 圆，作图时可将 1/2 圆看成是两个 1/4 圆，以便于作图。

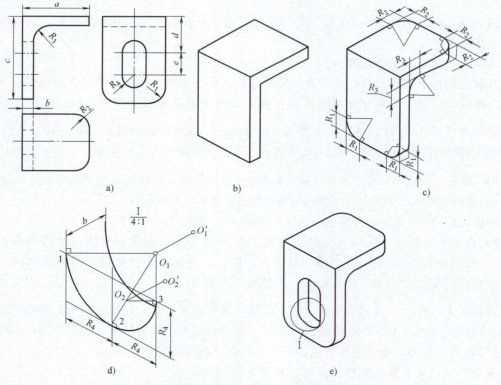

图 2-65 带圆角的直角支架的正等轴测图画法

作图：1）由尺寸 a、b、c 可画出不带圆角和腰形通孔的直角支架的轴测图，如图 2-65b 所示。

2）由尺寸 R_1、R_2、R_3，用例 2-26 的方法，可画出直角支架各处的圆角，如图 2-65c 所示。

3）由尺寸 d、e、R_4 可画出腰形孔。将腰形孔下部的半圆孔视为两个（内）圆角，分别画出。即由 1、2、3 三点分别画对应边的垂线，得交点 O_1 和 O_2，并分别以 O_1、O_2 为圆心，$O_1 1$ 和 $O_2 2$ 为半径画出圆弧 $\overset{\frown}{12}$ 和 $\overset{\frown}{23}$。再用移心法将 O_1 和 O_2 向板厚方向移动尺寸 b，可得圆心 O_1' 和 O_2'，并仍以 $O_1 1$ 和 $O_2 2$ 为半径，画出支架竖板内壁上的圆弧的可见部分，如图 2-65d 所示。同理可画出腰形孔上部半圆孔。然后画切线连接上、下两部分，即得整个腰形孔的轴测投影，如图 2-65e 所示。

4）整理、加深，完成全图，如图 2-65e 所示。

（三）组合体的正等轴测图

画组合体轴测图的基本方法与画组合体三视图一样，也是采用形体分析法，按照其各个组成部分形体的相对位置，逐个画出各组成形体的轴测图，即可得到整个组合体的轴测图。其实例 2-27 中的直角支架就是组合体，它的轴测图就是按照这种方法画出的。下面再举一例进一步说明。

例 2-28 已知：轴承座的三视图，如图 2-66a 所示。

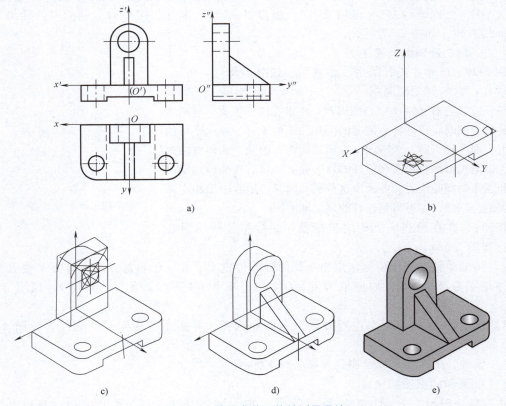

图 2-66 轴承座的正等轴测图画法

求作：它的正等轴测图。

分析：轴承座由底板、竖板和肋板三部分组成。底板上伴有圆角、小孔和通槽，竖板半圆端的中心也有一同心轴孔。画正等轴测图时，同样可应用形体分析法，逐一画出底板、竖板和肋板，并组合得到轴承座的正等轴测图。

作图：1）在三视图上建立坐标系，如图 2-66a 所示。

2）画出底板，包括圆角、小孔和通槽，如图 2-66b 所示。

3）画出带轴孔的半圆端竖板，如图 2-66c 所示。

4）画出肋板，如图 2-66d 所示。

5）检查、整理、加深图线，完成全图，如图 2-66e 所示。

三、斜二轴测图

（一）斜二轴测图的特点

斜二轴测图是轴向伸缩系数 $p_1 = r_1 \neq q_1$ 的斜轴测图。

在斜二轴测图中，由于坐标面 xOz 平行于轴测投影面 P，根据平行投影的特性，在坐标面上的图形以及平行于该面的图形，其轴测投影均反映实形，X 轴和 Z 轴的轴向伸缩系数均为 1，即 $p_1 = r_1 = 1$，且轴间角 $\angle XOZ = 90°$；Y 轴的轴向伸缩系数以及轴间角 $\angle XOY$、$\angle YOZ$ 则随着投射方向的不同而不同。从立体感好和画图方便考虑，GB/T 14692—2008《技术制图 投影法》中规定，在斜二轴测图中，取 Y 轴的轴向伸缩系数 $q_1 = 0.5$（折算方便），轴间角 $\angle XOY = \angle YOZ = 135°$（可用 45° 三角板作图）。综上所述，可得斜二轴测图的轴间角和轴向伸缩系数，如图 2-67 所示。

（二）斜二轴测图的画法

例 2-29 已知：连杆的主、左视图，如图 2-68a 所示。

求作：它的斜二轴测图。

分析：该连杆由一个空心圆筒和一块带孔底板组成，且两者相切叠加。同时，该连杆表面上的圆和圆弧位于三个彼此平行的平面上，即连杆只有一个方向上有圆和圆弧。因此，画斜二轴测图时，轴测投影面宜设置在连杆的后表面上。然后按坐标法定出各圆和圆弧的圆心位置，并画出这些圆和圆弧。最后画出相应圆和圆弧的公切线，即可得到连杆的斜二轴测图。

作图：1）在两视图上确定坐标系，并标明各圆的圆心位置，如图 2-68a 所示。

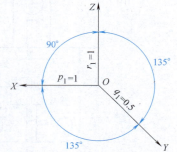

图 2-67　斜二轴测图的轴间角和轴向伸缩系数

2）画轴测轴，先用坐标法定出各圆的圆心位置 Ⅰ、Ⅱ、O 和 Ⅲ、Ⅳ，因为 Y 轴方向的轴向伸缩系数 $q_1 = 1/2$，故应取 $O\,Ⅱ = O''2''/2$，Ⅰ Ⅱ $= 1''2''/2$，Ⅲ Ⅳ $= 3''4''/2$，如图 2-68b 所示。

3）按 1:1 在各自圆心位置处画出各圆和圆弧，并画出相应圆的公切线，如图 2-68c 所示。

4）整理、加深，完成全图，如图 2-68d 所示。

（三）两种轴测图的比较

正等轴测图的三个轴间角相等，且均为 120°，故三个坐标轴方向均可用三角板直接画出；又因轴向简化系数 $p = q = r = 1$，故可按标注的尺寸（或从视图中量取的尺寸）用 1:1

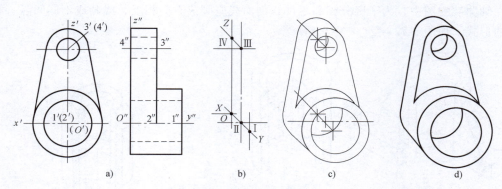

图 2-68 连杆的斜二轴测图画法

进行作图。此外各坐标面内圆的轴测投影椭圆的画法相同，均可采用菱形法画出。因此正等轴测图作图简便，应用广泛。

斜二轴测图的三个轴间角分别为 90°、135° 和 135°，故三个坐标轴方向也可用三角板直接画出；又轴向伸缩系数 $p_1 = r_1 = 1$，$q_1 = 0.5$，故量取尺寸也较方便。此外，平行于轴测投影面 *XOZ* 的圆或其他曲线图形在轴测图中均反映实形，作图特别方便；但在其他两个面上圆的投影（椭圆）作图比较麻烦（本书未介绍）。因此斜二轴测图特别适合于用来绘制只有一个方向上有圆和曲线的物体。

四、轴测剖视图

在轴测图中，如果需要表达物体的内部结构形状，可以假想用剖切平面沿坐标面方向将物体剖开，画成轴测剖视图。在轴测剖视图中，剖切到的实体部分（断面）需要画出剖面符号。剖面符号的画法如图 2-69 所示。

图 2-70 所示为同一物体的两种轴测剖视图。图 2-70a 所示为正等轴测剖视图；图 2-70b 所示为斜二轴测剖视图。

当剖切平面通过机件的肋板或薄壁等结构的纵向对称平面时，这些结构都不画剖面符号，并用粗实线将它与邻接部分分开，如图 2-71a 所示。如在图中表现不够清晰时，也允许在肋板或薄壁部分加画细点表示被剖切部分，如图 2-71b 所示。

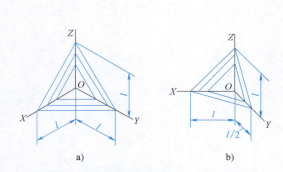

图 2-69 轴测剖视图中剖面符号的画法
a）画正等轴测图时　b）画斜二轴测图时

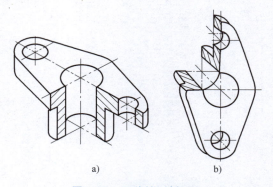

图 2-70 两种轴测剖视图
a）正等轴测剖视图　b）斜二轴测剖视图

在轴测装配图中，为了区分相邻零件，剖面线应画成方向相反，或画成不同间隔、相互错开的形式，如图 2-72 所示。

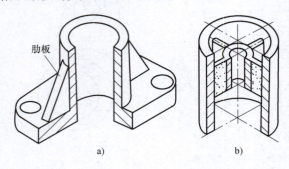

肋板

a)   b)

图 2-71 轴测剖视图中，肋板或薄壁的剖切画法
a）肋板剖面处不画剖面符号   b）肋板剖面处加画细点表示

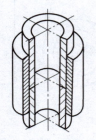

图 2-72 轴测装配图画法

机件常用的表达方法

　　绘制机械图样时，应完整、清晰地表达机件（物体）的结构形状，并做到看图方便、制图简便。然而，对于外形复杂的机件、具有较多内部结构的机件或者内、外形都比较复杂的机件，仅仅采用上述三视图的表达方法，虽然可以完整地表达机件的结构形状，但视图中必将出现过多的虚线，很不清晰，给看图、画图和标注尺寸都带来不便。为此，国家标准GB/T 17451—1998《技术制图　图样画法　视图》、GB/T 17452—1998《技术制图　图样画法　剖视图和断面图》、GB/T 4458.1—2002《机械制图　图样画法　视图》、GB/T 4458.6—2002《机械制图　图样画法　剖视图和断面图》和 GB/T 17453—2005《技术制图　图样画法剖面区域的表示法》中规定了机件的各种表达方法，以便根据机件的结构特点，灵活加以选用，从而达到表示要求。本章的任务就是介绍这些机件常用的表达方法。

第一节　视　　图

　　根据有关标准或规定，用正投影法所绘制的物体的图形称为视图。视图一般只画机件的可见部分，必要时才画出其不可见部分。视图通常有基本视图、向视图、斜视图和局部视图。下面分别予以介绍。

一、基本视图

　　机件向基本投影面投射所得的视图称为基本视图。基本投影面规定为正六面体的六个面，机件位于正六面体内，将机件向六个投影面投射，并按图 3-1 所示的方法展开就得到了六个基本视图，如图 3-2 所示。其中主视图、俯视图和左视图就是第二章中介绍的三视图，另外三个视图的名称及其投射方向规定如下：

　　右视图——由右向左投射所得的视图；

　　仰视图——由下向上投射所得的视图；

　　后视图——由后向前投射所得的视图。

　　在同一张图纸内，按图 3-2 所示配置视图时，一律不标注视图的名称。

　　需要注意的是：①六个基本视图是三视图的补充和完善，各视图之间仍符合"长对正、高平齐、宽相等"的投影关系；②主视图应尽量反映机件的主要特征，并根据表达机件结构形状的需要，灵活选用其他基本视图，以完整、清晰、简练地表达机件的结构形状。

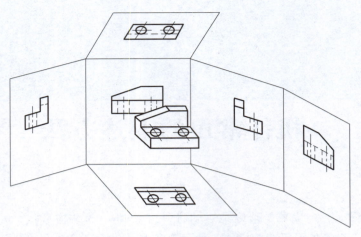

图 3-1 机件向六个基本投影面投射及其展开方法

二、向视图

向视图是可自由配置的视图。这种自由配置的方法称为向视配置法。这样做有利于合理利用图幅，但为了便于读图，向视图必须标注。通常在向视图的上方标出"×"（"×"为大写拉丁字母），在相应视图附近用箭头指明投射方向，并注上同样的字母，如图 3-3 所示。图 3-3 中向视图 A、B 和 C，分别为右视图、仰视图和后视图。请读者与图 3-2 做对照。

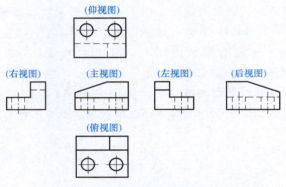

图 3-2 六个基本视图的配置关系

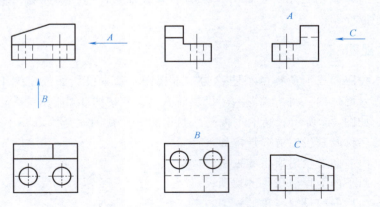

图 3-3 向视图及其标注

三、斜视图

图 3-4a 所示为一具有倾斜结构机件的轴测图；图 3-4b 是其三视图。由于该机件斜臂部分的上、下表面都是正垂面，它们同时倾斜于水平投影面和侧面投影面，因此在俯、左视图上均不反

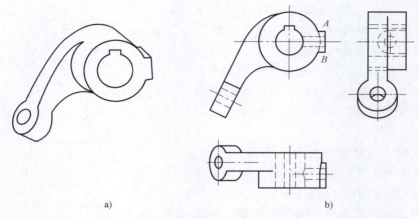

a)　　　　　　　　　　　　　　　　　　　　b)

图 3-4 具有倾斜结构机件的轴测图和三视图

映实形，如圆和圆弧的投影变成了椭圆和椭圆弧，因此不便于画图、读图和标注尺寸。

为了能真实、清晰地表达机件倾斜部分的结构形状，可以设置一个平行于该倾斜结构的新投影面 P，如图 3-5a 所示；并从垂直于面 P 的 A 方向向面 P 投射，这样就可以得到一个反映倾斜结构实形的图形；再将面 P 向正面投影面 V 展开（绕 O_1x_1 轴旋转、摊平），就得到了如图 3-5b 所示的 A 向（斜）视图。这种将机件的某一部分向不平行于基本投影面的平面投射所得的视图称为斜视图。

斜视图一般按投影关系配置并标注，如图 3-5b 所示；也可按向视图的方式配置并标注；必要时，允许将斜视图旋转配置，以方便作图，此时的标注形式如图 3-5c 所示。图 3-5c 中旋转符号"⌒"（或"⌒"）的箭头方向应为实际旋转方向，字母 A 应写在旋转符号的箭头一边。也允许将旋转的角度注写在字母之后，如 ⌒$A20°$。

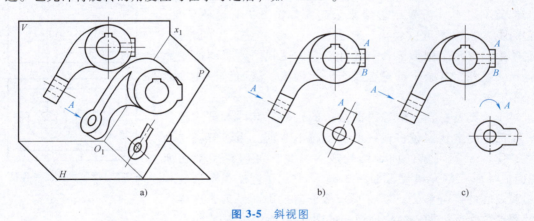

a)　　　　　　　　　　　　　　b)　　　　　　　　　　　　c)

图 3-5 斜视图

a）斜视图的形成　b）按投影关系配置的斜视图　c）旋转配置的斜视图

四、局部视图

上述机件的倾斜结构部分用主视图和 A 向斜视图已经表达清楚。因此，机件的俯视图可假想将该部分折断舍去后再画出，这样就得到了图 3-6 中的俯视图。至此，只有物体右侧凸台的表面形状尚未表达出来。此时也不宜画出整个机件的右视图，而只需针对机件的凸台部分，采用一个 *B* 向视图即可表达清楚，如图 3-6 所示。以上这种将机件的某一部分向基本投影面投射所得的视图称为局部视图。

局部视图可按基本视图的配置形式配置并省略标注，如图 3-6 所示的俯视图；也可按向视图的配置形式配置并标注，如图 3-6 所示的 *B* 向局部视图。

画局部视图时，其断裂边界用波浪线绘制，如图 3-6 所示的俯视图。当所表示的局部视图的外轮廓成封闭时，则不必画出其断裂边界线，如图 3-6 所示的 *B* 向局部视图（对于斜视图，其断裂边界的画法与局部视图完全相同。为了深刻理解斜视图和局部视图，请读者对两者的异同之处做一个全面的分析和比较）。

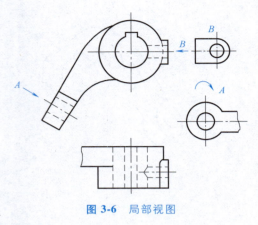

图 3-6 局部视图

显然，上例中的机件用图 3-6 所示的主视图、*A* 向斜视图和两个局部视图（俯视图和 *B* 向视图）来表达，要比图 3-4b 中用三视图来表达更简洁、清晰、合理。

第二节 剖 视 图

一、剖视图的概念

用上节介绍的四种视图，可以清晰地表达出机件的外部结构形状（外形），所以统称为外形视图。然而，对于机件的内部结构形状（内形），在外形视图上都为不可见，需要用虚线来表达。如图 3-7 所示的机件，从它的主、俯视图可以看出，该机件是一个中空无顶的箱体，其底壁中间有两个圆形凸台和通孔。它的主视图除了周边轮廓线是粗实线外，其余全部是虚线，因此画图、读图和标注尺寸都很不方便。

对于这类具有孔、槽等内部结构的机件，其内部结构越复杂，视图中的虚线就越多，视图也就越不清晰。为了解决这个问题，使原来不可见的内部结构成为可见，可假想用剖切面（平面或柱面）剖开机件，如图 3-8a 所示，并将处在观察者和剖切面之间的部分移去，而将其余部分向投影面投射，这样得到的图形称为剖视图，简称剖视，如图 3-8b 所示的主视图。

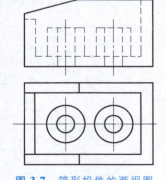

图 3-7 箱形机件的两视图

综上所述可见：视图主要用来表达机件的外部结构形状（外形），而剖视图主要用来表达机件的内部结构形状（内形）。

二、剖视图的分类和剖切方法

1. 剖视图的分类

根据机件被剖切范围的大小，剖视图可以分为如下三类：

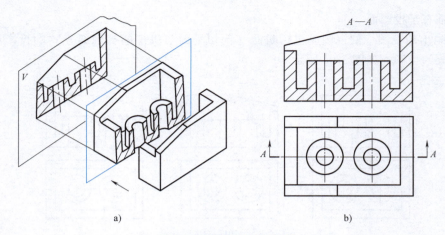

a)   b)

图 3-8   箱形机件的剖视图
a）剖视图的概念   b）剖视图

1）全剖视图——用剖切面完全地剖开机件所得的剖视图。

2）半剖视图——当机件具有对称平面时，向垂直于对称平面的投影面上投射所得的图形，可以以对称中心线为界，一半画成剖视图，另一半画成视图，由此所得的剖视图。

3）局部剖视图——用剖切面局部地剖开机件所得的剖视图。

2. 剖视图的剖切面种类和剖切方法

画剖视图时，可根据机件的结构特点，选择以下剖切面剖开机件。

（1）用一个剖切面（一般用平面，也可用柱面）剖切机件   这种剖切方法称为单一剖。又可分为下面两种情况：

1）用平行于某一基本投影面的平面（即投影面平行面）剖切。

2）用不平行于任何基本投影面的平面（一般用投影面垂直面）剖切，称为（单一）斜剖。

（2）用几个平行的剖切平面剖切   这种剖切方法称为阶梯剖。

（3）用几个相交的剖切平面（交线垂直于某一投影面）剖切   这种剖切方法称为旋转剖。

三、常见的剖视图

无论采用何种剖切面和相应的剖切方法，一般都可以画成全剖视图、半剖视图和局部剖视图。在表达机件时，究竟采用哪一种剖切面（剖切方法）和哪一种剖视图，需要根据机件的结构特点，以完整、清晰、简便地表达机件的内、外结构形状为原则来加以确定。现将应用最多、最为常见的几种剖视图介绍如下。

（一）单一剖的全剖视图

如图 3-8b 所示的箱形机件的主视图就是单一剖的全剖视图。下面分别介绍其画法、配置、剖面区域表示法及其注意事项等。

1. 画法

（1）确定剖切平面（或柱面）的位置和投射方向   剖切平面应优先选用投影面平行面（图 3-8 中为正平面）；同时应通过机件上尽量多的孔、槽等内部结构的轴线或对称平面。投射方向应垂直于投影面。

（2）画出剖视图　剖视图应包括断面（剖切平面与机件的接触部分）的投影和剖切平面后面部分的投影，如图 3-9a 所示。

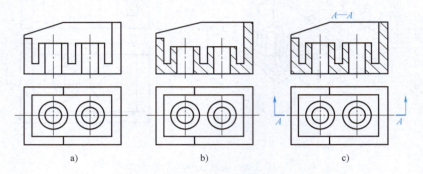

图 3-9　剖视图的画法

a）确定剖切平面位置，画出剖视图　b）画出剖面符号　c）画出剖切符号并标注

（3）画出剖面符号　在剖面区域内画出剖面符号，如图 3-9b 所示。

（4）画出剖切符号并标注

1）一般应在剖视图的上方用大写的拉丁字母标出剖视图的名称"×—×"。在相应的视图上用剖切符号表示剖切位置（用粗实线短画表示）和投射方向（用箭头表示），并标注相同的字母，如图 3-9c 所示。

2）当剖视图按投影关系配置，中间又没有其他图形隔开时，可省略箭头，如图 3-10a 所示的俯视图。

3）当单一剖切平面通过机件的对称平面或基本对称平面，且剖视图按投影关系配置，中间又没有其他图形隔开时，不必标注，如图 3-10a 所示的主视图。

2. 剖视图的配置

1）基本视图的配置规定同样适用于剖视图。

2）剖视图也可按投射关系配置在与剖切符号相对应的位置处。

3）必要时允许配置在其他适当位置，即采用向视图的配置方法。

3. 剖面区域的表示法

1）剖视图和断面图（见本章第三节）的剖面区域应画出剖画线，剖面线用细实线绘制，并与剖面（或断面）外面轮廓成45°角或对称，如图 3-11a、b、c、d 所示（材料的名称和牌号，可在标题栏中的材料栏内填写）。

2）同一个零件相隔的剖面或断面应使用相同的剖面线，相邻零件的剖面线应该用方向不同、间距不同的剖面线。

3）剖面线的间距应与剖面尺寸的比例相一致，即与剖面尺寸的大小相协调，并且不得小于 0.7mm。

4）在大面积剖切的情况下，剖面线可以局限于一个区域，在这个区域内可使用沿周线的等长剖面线表示，如图 3-11d 所示。

5）剖面内可以标注尺寸（尺寸文字处剖面线应断开，空出标注尺寸文字的位置）。

6）狭小剖面可以用完全黑色来表示（涂黑表示），如图 3-11e 所示。

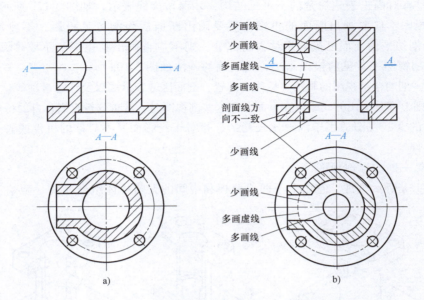

图 3-10 剖视图画法的正误对比和剖视图标注的省略

a）剖视图的正确画法和标注的省略　b）剖视图的错误画法

7）要表示一个特殊材料时，可以用一个图案（或参照一个合适的标准），其含义应在图上注明。

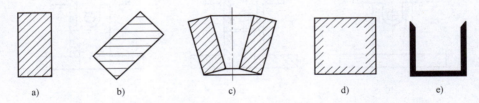

图 3-11 剖视图（和断面图）中剖面区域的表示法

4. 画剖视图时应注意的事项

1）剖视图的剖切机件是假想的，它不是真正地将机件剖开并拿走一部分，所以除剖视图按规定画法绘制外，其他视图仍应按完整机件画出，如图 3-12a、b 所示的俯视图。

2）同一个机件，可同时采用多个剖视图（和断面图）来共同表达。而每个剖视图都应从完整机件出发，分别选择剖切方法、剖切面位置以及画成何种剖视图，如图 3-10a 所示。

3）在剖视图中，如尚有不可见结构投影的虚线，若联系其他视图已经表达清楚时，其虚线应省略不画，见

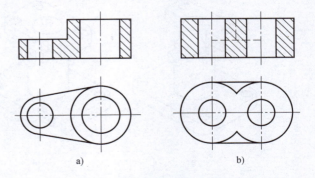

图 3-12 剖视图中的虚线处理

a）虚线省略　b）虚线保留

图 3-12a；只有对尚未表达清楚的不可见结构，才保留虚线表示，如图 3-12b 所示。

4）剖视图不仅要画出断面的投影，还要画出断面后面的可见投影，不要漏画这些图线；而位于剖切平面前面已被假想移去的部分，则不应再画出其投影，不要多画这些图线。图 3-10b 为剖视图中常见的错误画法，其正确的画法如图 3-10a 所示。

上述单一剖的全剖视图的画法、标注、配置、剖面区域表示法以及注意事项等，对于其他各种剖视图原则上都是适用的，所以在下面介绍这些剖视图时，着重分析它们各自的特点。

单一剖的全剖视图适用于内形比较复杂、相对于投影面又不对称的机件或者外形比较简单的对称机件。

（二）单一剖的半剖视图

如图 3-13a 所示机件，它由上下两块薄板和中间的大圆柱体组合而成。两块薄板的四周

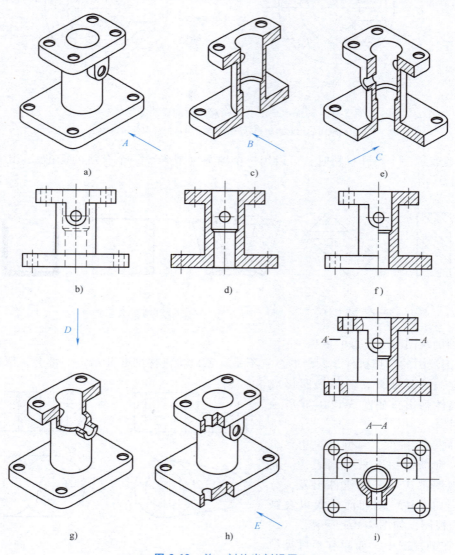

图 3-13　单一剖的半剖视图

a）、b）外形主视图　c）、d）全剖主视图　e）、f）半剖主视图　g）、h）、i）半剖俯视图、半剖和局部剖主视图

均带有圆角和四个小通孔；圆柱体内腔的上部为一个大圆柱孔，下部为一个小圆柱孔，中间用圆锥面（孔）连接（图 3-13c）；同时圆柱体的前后方向上均有一个带通孔的凸台。该机件的结构特点是：①外形比较复杂，又有较多的内部结构，内外形都需要表达；②机件左右对称和前后对称。

现从 A 方向投射，画出机件的主视图，如图 3-13a、b 所示。由于图 3-13a 中圆柱体内腔结构均为不可见，所以图中虚线很多、很不清晰（其俯视图的虚线也较多，请读者试画之）。若改用通过机件前后对称平面剖切的全剖视图（向 B 方向投射）来表达，如图 3-13c、d 所示，则圆柱体内腔成为可见，然而圆柱体前方的凸台被剖去，故凸台的形状、位置都没有表达出来。即两者均顾此失彼，内外形不能兼顾。

根据该机件具有左右对称的结构特点和半剖视图的规定，可以以机件的对称中心线为界，一半（左边）画成视图，表达外形；另一边（右边）画成剖视图，表达内形。这种取视图（图 3-13b）的一半和全剖视图（图 3-13d）的一半得到的组合图形，就是半剖视图，如图 3-13e、f 所示。

同理，该机件的俯视图也可画成半剖视图（从 D 方向投射），如图 3-13g、i 所示。又考虑在半剖的主视图中，两块薄板上的小孔均未剖到，仍为虚线，故再采用两处局部剖视（从 E 方向投射）来表达，如图 3-13h、i 所示，这样就得到了该机件的完整表达方案，如图 3-13i 所示；从而简洁、清晰地表达出机件的全部结构形状。

国家标准还规定：机件的形状接近于对称（基本对称），且不对称部分已另有图形表达清楚时，也可以画成半剖视图。如图 3-14 所示，是由底板和空心圆筒两部分组成的接近对称的机件。在圆筒内孔壁上只有一侧有键槽（不对称），而且在俯视图上已表达清楚，故其主视图可画成半剖视图。

画半剖视图时应注意的事项如下：

1）只有对称机件或接近于对称的机件，且不对称的部分已另有图形表达清楚时，才能将相应的视图画成半剖视图。

2）半个视图和半个剖视图的分界线应为点画线（而不是粗实线）。

3）在全剖视图中介绍的虚线处理原则，也适用于半剖视图。请读者来分析：在图 3-13i 中的主、俯视图中省略了哪些虚线。

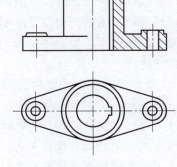

图 3-14　接近于对称机件的半剖视图

4）半剖视图的标注方法和省略规定，也与全剖视图相同。请读者对图 3-13i 中的标注进行分析说明。

半剖视图适用于内、外形都需要表达，且结构为对称或基本对称的机件。

（三）单一剖的局部剖视图

对于图 3-13a 所示的机件，其主视图画成半剖视图后，因底板和顶板四周的小孔都剖不到，仍需画出虚线来表达，不清晰，如图 3-13f 所示。为此可假想通过某个小孔轴线的正平面来局部地剖开机件，如图 3-13h 所示，并移去前面部分再从 E 方向投射，从而得到如图 3-13i 所示的主视图。这种用一个剖切平面局部地剖开机件所得的剖视图称为单一剖的局部剖视图。

局部剖视图用波浪线分界。波浪线不应和图样上的其他图线重合或画在其延长线上，以免混淆；波浪线表示机件的断裂线，应画在机件的实体部分，所以当通过机件上孔、槽等不连续结构时，波浪线应断开，不能穿"空"而过，如图3-15a所示的俯视图；当被剖切结构为回转体时，允许将该结构的轴线作为局部剖视和视图的分界线，如图3-15b所示的俯视图。

需要注意的是图3-15a中的主视图为半剖视图，而不是局部剖视图；图3-15b中的俯视图是局部剖视图，而不是半剖视图。请读者分清两者的区别。

当单一剖切平面的剖切位置明确时，局部剖视图不必标注。

局部剖视图一般画在视图之内，与视图重合，如图3-13i、图3-15a、b所示；必要时，

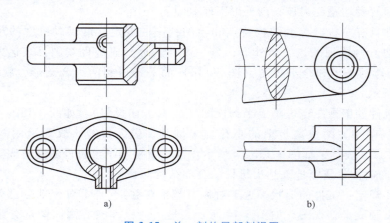

图 3-15 单一剖的局部剖视图

a）用波浪线分界 b）用点画线（轴线）分界

也可单独画在视图之外，此时应进行标注（如图5-53所示的局部剖视图 *B—B*）。

局部剖视图的剖切位置和剖切范围由表达机件的实际需要确定，哪里需要剖哪里，十分方便，因此应用广泛，主要用于需要表达局部内形（不适于全剖视，又不满足半剖视条件）的机件。

（四）单一斜剖的全剖视图

图3-16a所示机件为一空心弯管，并有圆形底板、方形顶板以及凸台和小孔等结构。该机件的表达方案如图3-16b所示。其中主视图采用了局部剖视，同时反映了弯管的主要内外结构形状（请读者详细说明）；又用一个 *B* 向局部视图反映底板的形状和四个均布小孔；如果再用一个斜视图，从左上方对顶板投射，可反映顶板的形状和四个小孔，然而凸台和凸台中心的小孔为不可见，投影均为虚线，很不清晰。因此，可设想在顶板的左上方设置一个与顶板上表面平行的新投影面（正垂面），然后用一个通过小孔轴线且平行于新投影面的平面剖开机件，并向新投影面投射，如图3-16b中剖切符号所示，这样就得到了（单一）斜剖的全剖视图 *A—A*。它与斜视图相比，能同时反映顶板的形状（外形）以及凸台和小孔结构（内形）。

为了方便读图，斜剖的全剖视图一般按投影关系配置，如图3-16b所示的 *A—A*；为了合理利用图幅，也可配置在其他适当的位置；为了便于画图，在不致引起误解时，允许将图形旋转转正后画出，如图3-16b所示的 *A—A*↷。

斜剖的全剖视图必须标注，如图3-16b所示。需要指出的是：尽管这种剖视图的剖切符

号是倾斜的，其剖视图形（未经旋转时）也是倾斜的，但表示剖视图名称的字母必须水平书写。

这种剖视图适用于表达具有倾斜结构内形的机件。

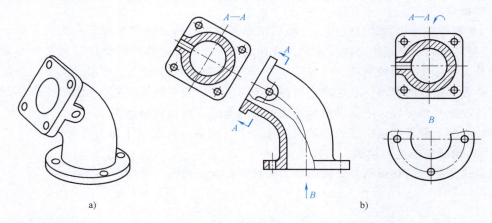

a)　　　　　　　　　　　　　　　　b)

图 3-16　单一斜剖的全剖视图

（五）　旋转剖的全剖视图

以图 3-17a 所示机件为例。该机件由中间的带孔圆柱体、一个水平臂和另一个斜臂三部分组成。两臂的端部各有一个带孔小圆柱体。从 B 方向投射画出该机件的主视图，均为可见投影（斜油孔处可画成局部剖视），而在俯视图中，三个轴线平行的圆柱孔均为不可见（显然无法用单一剖都剖到），且三轴线位于两个相交的平面上，一个水平面和一个正垂面，其交线为大圆孔的轴线，垂直于正面，因此可以假想用这两个相交平面剖开机件，然后将剖切平面剖开的倾斜结构及其有关部分旋转到与选定的投影面（水平面）平行，如图 3-17a 所示，再进行投射（先剖切，后旋转，再投射），这样得到的全剖视图称为旋转剖的全剖视图，如图 3-17b 所示的俯视图（图 3-17 中肋板剖到，做不剖处理，详见后述）。

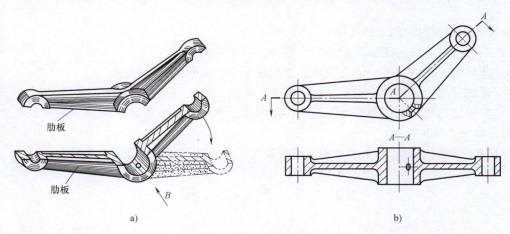

a)　　　　　　　　　　　　　　　　b)

图 3-17　旋转剖的全剖视图

画这种剖视图时应注意的事项：

1）用旋转剖剖切该机件，其斜臂部分必须假想为绕带孔大圆柱体的轴线旋转到水平位

置后，再向下投射，从而画出俯视图。因斜臂的旋转是假想的，其俯视图画成旋转剖的全剖视图后，在主视图中，斜臂仍应按没有旋转时的实际位置的真实投影画出。因此斜臂部分在主、俯视图中的投影不直接满足"长对正"的投影关系，只有在假想旋转后才符合"长对正"的投影关系。

2）在剖切平面后的其他结构，一般仍按原来位置投射，如图 3-17 所示的斜油孔。

3）旋转剖的全剖视图必须标注，并应在剖切平面的起讫和转折位置（相交处）都画出剖切符号，并标注相同的字母（字母应水平书写）；当转折处的位置有限，又不致引起误解时，允许省略该处的字母；起讫处剖切符号中的箭头应与粗短画垂直，如图 3-17b 所示；当剖视图按投影关系配置，中间又没有其他图形隔开时，可以省略箭头。

旋转剖的全剖视图适用于内部结构处在两个（或多个）相交平面上的机件。

（六）阶梯剖的全剖视图

用阶梯剖的方法获得的全剖视图称为阶梯剖的全剖视图，如图 3-18 所示。

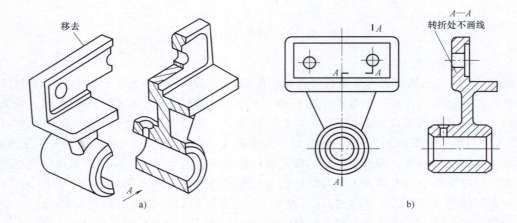

图 3-18　阶梯剖的全剖视图

画这种剖视图时应注意的事项：

1）剖切符号不应与图形中的轮廓线重合，以免混淆。

2）连接各平行剖切平面的公垂面，在剖视图中不应画出其投影线。

3）在剖视图中，不应出现不完整的要素。为此需要正确选择剖切平面的位置。

4）阶梯剖的全剖视图必须标注。其标注内容、方法和省略规定同旋转剖的全剖视图基本相同，如图 3-18b 所示。

阶梯剖的全剖视图适用于表达内部结构处在几个相互平行的平面上的机件。

第三节　断　面　图

一、断面图概念

图 3-19a 所示机件的主要结构是由多段不同直径的同轴线圆柱体所组成的。这种结构形状的机件在机械工程中通常称为轴（阶梯轴）；此外，在轴的左边轴段上还有一个局部结

构——键槽。该轴只需采用一个主视图，结合尺寸标注（图 3-19b 中未注出），就可以把各轴段的直径和长度以及键槽的形状、位置都表达清楚，唯有键槽的深度尚未表达出来。如图 3-19b 所示，如果再画出轴的左视图，即用主、左两个视图来表达机件，则在左视图上，一方面键槽为不可见，其投影为虚线，不清晰；另一方面各轴段的投影为一些同心圆（且有虚线圆）也是多余的表达，如果改画为一个剖视图，即用主视图和一个剖视图来表达，则在剖视图中，键槽虽成为可见，但截断面后面部分的投影圆仍为不必要的表达，使图形复杂化，也不便于标注键槽的深度尺寸。为此，可设想只补画出需要表达的截断面形状，即用主视图和一个断面图形来表达，这样既可以清晰地表达出键槽的深度，又省去了截断面后面不必要的投影，使表达简洁、清晰，便于画图、读图和标注尺寸。这种假想用剖切（平）面将机件的某处切断，仅画出断面的图形，称为断面图，简称断面。

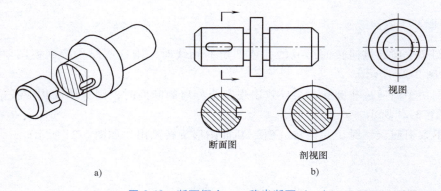

图 3-19　断面概念——移出断面（一）
a）轴测图　b）断面图与视图、剖视图的比较

综上所述可见，断面图与剖视图的区别在于：断面图只画出断面的形状，而剖视图除画出断面的形状外，还要画出断面后的可见轮廓的投影。

断面图主要用来表达机件上的某些局部结构，如轴上的键槽、销孔以及肋板、轮辐和型材的断面形状等。

二、断面的种类

断面可分为移出断面和重合断面两种。

（一）移出断面

画在视图之外的断面称为移出断面，如图 3-19 ~ 图 3-24 所示。

1. 配置

1）按投影关系配置，如图 3-20 所示。

2）配置在剖切符号的延长线上，如图 3-19 所示。

3）配置在剖切线（指示剖切面位置的点画线）的延长线上，如图 3-21 所示。

4）断面的图形对称时，也可画在视图的中断处，如图 3-22 所示。

5）配置在其他适当的位置，如图 3-23 所示。

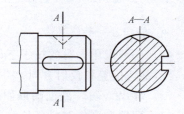

图 3-20　移出断面（二）

2．画法

1）移出断面的轮廓线用粗实线绘制，在剖面区域内应画出剖面符号，并对断面进行标注。

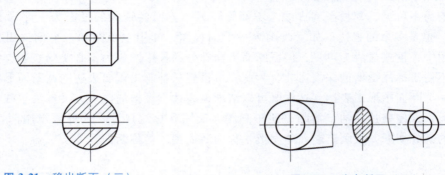

图 3-21 移出断面（三）

图 3-22 移出断面（四）

2）当剖切平面通过回转面形成的孔或凹坑的轴线时，则这些结构按剖视图要求绘制，如图 3-20、图 3-21 所示。

3）当剖切平面通过非圆孔，会导致出现完全分离的断面时，则这些结构应按剖视图要求绘制，如图 3-24 所示。

4）在不致引起误解时，允许将（斜）断面图形旋转画出，如图 3-24 所示。

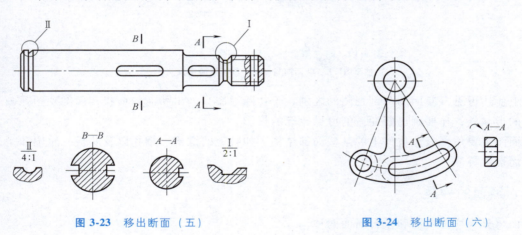

图 3-23 移出断面（五）

图 3-24 移出断面（六）

3．标注

1）一般应用大写的拉丁字母标注移出断面的名称"×—×"，在相应的视图上用剖切符号表示剖切位置和投射方向，并标注相同的字母，如图 3-23 所示的 $A—A$。

2）移出（斜）断面图形如经旋转后画出时，其标注形式如图 3-24 所示。

3）配置在剖切符号延长线上的不对称移出断面，不必标注字母，如图 3-19 所示。

4）不配置在剖切符号延长线上的对称移出断面（图 3-23 中的 $B—B$）以及按投影关系配置的移出断面（图 3-20），一般不必标注箭头。

5）配置在剖切线延长线上的对称移出断面以及配置在视图中断处的对称移出断面，不必标注，如图 3-21 和图 3-22 所示。

（二）重合断面

画在视图之内的断面称为重合断面。

1. 画法

1）重合断面的轮廓线用细实线绘制，并在剖面区域内画出剖面符号，如图 3-25 所示。

2）当视图中的轮廓线与重合断面的图线重叠时，视图中的轮廓线仍应连续画出，不可中断，如图 3-25a 所示。

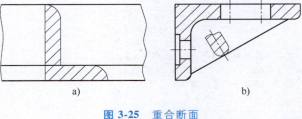

图 3-25　重合断面
a）不对称重合断面　b）对称重合断面

2. 标注

不对称的重合断面可以省略标注，如图 3-25a 所示。对称的重合断面不必标注，如图 3-25b 所示。

请读者比较移出断面和重合断面的异同点和适用场合。

第四节　图样的简化画法

简化画法可以显著减少绘图工作量和提高绘图速度，同时也可明显提高图样的清晰度和便于阅读，从而缩短设计和制造周期，降低产品成本，使企业得到高效率和高效益。为此国家标准 GB/T 16675.1—2012《技术制图　简化表示法　第 1 部分：图样画法》规定了技术图样（机械、电气、建筑和土木工程等）中使用的通用简化画法，包括简化原则、基本要求以及一系列的简化画法。下面做扼要介绍（装配图中的简化画法将在"第六章　装配图"中介绍）。

一、简化原则和基本要求

1）简化必须保证不致引起误解和不会产生理解的多义性。

2）应力求制图简便，便于识读和绘制。

3）应避免不必要的视图和剖视图。

4）在不致引起误解时，应避免使用虚线表示不可见结构。

5）尽可能使用有关标准中规定的符号，表达设计要求。

6）尽可能减少相同结构要素的重复绘制。

二、简化画法

为了便于图文对照和理解，这里将常用的简化画法列于表 3-1。

表 3-1　图样的简化画法

简化画法	图例
① 应避免不必要的视图和剖视图（通过标注尺寸 18、$\phi60$、$\phi90$ 和 $3\times\phi15$ EQS，只用一个视图就能充分表达机件）	$\phi60$ 18 $3\times\phi15$ EQS $\phi90$

（续）

简化画法	图例
②在不致引起误解时,应避免使用虚线表示不可见的结构(图中在主、俯、左三视图中均省略了多处不必要的虚线)	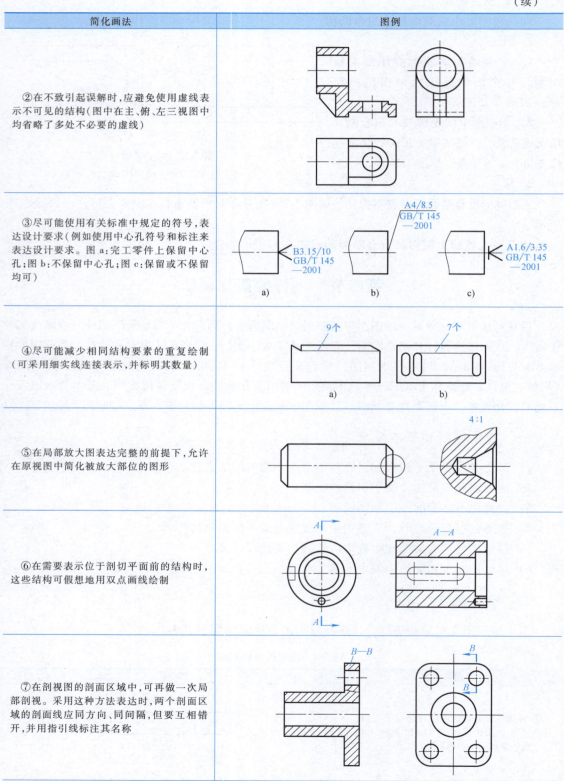
③尽可能使用有关标准中规定的符号,表达设计要求(例如使用中心孔符号和标注来表达设计要求。图 a:完工零件上保留中心孔;图 b:不保留中心孔;图 c:保留或不保留均可)	
④尽可能减少相同结构要素的重复绘制(可采用细实线连接表示,并标明其数量)	
⑤在局部放大图表达完整的前提下,允许在原视图中简化被放大部位的图形	
⑥在需要表示位于剖切平面前的结构时,这些结构可假想地用双点画线绘制	
⑦在剖视图的剖面区域中,可再做一次局部剖视。采用这种方法表达时,两个剖面区域的剖面线应同方向、同间隔,但要互相错开,并用指引线标注其名称	

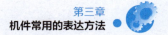

（续）

简化画法	图例
⑧在不致引起误解时,图形中的相贯线（和过渡线）可以简化,例如用圆弧或直线代替非圆曲线。也可采用模糊画法表示相贯形体 　a）圆弧代替 　b）直线代替 　c）模糊画法	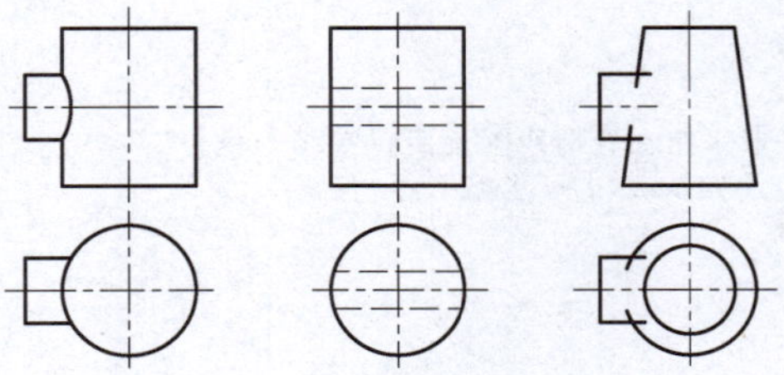 a)　　b)　　c)
⑨当回转体零件上的平面在图形中不能充分表达时,可用两条相交的细实线表示这些平面	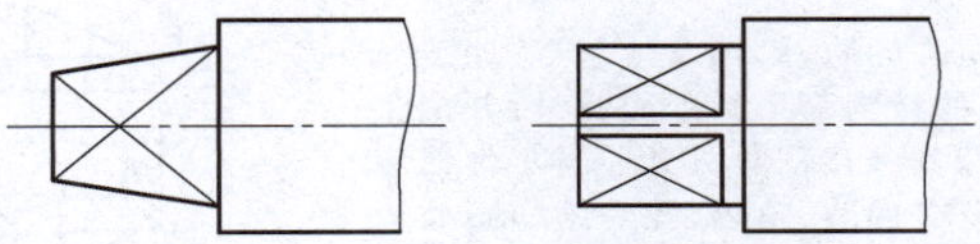 a)　　b)
⑩若干直径相同且成规律分布的孔,可以仅画出一个或少量几个,其余只需用点画线或者"┿"表示其中心位置	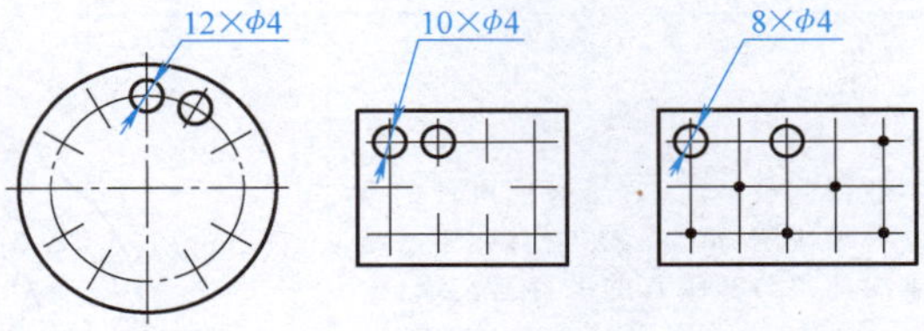 12×φ4　10×φ4　8×φ4 a)　　b)　　c)
⑪当机件上较小的结构及斜度等已在一个图形中表达清楚时,其他图形应当简化或省略	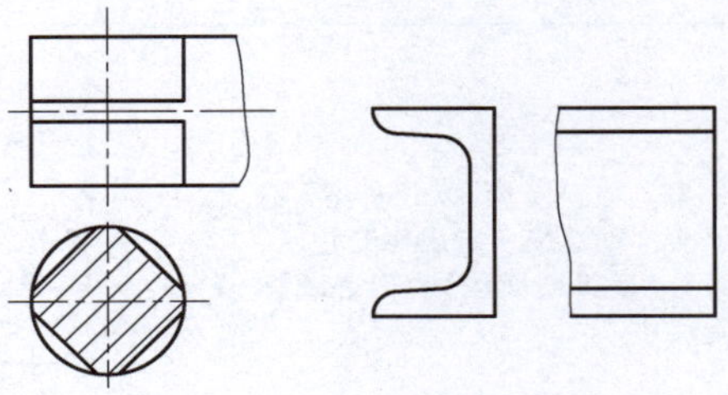 a)　　b)
⑫除确属需要表示的某些结构圆角外,其余小圆角（或小倒角）在零件图中均可不画,但必须注明尺寸,或在技术要求中加以说明	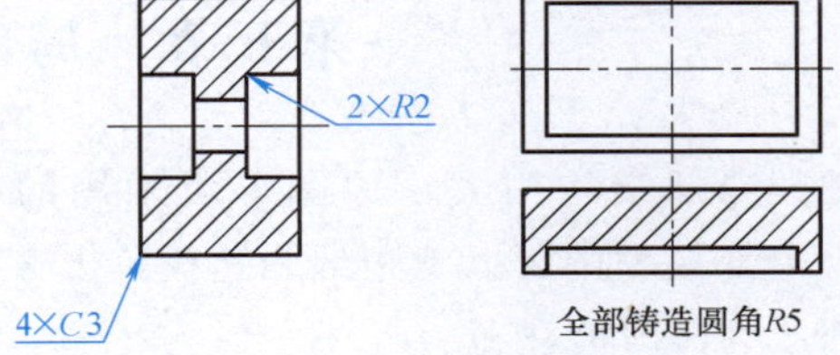 2×R2 4×C3 a)　　全部铸造圆角R5　b)

（续）

简化画法	图例
⑬滚花一般采用在轮廓线附近用粗实线局部画出的方法表示,也可省略不画(但需表明其规格)	网纹 *m* 0.5 GB/T 6403.3 —2008　直纹 *m* 0.3 GB/T 6403.3 —2008 a)　　　　b)
⑭对于机件的肋、轮辐及薄壁等,如按纵向剖切,这些结构都不画剖面符号,并用粗实线将它与其邻接剖分分开。当零件回转体上均匀分布的肋、轮辐、孔等结构不处于剖切平面上时,可将这些结构旋转到剖切平面上画出	a)　　　　b)
⑮在不致引起误解时,对于对称机件的视图可只画一半或四分之一,并在对称中心线的两端画出两条与其垂直的平行细实线(对称符号)	a)　　　　b)
⑯较长的机件(轴、杆、型材、连杆等)沿长度方向的形状一致或按一定规律变化时,可断开后缩短绘制(折断面法)。但必须标注其实际长度尺寸	60　　60 a)　　　　b)

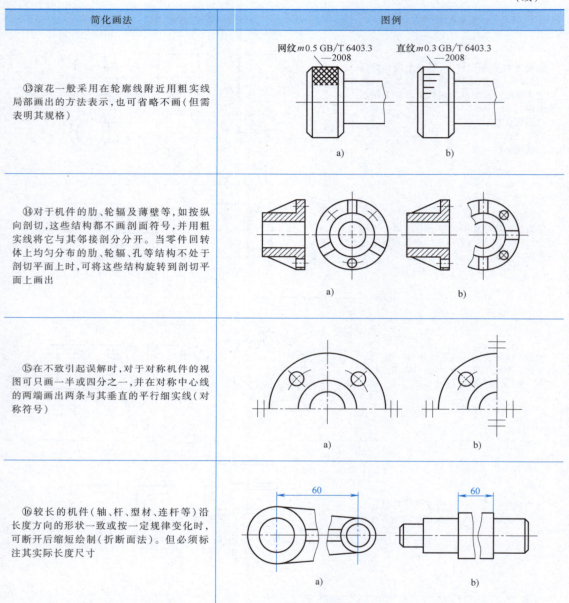

第五节　局部放大图

　　将机件的局部结构用大于原图形所采用的比例画出的图形，称为局部放大图，如图3-23 所示。局部放大图可以清晰地表达机件上某些细小结构，并便于标注尺寸。

　　画局部放大图时应注意：

　　1）局部放大图可画成视图、剖视图或断面图，它与被放大部分原来的表达方法无关。局部放大图应尽量配置在被放大部分的附近。

2）绘制局部放大图时，一般应用细实线圈出被放大的部位。当一个机件上有几个被放大部位时，必须用罗马数字依次标明被放大的部位，并在局部放大图的上方标出相应的罗马数字和所采用的比例，如图 3-23 所示。当机件被放大的部位只有一个时，在局部放大图的上方只需注明所采用的比例（图 5-13）。

3）局部放大图的比例仍为图形与实物间的比例，即仍按比例的定义确定，而不是局部放大图与被放大部位原图之间的比例。

第六节　机件表达方法小结和综合应用举例

一、机件常用表达方法小结

上面介绍了机件常用的各种表达方法，现归纳如图 3-26 所示：

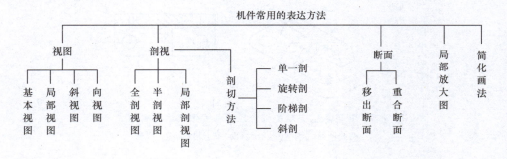

图 3-26　机件常用的表达方法

二、综合应用举例

在实际工作中，仅仅掌握上述机件的各种表达方法还是远远不够的，更重要的是确定机件的视图表达方案，即要根据机件的具体结构形状，灵活运用这些方法，用一组最少、最简明的图形把机件完整、清晰地表达出来。对于同一个机件，一般可初步拟订几个表达方案，进行分析比较，并从中选择最佳方案。具体选择时应注意以下几点：

1）优先选好主视图。主视图是最主要的视图，是整个视图表达方案的核心，它直接影响其他视图的数量和配置。

2）选择必要的其他视图。为了把机件的内外结构形状和相对位置表达清楚，应再选俯、左视图等基本视图，并补充局部视图、斜视图、局部剖视、斜剖视、断面以及简化画法等。

3）视图表达方案的选择一定要和表达方法的选择同时考虑，并优先在基本视图上画剖视。

4）机件的视图表达方案是一个整体，必须统筹安排、通盘考虑。每个视图应有各自的表达重点，"各司其职"，同时各个视图之间又要紧密联系、互为补充，"分工协作"，既要避免不必要的重复表达，又要防止某些结构形状的遗漏表达。总之，要用最简洁、精练的视

图表达方案把机件的结构形状完整、清晰地表达出来。

下面以图 3-27a 所示的轴承架机件为例来说明。该机件由空心圆筒（轴承）1、墙板 2、肋板 3 和底板 4 四个部分组成。其中，墙板位于底板的上方，并支承上部的圆筒；肋板则同时与下方的底板、上方的圆筒和后方的墙板相连，以增加该机件的强度和刚度，在受到外力作用时，不易破坏和变形。

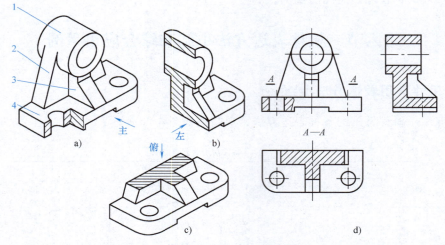

图 3-27　机件表达方法的综合应用和视图表达方案的选择
1—空心圆筒（轴承）　2—墙板　3—肋板　4—底板

该机件应选择如图 3-27a 所示安放位置和箭头所指方向为主视图的投射方向，画出主视图，如图 3-27d 所示。它反映了圆筒的端面形状，墙板的形状，肋板的厚度，底板的长度、高度，下部通槽的形状以及各组成部分之间的位置关系。其左下方的局部剖视反映了底板上的安装孔。同时还选用了通过机件对称面剖切的全剖左视图，如图 3-27b、d 所示，以表达圆筒的通孔、底板上的通槽、墙板的厚度以及肋板的形状等，且肋板按规定进行不剖处理。再增加一个用水平剖切平面 A—A 剖切的全剖俯视图，如图 3-27c、d 所示，因移去了上部已经表达清楚的圆筒部分，从而可清楚地表达出带圆角的底板形状，底板上两个小孔的位置以及肋板与墙板之间呈"T"字形相交的连接关系。

这样用全剖视、局部剖视等表达方法组成的主、俯、左三个视图的表达方案，就可以把机件的结构形状完全表达清楚。

本例也可采用 A—A 断面和从底板下部向上投射所得的局部视图来取代原来俯视图的表达方案。

第二篇

机 械 图

　　机械工程中所使用的零件图和装配图，统称为机械图。其中，零件图是表达零件结构、大小及技术要求的图样。简言之，就是表示零件的图样。它是制造和检验零件的依据。而装配图是表示产品（机器或部件，统称装配体）及其组成部分的连接、装配关系的图样。简言之，就是表示机器或部件的图样。它是机器或部件装配和检验的依据。

　　总而言之，机械图是生产部门进行机器的设计、制造、使用和维修的重要技术文件，也是国内和国际进行技术交流的重要工具。

　　本篇将以铣刀头部件为主要例子来介绍机械图。

　　图Ⅱ-1所示为铣刀头部件的轴测装配图。该部件装上铣刀盘（图Ⅱ-1中双点画线所示），并安装到床身部件上（图Ⅱ-1中未示出），构成一台专用铣床，用来进行铣削加工。由图Ⅱ-1可见，本部件由16种零件组成。其工作原理是：动力来自做等速旋转运动的电动机，并通过其轴端的小Ⅴ带轮和三根Ⅴ带（因不属于本部件，故图Ⅱ-1中未示出）传动大Ⅴ带轮4，大Ⅴ带轮则借助平键5传动主轴7，主轴7则通过平键13将运动和动力最终传递到装有铣刀的铣刀盘(17)，便可对工件进行铣削加工。

　　主轴和轴上零件由滚动轴承6（一对圆锥滚子轴承）支承，滚动轴承则安装在座体8的轴承孔中，座体则用螺栓固定在床身部件上（图Ⅱ-1中未示出）。端盖11用螺钉10固定在座体上，对轴系（轴、轴承和轴上零件等）进行轴向固定，并与毡圈12一起，起密封作用。挡圈1、螺钉2和销3共同对大Ⅴ带轮进行轴向固定，防止其从轴端脱落。平键5和13分别对轴上大Ⅴ带轮和铣刀盘进行周向固定，以传递转矩。调整环9用来调整轴承游隙。挡圈14、螺栓15和垫圈16用来固定铣刀盘。

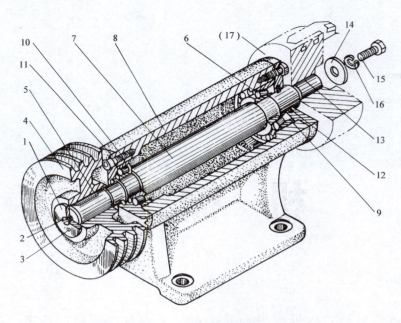

图 Ⅱ-1   铣刀头轴测装配图

1、14—挡圈 2、10—螺钉 3—销 4—大Ⅴ带轮 5、13—平键 6—滚动轴承 7—主轴
8—座体 9—调整环 11—端盖 12—毡圈 15—螺栓 16—垫圈 (17)—铣刀盘

综上所述可见，部件中的每个零件都有它的作用，并相互配合，以实现部件的整体功能。因此，工程上常将零件按不同功用分为传动件（主要用来传递运动和动力，如Ⅴ带轮）、支承件（主要起支承作用，如座体）、紧固件（将两个或多个零件紧固联接在一起，如螺栓、螺钉等）、润滑、密封件（起润滑或密封作用，如毡圈）以及调整件（如调整轴承游隙的调整环）等。

此外，工程上还常按标准化程度，将零件分为专用件、常用件和标准件三类。专用件的结构形状、尺寸和技术要求等由机器（或部件）的功能要求决定，是为某一机器专门设计，并为该机器所专用，如铣刀头中的座体、主轴等。常用件则是各种机器中经常使用的零件，为了便于设计和制造，它们的主要参数和结构已经标准化，而其他部分的结构、尺寸国家不做统一规定，如铣刀头中的Ⅴ带轮（齿轮、弹簧）等。标准件则是各种机器中广泛使用的零件，为了具有通用性、互换性，便于组织大批量和专业化生产，降低成本，并缩短设计周期，它们的结构、尺寸等已经全部标准化，只要给出标准件的规定标记（包括主参数等），即可从相应的国家标准中查出其具体结构和全部尺寸，如铣刀头中的螺栓、螺钉、键、销以及滚动轴承（标准部件）等。

由于标准件（或标准部件）均由专业的标准件厂进行生产，并作为商品出售，所以其他厂家一般都不生产标准件。因此在设计机器时，只需要在装配图上画出（可用比例画法）这些零件，并给出规定标记，而不需要单独画出

其零件图，然后作为外购件，直接向标准件厂或商家购买即可。常用件则是接近于标准件的零件。由于标准件和常用件的结构、画法、尺寸注法等都比普通零件（专用件）特殊，它们必须严格遵循有关国家标准的规定，所以本书将其作为一种特殊零件，从零件图一章中划出，单独列为一章来介绍（常用件V带轮、齿轮，标准部件滚动轴承则分别列入带传动、齿轮传动和滚动轴承各章中介绍）。因此本篇将分为标准件和常用件、零件图、装配图三章来分别予以介绍。

第◆四◆章

标准件和常用件

在第三章中，已经介绍了根据正投影法的真实投影来表达机件的各种方法——机件常用的表达方法，这是图样的基本表示法。但对于机件上的一些常见的工艺结构，如螺纹、齿轮的轮齿等以及常用的标准零、部件，如螺纹紧固件、滚动轴承等，由于其结构形状过于复杂，不可能按真实投影来表达，因此国家标准规定了比真实投影简单得多的画法，并采用了规定的符号、代号或标记进行图样标注，以表示对它们的规格和精度等方面的要求。本章将介绍这些标准件和常用件的表示法，这是图样的特殊表示法（注意：不同于简化画法，简化画法则是图样基本表示法的一种）。在机械工程中，螺栓、螺柱、螺钉和螺母等被广泛应用于零件间的紧固联接，用量非常之大，所以已成为标准零件，由专业工厂进行大批量生产。而它们又都是通过标准工艺结构——螺纹来实现紧固联接的，所以下面先对螺纹的特殊表示法进行介绍。

第一节 螺 纹

一、螺纹的概念

在圆柱或圆锥表面上，沿着螺旋线所形成的具有规定牙型的连续凸起[注]称为螺纹，如图 4-1 所示。其中，在圆柱表面上所形成的螺纹称为圆柱螺纹，如图 4-1a、b 所示；在圆锥表面上所形成的螺纹称为圆锥螺纹，如图 4-1c 所示。螺纹又有内、外螺纹之分。在圆柱或圆锥外表面上所形成的螺纹称为外螺纹，如图 4-1a、c 所示；在圆柱或圆锥内表面上所形成的螺纹称为内螺纹，如图 4-1b 所示。

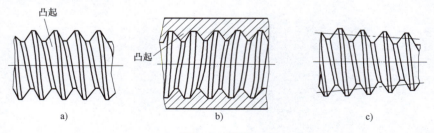

图 4-1 螺纹

a）圆柱外螺纹 b）圆柱内螺纹 c）圆锥外螺纹

[注] 凸起是指螺纹两侧面间的实体部分，又称牙。

二、螺纹的五个基本要素

通常内、外螺纹总是旋合在一起成对使用的，这种内、外螺纹相互旋合形成的联接称为螺纹副。构成螺纹副的条件是它们的下列五个基本要素都必须相同。

1. 牙型

在通过螺纹轴线的断面上，螺纹的轮廓形状称为牙型。常见的螺纹牙型有三角形、梯形、锯齿形和矩形等，如图4-2所示。在螺纹牙型上，两相邻牙侧间的夹角称为牙型角，用 α 表示。

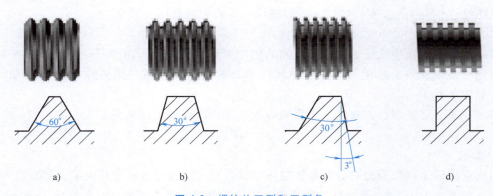

a)   b)   c)   d)

图 4-2　螺纹的牙型和牙型角

a）三角形　b）梯形　c）锯齿形　d）矩形

2. 直径

（1）大径　与外螺纹牙顶或内螺纹牙底相切的假想圆柱（或圆锥）的直径，即螺纹的最大直径。内、外螺纹的大径分别用 D 和 d 表示，如图4-3所示。

（2）小径　与外螺纹牙底或内螺纹牙顶相切的假想圆柱（或圆锥）的直径，即螺纹的最小直径。内、外螺纹的小径分别用 D_1 和 d_1 表示。

（3）顶径　与外螺纹或内螺纹牙顶相切的假想圆柱（或圆锥）的直径，即外螺纹的大径或内螺纹的小径。

（4）底径　与外螺纹或内螺纹牙底相切的假想圆柱（或圆锥）的直径，即外螺纹的小径或内螺纹的大径。

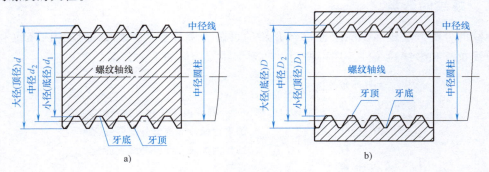

a)   b)

图 4-3　螺纹的直径

a）外螺纹的直径　b）内螺纹的直径

（5）中径 一个假想圆柱（或圆锥）的直径，该圆柱（或圆锥）的母线通过牙型上沟槽和凸起宽度相等的地方。内、外螺纹的中径分别用 D_2 和 d_2 表示。该假想圆柱（或圆锥）称为中径圆柱（或中径圆锥），其母线称为中径线，其轴线称为螺纹轴线。

（6）公称直径 代表螺纹尺寸的直径，通常是指螺纹的大径，而管螺纹则用尺寸代号表示。

3. 线数

形成螺纹时所沿螺旋线的条数称为螺纹线数。沿一条螺旋线所形成的螺纹称为单线螺纹，如图 4-4a 所示；沿两条或两条以上轴向等距分布的螺旋线所形成的螺纹称为多线螺纹。如双线螺纹（图 4-4b）、三线螺纹、四线螺纹。螺纹的线数用 n 表示。

4. 螺距与导程

螺纹相邻两牙在中径线上对应两点间的轴向距离称为螺距，用"P"表示，如图 4-4 所示。而同一条螺旋线上的相邻两牙在中径线上对应两点间的轴向距离称为导程，用"P_h"表示，如图 4-4b 所示。

显然，对于多线螺纹，螺距、导程和线数三者之间有如下的关系

$$P_h = nP \tag{4-1}$$

5. 旋向

螺纹按旋向不同可分为右旋螺纹和左旋螺纹两种。顺时针方向旋转时旋入的螺纹称为右旋螺纹，如图 4-5a 所示；逆时针方向旋转时旋入的螺纹称为左旋螺纹，如图 4-5b 所示。

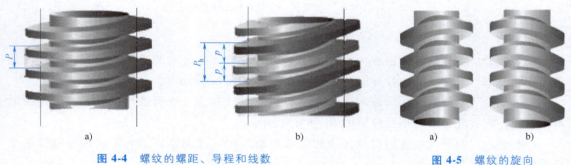

图 4-4 螺纹的螺距、导程和线数
a）单线螺纹 b）双线螺纹

图 4-5 螺纹的旋向
a）右旋 b）左旋

三、螺纹的分类

螺纹的分类方法较多，除上面已经介绍的可分为圆柱螺纹和圆锥螺纹、内螺纹和外螺纹、单线螺纹和多线螺纹外，还可按用途和牙型特点等做如下的分类：

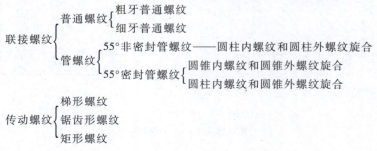

为了便于设计、制造和使用，上述各种螺纹（除矩形螺纹外）均已标准化，称为标准螺纹。所谓标准螺纹，是指牙型、大径和螺距均符合国家标准规定的螺纹。本章只讨论标准螺纹，并主要介绍应用最多的普通螺纹、55°非密封管螺纹（圆柱管螺纹）和梯形螺纹。

1. 普通螺纹

普通螺纹是最常用的一种联接螺纹，其基本牙型，如图 4-6 所示，为等边三角形，牙顶和沟槽底部稍微削平，牙型角 α 为 60°。

根据国家标准规定，普通螺纹在每一标准大径下，有几种不同的螺距，如大径为 36mm 时，其螺距有 4mm、3mm、2mm 和 1.5mm 四种，如图 4-7 所示。其中螺距最大的一种螺纹称为粗牙普通螺纹，如图 4-7a 所示；而其余三种螺距的螺纹均称为细牙普通螺纹，如图 4-7b、c、d 所示。

一般用途的联接应采用牙齿大、强度高的粗牙普通螺纹；而细牙普通螺纹主要用于有紧密性要求的联接和薄壁零件的联接。

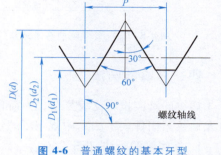

图 4-6 普通螺纹的基本牙型

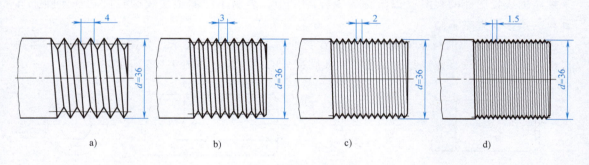

a)   b)   c)   d)

图 4-7 普通螺纹的分类

a）粗牙普通螺纹 b）、c）、d）细牙普通螺纹

普通螺纹的直径和螺距系列以及基本尺寸等见附录 3。

2. 管螺纹

管螺纹也是一种常用的联接螺纹，主要用于管件的联接，也可用于其他薄壁零件的联接。根据螺纹副本身是否具有密封性，管螺纹可分为下列两类：

1）55°密封管螺纹（GB/T 7306.1～7306.2—2000），即螺纹副本身具有密封性的管螺纹。它包括圆锥内螺纹和圆锥外螺纹联接，以及圆柱内螺纹和圆锥外螺纹联接两种形式。

2）55°非密封管螺纹（GB/T 7307—2001），即螺纹副本身不具有密封性的管螺纹。若要求联接后具有密封性，可拧紧螺纹副来压紧螺纹副外的密封面，也可在螺纹副间添加密封物。它是圆柱内螺纹和圆柱外螺纹联接，其基本牙型为等腰三角形，牙型角 α 为 55°，且在牙型顶端和沟槽底部做成圆弧形，如图 4-8 所示。它的规格和基本尺寸见附录 4。

3. 梯形螺纹

梯形螺纹是应用最多的一种传动螺纹，可用于传递双向的运动和动力。梯形螺纹的基本牙型为等腰梯形，牙型角为 30°，如图 4-9 所示。它的直径和螺距系列以及基本尺寸见附录 5。

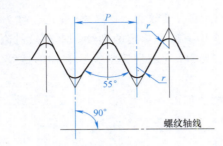

图 4-8 圆柱管螺纹的基本牙型

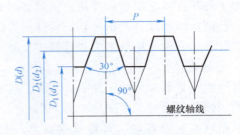

图 4-9 梯形螺纹的基本牙型

四、螺纹的画法

螺纹的真实投影比较复杂，为简化作图，国家标准 GB/T 4459.1—1995《机械制图 螺纹及螺纹紧固件表示法》中规定了螺纹的画法。

1. 外螺纹的画法（图 4-10）

1）外螺纹的大径（顶径）用粗实线表示。

2）外螺纹的小径（底径）用细实线表示，在螺杆的倒角或倒圆部分也应画出；在垂直于螺纹轴线投影面的视图（以下称为端视图）中，表示小径的细实线圆只画约 3/4 圈，且倒角的投影圆省略不画。

3）有效螺纹[⊖]的终止界线（简称螺纹终止线）用粗实线表示，如图 4-10a 所示；当画成剖视时，则螺纹终止线只画出牙顶到牙底部分的一小段，如图 4-10b 所示。

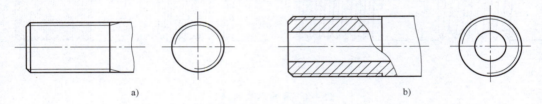

a)   b)

图 4-10 外螺纹的画法

a）不剖画法 b）剖切画法

4）当需要表示螺纹收尾时，螺尾部分的牙底用与轴线成 30°的细实线绘制，如图 4-10a 所示。

5）在剖视或断面图中，剖面线必须画到大径（粗实线）处，如图 4-10b 所示。

2. 内螺纹的画法（图 4-11）

内螺纹一般多画成剖视图，其规定画法如下：

1）内螺纹的小径（顶径）用粗实线表示。

2）内螺纹的大径（底径）用细实线表示，在端视图中，表示大径的细实线圆只画约 3/4 圈，且倒角的投影圆省略不画。

3）螺纹的终止线用粗实线画出。当需要表示螺纹收尾时，螺尾部分的牙底用与轴线成 30°的细实线绘制，如图 4-11b 所示。

⊖ 有效螺纹包括完整螺纹（牙顶和牙底均具有完整形状的螺纹）和不完整螺纹（牙底完整而牙顶不完整的螺纹），不包括螺尾（向光滑表面过渡的牙底不完整的螺纹）。

4）在剖视或断面图中，剖面线必须画到小径（粗实线）处，如图 4-11 所示。

5）绘制不穿通的螺孔（盲螺孔）时，一般将钻孔深度和螺纹部分的深度分别画出，如图 4-11b 所示。

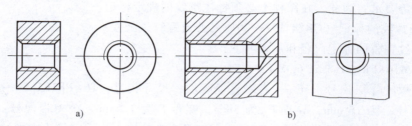

图 4-11　内螺纹的剖视画法

a）通螺孔　b）盲螺孔

6）当内螺纹不剖画出时，则不可见螺纹的所有图线均按虚线绘制，如图 4-12 所示。

下面将内、外螺纹画法的主要点小结如下：

1）螺纹的顶径用粗实线表示。

2）螺纹的底径用细实线表示，在端视图中，表示底径的细实线圆只画约 3/4 圈，且倒角的投影圆省略不画。

图 4-12　内螺纹的不剖画法

3）螺纹的终止线用粗实线表示。

4）在剖视或断面图中，剖面线都必须画到顶径（粗实线）处。

3. 内、外螺纹的联接画法

以剖视表示内、外螺纹联接时，其旋合部分应按外螺纹的画法绘制，其余部分仍按各自的画法表示，如图 4-13 所示。

需要注意：

1）内、外螺纹的大径线应对齐，小径线也应对齐。

2）如图 4-13a 所示的左视图中按内螺纹画出，而如图 4-13b 所示的左视图（*A—A* 剖视）中按外螺纹画出。

3）在剖视图中，内、外螺纹的剖面线均应画到顶径（粗实线）处为止，如图 4-10、图 4-11、图 4-13 所示。

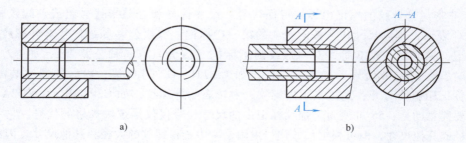

a）　　　　　　　　　　　　　b）

图 4-13　内、外螺纹的联接画法

五、螺纹的标记

上述螺纹的规定画法虽然简便易画，却不能反映出螺纹的五个基本要素，以及加工精度和旋合长度等要求，为此，在图样上必须标注螺纹的规定标记。

1. 普通螺纹的标记（GB/T 197—2018《普通螺纹　公差》）

普通螺纹完整的标记内容和形式如下：

例如：M16×Ph3P1.5-5g 6g-S-LH

其中，螺纹特征代号：M——表示普通螺纹；尺寸代号：16×Ph3P1.5——表示螺纹公称直径（大径）为 16 mm，导程 P_h 为 3mm，螺距 P 为 1.5mm；公差带代号：5g 6g——表示中径公差带为 5g，顶径公差带为 6g（小写字母为外螺纹，大写字母为内螺纹）；旋合长度代号：S——表示短旋合长度（L 表示长旋合长度，N 表示中等旋合长度）；旋向代号：LH——表示左旋（RH 表示右旋）。

上述普通螺纹的规定标记，在下列情况时可以简化。

1）单线普通螺纹时，尺寸代号为"公称直径×螺距"，此时不必注写"Ph"和"P"字样；当又为粗牙普通螺纹时，螺距省略不注，故尺寸代号仅为公称直径。

2）中径与顶径公差带代号相同时，只注写一个公差带代号。又当公差带代号外螺纹为 6g、内螺纹为 6H 时（为中等精度的常用公差带），省略不注。

3）旋合长度代号：当为中等旋合长度"N"时，省略不注。

4）旋向代号：当旋向为右旋"RH"时，省略不标注。

在图样中，普通螺纹的标记应标注在螺纹大径的尺寸处，而螺纹长度应单独另行标注，如图 4-14a、b 所示。

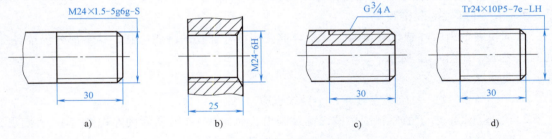

图 4-14　螺纹标记的标注

a）普通外螺纹　b）普通内螺纹　c）圆柱管螺纹　d）梯形螺纹

2. 55°非密封管螺纹的标记

55°非密封管螺纹的标记由螺纹特征代号、尺寸代号和公差带代号组成。螺纹特征代号用字母 G 表示；螺纹尺寸代号按附录 4 的第一栏标记；螺纹公差等级代号对外螺纹分 A、B 两级标记，如 G2A、G2B 等，对内螺纹则不标记（因为只有一种公差带），如 G2。当螺纹为左旋时，在公差带代号后加注"LH"，如 G2-LH、G2A-LH 等；内、外螺纹装配在一起时，其标记用斜线分开，左边表示内螺纹，右边表示外螺纹，如 G2/G2B、G2/G2A-LH。

需要注意的是：55°非密封管螺纹标记中的尺寸代号仅仅是螺纹规格的代号，它不表示螺纹的大径或其他尺寸，但可根据尺寸代号由附录 4 中查得螺纹的大径和其他尺寸。因此在图样上，其标记不应注在大径的尺寸处，而应注在由螺纹大径引出的指引线上，如图 4-14c 所示。

3. 梯形螺纹的标记

梯形螺纹标记的内容和形式为：

梯形螺纹代号-公差带代号-旋合长度代号

1）梯形螺纹代号由螺纹特征代号、尺寸代号和旋向组成。梯形螺纹特征代号用"Tr"表示。单线螺纹的尺寸规格用"公称直径×螺距"表示。多线螺纹用"公称直径×导程P螺距"表示。当螺纹为左旋时，需在尺寸规格之后加注"LH"，右旋不注出。如单线右旋螺纹：Tr40×7，双线左旋螺纹：Tr40×14P7-LH。

2）梯形螺纹的公差带代号只标注中径公差带，如Tr40×7-7e、Tr40×7-7e-LH。

3）梯形螺纹的旋合长度分为N和L两组，当旋合长度为N组时，省略不标注；当旋合长度为L组时，应标出组别代号L，如Tr40×14P7-8e-L。

梯形螺纹副的公差带要分别注出内、外螺纹的公差带代号，前面的是内螺纹公差带代号，后面是外螺纹公差带代号，中间用斜线分开，如Tr40×7-7H/7e。

在图样中，梯形螺纹与普通螺纹一样，将螺纹标记标注在螺纹大径的尺寸处，如图4-14d所示。

六、螺纹的加工方法和工艺结构

螺纹最常见的加工方法是在车床上车削。图4-15为车削外螺纹时的情况（车削内螺纹与之相似）：工件由装在车床主轴上的自定心卡盘夹持，并随车床主轴一起做等速旋转运动，而夹持在刀架上的与被车削螺纹槽形一致的车刀沿工件轴线方向做等速直线运动，并满足工件每转一周，车刀移动一个螺距（或导程）的要求，便加工出螺纹。

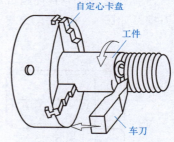

图4-15 车削（外）螺纹

此外，螺纹的加工方法还有用丝锥攻螺纹（图4-17）、用板牙套螺纹、用搓丝板搓螺纹以及滚压螺纹和铣削螺纹等。

加工螺纹时常见的工艺结构如下：

1. 倒角

在加工外螺纹时，需先按螺纹大径加工出杆件，并在杆端加工出一个小圆锥面，如图4-16a所示，然后再加工出外螺纹，如图4-16b所示；加工内螺纹时，需先按螺纹小径在机件上加工出孔，并在孔口处也加工出一个小圆锥面，如图4-16c所示，然后再加工出内螺纹，如图4-16d所示。这两种小圆锥面均称为螺纹的倒角，其主要作用是便于螺纹的加工和

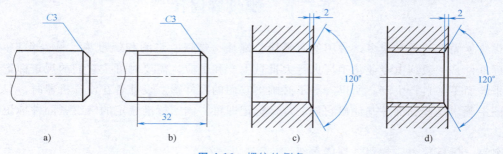

图4-16 螺纹的倒角

a）加工出外圆柱并外倒角 b）加工出外螺纹 c）加工出内孔内倒角 d）加工出内螺纹

螺纹副的旋合。外螺纹的倒角一般为45°，其尺寸标注如 C2（C 为45°倒角符号，2 为轴向长度尺寸），内螺纹的倒角一般为120°。

2. 不穿通螺孔

在机件上加工不穿通螺孔时，一般用麻花钻先钻出一个光孔（称为底孔）。由于钻头的钻尖角近似为120°，所以加工出的孔底圆锥面的圆锥角也为120°，但在图样上不必标注该角度和孔底深度，且孔底部分也不包括在孔深尺寸 H 之内，如图 4-17a 所示；然后用丝锥攻螺纹，攻螺纹深度 h 应略小于孔深尺寸 H，如图 4-17b 所示。

3. 螺纹收尾、肩距、退刀槽和倒角（GB/T 3—1997）

车削加工螺纹达到要求的长度 L 时，如图 4-18a 所示，需要将刀具退离工件，称为退刀。由于退刀使螺纹末端形成了沟槽渐浅部分 l。这部分向光滑表面过渡的牙底不完整的螺纹（为无效螺纹）称为螺尾。

在车削带台肩的外螺纹时，为了使退刀时车刀不致与工件的台肩面相碰，退刀位置与台肩必须保持一定的距离 a，称为肩距，如图 4-18a 所示。

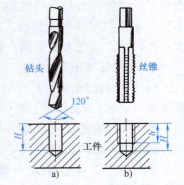

图 4-17　不穿通螺孔
a）钻孔　b）攻螺纹

由于螺杆上有了螺尾和肩距，使得与之旋合的螺母（带内螺纹）只能拧入到有效螺纹 L 处。当需要将螺母一直拧到台肩面处时，可事先在肩距 a 处加工出用于退刀的槽，称为螺纹退刀槽，如图 4-18b 所示。

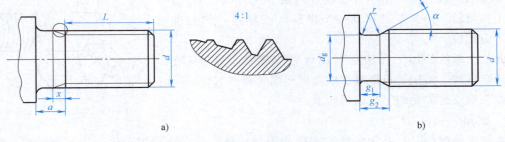

图 4-18　螺尾、肩距和螺纹退刀槽
a）螺尾 x 和肩距 a　b）螺纹退刀槽

第二节　螺纹紧固件

螺纹紧固件的种类很多，常用的有螺栓、螺柱、螺钉、垫圈和螺母等，见表 4-1。它们都是标准件，一般均由专业化工厂进行大批量生产和供应，需要时可按它们的规定标记直接进行采购而不必自行生产，所以一般不必画出它们的零件图。设计者在设计机器时，只要在装配图上画出这些标准件并注出它们的规定标记即可。国家标准规定的螺纹紧固件标记的一般形式为：

名称　国标代号　规格　性能等级

常用螺纹紧固件及其标记示例见表 4-1。

表 4-1　常用螺纹紧固件及其标记示例

种类	轴测图	结构形式和规格尺寸	标记示例	说明
六角头螺栓	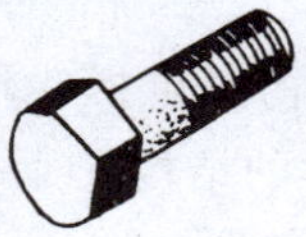	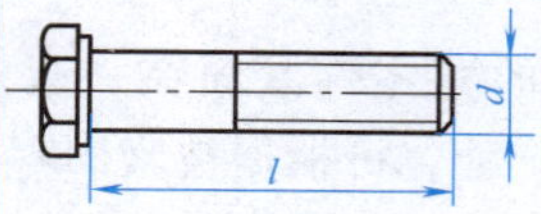	螺栓　GB/T 5782　M12×80	螺纹规格 $d=$ M12，$l=$ 80mm（当螺杆上为全螺纹时，应按国家标准 GB/T 5783—2016）
双头螺柱	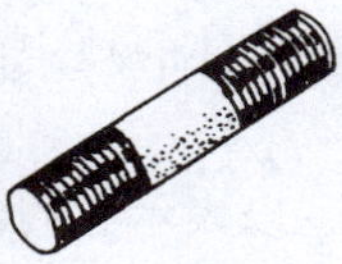	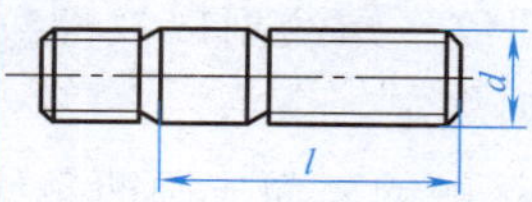	螺柱　GB/T 897　AM10×50	两端螺纹规格均为 $d=$ M10，$l=$ 50mm，按 A 型制造（若为 B 型，则省去标记"B"）
开槽盘头螺钉	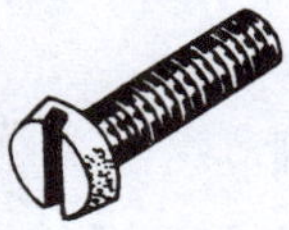	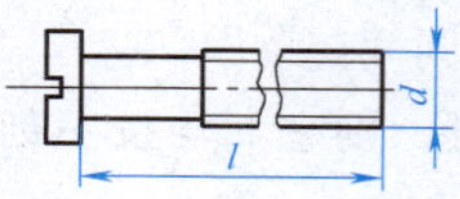	螺钉　GB/T 67　M5×45	螺纹规格 $d=$ M5，公称长度 $l=$ 45mm，性能等级为 4.8 级，不经表面处理的 A 级开槽盘头螺钉
开槽沉头螺钉	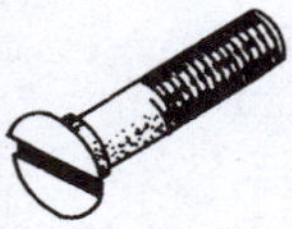	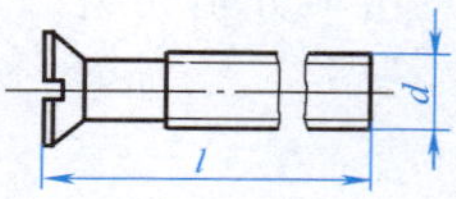	螺钉　GB/T 68　M5×45	螺纹规格 $d=$ M5，$l=$ 45mm，（l 值在 40mm 以内时为全螺纹）
开槽锥端紧定螺钉		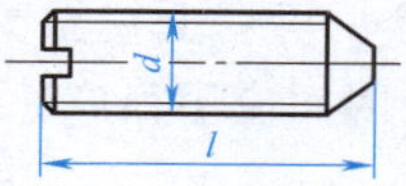	螺钉　GB/T 71　M5×20	螺纹规格 $d=$ M5，$l=$ 20mm
1 型六角螺母		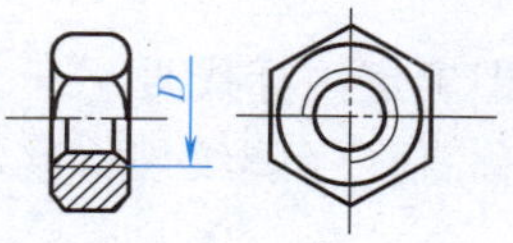	螺母　GB/T 6170　M8	螺纹规格 $D=$ M8 的 1 型六角螺母
平垫圈		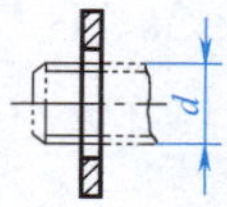	垫圈　GB/T 97.1　8	标准系列、公称规格 8mm、由钢制造的硬度等级为 200　HV 级、不经表面处理、产品等级为 A 级的平垫圈
标准型弹簧垫圈		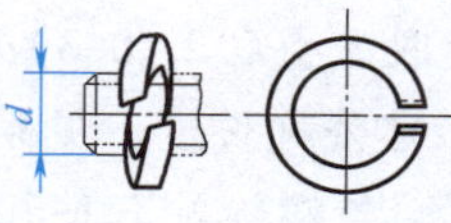	垫圈　GB/T 93　16	规格 16mm、材料为 65Mn、表面氧化的标准型弹簧垫圈

当需要画出螺纹紧固件时，可采用如下两种画法之一：

（1）查表画法　根据给出的紧固件名称、国标代号和规格，即紧固件的标记，通过查表获得它的结构形式和全部结构尺寸，并以此进行画图。

（2）比例画法　根据紧固件的标记得到公称直径和公称长度后，其他结构尺寸均按公称直径 d 的一定比例由计算得到，并以此进行画图。具体的比例关系见第三节。

实质上，查表画法是按查表所得的实际尺寸来画图的一种精确画法；而比例画法则是按一定比例计算所得的值来画图的一种近似画法。

第三节　螺纹紧固件的联接形式及其画法

螺纹紧固件的作用是将两个（或两个以上的）零件紧固在一起，构成可拆联接。常见的联接形式有螺栓联接、螺柱联接和螺钉联接三种，可根据被紧固零件的结构尺寸、联接的受力大小和具体的使用要求来选择。

在绘制螺纹紧固件联接时，除应按照上述螺纹、螺纹副以及螺纹紧固件的规定画法外，还应遵循有关装配图画法（详见第六章）的下列规定：

1）两零件相接触的表面应画成一条线，不接触的表面应画两条线，以表示它们的空隙。

2）相互邻接的两零件的剖面线，必须以不同的方向或以不同的间隔画出。而同一零件的各个剖面区域其剖面线画法应相同：同方向、同间隔。

3）当剖切平面通过螺纹紧固件的轴线剖切时，则它们均按不剖绘制。

4）螺纹紧固件联接可以采用规定的简化画法。

下面将常见的三种联接形式的具体画法和注意事项分别介绍如下。

一、螺栓联接

螺栓联接通常由螺栓1、垫圈2和螺母3三种零件构成，如图4-19a所示。这种联接只需在两被联接件上钻出通孔，然后从孔中穿入螺栓，再套上垫圈，拧紧螺母即实现了联接，如图4-19b所示。这种联接加工简单，装拆方便，因而应用很广，主要适用于两零件被联接处厚度不大而受力较大，且需经常装拆的场合。

选定螺栓联接后，还需确定如下内容：

1）根据使用要求，选择螺栓的结构形式，即确定国标代号。

2）根据强度要求或结构要求确定螺栓的公称直径（螺纹规格）d。

3）根据下式计算螺栓的公称长度 l。即

$$l \geqslant \delta_1 + \delta_2 + h + m + a \tag{4-2}$$

式中　δ_1、δ_2——两被联接件的厚度；

　　　　h——垫圈厚度；

　　　　m——螺母厚度；

　　　　a——螺栓头部超出螺母的长度，一般取 $a = (0.2 \sim 0.3)d$，如图4-19c所示。

计算 l 所得结果必须标准化，即取为螺栓的标准公称长度，见附录6。

4）选定垫圈和螺母的结构形式和规格。因它们与螺栓配套使用，所以其规格应与螺栓规格相同。

至此，可得出螺栓、垫圈和螺母的规定标记，即可按比例画法或查表画法画出螺栓联接的装配图，如图4-19c所示。

画螺栓联接时的注意事项：

1）为了装配方便，被联接件上的通孔直径 d_h 应稍大于螺栓的公称直径 d，其标准值可查附录15，因此该处应画成两条线。对于两被联接件接触面的投影线，其可见部分的粗实线应画到螺栓的大径线处，不可见部分的虚线省略不画。

2）螺栓联接装配图的主视图，一般画成通过这些紧固件轴线剖切的全剖视图（此时，

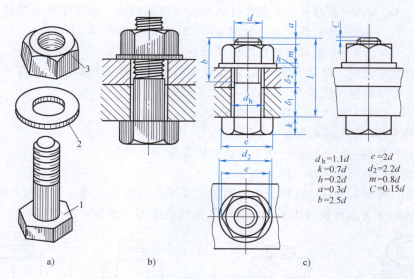

$d_h=1.1d$ $e=2d$
$k=0.7d$ $d_2=2.2d$
$h=0.2d$ $m=0.8d$
$a=0.3d$ $C=0.15d$
$b=2.5d$

图 4-19　螺栓联接

a）联接组成件　b）联接示意图　c）联接装配图

紧固件按不剖绘制），而俯、左两个视图一般画成外形图，有时也可省略不画。

3）在视图中凡被遮挡的不可见螺纹均省略其虚线不画，而可见螺纹部分必须按螺纹的规定画法正确画出，不能漏画。

4）螺栓六角头部的画法（六角螺母的画法与之相同）：①主、俯、左三视图之间应符合投影关系；②六角头部的倒角圆锥面与六个侧棱面形成的截交线可用圆弧近似代替，并采用比例画法，如图 4-20 所示：在主视图中，取 $R=1.5d$，r 由作图确定；在左视图中，取 $R_1=d$；在俯视图中，倒角圆内切于正六边形。

二、螺柱联接

当被联接的机座零件的厚度太大，无法加工出通孔时，或者受被联接零件的结构限制而无法安装螺栓时，可采用螺柱联接。这种联接由螺柱 1、垫圈 2 和螺母 3 构成，如图 4-21a 所示。被联接的机座零件上加工出不穿通螺孔，另一被联接件上加工出通孔，而螺柱的两头均制有螺纹。联接时，将螺柱

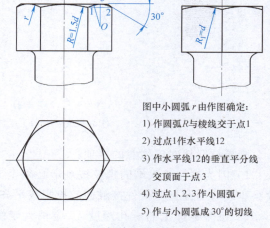

图中小圆弧 r 由作图确定：

1）作圆弧 R 与棱线交于点1

2）过点1作水平线12

3）作水平线12的垂直平分线交顶面于点3

4）过点1、2、3作小圆弧 r

5）作与小圆弧成30°的切线

图 4-20　螺栓六角头部的画法

的旋入端（一般为螺纹长度较短的一端）全部旋入机座零件的螺孔中，再套上另一被联接件，然后放上垫圈，拧紧螺母，即实现了联接，如图 4-21b 所示。

螺柱的规格：螺纹大径 d 由联接的强度要求或结构要求确定；螺柱的公称长度 l 则由式（4-3）计算

$$l \geqslant \delta + h_1 + m + a \qquad (4-3)$$

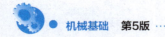

式中　δ、h_1、m、a——带通孔的被联接件的厚度、垫圈厚度、螺母厚度和螺柱头部超出螺
母的长度，一般取 $a = 0.2 \sim 0.3d$，如图 4-21c 所示。计算所得结果
必须取为相近的标准公称长度，见附录 7。

旋入端的螺纹长度，即旋入深度 b_m 由带螺孔的机座零件的材料决定，有四种不同的规
格，螺柱相应有四种国标代号：

GB/T 897—1988　$b_m = 1d$　用于钢和青铜

GB/T 898—1988　$b_m = 1.25d$　用于铸铁

GB/T 899—1988　$b_m = 1.5d$　用于铸铁和铝合金

GB/T 900—1988　$b_m = 2d$　用于铝合金

综上所述，可确定螺柱的规格，再根据配套要求，同时也就确定了垫圈和螺母的规格，
于是可用比例画法（或查表画法）画出螺柱联接的装配图，如图 4-21c 所示。

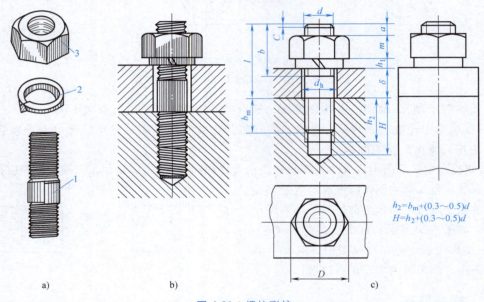

$$h_2 = b_m + (0.3 \sim 0.5)d$$
$$H = h_2 + (0.3 \sim 0.5)d$$

a)　　　　　　　　　　b)　　　　　　　　　　　　　　　　　c)

图 4-21　螺柱联接

a）联接组成件　b）联接示意图　c）联接装配图

画螺柱联接时应注意的事项：

1）因为螺柱旋入端的螺纹按规定必须全部旋入被联接的机座零件的螺孔中，所以其螺
纹终止线应与两被联接件接触面的投影线平齐，故两者成为一直线。

2）机座零件上的螺孔深度 h_2 应稍大于螺柱的旋入深度 b_m，一般可取 $h_2 = b_m + (0.3 \sim 0.5)d$，而钻孔深度 H 又应大于螺孔深度 h_2，一般可取 $H = h_2 + (0.3 \sim 0.5)d$。

3）螺柱的旋入端必须按内、外螺纹的联接画法正确画出；拧螺母端的画法则与螺栓联
接时相应部分的画法相同。为了防止联接松动，这里采用了弹簧垫圈。

其他注意事项均与螺栓联接时相同，这里不再赘述。

三、螺钉联接

螺钉按用途不同可分为联接螺钉和紧定螺钉两类。前者用于联接零件，后者用于固定零件。

1. 联接螺钉

联接螺钉主要用于联接不经常拆卸，并且受力不大的场合。它是一种只需螺钉（有的也可加垫圈）而不用螺母的联接，因而结构最简单。联接螺钉由头部和杆身两部分组成：其头部有多种不同的结构形式，相应有不同的国家标准代号，见表 4-1；杆身上刻有部分螺纹或全部螺纹（螺钉公称长度较小时）。被联接件之一加工有通孔，另一被联接件加工有螺孔。联接时，将螺钉穿过通孔，并用螺钉旋具插入螺钉头部的一字槽或十字槽中，再加以拧动，则依靠杆身上的螺纹即可旋入螺孔中，并依赖其头部压紧被联接件而实现两者的联接，如图 4-22a 所示。由于螺钉旋具的拧紧力有限，所以螺钉的规格一般不大于 M10。

设计螺钉联接时，通常首先根据使用要求确定螺钉的结构形式，即确定了国标代号，再根据结构要求确定螺钉的公称直径 d（因受力不大，一般不进行强度计算），并由式（4-4）确定螺钉的公称长度 l。即

$$l \geqslant \delta + l_1 \tag{4-4}$$

式中　δ——带通孔零件的厚度；

　　l_1——螺钉的旋入深度，由带螺孔零件的材料决定，并与确定螺柱旋入端长度 b_m 的方法相同。计算所得结果应取相近的标准值，见附录 8、附录 9。

根据上面选定的结构形式和具体规格即可按比例画法（或查表画法）画出螺钉联接的装配图，如图 4-22b、c 所示。

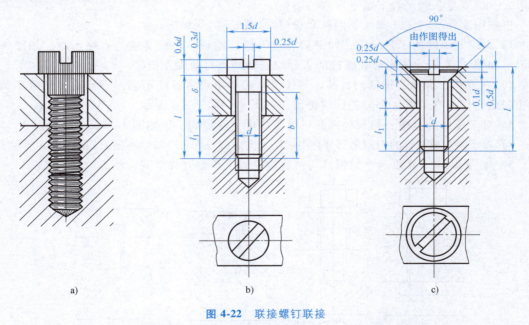

图 4-22　联接螺钉联接

a）联接示意图　b）开槽圆柱头螺钉联接　c）开槽沉头螺钉联接

画螺钉联接时应注意的事项：

1）螺钉头部的一字槽在通过螺钉轴线剖切的剖视图上应按垂直于投影面的位置画出，而在端视图上应按倾斜 45°画出，如图 4-22 所示。

2）螺钉杆身上的螺纹长度 b 应大于旋入深度 l_1，因此螺钉的螺纹终止线应高于两被联接零件接触面的投影线，如图 4-22b 所示。采用全螺纹时如图 4-22c 所示。

2. 紧定螺钉

紧定螺钉多用于轮子与轴之间的固定。通常在轴上加工出锥坑，如图 4-23a 所示；在轮子的轮毂上加工出螺纹孔，如图 4-23b 所示。联接时，将轮子套装于轴上，再将螺钉拧入轮子轮毂上的螺孔中，使螺钉的锥形端部对准并压紧在轴上的锥坑内，从而将轮子固定在轴上，如图 4-23c 所示。

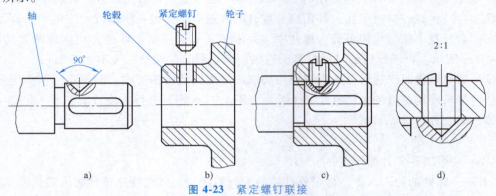

图 4-23 紧定螺钉联接

a）在轴上加工出锥坑 b）在轮毂上加工出螺纹孔 c）装上轮子、拧入紧定螺钉，完成联接 d）局部放大图

紧定螺钉的头部有开槽、内六角等型式，端部则有平端、圆柱端、锥端和凹端等多种结构形式，以满足各种场合下紧定联接的需要。

根据国家标准规定，螺纹紧固件联接可采用如下简化画法。

1）螺纹紧固件的工艺结构，如倒角、退刀槽、缩颈、凸肩等均可省略不画，如图 4-24 所示。如图 4-24 所示的螺母和螺栓的头部均省略倒角而画成六棱柱。

2）在螺栓、螺柱、螺钉的杆部，其螺纹端的倒角均可省略不画。不穿通螺孔可不画出钻孔深度，仅按有效螺纹部分的深度画出，如图 4-24b、c、d 所示。

3）对于螺钉旋具槽、弹簧垫圈开口处等均可用涂黑表示，如图 4-24a、c 所示。

4）对于内六角螺钉的内六角部分在主视图上的虚线投影可以省略不画，如图 4-24d 所示。

5）如图 4-24c、d 所示中的螺钉与被联接件的上顶面允许平齐，画成一条直线。

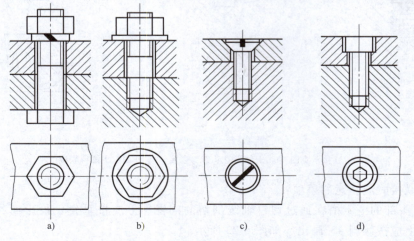

图 4-24 螺纹紧固件联接的简化画法

a）螺栓联接 b）螺柱联接 c）开槽沉头螺钉联接 d）内六角圆柱头螺钉联接

第四节 键 联 接

键联接通常用于轴和轮子（齿轮、带轮、链轮、凸轮等）之间的联接。其联接方法是首先在轴上和轮子孔壁上分别加工出键槽，如图 4-25a、b 所示；并将键的一部分嵌入轴上的键槽内，如图 4-25c 所示；再将轮子上的键槽对准轴上露出部分的键套到轴上，这就构成了键联接，如图 4-25d 所示。这样轴和轮子就可以通过键来传递圆周运动和转矩。由于键联接结构简单，装拆方便，成本低廉，因此在机器中得到广泛的应用。

根据具体的使用要求不同，相应有多种类型的键，如平键、半圆键和锲键等，它们都是标准件。本节只介绍应用最多的普通平键及其联接。普通平键有三种结构形式：圆头普通平键（A 型）、平头普通平键（B 型）和单圆头普通平键（C 型），如图 4-26 所示。

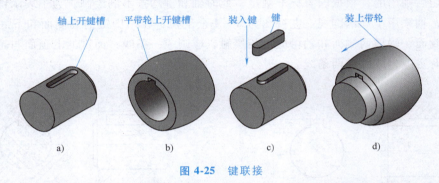

图 4-25 键联接

a）在轴上加工出键槽 b）在带轮孔壁上加工出键槽 c）将键装入轴上键槽 d）装上带轮

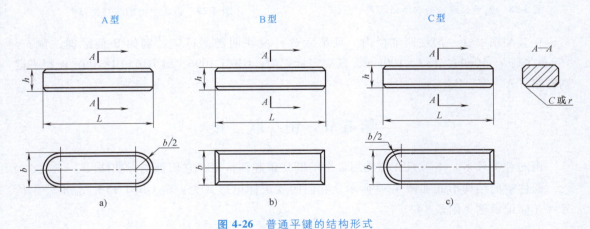

图 4-26 普通平键的结构形式

a）圆头普通平键 b）平头普通平键 c）单圆头普通平键

普通平键的公称尺寸 $b×h×L$（键宽×键高×键长）可根据轴的直径 d 由附录 13 中查到（这只是作者推荐，而非 GB/T 1096—2003《普通型 平键》的规定，故仅供参考）；键的长度 L 一般应比相应的轮毂长度短 5~10mm，并取相近的标准值。

图 4-27a、b 所示为轴上键槽常用表示法和尺寸注法，图 4-28 所示为轮子上键槽的常用表示法和尺寸注法。两图中的 t_1 和 t_2 可查附录 13。

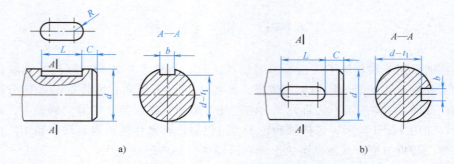

图 4-27　轴上键槽的表示法和尺寸注法

图 4-29 所示为普通平键联接的装配图画法。其中主视图为通过轴的轴线和键的纵向对称平面剖切后画出的，根据国家标准规定，此时轴和键均按不剖绘制。为了表示键在轴上的装配情况，轴采用了局部剖视。左视图为 A—A 全剖视，在图中键的两侧面和下底面分别与轮子槽两侧面、轴槽两侧面和轴槽底面相接触，应画成一条线；而键的上顶面与轮子槽的底面间应留有空隙，故画成两条线。

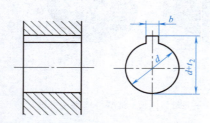

图 4-28　轮子上键槽的表示法和尺寸注法

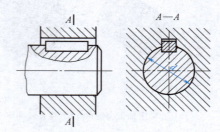

图 4-29　普通平键的联接画法

在装配图中（一般在明细栏内，见第六章）应注明键的标记，例如 B 型平键，宽 $b = 16$mm，高 $h = 10$mm，长 $L = 100$mm，其规定标记为：GB/T 1096　键 B16×10×100。A 型平键则省略 "A" 字。

第五节　销　联　接

销的种类较多，本节只介绍应用最多的圆柱销和圆锥销，它们都是标准件。

圆柱销的结构形式如图 4-30 所示。它们的规定标记形式为：销 GB/T 119.1　d 公差代号×l（标记示例见附录 14）。

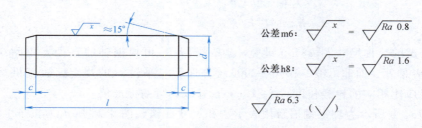

图 4-30　圆柱销

圆锥销的结构形式有 A 型（磨削）和 B 型（切削或冷镦）两种，如图 4-31 所示。它们的规定标记形式为：销 GB/T 117 $d×l$（标记示例见附录 14）。

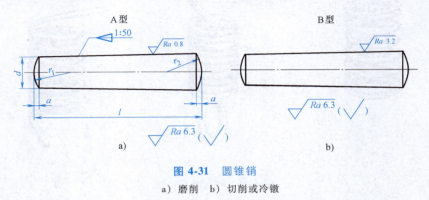

图 4-31　圆锥销

a）磨削　b）切削或冷镦

圆柱销和圆锥销主要有如下三种不同的用途：

1）用于零件间的联接，但只能承受不大的载荷，多用于轻载和不很重要的联接，此时称为联接销。

2）用于两零件间的定位，即固定两零件的相对位置，此时称为定位销。定位销一般成对使用，并安放在两零件接合面的对角处，以加大两销之间的距离，增加定位的正确性。

3）用作安全装置中的过载剪断元件，从而对设备起安全保护作用，此时称为安全销。

但不管它们作为何种用途，其联接画法则相同，如图 4-32 所示。由于销与销孔表面直接接触，所以两者接合面处应画一条线。

与销装配的两零件上的销孔应同时一起一次钻孔和铰孔，工艺上称为"配作"，并应在各自的零件图上分别加以注明，如"锥销孔ϕ4 与××零件配作"。

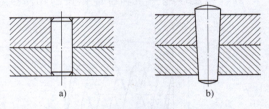

图 4-32　圆柱销和圆锥销联接的画法

a）圆柱销联接　b）圆锥销联接

由于圆柱销经多次装拆后，与销孔的配合精度将受到影响，而圆锥销有 1∶50 的锥度，可以弥补装拆后产生的间隙，且装拆也比圆柱销方便，因此对于需多次装拆的场合，宜选用圆锥销。

第六节　弹　簧

一、概述

弹簧是利用材料的弹性和结构特点，通过变形和储存能量来进行工作的一种机械零（部）件。它主要用于缓冲和减振、控制运动、储存和输出能量以及测量力和力矩等场合，是一种应用十分广泛的常用件。

弹簧的种类很多，其中应用最多的是圆柱螺旋弹簧，它又可以分为压缩弹簧、拉伸弹簧和扭转弹簧等，如图 4-33 所示。

涉及弹簧的主要国家标准有：GB/T 1805—2021《弹簧 术语》、GB/T 1358—2009《圆

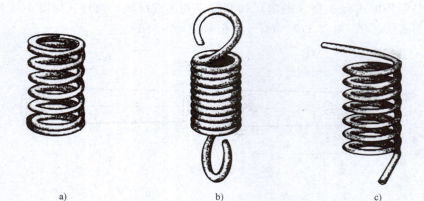

图 4-33 圆柱螺旋弹簧

a) 压缩弹簧 b) 拉伸弹簧 c) 扭转弹簧

柱螺旋弹簧尺寸系列》、GB/T 2088—2009《普通圆柱螺旋拉伸弹簧尺寸及参数》、GB/T 2089—2009《普通圆柱螺旋压缩弹簧尺寸及参数（两端圈并紧磨平或制扁）》和 GB/T 4459.4—2003《机械制图 弹簧表示法》等。

二、圆柱螺旋压缩弹簧与拉伸弹簧的几何参数、代号及其尺寸计算公式

圆柱螺旋压缩弹簧和拉伸弹簧的几何参数（图 4-34）、代号及其尺寸计算公式见表 4-2。

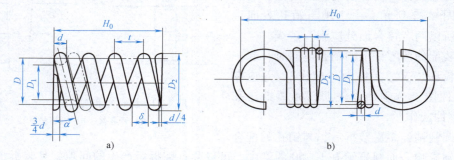

图 4-34 圆柱螺旋压缩弹簧和拉伸弹簧的几何参数

a) 压缩弹簧 b) 拉伸弹簧

表 4-2 圆柱螺旋弹簧的几何参数、代号和尺寸计算公式

参数名称	代号	单位	圆柱螺旋压缩弹簧	圆柱螺旋拉伸弹簧	备注
材料直径	d	mm	弹簧材料的截面直径,由强度计算确定		标准
弹簧外径	D_2	mm			
弹簧内径	D_1	mm			
弹簧中径	D	mm	弹簧内径和外径的平均值,$D = \frac{1}{2}(D_1 + D_2) = D_2 - d = D_1 + d$		标准
有效圈数	n	圈	计算弹簧刚度的圈数		$n \geqslant 2$ 且标准
支承圈数	n_2	圈	弹簧端部用于支承或固定的圈数		
总圈数	n_1	圈	沿螺旋轴线两端间的螺旋圈数,$n_1 = n + n_2$		

（续）

参数名称	代号	单位	圆柱螺旋压缩弹簧	圆柱螺旋拉伸弹簧	备注
节距	t	mm	螺旋弹簧两相邻有效圈截面中心线间的轴向距离		
间距	δ	mm	螺旋弹簧两相邻有效圈的轴向间距		
			$\delta = t - d$	$\delta = t - d = 0$（因为 $t = d$）	
自由高度（自由长度）	H_0	mm	弹簧无负荷时的高度（长度）		标准
			$H_0 = nt + (n_2 - 0.5)d$（两端圈磨平）	$H_0 = (n + 1.5)d + 2D_1$	
螺旋升角	α	（°）	$\alpha = \arctan \dfrac{t}{\pi D}$		
展开长度	L	mm	$L = \pi Dn_1 / \cos\alpha \approx \pi Dn_1$	$L \approx \pi Dn +$ 钩部展开长度	

三、圆柱螺旋弹簧的画法

1. 圆柱螺旋弹簧的画法规定

圆柱螺旋弹簧的真实投影比较复杂，为了画图方便，国家标准 GB/T 4459.4—2003《机械制图　弹簧表示法》中做了如下规定：

1）在平行于螺旋弹簧轴线的投影面的视图中，其各圈的轮廓应画成直线。

2）螺旋弹簧均可画成右旋，对必须保证的旋向要求应在"技术要求"中注明。

3）螺旋压缩弹簧，如要求两端圈并紧且磨平时，不论支承圈的圈数多少和末端贴紧情况如何，均可按图 4-35 所示的形式绘制。

4）有效圈数在四圈以上的螺旋弹簧中间部分可以省略。圆柱螺旋弹簧中间部分省略后，允许适当缩短图形的长度。

2. 圆柱螺旋弹簧画法

图 4-35a、b、c 所示分别为圆柱螺旋（压缩）弹簧的三种表示法：视图、剖视图和示意图。图 4-36 所示为圆柱螺旋（压缩）弹簧剖视图的具体画图方法和步骤。

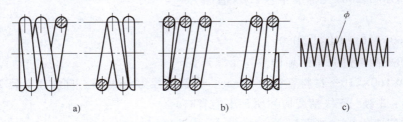

a)　　　　　　　　　　b)　　　　　　　　　c)

图 4-35　圆柱螺旋（压缩）弹簧的三种表示法
a）视图　b）剖视图　c）示意图

当需要画成外形视图时，前三步的画法与上述剖视图的画法相同，第四步按右旋方向画相应圆的外公切线，如图 4-35a 所示。

3. 圆柱螺旋弹簧的规定标记

圆柱螺旋拉伸弹簧和压缩弹簧都是标准零件，故其各参数和主要尺寸的取值以及规定标记均应符合国家标准的规定。其中圆柱螺旋压缩弹簧的规定标记由类型代号、规格、精度代号、旋向和标准号组成。

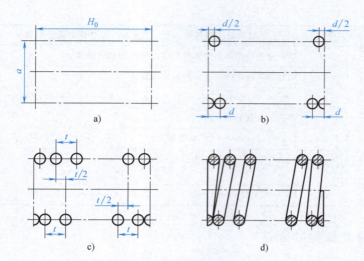

图 4-36 弹簧的画法

a）根据弹簧中径 D 和自由高度 H_0 画出弹簧的中径线和自由高度两端线（有效圈数在四圈以上时，H_0 可适当缩短）

b）根据材料直径 d，画出两端支承圈部分的材料断面图（两端均按并紧、磨平、支承圈为 $1\frac{1}{4}$ 圈绘制）

c）根据节距 t，画有效圈部分的材料断面图　d）按右旋方向画相应圆的外公切线，并在剖面区域内画剖面线。最后整理、加深、完成剖视图

示例 1：

YA 1.2×8×40 左 GB/T 2089

类型：YA—两端圈并紧磨平的冷卷压缩弹簧。

规格：1.2×8×40—材料直径为 1.2mm，弹簧中径为 8mm，自由高度为 40mm。

精度代号：2 级（省略不标注）。

旋向：左旋。

标准号：GB/T 2089（标准年号 2009 省略）。

示例 2：

YB 30×160×210-3 GB/T 2089

类型：YB—两端圈并紧制扁的热卷压缩弹簧。

规格：30×160×210—材料直径为 30mm，弹簧中径为 160mm，自由高度为 210mm。

精度代号：3 级（3 级精度应注明，不能省略）。

旋向：右旋（右旋省略不标注）。

标准号：GB/T 2089（标准年号 2009 省略）。

说明：关于圆柱螺旋拉伸弹簧的规定标记，请见 GB/T 2088—2009 的规定。

4. 弹簧零件图

图 4-37 所示为圆柱螺旋压缩弹簧的零件图。弹簧零件图上除了画出必要的视图外，一般还应包括如下内容：

1）标注弹簧的参数。弹簧的参数应直接标注在图形上。当直接标注有困难时，可在技术要求中说明。

2）表明弹簧的力学性能。一般用图解的方式表示弹簧的力学性能。圆柱螺旋压缩弹簧

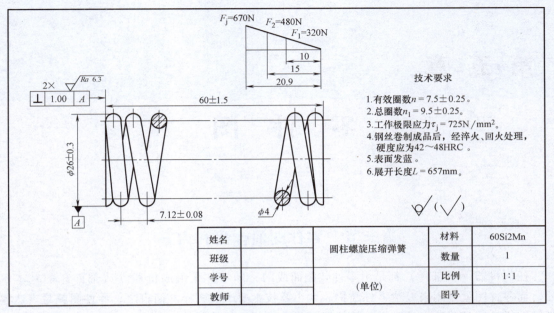

$F_j = 670N$ $F_2 = 480N$ $F_1 = 320N$

10
15
20.9

$2\times$ ▽ $Ra\ 6.3$

⊥ | 1.00 | A

60 ± 1.5

$\phi26\pm0.3$

7.12 ± 0.08

$\phi4$

A

技术要求

1. 有效圈数$n = 7.5\pm0.25$。
2. 总圈数$n_1 = 9.5\pm0.25$。
3. 工作极限应力$\tau_j = 725N/mm^2$。
4. 钢丝卷制成品后，经淬火、回火处理，硬度应为42～48HRC。
5. 表面发蓝。
6. 展开长度$L = 657mm$。

姓名		圆柱螺旋压缩弹簧	材料	60Si2Mn
班级			数量	1
学号		（单位）	比例	1:1
教师			图号	

图 4-37 圆柱螺旋压缩弹簧零件图

和拉伸弹簧的力学性能曲线均画成直线，标注在主视图上方，并用粗实线绘制。

3）当某些弹簧只需给出刚度要求时，允许不画力学性能图，而在"技术要求"中说明刚度要求。

5. 装配图中弹簧的画法

1）被弹簧挡住的结构一般不画出，可见部分应从弹簧的外轮廓线或从弹簧钢丝断面的中心线画起，如图 4-38a 所示。

2）型材尺寸较小（直径或厚度在图形上等于或小于2mm）的螺旋弹簧（碟形弹簧、片弹簧），允许用示意图表示，如图 4-38c 所示。当弹簧被剖切时，也可用涂黑表示，如图 4-38b 所示。

3）被剖切弹簧的截面尺寸在图形上等于或小于2mm，并且弹簧内部还有零件，为了便于表达，可用图 4-38d 所示的示意图形式表示。

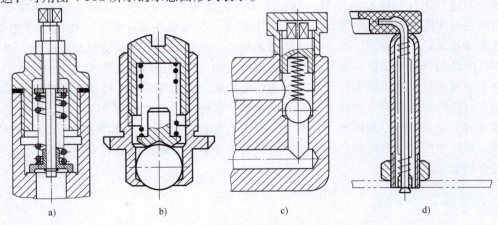

a)　　　　　　b)　　　　　　c)　　　　　　d)

图 4-38 装配图中弹簧的画法

第◆五◆章

零 件 图

第一节　零件图的作用和内容

任何机器（或部件）都是由零件装配而成的，即零件是组成机器（或部件）的基本单元。而零件图就是用来表达零件结构、大小及技术要求的图样。简言之，零件图就是表达零件的图样。它是制造和检验零件的依据，是生产部门的重要技术文件。因此，它应包含制造零件时所需要的全部内容：

（1）一组视图　用以完整、清晰、简明地表达零件的结构形状。

（2）尺寸　正确、完整、清晰、合理地标注出制造和检验零件所需的全部尺寸——零件各组成部分的形状尺寸和相互位置关系尺寸。

（3）技术要求　用一些规定的代（符）号、数字、字母和文字来说明零件制造和检验时在技术指标上应达到的要求，如尺寸公差、几何公差、表面粗糙度、材料和热处理、毛坯质量要求、加工方法和检验方法以及其他特殊要求等。

（4）标题栏　用来表明零件的名称、数量、材料、图样代号、绘图比例以及责任记载等内容。

第二节　零件上的工艺结构

零件与组合体（物体）的主要区别在于零件的结构形状、尺寸标注、技术要求等，都必须满足工程实际的要求。一方面要满足设计要求，即机器或部件对零件提出的功能要求；另一方面又要满足工艺要求，便于零件的毛坯制造、机械加工、测量检验和装配等。也就是说，零件的结构形状是由设计要求和工艺要求确定的（有时还需考虑造型美观的要求）。

由于不同产品上的不同零件均有不同的功能要求，因而零件的主体结构形状就是多种多样、千变万化的。然而为了符合工艺要求而设计的各种工艺结构在所有零件上往往都是相同的或相似的，并且多数已经标准化，称为标准工艺结构。因而熟悉和掌握它们的具体结构、规定画法和尺寸注法等是绘制和阅读零件图的基本知识。为此，本节首先将零件上常见的工艺结构介绍如下。

一、铸造工艺结构

机器零件的毛坯多数为铸件，即通过铸造的方法获得。图 5-1 所示为砂型铸造时，从下砂箱中起模的示意图，当起出木模并合上上砂箱后（图5-1中未示出），再将熔化的铁液，通过上砂箱的浇口、浇道注入到砂型型腔中，待铁液冷却凝固后，打开砂型就获得了零件的毛坯——铸件。为了获得合格的铸件，铸件必须具有如下工艺结构。

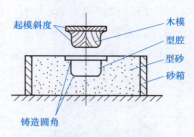

图 5-1　砂型铸造时起模示意图

1. 铸造圆角

对于铸件，它的各相交表面处都应设计成圆角，如图5-2a所示。因为若为尖角，起模时容易损坏砂型型腔，浇注时铁液也易冲落尖角处的型砂；此外，铸件冷却时，在尖角处也易产生裂纹而报废。铸造圆角 R 的大小与合金种类和铸造方法有关，当灰铸铁砂型铸造时，一般取 $R = 3 \sim 5mm$，并可在技术要求中统一说明。需要注意的是：在零件图上，当相交两表面都不进行机械加工时，则应画成圆角；而当相交两表面或其中之一需要加工时，铸造圆角就会被切除，此时应画成尖角，如图5-2b所示。

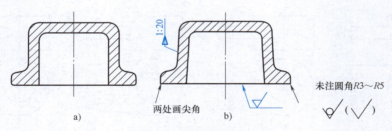

a)

两处画尖角

b)

未注圆角R3～R5

图 5-2　铸造圆角和起模斜度

2. 起模斜度

为了起模时不致损坏砂型型腔，在铸件造型时，沿铸件内、外壁的起模方向应有适当的斜度，称为起模斜度，如图5-1所示。因为起模斜度一般较小，所以在图样上可以不予画出，也不标注斜度尺寸，如图5-2a所示。当必须表明斜度时其画法和尺寸注法如图5-2b所示。起模斜度也可在技术要求中统一说明。

3. 铸件壁厚

铸件的壁厚应尽量均匀一致，如图5-3a所示。当必须采用不同壁厚连接时，则壁厚的过渡应缓慢，如图5-3b所示。这样可以避免因铸件壁厚的突变，浇注后各处的冷却速度不同而导致的缩孔现象。并应注意，铸件壁厚不能小于各种材料所允许的最小壁厚，否则将因金属液的流动性不够，使铸件产生冷隔、浇不足而成为废品。同时铸件的造型应力求简单，以便于制模、造型、清砂和机械加工。

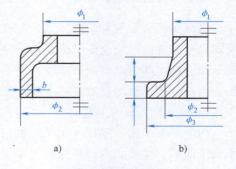

a)　　　　　b)

图 5-3　铸件壁厚
a）铸件各处的壁厚应均匀
b）不同壁厚应逐渐过渡

4. 过渡线

如上已述，铸件两表面相交处均有圆角过渡，如图5-4a所示为两圆柱正交相贯，由于相贯处有圆角过渡，使得其交线很不明显。但为了便于进行形体分析，使视图清晰易读，所以画图时仍应画出其交线，该交线称为过渡线，过渡线用细实线绘制，其画法如图 5-4b 所示。而等径相贯时过渡线的画法如图 5-4c 所示。

零件上常见的板与圆柱相交或相切时过渡线的画法如图 5-5 所示。

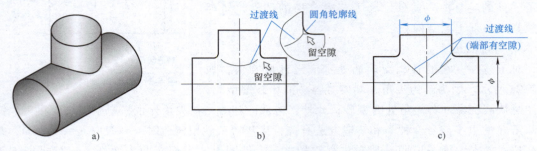

图 5-4　过渡线画法

a）圆角过渡处交线不明显　b）过渡线及其画法　c）等径相贯时过渡线画法

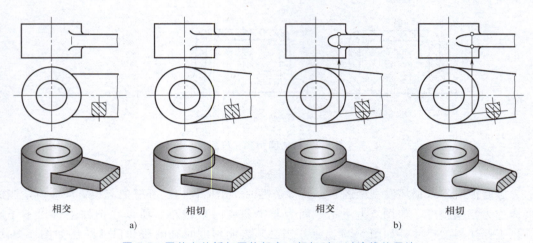

图 5-5　零件上的板与圆柱相交、相切时，过渡线的画法

a）断面为长方形　b）断面为长圆形

二、机械加工工艺结构

机械加工（也称切削加工或冷加工）是指用切削刀具从工件上切除多余材料，以获得所需尺寸和表面粗糙度要求的合格零件的加工方法。在现代机器制造中，绝大多数零件，特别是尺寸精度和表面质量要求较高的零件，一般都要由铸件或锻件等毛坯经过机械加工而得到。因此，为了获得高质量的零件，并降低制造成本，必须合理设计机械加工工艺结构。

1. 减少加工面的工艺结构

（1）平面结构　零件上相互接触的表面（工作面）一般都需要进行机械加工。为了减少加工面积，降低成本，并提高表面间的接触性能（接触刚度），应避免使用大平面结构。如铣刀头座体、减速器箱体等箱体类零件的安装面通常采用如图 5-6a、b、c 所示的结构，而不能采用如图 5-6d 所示的大平面结构。

（2）凸台和凹坑结构　当零件表面上的某个局部需要加工时，应遵循加工面与非加工面

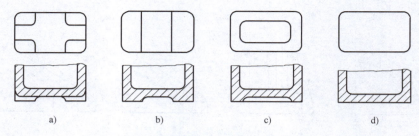

图 5-6　箱体类零件的安装底面结构
a）块形结构　b）条形结构　c）框形结构　d）大平面结构（不合理）

分开原则，将加工表面处设计出凸台或凹坑。如安装螺栓、螺钉等紧固件处常做成凸台或凹坑（沉孔）结构，其尺寸则采用规定的简化注法，如图 5-7 所示。

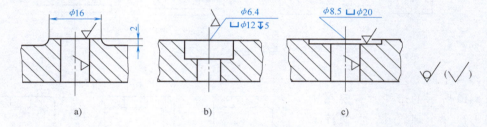

图 5-7　凸台和凹坑结构
a）凸台结构　b）凹坑（沉孔）结构　c）凹坑（锪平）结构

2. 退刀槽和砂轮越程槽

在机械加工中，当加工表面的前方为台阶时，为了便于加工时退出刀具，并获得相同一致的表面尺寸以利于装配，需要预先在台阶处加工出沟槽，称为退刀槽。如图 5-8a、b、c 所示分别为车削外圆、刨削平面和插削不通键槽时的退刀槽。其尺寸可按槽宽×槽深的形式标注。

同理，在磨削加工工件的外圆、内孔和平面时，也常常需要留出磨削退刀槽，称为砂轮越程槽。它的结构和尺寸已经标准化，需要时可查阅 GB/T 6403.5—2008《砂轮越程槽》。

此外，车削螺纹时的螺纹退刀槽已在第四章介绍，如图 4-18 所示。

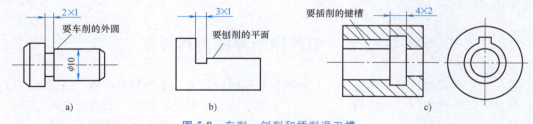

图 5-8　车削、刨削和插削退刀槽
a）车削外圆的退刀槽　b）刨削平面的退刀槽　c）插削不通键槽的退刀槽

3. 孔加工工艺结构

用钻头钻孔时，为了防止出现单边切削和单边受力，导致钻头轴线偏斜（孔的轴线相应偏斜），甚至使钻头折断。因此，在设计零件时，应避免沿曲面或斜面钻孔，即要求孔的端面为平面，且垂直于孔的轴线。如图 5-9 所示列出了钻孔结构的误、正对比。

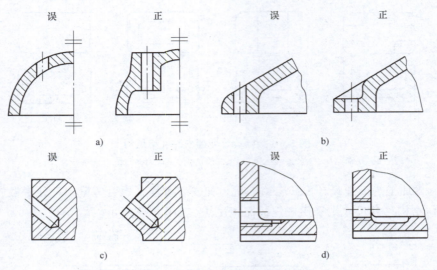

误　　正　　误　　正

a)

误　　正　　误　　正

b)

误　　正

c)

误　　正

d)

图 5-9　钻孔结构误、正对比

4. 零件上的工艺孔结构

图 5-10 所示的带轮，需要在轮毂上加工出一个螺纹孔，以便拧上紧定螺钉，将带轮安装在轴上。然而由于受到带轮轮缘的遮挡，刀具不能通过，此螺孔也就无法加工，如图 5-10a 所示；此时可在轮缘上的相应位置设计出一个孔径大于螺纹孔大径的光孔，作为加工螺纹刀具的通道，这样就可以加工出螺纹孔了，如图 5-10b 所示，该光孔称为工艺孔；有了此工艺孔，也就同时解决了安装和拆卸紧定螺钉的问题，如图 5-10c 所示。

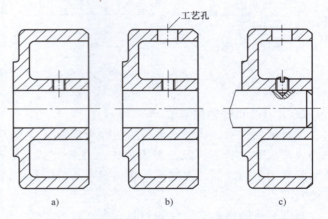

工艺孔

a)　　　b)　　　c)

图 5-10　零件上的工艺孔结构

a）不合理（无法加工螺孔）　b）合理（可加工螺孔）　c）可装拆螺钉

第三节　零件图的视图表达方案

零件图是重要的机械图样之一。上面两章介绍的内容，就是绘制零件图、表达零件的基础，所以必须熟练掌握。与此同时，还必须灵活、综合应用上述知识，合理地选择好零件图的最佳视图表达方案，即选用一组合适的视图，可以正确、完整、清晰和简练地表达出零件的内、外结构形状，并在保证看图方便的前提下又能制图简便。为了达到此要求，一般应按如下步骤进行。

一、零件分析

零件分析是认识零件的过程，是确定零件表达方案和表达方法的前提，同时也是确定零件尺寸标注和技术要求的前提，因此可以说，零件分析是绘制零件图的依据。零件分析主要包括：

（1）功能分析　分析零件在机器中的位置、作用和工作原理等。这是根据工作位置原则选择主视图的依据。

（2）结构形状分析　仔细分析零件的内、外结构形状及其主要特征。这是根据形状特征原则选择主视图的依据。

（3）工艺结构分析　分析零件的材料、铸造或锻造工艺结构、机械加工工艺结构（参见本章第二节）以及装配工艺结构（参见第六章）等，这些结构大多已经标准化，因而其画法和尺寸注法必须严格遵循相应标准的规定。

（4）加工方法分析　分析零件的加工方法和加工过程，确定零件在各加工工序中的加工位置等，这是根据加工位置原则选择主视图的依据。

由于零件分析必须具有丰富的专业知识和实践经验，所以这里只能做一般性的介绍。

二、主视图的选择

主视图是零件图中最主要的视图，是视图表达方案中的核心。选好主视图就为较好地确定整个视图表达方案奠定了基础。反之，主视图选得不好，整个视图表达方案就将是"先天不足"的。零件图主视图的选择具体包括选择主视图的投射方向和确定零件的安放位置。

1. 主视图的投射方向

选择主视图的投射方向应遵循形状特征原则，即该投射方向应能最多、最清楚地反映零件的内、外结构形状，从而能显示出零件的结构特征和整体概貌。这与组合体主视图选择的原则是一致的。

2. 确定零件的安放位置

零件的安放位置应符合加工位置原则和工作位置原则。

加工位置是指零件加工时在机床上的装夹位置。主视图与加工位置一致，工人加工时，可以图、物对照，便于加工和测量，获得合格的零件。

零件的工作位置是指零件在机器或部件中的实际安放位置。主视图与工作位置一致，可以零（件图）、装（配图）对照，将零件和机器或部件联系起来，便于分析出零件在机器或部件中的作用和工作原理，便于了解零件的结构形状特征，从而有利于画图和读图。

综上所述，零件图的主视图选择应首先遵循形状特征原则，即以形状特征原则为主，同时兼顾加工位置原则和工作位置原则。当加工位置和工作位置不一致时，就要根据零件的具体情况，抓住主要矛盾，确定采用什么原则。

三、选择其他视图

在选择主视图的同时，还应根据零件的结构形状，考虑选择必要的其他视图和适当的表达方法以弥补主视图表达的不足，从而把零件完全表达清楚。

需要注意的是：①零件图的视图表达方案和表达方法的选择总是同时进行的，而不能孤立地进行考虑；②零件图的视图表达方案中应优先选用基本视图，并在基本视图上画剖视图，以尽量多地表达出零件的主要结构形状；③对于零件上的一些局部结构可采用局部视图、局部剖视、断面以及简化画法等表示法，对零件上的一些细小结构可以采用局部放大图，对零件上的倾斜结构可采用旋转剖视、斜视图或斜剖视等表示法。总而言之，零件图的视图表达既要避免重复、繁琐，主次不分；又要防止表达不全面，图形过多、过于零碎、分散，而不得要领。下面举例说明之。

例 5-1 图 5-11 所示为铣刀头主轴的轴测图，它是一根由多个不同直径的圆柱轴段组成的阶梯轴。两端的轴段上分别开有一个和两个键槽，左、右端面上各有一个带螺纹的中心孔，左端面上还有一个销孔，在右边的两个轴段之间还有一个退刀槽，此外还有轴端倒角、轴肩处的过渡圆角等局部结构。该轴的功用是将电动机通过 V 带和 V 带轮传来的运动和动力传递给铣刀盘，以实现铣削加工。

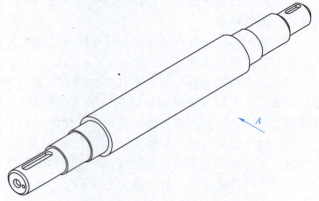

图 5-11　铣刀头主轴的轴测图

轴的材料应为锻钢，轴的主要结构为回转体，其加工工序以车削和磨削为主。

选择该轴的主视图时，其投射方向有两个方向可供选择：一是垂直于轴的轴线方向；二是沿着轴的轴线方向。显然后者得到的主视图为一系列层次不清的同心圆，而前者能够清楚地反映轴的主要结构形状，符合形状特征原则，因此确定以垂直于轴线的 A 方向作为主视图的投射方向。由于在车床和磨床上加工轴类零件时，工件轴线一般都是水平安装的，如图 5-12 所示，所以为了便于加工时看图，主视图应按轴线水平的加工位置画出，即服从加工位置原则。由于该轴的

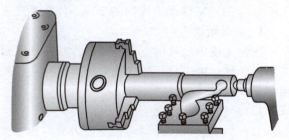

图 5-12　铣刀头主轴在车床（磨床）上的加工位置

工作位置与加工位置是一致的，所以也就同时符合轴的工作位置原则。此外轴的两端轴段均采用了局部剖视，以反映键槽和销孔结构。为了节约图幅，轴的中段还采用了折断画法。

有了上述主视图，并通过标注各轴段的直径和长度尺寸，就已经把该轴的主要结构形状表达出来了，一般不必画出左视图；俯视图与主视图基本相同，属于重复表达，显然也不必画出。为此，针对主视图对键槽等局部结构尚未完全表达清楚，在主视图上方画出了两个局部视图，以反映键槽的形状；同时在两个键槽处还采用了两个移出断面，以便反映出键槽的深度和更清晰地标注键槽的尺寸；此外在右端的两个轴段之间的退刀槽处采用了一个局部放大图，以便清楚地反映出退刀槽的形状和标注退刀槽的尺寸。还有轴两端面上的中心孔，则通过画出中心孔符号和标注中心孔尺寸 2×CM6 来表达。

至此，铣刀头主轴的结构形状就已经完全表达清楚了，最后得到的视图表达方案如图 5-13 所示。

例 5-2 图 5-14 所示为铣刀头座体的轴测图。它由上部的空心圆筒、左支承板、右支承板、中间的肋板以及下部的底板四个部分组成。圆筒的内腔做成中间大两端小的阶梯孔，其中两端小孔为滚动轴承的安装孔，需要切削加工，而中间大孔为非工作面，不必加工，这样的结构可以显著减少加工面，也大大有利于轴承孔的加工。圆筒的两端面上各有 6 个均布的

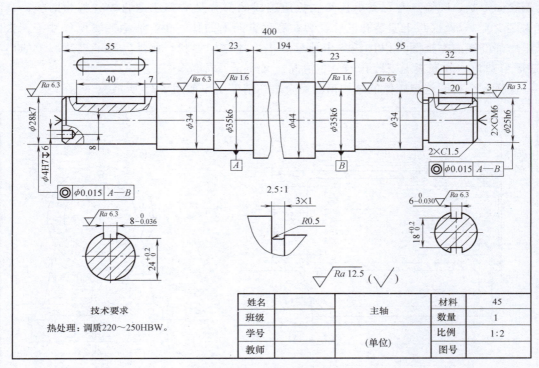

图 5-13　铣刀头主轴零件图

螺孔，可以用螺钉将端盖紧固在座体上。长方体底板的四周有四个圆角和四个安装孔，以便用螺栓将铣刀头部件安装到床身部件上去。底板的下底面铸有凹槽，形成条形支承面结构，既可减少加工面面积，又可使座体安装后更平稳。底板上方的左、右支承板用来支承圆筒。肋板则用来连接圆筒、支承板和底板，以增加整个座体的强度和刚度。

座体是铣刀头部件中的基础零件，所有其他零件都安装在座体上，并由座体来支承。图 5-14 所示为它的工作位置。由于其结构形状复杂，应采用铸铁毛坯，其加工面和加工工序较多，加工位置多变。

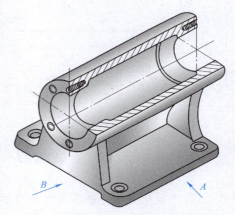

图 5-14　铣刀头座体的轴测图

选择座体的主视图投射方向时，采取 A 方向（垂直于轴线）并采用从座体前后对称面剖切的全剖视图较 B 方向（平行于轴线）表达结构形状特征多，能清楚地表达出座体的组成部分，圆筒内腔的阶梯孔结构，端面上的螺孔结构和深度，左、右支承板的厚度，右支承板的弧度（R110 和 R95），以及底板上的通槽等。

由于座体为箱壳类零件，结构形状比较复杂，加工面较多，一般需要在多种机床上经过多道工序加工完成，其加工位置多变，所以主视图一般均按零件在机器中的工作位置画出，即遵循工作位置原则，同时也符合轴承孔加工等主要工序的加工位置。由此得到的主视图如图 5-15 所示。

画出座体主视图后，尚不能表达出圆筒两端面上螺孔的数量和分布情况，左、右支承板

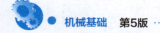

的侧表面形状，圆筒、左右支承板和底板所围成的部分是空腔还是肋板（如为肋板，其厚度为多少），以及底板上安装孔的孔径和在宽度方向上的孔间距、通槽的宽度尺寸等，为此采用局部剖视的左视图可以比较集中地反映出上述结构形状。此外，为了表达底板的形状（四周带圆角）和底板上安装孔的分布情况，又补充了局部视图。

这样三个视图就把座体的结构形状完全表达清楚了，如图 5-15 所示。

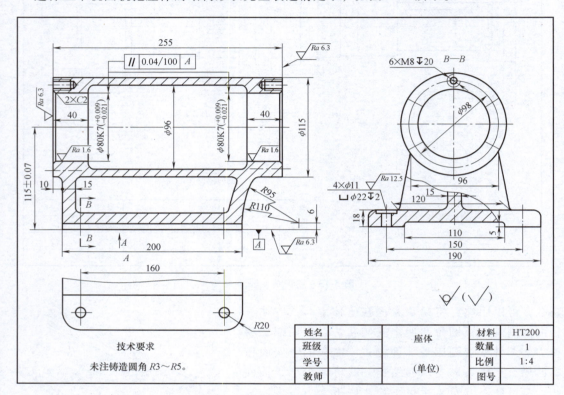

图 5-15　座体零件图

第四节　零件图的尺寸标注

零件图是指导零件制造和检验的重要技术文件，因此其尺寸标注除了应正确、完整、清晰外，还应做到合理。所谓合理标注尺寸，就是一方面要使所注尺寸满足零件的设计要求，即能够保证零件的质量和使用性能要求；另一方面又能符合工艺要求，便于加工、测量和装配，降低制造成本。显然，只有具备较丰富的设计和工艺知识，才能做到尺寸标注的合理。这需要通过专业课学习以及在工作实践中逐步掌握，本课程只介绍一些基本概念和基本知识。

一、尺寸基准

尺寸基准是用来确定生产对象上几何要素间的几何关系所依据的那些点、线、面，即零件在设计、制造时用以确定尺寸起始位置的那些点、线、面，简言之，就是标注尺寸的起点。根据使用场合和作用的不同，尺寸基准可分为设计基准和工艺基准两类。设计图样（如零件图）上所采用的基准称为设计基准，它是为保证设计要求而确定的基准，在不影响设计要求的前提下也应兼顾工艺要求。而在工艺过程中所采用的基准称为工艺基准，如定位基准、测量基准、装配基准等，它是在满足设计要求的前提下，服从工艺简单、方便、成本低的工艺要求而确定的基准。

显然，零件图上的尺寸基准（均为设计基准）要根据不同产品和不同零件（相应有不同的设计要求）的具体情况来加以选择，因而也是各不相同的。但就总体而言，一般多选用零件的对称平面、安装底面、重要端面、内外回转表面的轴线等作为尺寸基准。

以上内容可见国家标准 GB/T 4863—2008《机械制造工艺基本术语》

二、尺寸链

在零件加工（或装配）过程中，由相互连接的尺寸形成的封闭的尺寸组称为尺寸链。列入尺寸链中的每一个尺寸称为尺寸链的环，其中在加工过程中最后自然形成的一环称为封闭环，而尺寸链中对封闭环有影响的全部环都称为组成环。如图 5-15 所示的座体零件图中，底板的厚度尺寸 18、轴承孔的中心高 115 和底板上表面到轴承孔中心线的高度 97（图 5-15 中未标出，理由见后）3 个尺寸构成一个最基本、最简单的直线式尺寸链。尺寸 18、115 和 97 都是尺寸链的环，加工时首先加工出座体的下底面，得到底板厚度尺寸 18，再以该底面为定位基准，按尺寸 115 来加工轴承孔，这样尺寸 97 就是自然形成的封闭环，而尺寸 18 和 115 中的任一环尺寸的变动都将引起封闭环尺寸 97 的变动，所以都是组成环。

在这个直线式尺寸链中，当采用极限法计算时，则封闭环的尺寸误差（公差）等于各个组成环的尺寸误差（公差）之和。如在上述尺寸链中标注出各个尺寸的误差（公差）要求，并设底板的厚度为 18±0.35，轴承孔的中心高为 115±0.07，则封闭环的尺寸误差（公差）为（±0.35±0.07）= ±0.42，即尺寸为 97±0.42。

在图 5-13 所示的铣刀头主轴零件图中，其右边的长度尺寸 95、23、32 和 40（图 5-13 中未注出尺寸 40）是一个由 4 个尺寸构成的直线式尺寸链，其组成环、封闭环及其尺寸误差（公差）关系等请读者自行分析。

以上内容可见国家标准 GB/T 5847—2004《尺寸链　计算方法》

三、零件图的尺寸标注

1. 正确选择尺寸基准

对于图 5-13 所示的铣刀头主轴零件应选择其轴线为径向尺寸的主要设计基准（即同时是宽度和高度两个方向的设计基准），并以此基准出发，标注出尺寸 ϕ35k6、ϕ28k7 和 ϕ25h6 等所有各轴段的直径尺寸，这也是轴类零件的一般规律。长度方向则以左轴颈（安装左轴承的 ϕ35k6 轴段）的右台肩面为主要设计基准，标注出尺寸 23 和 194 等，同时又以轴的左、右端面、右轴颈的台肩面等为辅助设计基准，标注出长度方向的其他尺寸。

如图 5-15 所示的铣刀头座体零件图中，高度方向以座体的下底面为主要设计基准，标注出尺寸 115 和 18 等，同时又以轴承孔的轴线为辅助设计基准，标注出圆筒部分的一系列直径尺寸。宽度方向则以零件的对称面为主要设计基准，标注出宽度方向尺寸 190、150、110、96 和 15 等。长度方向则以座体上部空心圆筒的左端面为主要设计基准，标注出尺寸

255、40 和 10 等。

2. 标注尺寸

零件图中的尺寸按其重要性一般可分为重要尺寸、一般尺寸和不重要尺寸。重要尺寸是指影响零件精度和产品性能的尺寸，如配合尺寸等，它们一般都只允许很小的误差，即有较严格的公差要求（详见本章第五节），相应表面的表面粗糙度要求也较高；一般尺寸是指零件上的一般结构尺寸，通常为非配合尺寸，这类尺寸的大小主要取决于零件的强度和刚度要求，对误差要求不高，故一般不注出公差要求，称为未注公差尺寸；不重要尺寸一般对零件的精度和工作性能以及强度和刚度影响都不大，故通常允许较大的误差。因此合理标注尺寸的原则如下：

（1）重要尺寸必须从主要设计基准出发直接注出　直接注出重要尺寸，则工艺人员在制订加工工艺时，应使工艺基准服从设计基准，即工艺基准与设计基准重合（称为基准重合原则），以便在一次装夹和加工中，直接获得该尺寸，即只有一次装夹和加工误差，因此容易达到该尺寸的公差要求，确保尺寸精度，从而可满足零件的质量要求和产品的使用性能要求，即符合设计要求。例如，在图 5-15 中座体高度方向尺寸 115、18 和 97 组成的尺寸链中，尺寸 115 属于重要尺寸，故按其精度要求，从高度方向的主要设计基准——座体的底面出发，直接注出其尺寸 115±0.07 （js10）。加工时，采取基准重合原则，也以座体底面为定位基准，并按尺寸 115±0.07 进行对刀、调整和加工轴承孔，这样尺寸 115 一次加工直接获得，只有一次加工误差，容易满足该尺寸的误差（公差）要求，得到合格的尺寸和零件。

如果尺寸 115 不是直接注出，而是注出尺寸 18 和 97，即由加工先获得尺寸 18 和 97 后，再间接获得（自然获得）尺寸 115。则由于尺寸 18 和 97 均不是重要尺寸，故允许的误差较大，设分别为 18±0.35 和 97±0.7 （js15），则得到轴承孔的中心高为 115±1.05，远远超出 115±0.07 的精度要求，即加工后获得的零件均为废品。即使将尺寸 18 和 97 的精度提高到与尺寸 115 同级，即两个尺寸分别为 18±0.035 和 97±0.07，则加工后得到的轴承孔中心高为 115±0.105，这样做，不仅不必要地提高了尺寸 18 和 97 的加工精度要求，造成加工困难和成本提高，而且轴承孔的中心高仍超出 115±0.07 的设计要求，零件仍为废品。

（2）一般尺寸的标注应考虑加工工艺要求　对于零件上的一般尺寸，由于其允许有较大的误差而不致影响产品的性能和质量，因此其设计基准的选择应结合工艺要求，应从便于加工、测量、装配等为出发点，把设计基准定在工艺基准上，即设计基准服从工艺基准，与工艺基准重合。如图 5-16 所示的轮毂上的键槽深度尺寸，由于实际安装时，键槽的底面与轴上键的顶面之间不接触、不配合，且其间隙大小要求也不高，因此键槽的深度尺寸也属一般要求的尺寸，允许有较大的误差。从设计要求看，注出尺寸 A（以轴心线为设计基准，图 5-16a）或注出尺寸 B（以圆孔的一条素线为设计基准，图 5-16b）均可。然而从图 5-16c 所示的测量方法中可以看出，以孔的一条素线为测量基准，尺寸 B 容易测量，而尺寸 A 难以甚至无法测量。由此可见，应将设计基准取为工艺基准，标注尺寸 B 是合理的。

（3）不重要尺寸作为尺寸链的封闭环，不注尺寸　如在铣刀头座体高度方向尺寸 115、18 和 97 组成的尺寸链中，将不重要尺寸 97 作为封闭环，不注尺寸，使其加工后自然获得，其误差为组成环尺寸 115±0.07 和 18±0.35 的误差之和，即为：97（±0.07±0.35）= 97±0.42，仍能满足尺寸 97±0.7 的要求。有时为了供设计或加工时参考，把封闭环尺寸加上括号后标注出来，称为参考尺寸，生产中一般不检验参考尺寸。

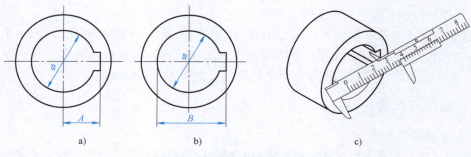

图 5-16　内键槽深度尺寸的标注

a）不易测量　b）容易测量　c）测量方法

（4）零件上常见工艺结构的尺寸注法　在本章第二节中已经介绍了零件上常见的工艺结构，它们的结构形式和尺寸规格等多数已经标准化，并有规定的尺寸（简化）注法。图 5-17 所示为常见孔的尺寸注法（注在主视图或俯视图上）；图 5-18 所示为 45°倒角尺寸的注法。其他工艺结构的尺寸注法请遵循相应国家标准的规定，这里就不再一一列举了。

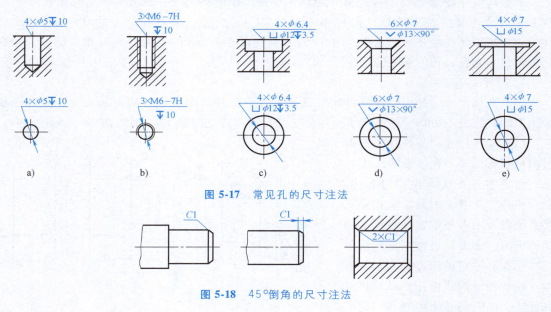

图 5-17　常见孔的尺寸注法

图 5-18　45°倒角的尺寸注法

第五节　零件图的技术要求

零件图的技术要求是指零件制造和检验时在技术指标上应达到的要求。技术要求主要包括以下内容：

1）零件的材料及毛坯要求。

2）零件的极限与配合。

3）零件的几何公差。

4）零件的表面结构。

5）零件的热处理、涂镀、修饰、喷漆等要求。

6）零件的检测、验收、包装等要求。

零件图的技术要求一般应采用规定的代（符）号、数字、字母等标注在图形上，当不能采用代（符）号标注时，允许在技术要求中用文字说明。由于技术要求涉及的专业知识面很广，本课程仅介绍零件的极限与配合、几何公差和表面结构的基本知识。

一、极限与配合

（一）互换性的概念

机器零（部）件具有可以互相替换使用的性能称为互换性。也就是说加工好的同种、同一规格的所有合格零件中，任取其中一件，不经修配就能直接用来装配新机器或替换旧机器中已损坏的零件，并能满足其使用性能要求。零（部）件具有互换性便于组织流水作业和自动化装配，也便于组织协作和专业化生产，实现产品的优质、高产、低成本。因此，互换性是现代化大工业生产的基本要求。而极限与配合的标准制（化）是实现互换性的一个基本条件。

（二）极限与配合标准制

下面从尺寸概念开始，首先将介绍国家标准 GB/T 1800.1—2020《产品几何技术规范（GPS） 线性尺寸公差 ISO 代号体系 第1部分：公差、偏差和配合的基础》和 GB/T 1800.2—2020《产品几何技术规范（GPS） 线性尺寸公差 ISO 代号体系 第2部分：标准公差带代号和孔、轴的极限偏差表》。

1. 尺寸

（1）公称尺寸 是指由零件设计（抵抗失效设计和结构设计）确定的尺寸，并应尽量采用 GB/T 2822—2005《标准尺寸》中规定的尺寸（参见附录1），如图5-19a所示的 $\phi40$。

（2）实际尺寸 零件加工后通过测量获得的某一孔、轴的尺寸。

由于零件在实际生产过程中，受到机床、夹具、刀具、量具等工艺系统以及工人技术水平等诸多因素的影响，加工好一批零件的实际尺寸总存在一定的误差。为了不影响互换性和装配，保证产品的质量和性能，该误差必须限制在一定范围内，这是通过极限尺寸来限制的。

（3）极限尺寸 一个孔或轴允许的最大尺寸和最小尺寸。其中孔或轴允许的最大尺寸称为上极限尺寸，如图5-19a所示的孔 $\phi40.034$；

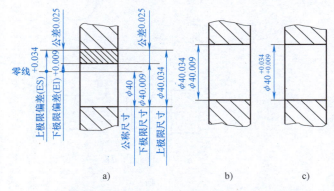

图 5-19 公称尺寸、极限尺寸、偏差、公差的概念及其在图样上的标注

a）公称尺寸、极限尺寸、偏差、公差的概念 b）标注两个极限尺寸 c）标注公称尺寸和上、下极限偏差

孔或轴允许的最小尺寸称为下极限尺寸，如图5-19a所示的孔 $\phi40.009$。因此，合格零件的实际尺寸应满足：

$$下极限尺寸 \leqslant 实际尺寸 \leqslant 上极限尺寸$$

2. 偏差和公差

（1）偏差 某一尺寸（实际尺寸、极限尺寸等）减其公称尺寸所得的代数差称为尺寸偏差，简称偏差。

（2）极限偏差　上极限偏差和下极限偏差的统称。

1）上极限偏差：上极限尺寸减其公称尺寸所得的代数差。孔、轴的上极限偏差分别用 ES 和 es 表示。

2）下极限偏差：下极限尺寸减其公称尺寸所得的代数差。孔、轴的下极限偏差分别用 EI 和 ei 表示。

在图 5-19a 中：

$$孔的上极限偏差为：（40.034-40）mm = +0.034mm$$

$$孔的下极限偏差为：（40.009-40）mm = +0.009mm$$

3）实际偏差：实际尺寸减其公称尺寸所得的代数差。

因此，合格零件尺寸的实际偏差应满足：

$$下极限偏差 \leq 实际偏差 \leq 上极限偏差$$

（3）公差　上极限尺寸减下极限尺寸之差，或上极限偏差减下极限偏差之差，称为尺寸公差，简称公差。它是允许尺寸的变动量。在图 5-19a 中：

$$孔的公差 = （40.034-40.009）mm = [+0.034-（+0.009）] mm = 0.025mm$$

因此，公差一定为正值（不能为负值，也不能为零）。而偏差则是代数量，可以为正值、负值或零。

由此可知，对于有公差要求的尺寸可以有两种标注形式：①标注上、下极限尺寸，如图 5-19b 所示；②标注公称尺寸和上、下极限偏差，如图 5-19c 所示。两者实质上是一样的，实际工程图样上多采用后一种标注形式。

下面请读者思考和回答一个问题：根据如图 5-19 所示零件孔的尺寸，若加工后孔的实际尺寸正好为它的公称尺寸 $\phi40$，试问这个零件尺寸是否为最好的合格零件尺寸？

3. 公差带图解

图 5-20 表示了上述孔的公称尺寸、极限偏差（同时反映出极限尺寸）、公差及其相互关系，称为公差带图解。这种图解既简单易画，又清楚易看。

零线——在公差带图解中，表示公称尺寸的一条直线，并以其为基准确定偏差和公差。通常零线沿水平方向绘制，正偏差位于其上，负偏差位于其下。偏差值以微米（μm）为单位。

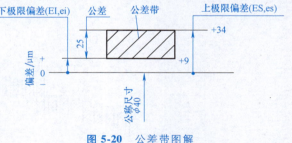

图 5-20　公差带图解

公差带——在公差带图解中，由代表上极限偏差和下极限偏差或上极限尺寸和下极限尺寸的两条直线所限定的一个区域。它是由公差大小和相对于零线的位置两个要素确定的。

4. 标准公差与基本偏差

（1）标准公差（IT）　在本标准极限与配合制中所规定的任一公差称为标准公差，并用"国际公差"的符号"IT"表示。标准公差取决于公称尺寸的大小和标准公差等级，其值可查附录 20，并由它确定公差带的大小。其中，标准公差等级是用以确定尺寸精确程度（精度）的等级，共分 20 级，分别用 IT01、IT0、IT1～IT18 表示，等级（精度）依次降低，公差依次增大。属于同一公差等级，对于所有公称尺寸的一组公差（虽数值不同）被认为具有同等精确程度。例如：公称尺寸分别为60和100，公差等级同为IT7，由附录20可查得前者公差值为$30\mu m$，后者公差值为$35\mu m$，但两者被认为具有同等精度。

显然，零件的尺寸公差等级定得越高，公差值越小，加工制造就越困难，成本也就越高。因此应合理选择尺寸公差等级，以便在保证产品质量的同时，尽量降低产品成本。

（2）基本偏差　用以确定公差带相对于零线位置的那个极限偏差称为基本偏差。它可以是上极限偏差或下极限偏差，一般为靠近零线的那个偏差。

为了满足各种产品的不同要求，标准规定了孔和轴各有28种不同的基本偏差，并分别用代号大写和小写拉丁字母表示，如图5-21所示。如图5-21b所示，轴的基本偏差从a到h为上极限偏差，且为负值，其绝对值依次减小；从k到zc为下极限偏差，且为正值，其值依次增大。具体数值可查附录21。对于孔的基本偏差请读者做类似的分析。如图5-21所示h和H的基本偏差均为零，分别代表基准轴和基准孔。js和JS对称于零线，其上极限偏差均为+IT/2，下极限偏差均为−IT/2。

基本偏差系列图只画出了公差带中基本偏差的一端（一个极限偏差），公差带的另一开

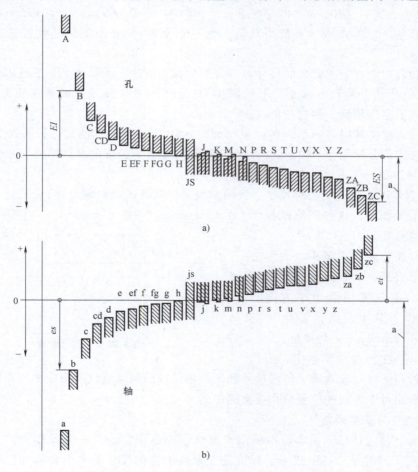

图 5-21　基本偏差系列图

a）孔的基本偏差　b）轴的基本偏差

口端（另一个极限偏差）可由确定公差带大小的标准公差来决定。这就是说，在某一公称尺寸下，给定了基本偏差和公差等级也就确定了一个公差带的位置和大小。因此两者代号的组合如 H8、f7 等称为公差带代号。那么对于每一个公称尺寸，标准规定的公差带共有多少个呢？请读者来解答。

5. 配合

公称尺寸相同的并且相互接合的孔和轴公差带之间的关系称为配合。其中公称尺寸相同，孔和轴的接合是配合的条件；而孔和轴公差带之间的关系，即孔和轴公差带的大小和相互位置反映了配合的精度和配合的性质（配合的松紧程度）。

（1）间隙和过盈

1）间隙：孔的尺寸减去相配合的轴的尺寸之差为正，即孔的尺寸大于轴的尺寸，如图 5-22a 所示。

2）过盈：孔的尺寸减去相配合的轴的尺寸之差为负，即孔的尺寸小于轴的尺寸，如图 5-22b 所示。

（2）配合的种类　根据一批相配合的孔和轴，在配合后得到间隙或过盈的不同情况，即根据孔和轴公差带间的不同位置关系可将配合分为如下三类：

1）间隙配合：具有间隙（包括最小间隙等于零）的配合。此时，孔的公差带在轴的公差带之上，如图 5-23 所示。在间隙配合中，孔的上（下）极限尺寸，减轴的下（上）极限尺寸之差，称为最大（最小）间隙。间隙配合一般用于轴、孔之间有相对运动的场合，如轴和滑动轴承孔之间的配合等。

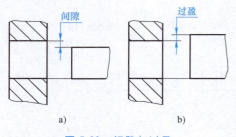

图 5-22　间隙与过盈

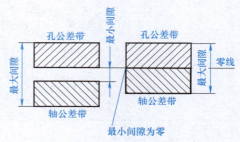

图 5-23　间隙配合（基孔制）

2）过盈配合：具有过盈（包括最小过盈等于零）的配合。此时，孔的公差带在轴的公差带之下，如图 5-24 所示。在过盈配合中，孔的下（上）极限尺寸减轴的上（下）极限尺寸之差，称为最大（最小）过盈。过盈配合一般用于轴、孔间相对静止和需要传递一定转矩的场合，如轴和滚动轴承内圈之间的配合，大型曲轴红套工艺中轴、孔间的配合等。

3）过渡配合：可能具有间隙或过盈的配合。此时，孔、轴的公差带互相交叠，如图 5-25 所示。

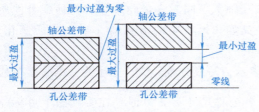

图 5-24　过盈配合（基孔制）

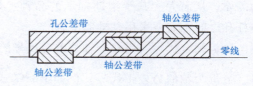

图 5-25　过渡配合（基孔制）

在过渡配合中，只需分析最大间隙和最大过盈。请读者来进行分析。

在公称尺寸和公差等级相同的情况下，过渡配合所能得到的最大间隙总是小于间隙配合时的最大间隙，所以轴、孔的同轴度好，定心精度高；过渡配合所能得到的最大过盈总是小于过盈配合时的最大过盈，所以轴、孔装拆方便。因此，过渡配合适用于轴、孔（零件）间无相对运动，又不通过配合来传递转矩（一般另用键、销等传递转矩），且要求定心精度高、装拆方便的场合。如轴和轴上传动件齿轮、带轮（孔）之间的配合等。

（3）极限制与配合制　上面介绍的经标准化的公差（IT）和（基本）偏差制度称为极限制，而同一极限制的孔和轴组成的一种配合制度称为配合制。为了便于设计和制造、降低成本，根据生产实际的需要，在配合制中又有基孔制配合和基轴制配合两类。

1）基孔制配合：基本偏差一定的孔公差带，与不同基本偏差的轴公差带形成各种配合的一种制度，如图 5-26a 所示。在基孔制配合中选作基准的孔称为基准孔，并规定其基本偏差为"H"，它的下极限偏差为零，上极限偏差为正值。

由于孔加工多采用定尺寸刀具，而轴加工则采用通用刀具，因此一般机械产品中多采用基孔制配合。孔的基本偏差为一定，可大大减少加工孔用定尺寸刀具的品种、规格，便于组织生产、管理和降低成本。

2）基轴制配合：基本偏差为一定的轴公差带，与不同基本偏差的孔公差带形成各种配合的一种制度，如图 5-26b 所示。在基轴制配合中选作基准的轴称为基准轴，并规定其基本偏差为 h，它的上极限偏差为零，下极限偏差为负值。

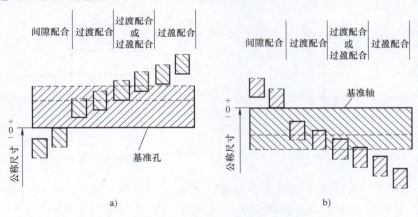

图 5-26　配合制
a）基孔制配合　b）基轴制配合

基轴制配合在某些特定的场合也得到应用。例如滚动轴承是一种大批量、专业化生产的标准部件，因此它与外壳孔配合时应作为基准件，即应采用基轴制配合（滚动轴承内孔与轴的配合则采用基孔制配合），这样一种规格的滚动轴承可同时满足同尺寸的各种配合性质的需要，从而大大减少滚动轴承的品种、规格。又如内燃机中的活塞销（轴）与活塞孔、连杆孔之间也需要采用基轴制配合。

（4）配合代号　用孔、轴公差带代号的组合表示，写成分数形式，分子为孔的公差带代号，分母为轴的公差带代号，例如 H8/f7 或 $\dfrac{H8}{f7}$。若公称尺寸为 $\phi 50$ 时，在装配图上可标注

为 $\phi50\text{H8/f7}$ 或 $\phi50\dfrac{\text{H8}}{\text{f7}}$。

下面将孔、轴配合中各数字和字母的意义归纳如下：

$$\phi50\dfrac{\text{H8}}{\text{f7}}$$

孔的基本偏差代号 ——— 孔的公差等级
孔、轴公称尺寸 ——— 孔的公差带代号 ⎫配合代号
轴的基本偏差代号 ——— 轴的公差带代号 ⎭
轴的公差等级

在配合代号中，凡分子中字母（孔的基本偏差代号）为 H 者，表示基孔制配合。凡分母中字母（轴的基本偏差代号）为 h 者，表示基轴制配合。凡分子中字母为 H，而分母中字母又为 h 者，则必须根据具体图样中的情况，才能确定是基孔制或基轴制配合。

（5）优先配合和常用配合　国家标准将孔、轴公差带分为优先、常用和一般用途公差带，并由孔、轴的优先和常用公差带分别组成基孔制和基轴制的优先配合和常用配合，以便选用。下面将基孔制和基轴制各 13 种优先配合列于表 5-1，以供选用。需要选择常用配合时，请查 GB/T 1800.1—2020《产品几何技术规范（GPS）　线性尺寸公差 ISO 代号体系　第 1 部分　公差、偏差和配合的选择》。

表 5-1　基孔制和基轴制优先配合

基孔制优先配合	$\dfrac{\text{H7}}{\text{g6}}$ $\dfrac{\text{H7}}{\text{h6}}$ $\dfrac{\text{H7}}{\text{k6}}$ $\dfrac{\text{H7}}{\text{n6}}$ $\dfrac{\text{H7}}{\text{p6}}$ $\dfrac{\text{H7}}{\text{s6}}$ $\dfrac{\text{H7}}{\text{u6}}$ $\dfrac{\text{H8}}{\text{f7}}$ $\dfrac{\text{H8}}{\text{h7}}$ $\dfrac{\text{H9}}{\text{d9}}$ $\dfrac{\text{H9}}{\text{h9}}$ $\dfrac{\text{H11}}{\text{c11}}$ $\dfrac{\text{H11}}{\text{h11}}$
基轴制优先配合	$\dfrac{\text{G7}}{\text{h6}}$ $\dfrac{\text{H7}}{\text{h6}}$ $\dfrac{\text{K7}}{\text{h6}}$ $\dfrac{\text{N7}}{\text{h6}}$ $\dfrac{\text{P7}}{\text{h6}}$ $\dfrac{\text{S7}}{\text{h6}}$ $\dfrac{\text{U7}}{\text{h6}}$ $\dfrac{\text{F8}}{\text{h7}}$ $\dfrac{\text{H8}}{\text{h7}}$ $\dfrac{\text{D9}}{\text{h9}}$ $\dfrac{\text{H9}}{\text{h9}}$ $\dfrac{\text{C11}}{\text{h11}}$ $\dfrac{\text{H11}}{\text{h11}}$

（6）孔和轴的极限偏差值　对于某一公称尺寸的孔或轴，由其基本偏差代号查附录 21，可得到其基本偏差值；由公差等级查附录 20，可得到标准公差值。又当基本偏差为上极限偏差时，则下极限偏差 = 基本偏差 - 标准公差；当基本偏差为下极限偏差时，则上极限偏差 = 基本偏差 + 标准公差。

为了方便起见，国家标准已将上述查表和计算结果列成孔和轴的极限偏差表，见附录 22、附录 23，应用时可直接查取。

例 5-3　已知轴、孔的配合为 $\phi50\dfrac{\text{H7}}{\text{g6}}$，试确定孔与轴的极限偏差值及其配合性质。

解　由公称尺寸 $\phi50$（属于尺寸分段 >40 ~ 50，下同）和孔的公差带代号 H7，从附录 23 可查得孔的上、下极限偏差分别为 ES = +25μm，EI = 0。由公称尺寸 $\phi50$ 和轴的公差带代号 g6，查附录 22 可得轴的上、下极限偏差分别为 es = -9μm，ei = -25μm。由此可知，孔的尺寸为 $\phi50^{+0.025}_{0}$，轴的尺寸为 $\phi50^{-0.009}_{-0.025}$，可见，这是基孔制间隙配合（请读者查基本偏差表和标准公差表，并进行计算和验证）。

例 5-4　已知轴、孔的配合为 $\phi50\dfrac{\text{H7}}{\text{p6}}$，试确定孔与轴的极限偏差值及其配合性质。

解　孔的上、下极限偏差分别为 ES = +25μm，EI = 0（同例 5-3）；由公称尺寸 $\phi50$ 和轴的公差带代号 p6，可查得轴的上、下极限偏差分别为 es = +42μm，ei = +26μm。由此可知，孔的尺寸为 $\phi50^{+0.025}_{0}$，轴的尺寸为 $\phi50^{+0.042}_{+0.026}$，可见，这是基孔制过盈配合。

例 5-5　已知轴、孔配合为 $\phi50\dfrac{K7}{h6}$，试确定孔、轴的极限偏差值及其配合性质。

解　由公称尺寸 $\phi50$ 和孔的公差带代号 K7，从附录 23 可查得孔的上、下极限偏差分别为 $ES=+7\mu m$，$EI=-18\mu m$；由公称尺寸 $\phi50$ 和轴的公差带代号 h6，查附录 22 可得轴的上、下极限偏差分别为 $es=0$，$ei=-16\mu m$。由此可见，孔的尺寸为 $\phi50^{+0.007}_{-0.018}$，轴的尺寸为 $\phi50^{\ 0}_{-0.016}$，可见这是基轴制过渡配合。

请读者画出上面三例中轴、孔配合的公差带图解，并确定例 5-3 间隙配合的最小间隙 x_{min} 和最大间隙 x_{max}；例 5-4 过盈配合的最小过盈 y_{min} 和最大过盈 y_{max}；例 5-5 过渡配合的最大间隙 x_{max} 和最大过盈 y_{max}。

6. 公差与配合在图样上的标注

国家标准 GB/T 4458.5—2003《机械制图　尺寸公差与配合注法》中规定了在零件图上尺寸公差可按下面三种形式之一标注：

1）在公称尺寸的右边注出公差带代号，如图 5-27a 所示。

2）在公称尺寸的右边注出极限偏差值，如图 5-27b 所示。

3）在公称尺寸的右边注出公差带代号和相应的极限偏差，且极限偏差应加上圆括号，如图 5-27c 所示。

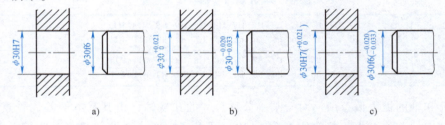

图 5-27　零件图上尺寸公差的注法

a）标注公差带代号　b）标注极限偏差　c）标注公差带代号和相应的极限偏差

需要注意：①当标注极限偏差时，上、下极限偏差的小数点必须对齐，小数点后的位数也必须相同（位数少者加零补足），如图 5-27b、c 所示；②当上极限偏差或下极限偏差为"零"时，用数字"0"标出，前面不加正、负号，并与下极限偏差或上极限偏差的个位数对齐，如图 5-27b、c 所示；③当基本偏差为 JS 或 js 时公差带相对于零线对称配置，即两个偏差绝对值相同，此时偏差只需注写一个值，并应在偏差与公称尺寸之间注出符号"±"，且两者数字的高度相同，如 $\phi50\pm0.012$ 等。

在装配图上，两零件有配合要求时，应在公称尺寸的后边注出相应的配合代号，并按图 5-28 所示的三种形式之一标注。

（三）　一般公差

在车间通常加工条件下可保证的公差称为一般公差。其特点是：①尺寸精度要求低，允许有较大的公差，而不影响零件的使用功能；②在车间普通工艺系统条件下，就可保证其公差要求。对于零件上的大多数线性（和角度）尺寸，都属于一般公差，在图样上都只需要标注其公称尺寸，而不需要标注其极限偏差。采用一般公差的优点是显而易见的：①简化了制图，使图样清晰、易读；②节省图样的设计时间，设计人员只需了解某尺寸在功能上是否允许采用一般公差即可；③由于一般工艺水平即可达到一般公差的要求，因此，通常零件可

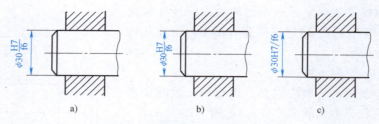

a)   b)   c)

图 5-28 在装配图上配合的标注方法

不予检验或进行少量抽检,简化了检验工序。

但是一般公差的尺寸,并不是没有公差要求,国家标准 GB/T 1804—2000《一般公差 未注公差的线性和角度尺寸的公差》将一般公差分为精密 f、中等 m、粗糙 c 和最粗 v 共 4 个公差等级,并规定了相应的极限偏差值。若采用本标准规定的一般公差,当需要说明时, 只需在图样的标题栏附近统一标注本标准号和公差等级代号,如 GB/T 1804-m。

二、几何公差

(一)基本概念

与尺寸精度一样,零件的几何精度也是直接影响该零件功能和互换性的一项主要质量指 标。例如一个圆柱体,若加工结果是具有一定的锥度或呈鼓形;圆柱体的每一个横截面应为 圆,实际却是非圆形状,即产生形状误差。一个长方体,若加工结果是其上顶面与下底面不 平行,其侧棱面与下底面不垂直,即产生方向误差。一根阶梯轴,其安装传动齿轮的中间轴 段的轴线,应该与两端安装轴承的两轴段的公共轴线位于同一直线上,若加工结果有所偏移 或(和)倾斜,即产生位置误差。为了保证机械产品的质量,就必须按零件的功能要求, 在图样上规定上述各种几何误差的允许变动量,称为几何公差。按 GB/T 1182—2018《产品 几何技术规范(GPS) 几何公差 形状、方向、位置和跳动公差标注》的规定,零件的几 何公差分为形状公差、方向公差、位置公差和跳动公差四种类型。对应的几何特征(公差 项目名称)和符号见表 5-2。

表 5-2 几何公差的几何特征和符号

公差类型	几何特征	符号	有无基准	公差类型	几何特征	符号	有无基准
形状公差	直线度	——	无	位置公差	位置度	⊕	有
	平面度	▱			同心度(用于中心点)	◎	
	圆度	○			同轴度(用于轴线)		
	圆柱度	⌭			对称度	=	
方向公差	平行度	∥	有	形状公差 方向公差 位置公差	线轮廓度	⌒	无或有[1]
	垂直度	⊥			面轮廓度	⌓	
	倾斜度	∠		跳动公差	圆跳动	↗	有
					全跳动	⌰	

[1] 无基准要求的线、面轮廓度属于形状公差;有基准要求的线、面轮廓度则属于方向公差或位置公差。

此外，国家标准还规定了一系列的附加符号（参见 GB/T 1182—2018 中的表 2），在需要时用于对上述几何公差进行附加性说明。

（二）几何公差的标注

标注几何公差时，一般应包括公差框格、被测要素和基准符号（形状公差无基准符号），如图 5-29 所示。

1. 公差框格

标注几何公差时，公差要求注写在用细实线水平绘制为两格（形状公差时）或多格（方向、位置和跳动公差时）的矩形框格内，如图 5-30 所示。各格自左至右顺序标注以下内容：

——几何特征符号。

——以 mm 为单位表示的公差值。如果公差带为圆形或圆柱形，公差值前应加注符号"ϕ"，如图 5-30d 所示；如果公差带为圆球形，公差值前应加注符号"$S\phi$"，如图 5-30e 所示。

——基准：以单个要素为基准时，用一个大写字母表示，如图 5-30b 所示；以两个要素建立公共基准时，用中间加连字符的两个大写字母表示，如图 5-30c 所示；以两个或三个基准建立基准体系（即采用多基准）时，表示基准的大写字母按基准的优先顺序，自左至右填写在各框格内，如图 5-30d、e 所示。

需要注意：在图 5-30c、d 中，基准的含义是不同的。

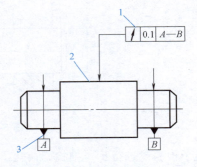

图 5-29 几何公差的一般标注内容

1—公差框格　2—被测要素（用指引线和箭头指向）　3—基准符号

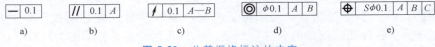

a)　　　b)　　　c)　　　d)　　　e)

图 5-30 公差框格标注的内容

a）无基准（形状公差时）　b）单个基准　c）公共基准　d）基准体系（两个基准）　e）基准体系（三个基准）

2. 被测要素

应用细实线的指引线连接被测要素和公差框格。指引线引自框格左、右的任意一侧，在连接被测要素的一端要画出箭头，箭头指向公差带的宽度方向或直径方向，并根据被测要素的不同，相应有下面两种标注方法：

1）当被测要素是轮廓线或轮廓面（组成要素）时，箭头指向该要素的轮廓线或其延长线，并应与尺寸线明显错开，如图 5-31 所示。

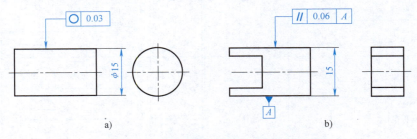

a)　　　　　b)

图 5-31 被测要素是组成要素时的标注方法

2）当被测要素为中心线、中心面或中心点（导出要素）时，箭头应位于相应尺寸线的延长线上，如图 5-32 所示。

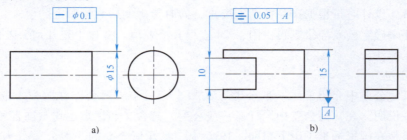

a)　　　　　　　　　　　　　b)

图 5-32　当被测要素是导出要素时的标注方法

3. 基准

与被测要素相关的基准用一个大写字母表示。字母标注在基准方格内，并用细实线与一个涂黑的或空白的三角形相连以表示基准，如图 5-33a、b 所示。两者含义相同，但同一张图样中基准符号必须统一。此外，由于基准的位置不同，基准符号相应也有多种形式，如图 5-33 所示。但基准方格的画法不变，表示基准名称的字母也始终水平书写。

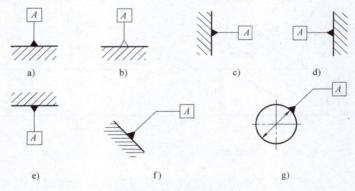

a)　　　　　　b)　　　　　　c)　　　　　　d)

e)　　　　　　f)　　　　　　g)

图 5-33　基准符号的形式

根据基准要素的不同，在图样上相应有下面两种标注方法：

1）当基准要素是轮廓线或轮廓面（组成要素）时，基准三角形放置在要素的轮廓线或其延长线上，并应与尺寸线明显错开，如图 5-31b 所示。

2）当基准要素是轴线、中心平面或中心点（导出要素）时，基准三角形应放置在相应尺寸线的延长线上，如图 5-29 和图 5-32b 所示。

4. 几何公差的公差带、公差等级和公差值及其选择

几何公差的公差带是由一个或几个理想的几何线或面所限定的，由线性公差值表示其大小的区域。加工后零件的几何误差在所要求的公差带区域内即为合格。几何公差的公差带要比尺寸公差带复杂得多，根据几何公差的几何特征及其标注方式，其公差带的主要形状如下：①一个圆内的区域；②两同心圆之间的区域；③两等距线或两平行直线之间的区域；④一个圆柱面内的区域；⑤两同轴圆柱面之间的区域；⑥两等距面或两平行平面之间的区域；⑦一个圆球面内的区域。对于各种几何公差和公差带的定义、标注示例和解释请参阅 GB/T 1182—2018《产品几何技术规范（GPS）　几何公差　形状、方向、位置和跳动公差标注》。

在国家标准 GB/T 1184—1996《形状和位置公差　未注公差值》中，对几何公差的各几何特征（公差项目）规定了 1~12 共 12 个公差等级：1 级为最高，12 级为最低，并给出了相应的公差值。设计时可根据产品的功能要求，同时考虑制造和检验上的要求，或参考其他同类产品类比来确定公差等级，再由附录 24 查得其公差值，并按上述几何公差的标注方法，在图样上予以标注。

5. 一般公差

在前面尺寸公差中介绍了"一般公差"的概念，对于一般公差在图样上通常不予标注或者只需统一说明。在几何公差中同样有一般公差，其含义和优点也均与前者相同，故此处不再赘述。只是在国家标准 GB/T 1184—1996 中，将几何公差的一般公差分为 H（高）、K（中）、L（低）三个等级。需要时可在技术要求中统一说明，如 GB/T 1184-K。

6. 几何公差在图样上的标注

在上面介绍几何公差的基本概念、公差框格、被测要素和基准等内容时，已经列举了多个几何公差的标注示例。下面再补充介绍几种常见的简化标注的实例，以进一步加深理解。

1）当需要就某个被测要素同时给出几种几何特征的公差要求时，可不必分别标注，而将一个公差框格放在另一个的下面，如图 5-34（图 5-34b 中尺寸 15 为理论正确尺寸）所示。

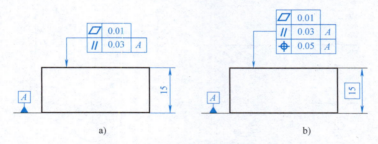

图 5-34 一个要素同时有几种几何特征公差时的注法

2）需要对整个被测要素上任意限定范围标注几何特征的公差时，可在公差值的后面加注限定范围的线性尺寸值，并在两者之间用斜线隔开，如图 5-35a 所示，如果同时对整个被测要素也有该项几何特征的公差要求时，可以按图 5-35b 所示的形式标注。

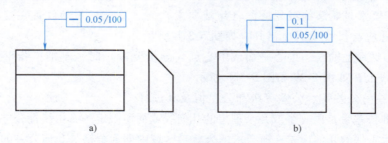

图 5-35 对整个被测要素的任意限定范围几何公差的注法
a）只对任意限定范围标注几何公差 b）对整个要素和限定范围同时标注几何公差

3）一个公差框格可以用于具有相同几何特征和公差值的若干个分离要素，如图 5-36 所示。

4）若干个分离要素给出单一公共公差带时，可在公差框格内公差值的后面加注公共公差带的符号"CZ"，如图 5-37 所示。

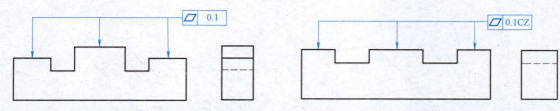

图 5-36　若干个分离要素具有相同几何公差时的注法　　图 5-37　若干个分离要素具有公共公差带时的注法

5）当轮廓度特征适用于横截面的整周轮廓（线轮廓度时）或由该轮廓所示的整周表面（面轮廓度）时，应采用"全周符号"表示，如图 5-38 所示。

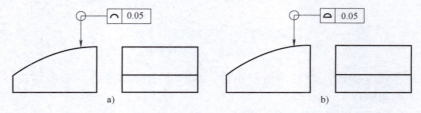

图 5-38　轮廓度特征适用于整周轮廓或整周表面时的注法

6）当某项几何公差应用于几个相同要素时，可采用在公差框格上方加注要素数量的方法简化标注，如图 5-39 所示。

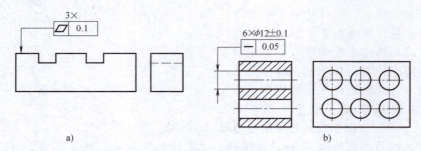

图 5-39　某项几何公差应用于几个相同要素时的简化注法

三、表面结构表示法

（一）基本概念

图 5-40a 所示为一理想的长方体——几何体；它的上表面是一个理想的平面——几何面；在图 5-40a 所示的笛卡儿坐标系中，若用一个通过 Ox 轴和 Oz 轴的截平面 V 截切，则与几何面 P 的交线为理想直线，称为几何轮廓。然而零件在加工过程中，受到各种因素的影响，得到上述理想情况是不可能的，加工结果如图 5-40b 所示：其实际上表面不是几何面，而是带有加工痕迹的表面，用截平面 V 截切时，得到的交线是一条带有峰、谷的不规则平面曲线，称为实际轮廓。这种实际轮廓通过滤波器处理后（详见国家标准 GB/T 3505—2009《产品几何技术规范（GPS）表面结构　轮廓法　术语、定义及表面结构参数》），可以得到原始轮廓、波纹度轮廓和粗糙度轮廓，它们统称为零件的表面结构。其中表面粗糙度是零件加工表面上具有较小间距的峰、谷所组成的微观几何特性。它对零件的耐磨性、配合性质的稳定性、连接的密封性、耐疲劳性、耐蚀性乃至零件的外观等使用功能都有着显著的影

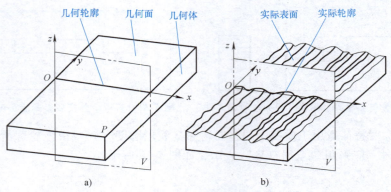

图 5-40 几何轮廓和实际轮廓

a）几何轮廓 b）实际轮廓

响，因此它是零件（表面）质量的重要指标。所以本书介绍零件的表面结构，实际上只是讨论零件的表面粗糙度。

（二）表面粗糙度参数及其数值

为了定量地反映表面粗糙度特性，可以在规定的取样长度（在 x 轴方向判别被评定轮廓不规则特性的长度）lr 内，用接触式轮廓仪的触针接触实际轮廓，并沿图 5-40b 中的 x 轴方向水平移动，此时轮廓上的微小峰、谷将推动触针做垂直上下移动，于是两者的合成运动轨迹由轮廓仪放大并记录下来，便得到了如图 5-41 所示的不规则曲线。图 5-41 中 Ox 轴是具有几何轮廓形状并划分轮廓的基准线，称为中线。由图 5-41 可见，评定表面粗糙度轮廓的参数有 Ra 和 Rz。

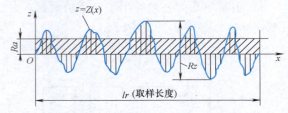

图 5-41 表面粗糙度参数 Ra 和 Rz

（1）轮廓的算术平均偏差 Ra 是指在一个取样长度 lr 内，纵坐标值 $Z（x）$ 绝对值的算术平均值。可用公式表示为

$$Ra = \frac{1}{lr}\int_0^{lr} |Z(x)| \mathrm{d}x \tag{5-1}$$

需要说明的是：上述轮廓仪触针的合成运动轨迹经放大后的信号，一路被记录器记录下来；另一路则通过滤波器消除对波纹度的影响后，在仪器的指示表上实时显示出 Ra 的值，可以直接读数。所以式（5-1）只是一个用来定义 Ra 的理论公式。

（2）轮廓的最大高度 Rz 是指在一个取样长度内，最大轮廓峰高与最大轮廓谷深之和，见图 5-41。

需要说明的是：表面粗糙度在 Ra 为 $0.025 \sim 6.3\mu m$（对应 Rz 为 $0.1 \sim 25\mu m$）的常用的参数值范围内，国家标准推荐优先选用 Ra，因此本书以下均以 Ra 为例进行介绍。

国家标准 GB/T 1031—2009《产品几何技术规范（GPS） 表面结构 轮廓法 表面粗糙度参数及其数值》中规定了 Ra 的数值和相应的取样长度，见表 5-3。

表 5-3 轮廓的算术平均偏差 Ra 的数值和对应的取样长度 lr

$Ra/\mu m$	0.008	0.010	**0.012**[①]	0.016	0.020	**0.025**	0.032	0.040	**0.05**	0.063	0.080	**0.1**	0.125	0.160
lr/mm				0.08					0.25				0.8	

（续）

$Ra/\mu m$	**0.20**	0.25	0.32	**0.40**	0.50	0.63	**0.8**	1.0	1.25	**1.6**	2.0	2.5	**3.2**	4.0
lr/mm						0.8							2.5	
$Ra/\mu m$	5.0	**6.3**	8.0	10.0	**12.5**	16	20	**25**	32	40	**50**	63	80	**100**
lr/mm		2.5						8.0						

① 表中的黑体字为 Ra 的优先系列值，其余为 Ra 的补充系列值。

由于零件表面上微小峰、谷的不均匀性，在表面轮廓不同位置处取样长度上的表面粗糙度的测量值不尽相同，为了避免这种随机性，更可靠地反映表面粗糙度的数值，国家标准规定了默认的评定长度 ln（用以评定被评定轮廓 x 轴方向上的长度）为连续的 5 个取样长度，即 $ln = 5lr$。下面就来介绍国家标准 GB/T 131—2006《产品几何技术规范（GPS） 技术产品文件中表面结构的表示法》。

（三）表面粗糙度的符号、代号及其含义（GB/T 131—2006）

1. 表面粗糙度的符号及其含义

在图样上标注表面粗糙度要求时，采用的符号及其含义见表 5-4。

表 5-4 表面粗糙度的符号及其含义

符 号	符号名称及含义
	基本图形符号：未指定工艺方法的表面，仅当通过一个注释解释时，可单独使用。如①用于简化代号标注；②用于大多数表面具有相同表面粗糙度要求时的标注
	扩展图形符号：用去除材料的方法获得的表面。仅当其含义是"被加工表面"时可单独使用，如图 5-2、图 5-7 所示
	扩展图形符号：用不去除材料的方法获得的表面；也可用于表示保持上道工序形成的表面，不管这种状况是通过去除材料或不去除材料形成的
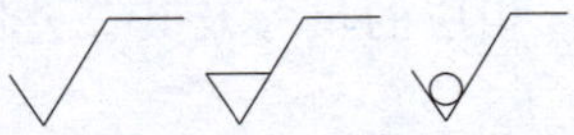	完整图形符号：在上面 3 个图形符号的长边上加一横线，分别表示用任何方法、去除材料的方法和不去除材料的方法获得的表面。如果在完整图形符号上注写出对表面粗糙度具体要求的补充信息，就成为表面粗糙度代号，其应用见对代号的介绍
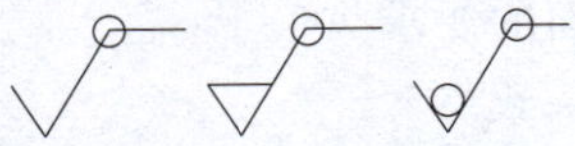	全周图形符号：在完整图形符号上加一圆圈。获得表面的工艺方法与 3 个完整图形符号对应相同。给出补充信息后也同样成为"代号"。标注在图样中工件某个视图的封闭轮廓线上，表示该封闭轮廓的各表面具有相同的表面粗糙度要求

2. 表面粗糙度代号

表 5-4 中的各种符号虽然都有各自的含义，但一般均不能单独使用。若在完整图形符号的各规定位置处注写出表面粗糙度的参数及其数值等各项具体要求，就成为表面粗糙度代号，即可用来对图样进行标注。

表面粗糙度代号中各项具体要求的内容和注写位置见表 5-5。

表 5-5 表面粗糙度代号的内容和注写位置

代号	位置	内 容
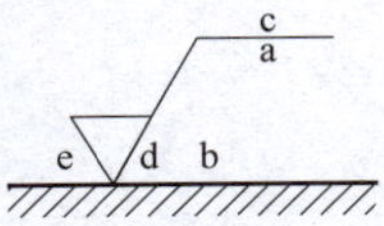	a	注写单一或第一个表面粗糙度要求：表面粗糙度参数符号和极限值（上、下极限值符号、传输带数值、评定长度值、极限值判断规则等）
	b	注写第二个（或多个）表面粗糙度要求
	c	注写加工方法、表面处理、涂层或其他加工工艺要求等
	d	注写表面纹理和方向
	e	注写加工余量

几点说明：1）在位置 a 中，通常传输带数值、评定长度值多取默认值，极限值判断规则多取默认的 16% 规则（详见后），故均可省略。位置 b、c、d、e 处一般也没有具体要求，故将不必注写。所以最为常见的是只在位置 a 注写表面粗糙度符号 *Ra*（或 *Rz*）及其极限值，且默认为上限值，如图 5-42a 所示。

2）有少数零件的表面，如 V 带轮的轮槽两侧面，规定一个上限值，限制其表面不能过于粗略，以免 V 带过早磨损失效；但同时又必须规定一个下限值，限制其表面不能过于光滑，以免带与带轮间不能产生足够的摩擦力而无法传动。其标注形式如图 5-42b 所示。如果同一参数有上述双向极限要求，在不引起歧义的情况下，可以省略其上、下极限的代号 U、L，如图 5-42c 所示。

3）判断完工零件的表面是否合格的规则：①16% 规则——若参数的规定值为上（或下）限值时，如果所选参数在同一评定长度上的全部实测值中，大于（或小于）图样规定值的个数不超过总数的 16%，则该表面合格，此为默认规则；②最大值规则——在被检表面的全部区域内，测得的参数值一个也不超过图样中的规定值时，则该表面合格。采用最大值规则时，在参数符号后需加注"max"，如图 5-42d 所示。

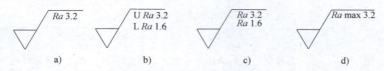

图 5-42 常见的几种表面粗糙度的标注形式

a）基本形式　b）标注上、下（双向）极限值形式　c）省略极限代号 U、L 形式　d）用最大值规则的形式

（四）表面粗糙度要求在图样中的标注 （GB/T 131—2006）

1. 一般规定

1）表面粗糙度要求对每一表面一般只标注一次，并尽可能注在相应的尺寸及其公差的同一视图上。

2）除非另有说明，所标注的表面粗糙度要求是对完工零件表面的要求。

3）表面粗糙度的注写和读取方向要与尺寸的注写与读取方向一致。

2. 表面粗糙度符号、代号的标注位置

1）标注在可见轮廓线上，其符号应从材料外指向并接触表面，如图 5-43 所示。

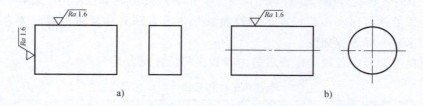

图 5-43 表面粗糙度标注在可见轮廓线上

2）标注在可见轮廓线的延长线或尺寸界线上，如图 5-44 所示。

3）用带箭头或黑点的指引线引出标注，如图 5-45 所示。

4）标注在特征尺寸的尺寸线上，如图 5-46 所示。

5）标注在几何公差框格的上方，如图 5-47 所示。

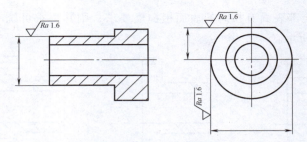

图 5-44　表面粗糙度标注在可见轮廓线的延长线上

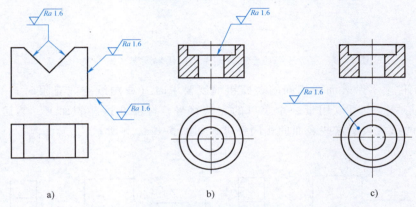

图 5-45　表面粗糙度用指引线引出标注
a)、b）用带箭头的指引线　c）用带黑点的指引线

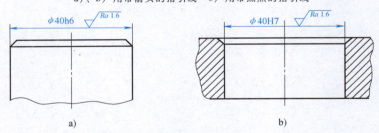

图 5-46　表面粗糙度标注在尺寸线上

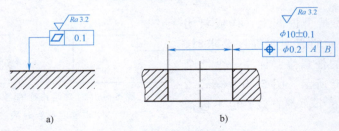

图 5-47　表面粗糙度标注在几何公差框格的上方

3. 简化注法

1）如果对工件的多数表面有相同的表面粗糙度要求，则对不同要求者应直接标注在图形中，而多数相同要求者可统一标注在图样的标题栏附近，并在其代号后添加圆括号和基本图形符号，如图 5-48a、b 所示。只是在图 5-48b 中，多数表面是用不去除材料的方法获得的，同时对 Ra 值无要求，即保持毛坯状况（或原供应状况），也就不需要检验。

2）如果工件的全部表面有相同的表面粗糙度要求，则其要求可统一标注在图样的标题栏附近，如图 5-48c 所示。

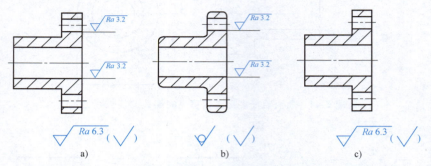

图 5-48　多数表面或全部表面有相同粗糙度要求时的简化注法

3）当工件上多个表面有相同的表面粗糙度要求时（或图纸空间有限时），可以用基本符号或扩展符号，也可以用带一个字母的完整符号，标注在这些表面上，然后在标题栏附近，以等式的形式表明这些表面的相同要求，如图 5-49a、b 所示。

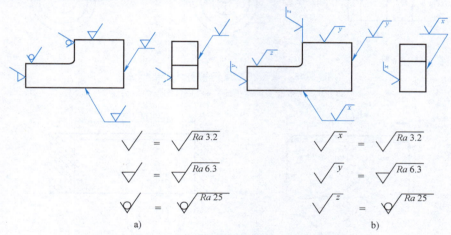

图 5-49　多个表面有相同粗糙度要求时的注法

4）当在图样的某个视图上，构成封闭轮廓的各表面有相同的表面粗糙度要求时，只需在封闭轮廓线的任意位置标注一个"全周代号"，如图 5-50 所示。图 5-50 中 Ra3.2 对封闭轮廓的所有 6 个面都有效，但不包括前后两个表面。

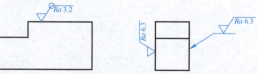

图 5-50　对封闭轮廓的各表面有相同粗糙度要求时的注法

5）中心孔、键槽的工作面、倒角、圆角的表面粗糙度注法如图 5-51 所示。

6）齿轮、螺纹等工作表面，没有画出齿形、牙型时，其表面粗糙度代号的注法如图 5-52 所示。其中齿轮齿面注在分度线上，如图 5-52a 所示。螺纹牙型表面注在大径的尺寸线上，如图 5-52b 或图 5-52c 所示。

（五）表面粗糙度 Ra 值的选用

为了保证产品质量和降低产品成本，应对零件的每一个表面均给出合理的表面粗糙度。

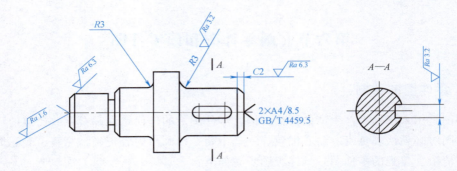

图 5-51 中心孔、键槽、倒角、圆角的表面粗糙度注法

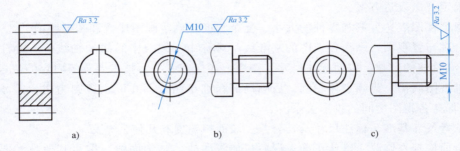

图 5-52 齿轮、螺纹工作表面粗糙度的注法

a）齿轮齿面注在分度线上　b）、c）螺纹工作面注在大径的尺寸线上

具体选择时，可根据零件表面的功能要求，参考有关资料，用类比法确定，并相应采用较经济的加工方法。现将 Ra 值的选用列于表5-6，供设计时参考。

表 5-6　Ra 值的选用

$Ra/\mu m$	表面特征	主要加工方法	应用举例
∇	毛坯粗糙表面	未经机械加工	不接触的内、外非工作表面
50	明显可见刀痕	粗车、粗铣、粗刨、钻、粗纹锉刀和粗砂轮加工	要求最低的加工表面，较少应用
25	可见刀痕		
12.5	微见刀痕	粗车、刨、立铣、平铣、钻	不重要的接触面，如沉孔表面、螺栓孔表面、轴端倒角等
6.3	可见加工痕迹	精车、精铣、精刨、铰、镗、粗磨等	相对运动速度较低的配合面，如农业机械、纺织机械中的低速滑动轴承配合面，普通机床的导轨表面等；重要的接触面，如过渡配合与过盈配合的轴、孔表面，齿轮泵泵体与泵盖接合面，机器各部件间安装表面等
3.2	微见加工痕迹		
1.6	看不见加工痕迹		
0.80	可辨加工痕迹方向	精车、精铰、精拉、精镗、精磨等	有较高的相对运动速度的配合面，如高速滑动轴承的配合表面，高速齿轮的齿面等；有很好气密性要求的接触面，如油泵偶件等
0.40	微辨加工痕迹方向		
0.20	不可辨加工痕迹方向		
0.10	暗光泽面	研磨、抛光、超级精细研磨等	精密量具、量块的工作表面；极重要零件的高速摩擦表面，如气缸的内表面；坐标镗床、精密螺纹磨床等精密机床的主轴颈等
0.05	亮光泽面		
0.025	镜状光泽面		
0.012	雾状镜面		
0.006	镜面		

注：对于有耐蚀要求、美观要求或其他特殊功能要求者应取较小的 Ra 值，不在此表所列范围。

第六节　画零件图和读零件图

一、零件图的绘制

零件图是用来指导零件生产的图样，因此零件图上的任何错误都会导致严重的后果。为此，在画图时必须认真负责、耐心细致、一丝不苟，以画出内容正确、完整，表达简洁、合理，图面清晰、美观的零件图。具体画图步骤如下：

1）分析零件。

2）确定视图表达方案。

3）根据视图表达方案和零件的大小、复杂程度，确定画图比例和图纸幅面。

4）合理布置视图，画出各视图的基准线、对称中心线、中心线和轴线等，并注意视图之间应留有足够的空隙，以便标注尺寸，图面上还应留有书写技术要求等内容的位置。

5）画视图底稿，先画主体轮廓，后画局部和细小结构，并以主视图为主，兼顾其他视图，注意保持各视图之间的投影关系。

6）选择尺寸基准，标注尺寸及其公差、表面粗糙度和几何公差。

7）全面检查、修改，确认正确无误后，加深图线、画剖面线、书写其他技术要求和填写标题栏，即完成零件图。

如图 5-13 和图 5-15 所示就是根据上述步骤和要求画出的铣刀头主轴零件图和座体零件图。

二、零件图的阅读

设计机器时，经常需要参考同类产品的图样，这就需要看懂它的零件图和装配图（装配图的阅读见第六章）。制造机器时，也需要看懂零件图，方能根据零件图加工出合格的零件。

下面以图 5-53 所示的轴向柱塞泵泵体零件图为例说明读零件图的方法与步骤。

1. 概括了解

看标题栏及有关资料（如产品的装配图、使用说明书、设计任务书和设计说明书等）可知，该零件是轴向柱塞泵的泵体，材料是灰铸铁 HT200（说明毛坯为铸件），件数为 1，图样比例为 1∶3，图号为 L02.04.04。该泵体是轴向柱塞泵的主体零件，安装和支承柱塞泵的凸轮轴、柱塞等所有零件。故泵体应具有铸件的工艺特征和箱体类零件的结构特征。

2. 读懂视图，想象出零件的结构形状

该零件图由主视图（左上图）、俯视图、左视图和后视图 4 个基本视图（按规定位置配置）以及单独移出的局部剖视图 5 个视图组成。主视图为 A—A 半剖视图，从俯视图上的剖切符号可以看出：剖切平面为通过 $\phi30H7$ 轴孔轴线的正平面；俯视图为全剖视图，剖切平面通过泵体上下方向的基本对称平面，按规定可以省略标注；左视图为剖切范围较小的局部剖视图，仅对底板上的安装孔进行了局部剖视；后视图为外形视图；移出的局部剖视图 B—B，在俯视图上标明了它的剖切位置和投射方向。

根据上述视图表达方案和各视图之间的投影关系，运用形体分析法，以主视图为主，结合其他视图，可以看出该泵体由底板和壳体两大部分组成，内部具有空腔结构。

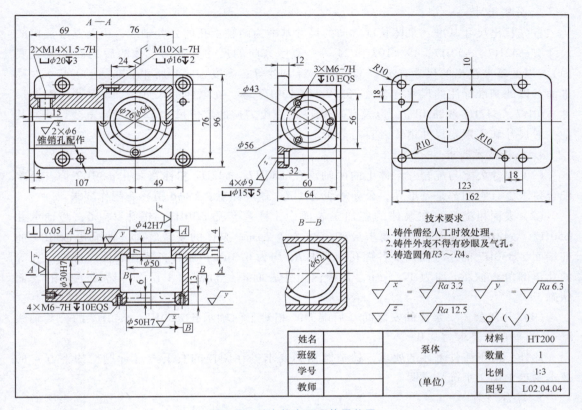

图 5-53　轴向柱塞泵泵体零件图

主、后视图清楚地反映了底板是一块四周带有圆角的长方板，尺寸为 162×96×12，圆角为 R10 并有 4 个安装孔和 2 个销孔及其分布位置以及安装面（后端面）的形状；结合俯、左视图可以看出底板的厚度 12、安装孔结构（4×φ9 ⊔ φ15 ▽ 5）、底板底面中间的凹入深度 4。又从主、俯、左三视图可以看出：壳体部分的外形为左小右大的两个方箱，尺寸分别为：69×(60-12)×56 和 76×(64-12)×76；右壳体的前表面上有 4 个螺孔 4×M6-7H ▽ 10 EQS；左壳体的左端面上有 3 个螺孔 3×M6-7H ▽ 10 EQS；左壳体的上下表面有对称分布的 2 个螺孔 2×M14×1.5-7H ⊔ φ20 ▽ 3；右壳体的上表面还有一个螺孔 M10×1-7H ⊔ φ16 ▽ 2。又从主、俯视图和 B—B 剖视图可以看出壳体的内腔结构：右壳体的前后壁上有位于同一轴线上的 2 个轴承孔 φ50H7 和 φ42H7，前后轴承孔之间为一个方形空腔（而不是圆柱形大孔），左壳体内部有一个水平孔 φ30H7，其轴线与两轴承孔轴线正交，且与方形空腔相通。如果再把一些细部结构看清楚，则根据上述泵体各部分的结构形状和相对位置就可以想象出泵体零件的整体结构形状，如图 5-54 所示。

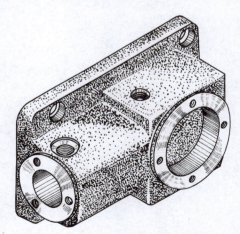

图 5-54　轴向柱塞泵泵体轴测图

3. 分析尺寸

首先找出尺寸基准：泵体长度方向的尺寸基准为两轴承孔的公共轴线，由此基准注出的尺寸有 $\phi42H7$、$\phi50H7$、49、107 和 24 等；宽度方向的尺寸基准为泵体的后端面（安装底面），以此基准注出的尺寸有 12、32、60、64 和 4 等；高度方向的尺寸基准是上下基本对称平面，以此基准标注的尺寸有 56、76、96 和 $\phi30H7$ 等。在泵体的尺寸中，3 个孔的配合尺寸 $\phi50H7$、$\phi42H7$ 和 $\phi30H7$，以及孔 $\phi30H7$ 的宽度方向的定位尺寸 32 等均属重要尺寸，其他一般尺寸和不重要尺寸请读者自行分析。

4. 分析技术要求

（1）尺寸公差与配合　泵体上的两轴承孔 $\phi50H7$、$\phi42H7$ 和柱塞套孔 $\phi30H7$ 均有公差配合要求，且它们都是基准孔，公差等级为 IT7。还应注意：$2\times\phi6$ 销孔有配作要求。

（2）表面粗糙度　在泵体的各加工表面中，柱塞套孔 $\phi30H7$、销孔 $2\times\phi6$，两轴承孔 $\phi50H7$、$\phi42H7$ 的表面粗糙度要求最高，Ra 为 $3.2\mu m$；泵体的安装底面、轴承孔 $\phi50H7$ 的前端面、$\phi30H7$ 的左端面以及各螺孔的要求 Ra 均为 $6.3\mu m$；还有各沉孔表面、各轴承孔等的孔口倒角表面 Ra 均为 $12.5\mu m$，其余内、外表面不经机械加工，保持铸件毛坯的表面状态。

（3）几何公差　泵体的安装面（后端面）相对于两轴承孔 $\phi50H7$、$\phi42H7$ 的公共轴线 $A—B$ 的垂直度要求为 0.05。

此外，对于铸件毛坯的要求，铸造圆角的要求等在图样的右下方（标题栏的上方）的技术要求中用文字统一说明。

5. 综合归纳

把以上读图内容联系起来，进行归纳总结，加深对零件的全面了解；并从设计和工艺两方面，分析零件的结构、视图表达方案和方法、尺寸标注以及技术要求等是否正确、合理或需要改进；进而考虑采用何种加工工艺，以生产出符合图样要求的合格零件。

装　配　图

第一节　装配图的作用和内容

　　表示产品（机器或部件）及其组成部分的连接、装配关系的图样称为装配图。简言之，表示机器或部件的图样称为装配图。图 6-1 所示为铣刀头部件（图Ⅱ-1）的装配图。

　　在设计过程中，设计者为了表达产品的性能、工作原理及其组成部分的连接、装配关系，首先需要画出装配图，然后再根据装配图画出零件图；在生产过程中，生产者又根据装配图来进行装配和检验；在使用过程中，使用者又通过装配图了解机器或部件的构造，以便正确使用和维修。所以装配图是设计、制造、使用、维修以及技术交流的重要技术文件。

　　从图 6-1 可以看到，一张完整的装配图应包括如下内容：

　　1. 一组视图

　　选用一组恰当的视图表达机器或部件的工作原理，各零件间的装配、连接关系以及零件的主要结构形状等。

　　2. 尺寸

　　装配图中应标注出机器或部件的规格尺寸、外形尺寸、装配尺寸、安装尺寸以及其他重要尺寸。

　　3. 技术要求

　　用规定的代（符）号、数字、字母和文字来说明机器或部件的性能、装配、检测、调试和使用等方面的要求。

　　4. 标题栏、零件序号和明细栏

　　国标规定，装配图和零件图采用相同格式和尺寸的标题栏，如图 1-3 所示。填写内容也基本相同或相似，主要填写机器或部件的名称、代号、绘图比例和责任记载等。此外，装配图中还应对各组成零件按一定格式进行编号（称为零件序号），并填写相应的明细栏（详见后述）。

　　需要特别强调的是，装配图和零件图虽然具有相同的四项内容：视图、尺寸、技术要求和标题栏（零部件序号和明细栏则为装配图所独有），但由于两者表达的对象不同，需要表达的内容和作用也不同，因此在分析它们共性的同时，更应注意分析它们的个性，即分析比较它们的不同之处，这样才能画出正确的零件图和装配图。

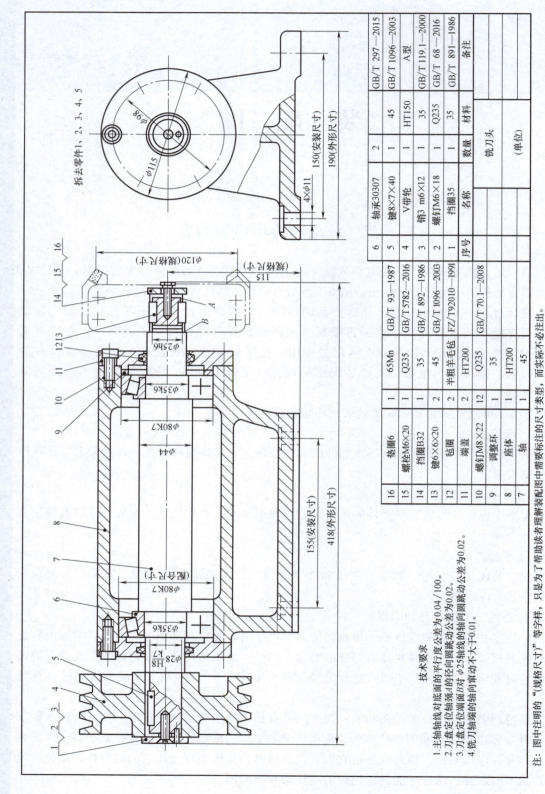

图 6-1 铣刀头部件装配图

6	轴承30307	2	45		GB/T 297—2015
5	键8×7×40	1			GB/T 1096—2003
4	V带轮	1	HT150		
3	销3 m6×12	1	35		GB/T 119.1—2000
2	螺钉M6×18	1	Q235		GB/T 68—2016
1	挡圈35	1	35		GB/T 891—1986
序号	名称	数量	材料		备注

铣刀头

16	垫圈6	1	65Mn		GB/T 93—1987
15	螺栓M6×20	1	Q235		GB/T 5782—2016
14	挡圈B32	1	35		GB/T 892—1986
13	键6×6×20	2	45		GB/T 1096—2003
12	毡圈	2	半粗羊毛毡		FZ/T92010—1991
11	端盖	2	HT200		
10	螺钉M8×22	12	Q235		GB/T 70.1—2008
9	调整环	1	35		
8	座体	1	HT200		
7	轴	1	45		

技术要求

1. 主轴轴线对底面的平行度公差为0.04/100。
2. 刀盘定位轴颈A的径向圆跳动公差为0.02。
3. 刀盘定位端面B对 φ25轴线的轴向圆跳动公差为0.02。
4. 铣刀轴端的轴向窜动不大于0.01。

注：图中注明的"规格尺寸"等字样，只是为了帮助读者理解装配图中需要标注的尺寸类型，而实际不必注出。

162

第二节　装配图的表达方法

在第五章中介绍的零件图的各种表达方法，如视图、剖视、断面、简化画法等都适用于装配图。同时，由于装配图表达的对象（机器或部件）、作用和要求均不同于零件图，因此针对装配图的特点，还有一些特定的简化画法。

1. 接触面、配合面、非配合面画法

在装配图中，凡相邻两零件的接触表面或公称尺寸相同的配合表面（包括间隙配合）只画一条轮廓线。如图6-1中的端盖11与座体8的接触面、滚动轴承6的内孔与轴7的轴颈的配合面、外径与座体8的轴承孔的配合面等处均画一条线。而公称尺寸不相同的非配合面，应画出各自的轮廓线，即画成两条线以反映两者间的空隙，如两个端盖11上的孔与轴7的相应轴段间、圆柱头螺钉10的圆柱头与端盖上的沉孔间、键5的上顶面与V带轮4的键槽底面间等处均画成两条线。

2. 剖面线画法

1）在装配图中，相互邻接的两零件的剖面线，应采取不同方向或不同间隔以便区分。如图6-1中，座体8与端盖11的剖面线方向相反，座体8的左端盖与滚动轴承6的剖面线则方向相同、间隔不等。

2）在装配图中，宽度小于或等于2mm的狭小面积的断面可用涂黑代替剖面符号，如图6-2中转子泵的泵体与泵盖之间的垫片。

3）同一装配图中的同一零件的剖面线应方向相同、间隔相等，如图6-1中的座体的剖面线、图6-2中的泵盖的剖面线。

3. 不剖处理画法

在装配图中，对于紧固件以及轴、连杆、球、钩子、键、销等实心零件，若按纵向剖切，且剖切平面通过其对称平面或轴线时，则这些零件按不剖绘制。如需要特别表明零件的局部结构如凹槽、键槽、销孔等则可以用局部剖视表示，如图6-1、图6-2所示。

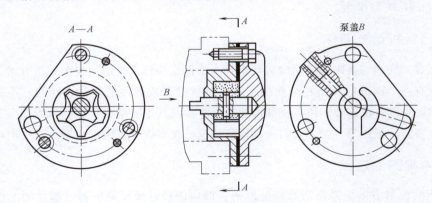

图6-2　转子泵装配图（视图部分）

4. 拆卸画法

在装配图中可假想将某些零件拆卸后绘制，需要说明时可加标注"拆去××等"，如图6-1所示的左视图。也可假想沿某些零件的接合面剖切，如图6-2所示的A—A剖视图。

需要注意，拆去某些零件和沿某些零件的接合面剖切两者在画法上的不同之处。

5. 假想画法

在装配图中，可以用双点画线绘制出相邻辅助零（部）件的轮廓线，以反映两者之间的装配关系，如图 6-1 中主轴右端的铣刀盘，图 6-2 中安装转子泵的部件等。还可用双点画线绘制运动零件的极限位置的轮廓线，如图 1-5 所示。

6. 夸大画法

对于装配图中的薄片零件、小孔、小的斜度和锥度以及较小的空隙等，当按图样比例绘制有困难或表达不清楚时，可以适当夸大画出，如图 6-2 所示的垫片的厚度。

7. 单个零件画法

在装配图中可以单独画出某一零件的视图，以便将该零件的结构形状表达清楚。但必须在所画视图的上方注出该零件的视图名称，在相应视图的附近用箭头指明投射方向，并注上同样的字母，如图 6-2 所示的泵盖 B 向视图。

8. 其他简化画法

1）对于装配图中若干相同的零、部件组，可仅详细地画出一组，其余只需用细点画线表示出其位置，如图 6-1、图 6-2 所示的螺钉。

2）在装配图中，零件的工艺结构，如小圆角、倒角、退刀槽等可不画出，如图 6-1 所示。

3）装配图中的滚动轴承可按 GB/T 4459.7—2017《机械制图 滚动轴承表示法》的规定，采用通用画法、特征画法或规定画法（详见本书第十六章）。

第三节　装配图的视图选择

装配图的视图选择与零件图的视图选择基本相同，但由于两者表达的对象、作用和要求不同，所以又有一定的差异，请读者注意比较。下面就以图 6-1 所示的铣刀头部件为例说明其视图选择的方法与步骤。

一、分析机器或部件

为了正确、完整、清晰、简明地表达机器或部件，拟订出合适的视图表达方案，首先必须对表达对象有一个深刻的分析和全面的了解，包括机器或部件的名称、性能、用途、工作原理、运动和动力的传递路线；机器或部件的组成零件及其主要结构形状；各零件间连接、装配关系及其主要装配干线等。关于铣刀头部件的情况已在本篇开头做了介绍，这里不再重复。

二、主视图的选择

主视图的投射方向应遵循形状特征原则，即应能较好地反映机器或部件的工作原理，各零件间的连接、装配关系以及组成零件的主要结构形状等；同时还应符合工作位置原则，即主视图的安放位置应与机器或部件的工作位置一致。如图 6-1 中铣刀头的主视图采用了通过装配干线轴线的正平面剖切的全剖视图，同时其安装底面位于下方且水平放置就是按照上述两个原则确定的。

三、其他视图的选择

当主视图选定后，还应考虑装配图的哪些内容和要求（工作原理、装配关系、零件形状等）尚未表达或尚未表达清楚，并针对具体情况，选择适当的其他视图以补充表达完善。如图 6-1 中，增加了左视图以表达端盖由 6 个均布的螺钉装配在座体上，同时也表达了座体的结构形状。

图 6-2 中的转子泵装配图的视图选择请读者自行分析。

第四节 装配图的尺寸和技术要求

一、装配图中的尺寸

装配图主要用于指导机器或部件的装配等，不指导零件的生产过程，因此它没有必要也不可能标注所有组成零件的尺寸（也不必标注表面粗糙度要求等），而只需标注与产品的规格、性能、包装、运输、装配、安装等有关的一些尺寸，根据这些尺寸的作用不同，可归纳为以下几类。

（一）规格尺寸

用以表明机器或部件的性能或规格的尺寸，它是设计、了解或选用该机器或部件的主要依据。如图 6-1 所示，铣刀头主轴轴线的中心高 115 和铣刀盘的有效直径 $\phi120$，它们反映了该铣刀头加工能力的大小。

（二）外形尺寸

外形尺寸是指机器或部件的总长、总宽、总高尺寸，也称总体尺寸或轮廓尺寸。它为产品的包装、运输和安装等提供所需占用空间大小的依据。如图 6-1 所示铣刀头部件的总长尺寸 418、总宽尺寸 190 和总高尺寸 175（由尺寸 115 和 $\phi120$ 求得）。

（三）装配尺寸

装配尺寸是指装配图中相关零件间有装配要求的尺寸，是机器或部件对内的关联尺寸。

1. 配合尺寸

凡两零件间有配合要求时，都应注出配合尺寸，如图 6-1 中的 $\phi28H8/k7$、$\phi35k6$、$\phi80K7$、$\phi25h6$ 等。

2. 连接尺寸

装配图中一般应标明螺栓、螺钉、螺柱、键、销等紧固件的规格尺寸（通常填写在明细栏中），以反映零件间的连接关系。如图 6-1 中的明细栏内填写的标准紧固件的规格尺寸：螺钉 M6×18、键 6×6×20、销 3m6×12 等。

（四）安装尺寸

机器或部件安装到其他部件或基座上的相关尺寸称为安装尺寸。它是机器或部件对外的关联尺寸。如图 6-1 所示铣刀头安装到床身部件上的安装孔的孔径 4×$\phi11$ 和孔间距 155、150。

（五）其他重要尺寸

其他重要尺寸是指设计中需要保证而又不包括在上述四类尺寸中的重要尺寸，如装配时必须保证的相关零件之间的距离、间隙等。

二、装配图中的技术要求

装配图的技术要求是指为了保证产品质量，而在装配中应注意的事项和装配后应达到的要求。其内容一般包括：产品的性能指标要求，公差与配合要求，试验条件和方法，润滑和密封方面的要求，对外观、包装、运输和安装等方面的要求等。显然，具体的内容因产品而异，因此要制订出合理的技术要求，需要有与产品相关的专业知识和实践经验，通常初设计者可参考同类产品的图样和资料用类比法确定。装配图中的技术要求可用规定的代（符）号直接标注在图样上，当不能用代号标注时，允许用文字说明，并布置在图样空白处的显眼位置上。

第五节　装配图的零（部）件序号和明细栏

为了便于图样管理、生产准备和有利于读装配图，在装配图中所有的零、部件都必须编写序号，并填写相应的明细栏。下面扼要介绍国家标准 GB/T 4458.2—2003《机械制图　装配图中零、部件序号及其编排方法》。

一、在装配图中零、部件序号的编排方法（GB/T 4458.2—2003）

1）装配图中所有的零、部件均应编号，并应与明细栏中的序号一致。

2）装配图中一个标准部件只编写一个序号，如图 6-1 中的标准部件滚动轴承 6。同一装配图中相同的零、部件用一个序号，一般只标注一次（必要时方可重复标注）。如图 6-1 所示有 12 个相同的零件——螺钉 10，2 个相同的部分——滚动轴承 6。

3）指引线（细实线）应自所指部分的可见轮廓内引出，并在末端画一圆点，如图 6-3a 所示；若所指部分（很薄的零件或涂黑的断面）内不便画圆点时，可在指引线的末端画出箭头，并指向该部分的轮廓，如图 6-3b 所示；指引线不能相交；当指引线通过有剖面线的区域时，它不应与剖面线平行；指引线可以画成折线，但只可曲折一次，如图 6-3c 所示；一组紧固件以及装配关系清楚的零件组，可以采用公共指引线，如图 6-3d、e 所示。

4）序号一般注写在基准线（水平细实线）上，如图 6-3 所示；或注写在细实线圆内；也可直接注写在指引线的非零件端附近（省去基准线或圆）。但同一装配图中编排序号的形式应一致。序号的字高比该装配图中所注尺寸数字的字高大一号。

5）装配图中的序号应按水平或垂直方向排列整齐，并按顺时针或逆时针方向顺次排列，

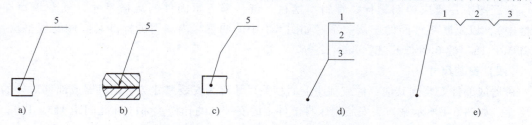

图 6-3　装配图中零、部件序号的编排方法

a）序号的一般编写形式　b）箭头代替圆点　c）指引线曲折一次　d）采用公共指引线——序号垂直排列时　e）采用公共指引线——序号水平排列时

如图 6-1 所示。在整个图上无法连续时，可只在每个水平或垂直方向顺次排列。

二、装配图中的明细栏

装配图中一般应有明细栏，它是表明组成机器或部件的零（部）件的详细目录。明细栏一般配置在标题栏的上方，按由下而上的顺序填写，其格数应根据零、部件的种数（序号数）而定。当由下而上延伸位置不够时，可紧靠在标题栏的左边自下而上延续。

明细栏的内容、尺寸和格式已经标准化，如图 6-4 所示。学生作业中建议采用如图 6-5 所示的学生用明细栏。

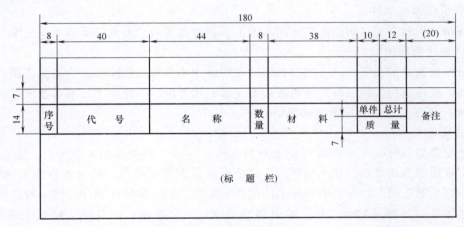

图 6-4　明细栏的格式

明细栏一般由序号、代号、名称、数量、材料、质量（单件、总计）和备注等组成。下面就明细栏的内容填写说明如下：

（1）序号　填写装配图中零（部）件的序号，并按由下而上的顺序填写，以便在需要时可以继续补充。

（2）代号　填写图样代号或标准号。

（3）名称　填写零（部）件的

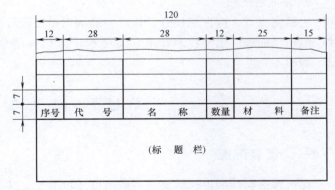

图 6-5　学生用明细栏

名称。必要时也可写出其型式与尺寸，如齿轮的模数、齿数，滚动轴承的型号，紧固件的规定标记等。

（4）数量　填写零（部）件在装配图中所需的数量。

（5）材料　填写制造该零件的材料标记。

（6）质量　填写零（部）件的单件质量和总计质量，以 kg 为计量单位时，可以省略单位。

（7）备注　填写该项的附加说明或其他有关内容。

需要补充说明的是：当装配图中不能在标题栏的上方配置明细栏时，可作为装配图的续页按 A4 幅面单独给出。其顺序应由上而下填写，还可连续加页，并应在明细栏的下方配置标题栏，详见国家标准 GB/T 10609.2—2009《技术制图 明细栏》。

第六节　画装配图

绘制装配图与绘制零件图的方法基本相似。现以绘制铣刀头部件装配图为例，说明其具体步骤。

1. 分析机器或部件

在深刻分析和全面了解绘图对象的基础上，制订视图表达方案（见本章第三节）。

2. 选定比例和图幅

应根据所选定的视图表达方案和机器或部件的大小和复杂程度选择合适的比例，并确定图样幅面。在确定图样幅面时，应考虑留有足够的位置用以标注尺寸、书写技术要求以及编写零（部）件序号、布置标题栏和明细栏等。

3. 画底稿

画装配图底稿时，首先应画出最主要的零件，一般为箱壳类的基座零件，如铣刀头座体。为了视图的布局合理，在画座体时，又应先画出作图基准线，同时注意从主视图入手，几个视图联系起来画，以保持各视图之间的投影关系。然后按装配顺序，逐一画出装配干线上的其他零件，如滚动轴承、轴、端盖和端盖螺钉、V 带轮、铣刀盘（用双点画线画出）等，完成底稿。

4. 完成装配图

底稿完成后，应仔细检查、修改，确认正确无误后加深全图，并补全各项内容：标注尺寸、画出剖面线、书写技术要求、编写零（部）件序号、填写标题栏和明细栏，完成装配图，如图 6-1 所示。

第七节　读 装 配 图

一、读装配图

在机器或部件的设计、制造、使用以及技术交流时都需要读装配图，因此工程技术人员必须掌握阅读装配图的基本技能。

（一）读装配图的要求

1）了解机器或部件的名称、用途、工作原理和主要性能等。

2）了解机器或部件中各组成零件的名称、数量、材料、结构形状以及功用。

3）了解机器或部件中，各零（部）件间的连接、装配关系，以确定其装拆顺序和方法。

（二）读装配图的方法和步骤

现以图 6-6 所示的轴向柱塞泵装配图为例来说明其阅读方法（图 6-6 中明细栏作为装配图的续页，单独列出，见表 6-1）。

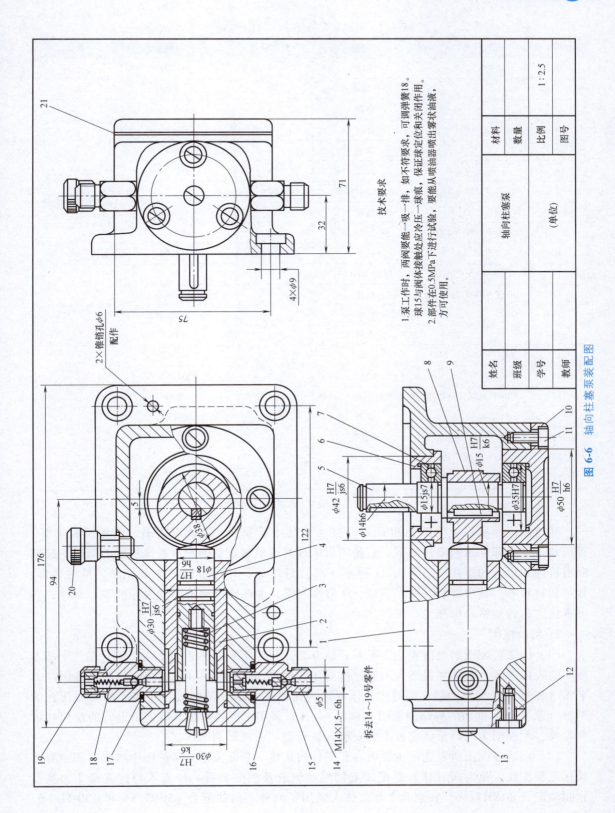

技术要求

1.泵工作时，两阀要能一吸一排，如不符合要求，可调弹簧18。
球15与阀体接触处应冷压一球痕，保证球定位和关闭作用，
2.部件在0.5MPa下进行试验，要能从喷油器喷出雾状油液，
方可使用。

	轴向柱塞泵	材料	
		数量	
		比例	1:2.5
	（单位）	图号	
姓名			
班级			
学号			
教师			

图 6-6 轴向柱塞泵装配图

21

2×锥销孔φ6
配作

20

19 18 17 16 15 14

拆去14～19号零件

φ30 H7/k6

M14×1.5−6h

φ5

φ30 H7/js6

φ18 H7/h6

φ38

5

176

94

122

φ42 H7/js6

φ14h6

φ15js7

φ35H7/h6

φ15

φ50 H7/h6

H7/k6

7 6 5 4 3 2 1

8 9 10 11

12

13

71

32

4×φ9

75

表 6-1 轴向柱塞泵零（部）件明细表

序号	代号	名称	数量	材料	备注
1		泵体	1	HT200	
2		柱塞套	1	45	
3		弹簧	1	QSi3-1	
4		柱塞	1	GCr15	
5		泵轴	1	40Cr	
6		衬套	1	HT200	
7	GB/T 276—2013	滚动轴承 6202	2		
8		凸轮	1	GCr15	
9	GB/T 1096—2003	键 5×5×20	1	45	
10		衬盖	1	HT200	
11	GB/T 65—2016	螺钉 M6×14	7	35	
12	GB/T 43079.1—2023	垫片	1	软钢纸板	
13		螺塞	1	Q235A	
14		单向阀体	2	45	
15	GB/T 308.1—2013	钢球 5	2	GCr15	
16		球托	2	Q235A	
17	GB/T 3452.1—2005	O 形密封圈 18×1.80G	2	橡胶	
18		弹簧	2	QSi3-1	
19		调整塞	2	Q235A	
20	GB/T 1156—2011	油杯 A6	1		
21	GB/T 43079.1—2023	垫片	1	软钢纸板	

1. 概括了解

通过阅读标题栏、明细栏和有关资料（如设计任务书、设计说明书、使用说明书等）可以知道这个部件是轴向柱塞泵，它是向机床或其他机械设备的润滑系统供油的部件，起到润滑机件和设备的作用。该泵由 21 种零（部）件组成，并可看到各种零（部）件的名称、数量和材料等，其中螺钉、键、钢球、O 形密封圈、油杯和滚动轴承等为标准零、部件，并可看出它们的规格和标准号。图样比例为 1：2.5。

2. 阅读视图

（1）读懂装配图的视图表达方案和表达方法 柱塞泵装配图选用了主、俯、左三个基本视图的表达方案。其中主视图为用通过柱塞 4 的轴线、单向阀体 14、油杯 20 的轴线所在的平面（正平面）剖切的局部剖视图；俯视图为用通过泵轴 5 的轴线、柱塞 4 的轴线所在的平面（水平面）剖切的局部剖视图（两处），并且采用了拆卸画法，拆去了上方的单向阀体等零件；左视图为仅对泵体底板上的安装孔进行剖切的局部剖视图。

（2）搞清各视图所表达的主要内容和零件间连接、装配关系 装配图中的主视图主要反映柱塞装配线、单向阀（体）装配线上的零件组成及装配关系：柱塞 4 与柱塞套 2 为基孔制间隙配合 $\phi 18H7/h6$，柱塞套 2 与泵体 1 采用了两种不同的配合 $\phi 30H7/k6$ 和 $\phi 30H7/js6$，单向阀（体）14 用螺纹联接于泵体上，并安装了 O 形密封圈 17 来密封。同时还反映了柱塞 4 与凸轮 8 的高副接触关系以及泵体的形状和底板上的安装孔、销孔的数量和分布位置等。俯视图主要反映了轴 5 装配线上的零件和装配关系；轴与滚动轴承 7 为基孔制配合 $\phi15js7$，滚动轴承与衬盖 10 为基轴制配合 $\phi35H7$，衬套 6 与泵体的配合为 $\phi42H7/js6$，衬盖 10 与泵体的配合为 $\phi50H7/h6$，并用螺钉 11 拧在泵体上；凸轮 8 通过键 9 与轴联接，并采用了配合 $\phi15H7/k6$，并又一次反映了凸轮与柱塞的高副接触，还反映了柱塞套与泵体的螺钉联接以及泵体的结构形状等。左视图主要反映泵体外形、安装孔结构、柱塞套与泵体间连接螺钉的数量和分布位置。

（3）了解部件的工作原理　从俯视图可以看出，动力元件（图 6-6 中未示出）通过与轴 5 轴伸端的键联接带动轴旋转，轴 5 则通过键 9 带动凸轮 8 旋转，当凸轮从图 6-6 所示位置转动时，向径逐渐变小，柱塞 4 在压缩弹簧 3 的推动下向右移动，保持与凸轮接触，此时柱塞左侧的内腔（油腔）形成真空（负压），储油器内的油液在大气压力作用下，通过油管（图 6-6 中未示出）进入下方的单向阀，并推开钢球 15（即打开单向阀）进入油腔，此时上方的单向阀由于弹簧 18 顶住钢球而处于关闭状态，因此轴转动 180° 的过程中均为泵的吸油过程。当轴 5 继续转动，凸轮的向径由小变大，则在凸轮轮廓的推动下，克服弹簧 3 的压力，使柱塞向左移动，油腔内的油液受挤压并推开上方的单向阀中的钢球，打开单向阀，将油液通过油管送到设备的润滑系统中去。此时下方的单向阀中钢球被压力油顶住，处于关闭状态。因此轴继续转动 180° 的过程中均为泵的压油过程。这样泵轴的连续转动，柱塞往复移动，形成了吸油和压油过程的循环，从而实现了向系统间歇供油的目的。

（4）分析各组成零件的结构形状和作用　在分析某一零件的结构形状时，首先要从装配图中找出该零件的所有投影，通常称为分离零件。其方法是根据该零件在明细栏内的序号，在装配图上编有相同序号的视图上找出该零件的一个投影，再按视图间的投影关系以及同一装配图中同一零件的剖面线方向相同、间隔相等的规定，在其他视图中找出其相应的全部投影。然后综合各投影，即可想象出零件的主要结构形状，为拆画零件图做好准备。

综合以上诸方面的分析和阅读，也就了解了各组成零件的功用。如凸轮 8 的功用是：在凸轮的连续转动中，通过其轮廓对柱塞的向左推动和弹簧 3 对柱塞的向右推动，使凸轮与柱塞间始终保持高副接触，从而可实现柱塞的往复运动；又在两个单向阀协调工作下，实现了泵的吸油和压油过程，即实现了泵对外供油的功能。其他各零件如泵体等的功用请读者来分析。

（5）分析本部件与其他部件间的连接关系　从图 6-6 所示泵体底板上的 $2\times$锥销孔 $\phi6$ 配作和安装孔 $4\times\phi9$ 可以看出，柱塞泵用 4 个螺栓（或螺钉）安装在相邻的机架部件上，并用两个圆锥销进行定位。

3. 分析尺寸

分析装配图中所注尺寸的功用并进行分类。如图 6-6 所示，凸轮的偏心距尺寸 5 和柱塞直径 $\phi18$ 为规格尺寸，由此可计算出油泵的每转排量（柱塞往复一次的吸、压油量）$q=\pi\times18^2\times2\times5/4\text{mm}^3/\text{r}$，反映了泵的工作能力。而 $\phi18H7/h6$ 等多处配合尺寸和紧固件螺钉、键的规格尺寸均为装配尺寸。尺寸 $4\times\phi9$、122、75 和 $2\times$锥销孔 $\phi6$ 配作以及 $\phi14h6$、M14$\times$1.5-6H 等均属于安装尺寸。而尺寸 176 等属于外形尺寸。此外还有其他重要尺寸：凸轮

（偏心轮）直径 $\phi 38$（它与凸轮工作时的传力性能有关），两单向阀的进、出油口孔径 $\phi 5$（它与流量有关）以及单向阀的位置尺寸 32 等。

4. 分析技术要求

1）柱塞泵装配图中有多处配合要求，应仔细分析其配合制度是基孔制或基轴制；配合种类是间隙配合、过盈配合还是过渡配合；并能分析其理由，掌握其装拆方法和要求等。

2）仔细分析用文字说明的每一项技术要求，并应考虑达到这些要求应采用的技术措施等。由于此处涉及具体的专业知识，故省略不予讨论。

5. 归纳总结

全面回顾和综合归纳上述读图内容，并把它们有机地联系起来，进一步深刻理解部件中各零件的功用、结构形状以及各零件间的连接、装配关系；熟练掌握部件的用途、工作原理、性能特点、结构特点以及检验、调试、使用等方面的要求；根据装配关系，考虑装拆顺序和方法、轴系的轴向定位、轴承间隙的调整以及润滑、密封等方面的问题。还应检查是否有错读或漏读的内容，如上面漏读了油杯 20，它的功用是滴油润滑凸轮与柱塞接触处的摩擦表面，以减少摩擦和磨损，因此必须定期向油杯内加注润滑油。通过总结，以求全面认识和掌握读图对象，达到读装配图的全部要求，并为拆画零件图做好充分的准备。

二、拆画零件图

在设计机器或部件的过程中，首先要画出装配图。然后根据装配图画出各个零件图，称为拆画零件图，简称拆图。拆图必须在完全读懂装配图的基础上进行，其关键是正确地分离零件，即找出拆画零件的全部投影。但由于装配图的表达对象、作用和内容均不同于零件图，它没有必要也不可能把各个零件的结构形状、尺寸、技术要求等全部表达清楚，因此拆图过程也是根据零件图的内容、要求继续设计零件（图）的过程。下面以拆画如图 6-6 所示柱塞泵装配图中的泵体 1 的零件图为例来说明拆图的方法和注意事项。

1. 分离零件，确定视图表达方案和表达方法，并画出各个视图

上面已经读懂了柱塞泵的装配图，现在根据泵体零件的序号 1 可以首先找到它在俯视图上的投影，可以理解为把泵体 1（的投影）孤立出来，也可以理解为把其他所有零件（的投影）全部取走，只保留泵体 1（的投影）。然后根据投影关系以及剖面线的方向和间隔必须相同的要求找出它在所有视图上的相应投影，本例中找出在主、左视图上的对应投影，即得到了泵体的三个投影，完成零件的分离。

由于在图 6-6 所示的主视图中，泵体 1 的投影既反映了它的结构形状特征，又符合工作位置原则，因此原则上可以借鉴原有的主视图。又鉴于泵体具有一个基本对称平面，所以根据零件图的表达要求，改用半剖视的表达方法（装配图则不宜采用半剖视），同时反映泵体的内、外形。根据泵体零件图表达需要，俯、左视图仍是必要的，并且也参照装配图中的表达方法画出。同时在装配图中用虚线表达的泵体底面形状，在零件图中补充一个后视图来表达更为清楚，也便于标注尺寸，相应主视图中的虚线省略不画。此外为了把泵体孔 $\phi 50H7$ 的内端面的形状表达清楚，又增加了一个 $B—B$ 局部剖视图。这样就构成了一组五个视图的表达方案。需要指出：如果在装配图中反映泵体底面形状的虚线没有画出，则在补画后视图时，就应根据减少加工面的要求自行设计。

从上面的分析可知，拆图并不是简单地把分离零件得到的投影照抄重画一遍，而是要根据零件图视图选择的要求，重新决定视图表达方案和表达方法。例如要拆画的零件是轴5，则采用它在装配图上的三个投影来表达显然是不可取的，它的主视图只是轴的一个断面，既不反映轴的结构形状特征，又不符合加工位置，因此应根据轴的结构特征和主要加工位置，将轴线放置成水平位置后画出主视图，并且也不必画出俯、左视图，而只需补充必要的断面图和局部放大图即可。

在拆画零件图时还应注意：

1）在采用原有投影时，需要补画出装配图中被其他零件遮挡的轮廓线（在装配图中为虚线，通常省略不画，在零件图中为实线，必须画出）。

2）在装配图中采用简化画法而未表示的工艺结构，在拆画的零件图中必须全部补画清楚，并符合相应的标准。

3）在装配图上，内、外螺纹联接处是按外螺纹画法画出的，当拆画的零件上的螺纹是内螺纹时，就应按内螺纹画法画出。如泵体上多处螺孔的画法。

综上所述，在拆画零件图时，必须重新考虑视图表达方案，重新考虑视图表达方法，重新考虑螺纹处画法，并需要补画视图、补画可见轮廓线和补画工艺结构。总之应符合零件图的视图表达要求。

2. 标注零件图尺寸

拆画零件图时，应标注出制造和检验零件所需的全部尺寸。其尺寸数值可按抄、查、算、量、定五种不同情况确定。

（1）抄　凡装配图中（包括明细栏内）已给出的尺寸（包括公差配合要求）都是根据设计要求确定的。因此这些尺寸中凡在拆画的零件上体现的都应直接抄注原尺寸，不得轻意改动。如泵体零件图 5-53 中的尺寸 $\phi30H7$、$\phi42H7$、$\phi50H7$（注意：这里必须取配合代号中的分子，即取孔的公差带代号，需要时还应标注由查表得到的上、下极限偏差值）、$2\times\phi6$ 锥销孔配作、$4\times\phi9$、122、75、32 以及螺孔尺寸 $4\times M6\text{-}7H \downarrow 10$、$3\times M6\text{-}7H \downarrow 10$、$2\times M14\times 1.5\text{-}7H$ 等。

（2）查　对于零件图上的标准工艺结构的尺寸必须查阅相应的标准来确定，如 $4\times\phi9 \sqcup$ $\phi15 \triangledown 5$ 中的沉孔尺寸、安装油杯处的螺纹尺寸 $M10\times1\text{-}7H$（由油杯 A6　JB/T 7940.3—1995 查得）等。

（3）算　对于齿轮的分度圆直径、齿顶圆直径等尺寸必须根据明细栏给出的齿轮的模数 m、齿数 z 等参数经计算确定（计算方法见第十三章）。

（4）量　凡不属于上述三种情况的一些不重要的尺寸可按比例在装配图上直接量取，并取为标准尺寸系列值或圆整为整数（mm）后，在零件图上注出。如泵体底板尺寸 162、96、12 等。

（5）定　对于铸造圆角等非标准的工艺结构尺寸可根据工艺要求自行确定，如图 5-53 中的铸造圆角 $R3\sim R4$（技术要求内）。此外泵体底板底面中部凹槽的深度 4 以及一些工艺凸台的高度尺寸等也可凭工艺知识和经验自行确定。

3. 拟订零件图的技术要求

（1）表面粗糙度要求　根据零件上各表面的作用，参考第五章表 5-6 确定其表面粗糙度参数 Ra 值，并按表面粗糙度的注法规定加以标注。

（2）尺寸公差要求　在尺寸标注中已说明，不再重复。

（3）几何公差要求　可根据产品的性能要求和专业知识予以确定，也可参考同类产品的图样用类比法确定。如泵体零件图 5-53 中泵体的安装面（后端面）相对于两轴承孔 $\phi50H7$、$\phi42H7$ 的公共轴线 A—B 的垂直度公差为"0.05"。

（4）其他要求　还可根据零件的具体情况提出对零件毛坯的要求（如铸件的外表不得有砂眼及气孔）、热处理要求（如铸件需经人工时效处理）以及表面修饰等方面的要求。

4. 填写标题栏

在标题栏内填写零件的名称、材料、数量以及绘图比例、责任记载等全部内容。

对于装配图中的专用零件均可按上述方法拆画零件图。而对于标准件，可按规定标记外购，故一般不必画出其零件图。

综上所述，拆画出的柱塞泵泵体零件图如图 5-53 所示。

第三篇

零件的受力分析、失效分析和材料选择

在机器工作时，机器零件上将会受到力的作用，并有可能导致零件的破坏、过量变形或丧失稳定性（简称失稳），从而使机器失去正常、安全工作的能力，通常称为失效。失效往往会造成重大损失和严重后果。如一架直升机在空中飞行时，突然其螺旋桨轴折断，那么直升机就成了"直降机"，必然导致机毁人亡的惨祸。因此，在设计机器时，必须保证其零件具有足够的强度（抵抗破坏的能力）、刚度（抵抗变形的能力）和稳定性（抵抗失稳的能力）。如果将直升机的螺旋桨轴以及其他零件的截面尺寸做得很大，并选用最好的材料，当然就不会发生上述失效现象。然而这样做不仅会大大提高直升机的成本，而且这架直升机将会因自重过大而不能起飞升空，成为"直停机"。因此在设计机器时，应对零件进行正确的受力分析和计算，并为零件选定合理的截面形状和尺寸以及合适的材料，从而确保机器能够正常、安全地工作，同时又能取得最好的综合经济效果。这就是本篇要解决的问题。因此，本篇分为：零件的受力分析和计算、零件的失效分析和计算，以及零件的材料选择三章来予以讨论。

由此可见，本篇和第一篇制图基础、第二篇机械图一样，是学习后续各篇的基础，是进行机械设计必备的基本知识。

第◆七◆章

零件的受力分析和计算

第一节　静力学的基本概念

对静止或做匀速运动的物体（或加速度较小、由加速度引起的惯性力可以忽略不计时）进行受力分析和计算的力学称为静力学。确切地说，静力学是研究刚体在力系作用下的平衡规律的。所谓刚体，是指受力时假想不变形的物体。静力学所研究的物体均视为刚体[⊖]。所谓力系，是指作用在同一物体上的两个或两个以上的力。所谓平衡，是指物体相对于某一参考系（通常是指地球）保持静止或做匀速运动的状态。如果物体在一力系的作用下处于平衡状态，这样的力系称为平衡力系。平衡力系所需满足的条件称为平衡条件。两个力系对同一刚体的作用效应相同，可以相互替代时，称为等效力系。若一力和一力系等效，则此力称为力系的合力；而力系中的各力称为此力的分力。

本章只研究静力学中的平面力系，并忽略摩擦力的影响。

第二节　静力学公理

公理一　二力平衡公理

受两力作用的刚体处于平衡状态的必要和充分条件是两力的大小相等、方向相反、作用线相同（以下简称等值、反向、共线）。只受两力作用而处于平衡的刚体称为二力体。当二力体为杆件时，则称为二力杆。根据平衡条件可以确定二力体所受两力的方向一定是两力作用点的连线方向。例如图 7-1a 所示的棘轮机构，在受到外力 W 作用时，其棘爪在不计自重时就是二力体，故棘爪上所受两力 F_A 和 F_B[⊖]的方向必沿 A、B 两点的连线方向，如图 7-1b 所示。

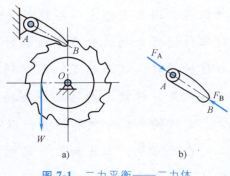

图 7-1　二力平衡——二力体

⊖ 由于在实际工程中，遇到的都是小变形问题，因此对物体进行受力分析和强度计算时，可以先不考虑其变形，即视为刚体。这样做，对计算结果影响甚微，完全可以忽略不计，却大大简化了计算方法和过程。这与后面介绍的求物体在外力作用下的变形并进行刚度计算是两回事。

⊖ 力是矢量，一般采用黑体字母表示，如 F、AB 等。本书为了方便起见，在不致引起误解的情况下，就用宋体字母来表示，如 F、AB 等；仅在矢量运算等需着重表明是矢量的场合，才用黑体字母表示。

又如图 7-2a 所示的三角支架，在点 *B* 处受到外力 *W* 作用时，其杆 *BC* 在不计自重时就是二力杆，故杆 *BC* 上所受两力 F_B 和 F_C 的方向必沿 *B*、*C* 两点的连线方向，如图 7-2b 所示。杆 *AB* 在不计自重时也是二力杆，其受力情况请读者自行分析。

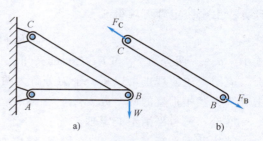

图 7-2　二力平衡——二力杆

公理二　加减平衡力系公理

平衡力系中的各力对刚体的作用效应彼此抵消，所以在受力或力系作用的刚体上加上或减去一个平衡力系，并不改变原力或原力系对刚体的作用效应。

推论：力的可传性定理

作用在刚体上的力可沿其作用线任意移动作用点，而不改变此力对刚体的作用效应。

证明：设小车在点 *A* 受力 *F* 作用，如图 7-3a 所示；在力 *F* 作用线上的任一点 *B* 处，沿力 *F* 的作用线加上一对平衡力 *F′* 和 *F″*，并使 *F′*＝*F″*＝*F*，如图 7-3b 所示；再从图 7-3b 中减去一对平衡力 *F* 和 *F″*，如图 7-3c 所示。由公理二可知，这三种情况都是等效的，这样就把原来作用于点 *A* 的力（*F*）沿力的作用线移到了点 *B*（*F′*）。

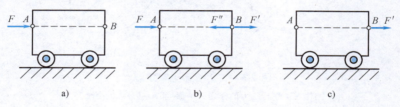

图 7-3　力的可传性

a) 小车在点 *A* 受力 *F* 作用　b) 在力 *F* 作用线上的点 *B* 加一对平衡力　c) 减去一对平衡力

由此可见，力对刚体的作用效应取决于力的大小、方向和作用线（而不是作用点）三个要素。

公理三　力的平行四边形公理

作用在物体上的两个共点力（或汇交力）F_1 和 F_2，可以合成为一个合力 *F*，合力 *F* 也作用于该点，其大小和方向由这两力为邻边的平行四边形的对角线来确定，如图 7-4a 所示。即合力等于两个分力的矢量和。写为

$$\boldsymbol{F} = \boldsymbol{F}_1 + \boldsymbol{F}_2 \tag{7-1}$$

在求合力 *F* 时，也可以用做力三角形的方法，即从力 F_1（*AB*）的终点 *B* 画出力 F_2 得点 *D*，则连线 *AD* 即为合力 *F*，如图 7-4b 所示。比较图 7-4b、c 可以看出，画分力的先后顺序并不影响合成的结果。

合力 *F* 的大小可以按作图时选取的力的比例尺（见例 7-3）直接从图中量取。也可以由几何关系进行

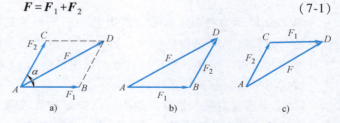

图 7-4　两个共点力（或汇交力）的合成——力的平行四边形公理

a) 求两个共点力的合力的平行四边形公理　b) 用力三角形法则求合力　c) 改变画分力的顺序，不影响合成结果

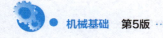

计算，由余弦定理可求得

$$F = \sqrt{F_1^2 + F_2^2 + 2F_1F_2\cos\alpha} \tag{7-2}$$

式中　α——两分力 F_1 和 F_2 之间的夹角。

应用上述公理也可以将一个力分解为两个分力。工程上最常见的是正交分解，即将一个力分解为互相垂直的两个分力。

推论：三力平衡汇交定理

刚体受不平行三力 F_1、F_2 和 F_3 作用而平衡时，如图 7-5a 所示，这三个力的作用线必汇交于一点。

证明：因为力 F_1 和 F_2 不平行，所以必相交（汇交力），设交点为 O。根据力的可传性定理，可将力 F_1 和 F_2 的作用点移动到交点 O，成为共点力；再由平行四边形公理，求出其合力 F_{12}，如图 7-5b 所示。则 F_{12} 应与 F_3 平衡，即 F_{12} 与 F_3 必等值、反向、共线，所以力 F_3 也通过点 O，即三力汇交于一点 O。

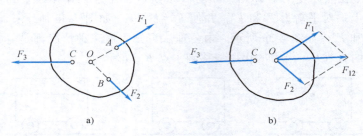

图 7-5　三力平衡汇交定理

a）刚体在不平行三力的作用下平衡　b）三力必汇交于一点

公理四　力的作用与反作用公理

两物体间相互作用的力总是等值、反向、共线的，并分别作用在这两个物体上。

上述公理说明，力总是成对出现的，即有作用力必有反作用力，两者同时存在，同时消失。需要注意的是：在二力平衡公理中的二力也是等值、反向、共线的，但这两个力作用在同一个物体上。

第三节　物体的受力分析和受力图

图 7-6a 所示为利用定滑轮装置提升一工字钢梁的情况。人用力 F 拉吊索 3 的一端 D，使梁做匀速直线上升或保持静止，即处于平衡状态。假设已知梁的重力 W 和几何角度 α，不计摩擦和吊索、吊环、滑轮的自重，试求吊索 1、2 和 3 上所受的力。

解这类平衡问题的一般步骤是：

1）确定研究对象。根据问题中的已知量和待求量之间的关系，确定选取某一个物体或某几个物体或整个物体系统（简称物系）来研究其平衡，则该物体或某几个物体或物系称为研究对象。

2）进行受力分析。分析研究对象上所受的全部外力。

3）画出受力图。画出研究对象和它所受全部外力的图称为受力图，如图 7-6b、c、d、e

所示分别为定滑轮、吊环、大梁和物系的受力图。为了清楚起见，受力图一般应单独画出（对于简单的问题，在不致引起误解时，方可画在原图上）。在画物系的受力图时，不可画出物系内部各物体之间相互作用的内力，如图 7-6e 所示。

4）根据平衡条件，列出平衡方程——矢量方程或解析方程。

5）用几何法或解析法解方程，并由已知量求出待求量。

在研究对象所受的全部外力中，凡能主动引起物体运动或使物体有运动趋势的力称为主动力（又称载荷或负荷）。主动力的大小和方向通常都是已知的，如本例中梁的重力 W。而阻碍、限制研究对象运动的物体称为约束物，简称约束。约束作用在研究对象（被约束物）上的力称为约束力（或被动力）。约束力的大小需要根据平衡条件求出，而约束力的方向一般根据约束的类型即可予以确定。确定的原则是约束力的方向总是与约束所能限制的运动方向相反，并通过两物体的接触点。

下面介绍工程上常见的几种约束及其约束力方向的确定方法。

一、柔索

工程上的钢丝绳、链条、胶带等都可以简化为柔索。如图 7-6 所示的梁 BC 和吊环 A 都是受柔索约束的例子。柔索只限制物体沿着拉长柔索方向的运动，故物体所受的约束力是拉力，其作用线与柔索重合，如图 7-6c、d 所示。

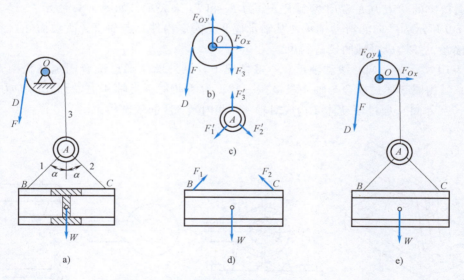

图 7-6　定滑轮装置的受力分析和受力图
a）用定滑轮装置提升重物　b）定滑轮受力图　c）吊环受力图　d）大梁受力图　e）物系受力图

二、光滑面

物体与支承面接触，当接触处的摩擦力忽略不计时，则支承面对物体的约束称为光滑面约束。搁在 V 形铁上的圆轴所受的约束就是光滑面约束的例子，如图 7-7a 所示。光滑面约束只限制物体在接触处的公法线上，并向着光滑面方向的运动，因此物体受到的约束力是位于接触处的公法线上，并指向物体的压力，如图 7-7b 所示的 F_A 和 F_B。

三、铰链

在工程力学上，把只限制两构件间的相对移动，而不限制两构件间的相对转动的约束称为铰链约束。

1. 固定座铰链

如图 7-8a 所示的结构中，构件 3 是固定不动的（用螺钉固定在机架上，成为固定座），它通过圆柱销 2 与活动构件 1 相联接，并限制活动构件 1 不能沿水平方向（x 方向）和垂直方向（y 方向）移动，而只能绕圆柱销 2 的轴线转动，即构成了铰链约束，并称为固定座铰链。

当构件 1 上受到主动力作用时（图 7-8a 中未示出），构件 1 的孔壁将与圆柱销 2 在某点 K 处接触，如图 7-8b 所示。与光滑面约束相同的是约束力 F 位于接触点的公法线上，并指向构件 1 的压力，如图 7-8c 所示；与光滑面约束不同的是接触点 K 的位置将由主动力的方向来确定，而不能由约束本身来直接确定。因此只能断定固定座铰链的约束力为通过铰链中心沿着某一半径方向的压力。工程上固定座铰链常用图 7-8d 所示的简图表示，通过铰链中心而方向待定的约束力 F 常用两个正交分力 F_x 和 F_y 来表示，如图 7-8e 所示。

图 7-9 所示为一向心滑动轴承，其轴承座 1（固定构件）与轴 2（活动构件）直接以圆柱面相接触，并构成对轴的铰链约束。

图 7-10 所示为一向心滚动轴承。一般情况下，其外圈 1 通过配合固定在机架 5 上，为固定件；其内圈 3 通过配合与轴 4 联接在一起，为活动件。当轴 4 上受到径向外力作用时，则机架（和外圈）通过滚动体 2 构成对轴 4（和内圈 3）的铰链约束。

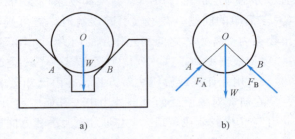

图 7-7 光滑面约束及其约束力的方向

a）光滑面约束　b）约束力的方向（圆轴受力图）

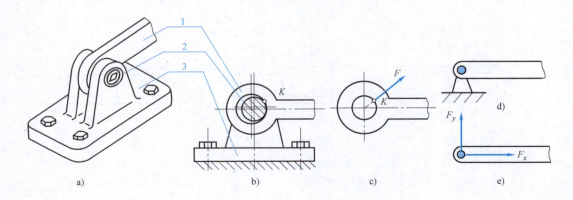

图 7-8 固定座铰链（一）

a）轴测图　b）投影图　c）约束力　d）结构简图　e）受力图

如图 7-8、图 7-9、图 7-10 所示的具体结构虽然各不相同，但它们的约束性质完全相同，都属于固定座铰链，所以都可使用如图 7-8d 所示的简图表示，对约束力的分析也与如图 7-8e 所示相同。

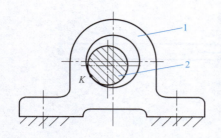

图 7-9 固定座铰链（二）——向心滑动轴承

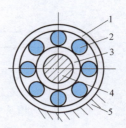

图 7-10 固定座铰链（三）——向心滚动轴承

1—外圈 2—滚动体 3—内圈 4—轴 5—机架

2. 中间铰链

当构成铰链的两构件均为活动构件而互为约束时，工程上称为中间铰链，简称中间铰，如图 7-11a 所示。中间铰的简图如图 7-11b 所示，其约束力的分析也与固定座铰链相似，如图 7-11c、d 所示。

3. 活动座铰链

如图 7-12a 所示，其活动构件 1 通过圆柱销 2 与活动座 3 构成铰链约束；而活动座 3 通过圆柱销 4 与滚轮 5 构成铰链约束；而滚轮 5 与机架 6 构成光滑面约束。这种复合约束称为活动座铰链。它约束活动构件 1，只能沿机架 6 的光滑面移动。图 7-12b 所示是这种约束的简图。显然这种复合约束只限制被约束物沿着机架的内法线方向运动，所以其约束力 F 为垂直于光滑面方向的压力，如图 7-12c 所示。

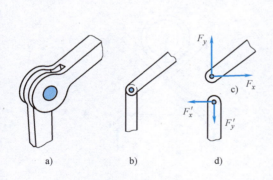

图 7-11 中间铰链

a）轴测图 b）结构简图 c）、d）受力图

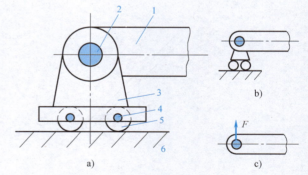

图 7-12 活动座铰链

1—活动构件 2、4—圆柱销 3—活动座
5—滚轮 6—机架

下面通过实例来讨论受力图的画法。

例 7-1 图 7-13a 所示的梁 AB，其 A 端为固定座铰链，B 端为活动座铰链，在梁的点 C 处受到主动力 F 的作用，试画出梁 AB 的受力图。

解 取梁 AB 为研究对象，其所受的外力有：C 处的主动力 F；A 端固定座铰链的约束力 F_{Ax} 和 F_{Ay}；B 端活动座铰链的约束力为 F_B，方向垂直向上。画出研究对象及其所受各力，即得到梁 AB 的受力图，如图 7-13b 所示。

例 7-2 图 7-14a 所示为一管道支架，支架的两根杆 AB 和 CD 在点 E 处用中间铰链连

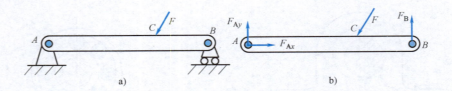

图 7-13 画受力图（一）——梁 AB 的受力图

接，在 J、K 两点用水平绳索相连，已知管道的重力为 W。不计摩擦和支架、绳索的自重，试画出管道、杆 AB、杆 CD 以及整个管道支架的受力图。

解 1）取管道为研究对象，其上作用有主动力 W，在 M 和 N 处为光滑面约束，其约束力 F_M 和 F_N 为分别垂直于杆 AB 和 CD 并指向管道中心的压力，于是可画出管道的受力图，如图 7-14b 所示。

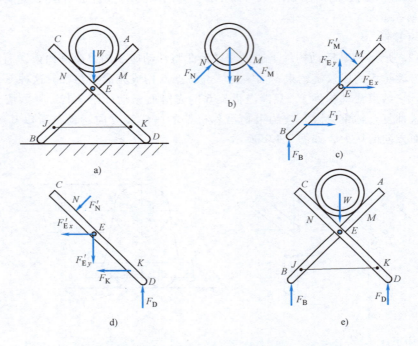

图 7-14 画受力图（二）——管道支架受力图

a）管道支架简图　b）管道受力图　c）杆 AB 受力图　d）杆 CD 受力图　e）物系受力图

2）取杆 AB 为研究对象，在 M 处的作用力 F_M' 为 F_M 的反作用力，故指向应与 F_M 相反；E 处为中间铰链，其约束力可用两个正交分力 F_{Ex} 和 F_{Ey} 来表示；J 处为柔索约束，约束力 F_J 为沿着柔索方向的拉力；B 处为光滑面约束，约束力 F_B 为垂直于光滑面的压力，即方向垂直向上。于是可得到杆 AB 的受力图，如图 7-14c 所示。

3）杆 CD 的受力分析与杆 AB 的分析基本相同，故不再赘述。其受力图如图 7-14d 所示。

4）取整个管道支架（物系）为研究对象，由于 M、N、E、J、K 各处的约束力都是物系的内力，不应画出，故只需画出物系的主动力 W 和 B、D 两处的约束力 F_B 和 F_D，于是可得物系受力图，如图 7-14e 所示。

第四节　平面汇交力系

一、平面汇交力系合成的几何法和平衡条件

各力作用线在同一平面内，并且汇交于一点的力系称为平面汇交力系。如图 7-6 所示的梁和吊环都是受平面汇交力系作用的例子。

设刚体上作用有一个平面汇交力系 F_1、F_2 和 F_3，如图 7-15a 所示；根据力的可传性，可简化为一个等效的平面共点力系，如图 7-15b 所示；连续应用力三角形法则，如图 7-15c 所示：先将 F_1 和 F_2 合成为合力 F_{12}，再将 F_{12} 与 F_3 合成为合力 F，则 F 就是力系的合力。如果只需求出合力 F，则代表 F_{12} 的虚线可不必画出，只需将力系中各力首尾相接，连成折线，则封闭边就表示合力 F，其方向与各分力的绕行方向相反。比较图 7-15c、d 可以看出，画分力的先后顺序并不影响合成的

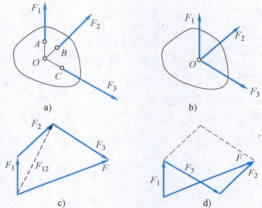

图 7-15　平面汇交力系合成的几何法

结果。这种用画力多边形来求平面汇交力系合力的方法称为几何法。显然，上面求两力合力的力三角形法则是力多边形法则的特例。同时对于有 n 个力的平面汇交力系，上述方法也是适用的。可见平面汇交力系合成的结果为一个合力 F，它等于各分力的矢量和。写为

$$F = F_1 + F_2 + \cdots + F_n = \sum_{i=1}^{n} F_i = \sum F_i \qquad (7\text{-}3)$$

显然，物体在平面汇交力系作用下平衡的必要和充分条件是力系的合力等于零，即

$$\sum F_i = 0 \qquad (7\text{-}4)$$

式（7-4）通常称为平面汇交力系的矢量平衡方程。

如上所述，平面汇交力系的合力是用力多边形的封闭边来表示的。当合力等于零时，力多边形的封闭边不再存在。所以平面汇交力系平衡的几何条件是力系中各力构成自行封闭的力多边形。

二力平衡公理中的两力等值、反向、共线，其合力等于零，它是平面汇交力系中最简单的平衡力系。

二、平面汇交力系合成的解析法和平衡条件

1. 力在坐标轴上的投影

设有一力 F，如图 7-16 所示，在力 F 作用平面内选取直角坐标系 Oxy，过力 F 的起点 A 和终点 B 分别向 x 轴和 y 轴画垂线，得垂足 a_1、b_1 和 a_2、b_2，则线段 a_1b_1 和 a_2b_2 分别称为力 F 在 x 轴上和 y 轴上的投影，并分别用 F_x 和 F_y 表示。

设力 F 与 x 轴所夹的锐角为 α，则求力 F 投影的表达式为

$$\begin{cases} F_x = \pm F\cos\alpha \\ F_y = \pm F\sin\alpha \end{cases} \tag{7-5}$$

当由 a_1 到 b_1、a_2 到 b_2 的指向分别与 x 轴、y 轴的正方向一致时取 "+"，反之取 "-"。如图 7-16 所示，F_x 应取 "+"，F_y 应取 "-" 号，即

$$F_x = F\cos\alpha$$

$$F_y = -F\sin\alpha$$

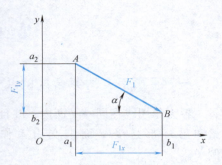

图 7-16　力在坐标轴上的投影

需要注意：力是矢量，而力在坐标轴上的投影则是代数量。

2. 合力投影定理

设有力系 F_1，F_2，$\cdots$，F_n，其合力为 F。则由于力系的合力与整个力系等效，所以合力在某轴上的投影一定等于各分力在同一轴上的投影的代数和（证明从略），这一结论称为合力投影定理。写为

$$\left.\begin{array}{l} F_x = F_{1x} + F_{2x} + \cdots + F_{nx} = \sum F_{ix} \\ F_y = F_{1y} + F_{2y} + \cdots + F_{ny} = \sum F_{iy} \end{array}\right\} \tag{7-6}$$

3. 平面汇交力系合成的解析法和平衡条件

用解析法求平面汇交力系合力的步骤如下：

1）由式（7-5）求出各分力在两坐标轴上的投影。

2）由式（7-6）求出合力 F 在两坐标轴上的投影 F_x 和 F_y。

3）由式（7-7）求出合力的大小。即

$$F = \sqrt{F_x^2 + F_y^2} = \sqrt{\left(\sum F_{ix}\right)^2 + \left(\sum F_{iy}\right)^2} \tag{7-7}$$

平面汇交力系平衡的条件为合力 $F = 0$。由式（7-7）可知，$\sum F_{ix}$ 和 $\sum F_{iy}$ 必须分别等于零。因此可得平面汇交力系平衡的解析条件为

$$\begin{cases} \sum F_{ix} = 0 \\ \sum F_{iy} = 0 \end{cases} \tag{7-8}$$

即力系中各力在两个坐标轴上投影的代数和应分别等于零。

式（7-8）通常称为平面汇交力系的解析平衡方程。这是两个独立的方程，因此可以求解两个未知数。

例 7-3 图 7-17a 所示为一利用定滑轮匀速提升工字钢梁的装置。若已知梁的重力 $W = 15\mathrm{kN}$，几何角度 $\alpha = 45°$，不计摩擦和吊索、吊环的自重，试分别用几何法和解析法

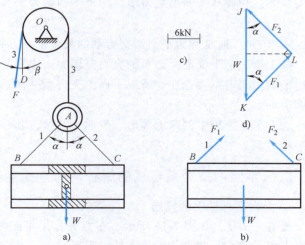

图 7-17　平面汇交力系解题举例

184

求吊索 1 和 2 所受的拉力。

解 1. 几何法

1）取梁为研究对象。

2）受力分析。梁受重力 W 和吊索 1、2 的拉力 F_1 和 F_2 的作用。其中，W 的大小和方向均为已知；F_1 和 F_2 为沿着吊索方向的拉力，大小待求，且三力组成平面汇交力系，并处于平衡。

3）画受力图，如图 7-17b 所示。

4）列出平衡方程。即

$$\sum \boldsymbol{F}_i = 0$$
$$W + \boldsymbol{F}_1 + \boldsymbol{F}_2 = 0$$

5）解方程，即画出矢量封闭图，求出待求量。首先选取适当的力的比例尺 $\mu_F = 6\text{kN/cm}$，如图 7-17c 所示；然后画出已知力 W，即取 $\overline{JK} = W/\mu_F = (15/6)\,\text{cm} = 2.5\,\text{cm}$，如图 7-17d 所示，并从力 W 的末端 K 和始端 J 分别画力 F_1 和 F_2 的方向线，得交点 L，则 KL 即为力 F_1，LJ 即为力 F_2。量得两线段的长度为 $\overline{KL} = \overline{LJ} = 1.8\,\text{cm}$，因此吊索 1、2 的拉力为

$$F_1 = F_2 = \mu_F \overline{KL} = (6 \times 1.8)\,\text{kN} = 10.8\,\text{kN}$$

或按几何关系计算

$$F_1 = F_2 = \mu_F \overline{KL} = \mu_F \frac{\overline{JK}}{2\cos\alpha} = \frac{W}{2\cos\alpha} = \frac{15}{2\cos 45°}\,\text{kN} = 10.6\,\text{kN}$$

2. 解析法

1）、2）、3）选梁为研究对象、受力分析、画受力图，以上步骤均同几何法。

4）列平衡方程

$$\begin{cases} \sum F_{ix} = 0 \\ \sum F_{iy} = 0 \end{cases} \qquad \begin{cases} F_1 \sin\alpha - F_2 \sin\alpha = 0 \\ F_1 \cos\alpha + F_2 \cos\alpha - W = 0 \end{cases}$$

5）解方程组，可得

$$F_1 = F_2 = \frac{W}{2\cos\alpha} = \frac{15}{2\cos 45°}\,\text{kN} = 10.6\,\text{kN}$$

本装置中，当角度 α（$0° \leqslant \alpha \leqslant 90°$）改变时，拉力 F_1 和 F_2 将如何变化？如何求吊索 3 的拉力 F_3？请读者自行分析求解。

第五节　力矩和平面力偶系

一、力矩

1. 力矩的概念

力对刚体的移动效应取决于力的大小、方向和作用线，而力对刚体的转动效应则用力矩来度量。实践告诉我们，用扳手拧（转动）螺母时，如图 7-18a 所示，

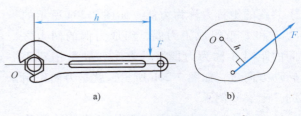

图 7-18　力矩的概念

其转动效应取决于力 F 的大小、方向（扳手的旋向）以及力 F 到转动中心 O 的距离 h。

一般情况下，刚体在图示平面内受力 F 作用，如图 7-18b 所示，并绕某一点 O 转动，则点 O 称为矩心，矩心 O 到力 F 作用线的距离 h 称为力臂，乘积 Fh 并加上适当的正负号称为力对点 O 之矩，简称力矩，用符号 $M_O(F)$ 或 M_O 表示。即

$$M_O = M_O(F) = \pm Fh \tag{7-9}$$

力矩的正、负号规定如下：力使刚体绕矩心做逆时针方向转动时为正，反之为负。因此，力矩是一个与矩心位置有关的代数量。力矩的单位为 $\mathrm{N \cdot m}$。

2. 合力矩定理

设刚体受到一合力为 F 的平面力系 F_1，F_2，…，F_n 的作用，在平面内任取一点 O 为矩心，由于合力与整个力系等效，所以合力对点 O 的矩一定等于各个分力对点 O 之矩的代数和（证明从略），这一结论称为合力矩定理。记为

$$M_O(F) = M_O(F_1) + M_O(F_2) + \cdots + M_O(F_n) = \sum M_O(F_i) \tag{7-10}$$

或

$$M_O = M_{O1} + M_{O2} + \cdots + M_{On} = \sum M_{Oi}$$

例 7-4 图 7-19 所示为一渐开线直齿圆柱齿轮，其齿廓在分度圆上的点 P 处受到一法向力 F_n 的作用，且已知 $F_n = 1000\mathrm{N}$，分度圆直径 $d = 200\mathrm{mm}$，分度圆压力角（P 点处的压力角）$\alpha = 20°$，试求力 F_n 对轮心点 O 之矩。

解 1）根据力矩的定义求解。

$$M_O(F_n) = -F_n h = -F_n \left(\frac{d}{2} \cos\alpha \right)$$

$$= \left[-1000 \left(\frac{0.2}{2} \times \cos20° \right) \right] \mathrm{N \cdot m}$$

$$= -94\mathrm{N \cdot m}$$

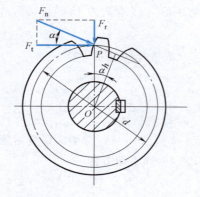

图 7-19 力矩计算举例

2）用合力矩定理求解。

将法向力 F_n 分解为圆周力 F_t 和径向力 F_r，则可得

$$M_O(F_n) = M_O(F_t) + M_O(F_r) = -(F_n\cos\alpha)\frac{d}{2} + 0$$

$$= \left[-(1000 \times \cos20°)\frac{0.2}{2} \right] \mathrm{N \cdot m} = -94\mathrm{N \cdot m}$$

二、平面力偶系

1. 力偶和力偶系

作用在同一刚体上的一对等值、反向、不共线的平行力称为力偶。如图 7-20a 所示的力 F 和 F' 就组成了力偶，组成力偶的两力之间的距离 h 称为力偶臂。汽车驾驶员用双手转动方向盘，如图 7-20b 所示，就是力偶作用的一个实际例子。

如前所述，力使刚体绕某点转动的效应

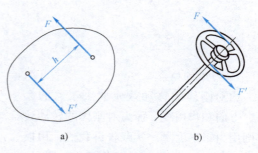

a)   b)

图 7-20 力偶的概念

可用力矩来度量。因此力偶对刚体的转动效应就可用组成力偶的两力对某点力矩的代数和来度量。如图 7-21 所示，在刚体上作用一力偶 F、F'，在力偶作用平面内取一点 O 为矩心，则力偶对点 O 的力矩为 $M_O(F、F') = M_O(F) + M_O(F') = F(h+x) + (-F'x) = Fh$。同法可以证明，矩心 O 取在其他任何位置，其结果保持不变。由此说明力偶中两力对任一点力矩的代数和是一个恒定的代数量，这个与矩心位置无关的恒定的代数量称为力偶矩，用"M"$^{\ominus}$ 表示，其

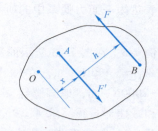

图 7-21　力偶的度量——力偶矩

大小等于力偶中一力的大小与力偶臂的乘积，其正、负号规定与力矩的规定相同，即力偶使刚体逆时针转动时取正，反之取负。因此力偶矩的一般表达式为

$$M = M_O(F、F') = M_O(F) + M_O(F') = \pm Fh \tag{7-11}$$

力偶矩的单位也与力矩的单位相同，为 N·m。

2. 力偶的性质

1）力偶是一个由二力组成的特殊的不平衡力系，它不能合成为一个合力，所以不能与一力等效或平衡，力偶只能与力偶等效或平衡。

2）只要保持力偶矩不变，可以同时改变力偶中力的大小和力偶臂的长短，而不改变力偶对刚体的转动效应，如图 7-22a、b 所示，即决定力偶对刚体转动效应的唯一特征量是力偶矩，因此力偶可以直接用力偶矩（带箭头的弧线）来表示，如图 7-22c 所示。

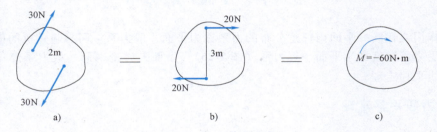

图 7-22　力偶的性质

3）力偶可以在其作用平面内任意转移，因其力偶矩不变，所以并不改变它对刚体的转动效应。

3. 平面力偶系的合成与平衡条件

在同一平面内且作用于同一刚体上的多个力偶称为平面力偶系。显然，平面力偶系的合成结果必为一个合力偶，其合力偶矩等于各个分力偶矩的代数和。即

$$M = M_1 + M_2 + \cdots + M_n = \sum M_i \tag{7-12}$$

因此，平面力偶系平衡的必要和充分条件是所有各力偶的力偶矩的代数和等于零。即

$$\sum M_i = 0 \tag{7-13}$$

由于组成力偶的两力对任一点力矩的代数和恒等于力偶矩，所以平面力偶系的平衡条件

$\ominus$　本书将力矩用 M_O（或 M_A、M_B 等）表示，以反映力矩与矩心位置 O（或 A、B 等）有关，而力偶也对刚体产生转动效应，且力偶矩就是力偶中两力对任一点力矩的代数和，故两者应采用相同的字母表示，只是力偶矩与矩心位置无关，故直接用"M"表示，以资区别（本书不采取另用字母"T"表示）。

也可表达为平面力偶系中的所有各力对任一点力矩的代数和等于零。即

$$\sum M_O(F_i) = 0 \qquad (7\text{-}14)$$

例 7-5 在图 7-23 所示的展开式一级圆柱齿轮减速器中[⊖]，已知在输入轴 Ⅰ 上作用有力偶矩 $M_1 = -400\text{N} \cdot \text{m}$，在输出轴 Ⅱ 上作用有阻力偶矩 $M_2 = -2000\text{N} \cdot \text{m}$，地脚螺钉 A 和 B 相距 $l = 800\text{mm}$，不计摩擦和减速器自重，求 A、B 处的法向约束力。

解 1) 取减速器为研究对象。

2) 受力分析和受力图。减速器在图 7-23 所示平面内受到两个力偶 M_1 和 M_2 以及 A、B 处地脚螺钉的法向约束力的作用下平衡。由于力偶只能与力偶平衡，故 A、B 处的法向约束力 F_A 和 F_B 必构成一力偶。假设 F_A 和 F_B 的方向如图 7-23 所示。

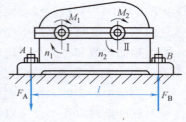

图 7-23　平面力偶系的解题举例

3) 列平衡方程并求解。由平衡条件 $\sum M_i = 0$，可得平衡方程

$$M_1 + M_2 + F_A l = 0$$

$$F_A = F_B = \frac{-M_1 - M_2}{l} = \left(\frac{400 + 2000}{0.8}\right)\text{N} = 3000\text{N}$$

计算结果为正值，说明 F_A 和 F_B 的假设方向是正确的。

第六节　平面一般力系

各力作用线在同一平面内任意分布的力系称为平面一般力系。简易起重机的横梁在考虑自重时的受力情况就属于平面一般力系（图 7-26）。下面先讨论平面一般力系简化的理论依据——力线平移定理。

一、力线平移定理

作用于刚体上的力 F，可以平行移动到刚体上的任一点，但必须附加一力偶，其力偶矩等于原力 F 对新的作用点之矩。

证明：设力 F 作用在刚体上的点 A 处，如图 7-24a 所示。在此刚体上任取一点 O，并在点 O 加上一对作用线与力 F 平行的平衡力 F' 和 F''，且使 $F' = F'' = F$，如图 7-24b 所示，则力系 F'、F''、F 和原力 F 等效。显然，力 F' 相当于由力 F 从点 A 平移而来，而力 F 和 F'' 构成了一个附加力偶，其力偶矩 M_O 等于力 F 对点 O 之矩。即 $M_O = M_O(F) = Fh$，如图 7-24c 所示，这就证明了定理。

这个定理说明了一个力可以和同一平面内的一个力和一个力偶等效，反之亦然。即

$$F = F' + M_O = F' + M_O(F) \qquad (7\text{-}15)$$

二、平面一般力系的简化

设刚体上作用有一个平面一般力系 F_1、F_2 和 F_3，如图 7-25a 所示。将力系向所在平面

⊖　在一级齿轮减速器中，主动齿轮的转速 n_1 为顺时针方向转动时，则从动齿轮的转速 n_2 为逆时针方向转动。且主动力偶矩 M_1 与主动齿轮转向相同，而阻力偶矩 M_2 与从动齿轮转向相反。

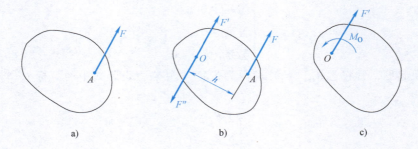

a)　　　　　　　　b)　　　　　　　　c)

图 7-24　力线平移定理

内的任一点 O 简化，即将力 F_1、F_2 和 F_3 分别向点 O 平移，点 O 称为简化中心。根据力线平移定理，即式（7-15），可以得到作用于点 O 的一个平面汇交力系 F_1'、F_2' 和 F_3'，以及一个力偶矩分别为 $M_{O1}=M_O(F_1)$、$M_{O2}=M_O(F_2)$、$M_{O3}=M_O(F_3)$ 的附加平面力偶系，如图 7-25b 所示。上述平面汇交力系又可以合成为一个合力 F'，称为原力系的主矢。即

$$F' = F_1'+F_2'+F_3' = F_1+F_2+F_3$$

而附加力偶系又可以合成为一个合力偶 M_O，称为原力系的主矩。即

$$M_O = M_{O1}+M_{O2}+M_{O3} = M_O(F_1)+M_O(F_2)+M_O(F_3)$$

推广到有 n 个力组成的平面一般力系，则有

$$\begin{cases} F' = F_1'+F_2'+\cdots+F_n' = F_1+F_2+\cdots+F_n = \sum F_i \\ M_O = M_{O1}+M_{O2}+\cdots+M_{On} = M_O(F_1)+M_O(F_2)+\cdots+M_O(F_n) = \sum M_O(F_i) \end{cases} \quad (7\text{-}16)$$

由此得出结论：平面一般力系可以简化为一个主矢和一个主矩，如图 7-25c 所示。主矢等于各力的矢量和，主矩等于各力对简化中心之矩的代数和。

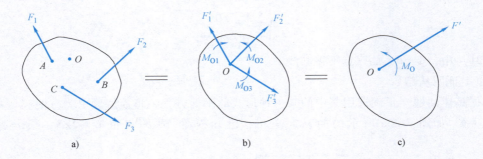

a)　　　　　　　　b)　　　　　　　　c)

图 7-25　平面一般力系的简化

三、平面一般力系的平衡方程及其应用

由平面一般力系的简化结果可以知道其平衡的必要和充分条件是主矢和主矩同时为零。即

$$\begin{cases} \sum F_i = 0 \\ \sum M_O(F_i) = 0 \end{cases} \quad (7\text{-}17)$$

写成投影式则有

$$\begin{cases} \sum F_{ix} = 0 \\ \sum F_{iy} = 0 \\ \sum M_O(F_i) = 0 \end{cases} \qquad (7\text{-}18)$$

为了简便起见，常将 $\sum M_O(F_i)$ 简写为 $\sum M_O$，并略去投影式中的下标 i，将式（7-18）进一步简写为

$$\begin{cases} \sum F_x = 0 \\ \sum F_y = 0 \\ \sum M_O = 0 \end{cases} \qquad (7\text{-}19)$$

即平面一般力系的平衡条件是力系中各力在两个坐标轴上投影的代数和分别为零，以及各力对任一点力矩的代数和为零。

式（7-19）称为平面一般力系的平衡方程，前两个方程称为投影方程，后一个方程称为力矩方程。这是三个独立方程，所以可以求解三个未知数。

式（7-19）称为平衡方程的基本形式，也称为一力矩式或一点式。平面一般力系的平衡方程还可以表达为如下两种形式

两力矩式

$$\begin{cases} \sum F_x = 0 \\ \sum M_A = 0 \\ \sum M_B = 0 \end{cases} \qquad (7\text{-}20)$$

式（7-20）中，A、B 两点的连线不得垂直于 x 轴。

三力矩式

$$\begin{cases} \sum M_A = 0 \\ \sum M_B = 0 \\ \sum M_C = 0 \end{cases} \qquad (7\text{-}21)$$

式（7-21）中，A、B、C 三点不得共线。

（以上证明从略）

根据具体问题，正确选用其中的某一种形式的平衡方程，将使解题更为方便。

例 7-6 如图 7-26a 所示的简易起重机，已知横梁 AB 的自重 $G = 2\text{kN}$，最大起重量

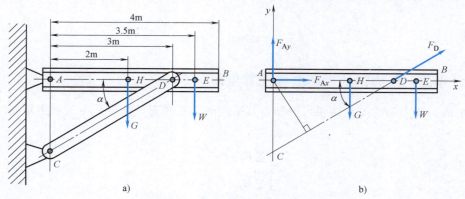

a)   b)

图 7-26 平面一般力系的解题举例

$W=10\text{kN}$，几何尺寸如图 7-26a 所示，$\alpha=30°$，求图示位置时，杆 CD 所受的力和铰链 A 处的约束力。

解 取横梁 AB 为研究对象，画受力图，如图 7-26b 所示。取坐标系 Axy，并取点 A 为矩心，列平衡方程

$$\sum M_A=0, \qquad F_D\overline{AD}\sin\alpha-G\overline{AH}-W\overline{AE}=0$$

$$F_D=\frac{G\overline{AH}+W\overline{AE}}{\overline{AD}\sin\alpha}=\left(\frac{2\times2+10\times3.5}{3\times\sin30°}\right)\text{kN}=26\text{kN}$$

$$\sum F_x=0, \qquad F_{Ax}+F_D\cos\alpha=0$$

$$F_{Ax}=-F_D\cos\alpha=(-26\times\cos30°)\text{kN}=-22.5\text{kN}$$

$$\sum F_y=0, \qquad F_{Ay}+F_D\sin\alpha-G-W=0$$

$$F_{Ay}=G+W-F_D\sin\alpha=(2+10-26\sin30°)\text{kN}=-1\text{kN}$$

所得结果 F_D 为正值，表示与假设方向相同；F_{Ax}、F_{Ay} 为负值，表示与假设方向相反。A 处的约束力若用合力来表示时为

$$F_A=\sqrt{F_{Ax}^2+F_{Ay}^2}=\sqrt{(-22.5)^2+(-1)^2}\,\text{kN}\approx22.5\text{kN}$$

本题也可以用两力矩方程求解，可分别选取 A、D 两点为矩心（其连线不垂直于 x 轴），列平衡方程

$$\sum M_A=0, \qquad F_D\overline{AD}\sin\alpha-G\overline{AH}-W\overline{AE}=0$$

$$F_D=\frac{G\overline{AH}+W\overline{AE}}{\overline{AD}\sin\alpha}=\left(\frac{2\times2+10\times3.5}{3\times\sin30°}\right)\text{kN}=26\text{kN}$$

$$\sum M_D=0, \qquad -W\overline{DE}-F_{Ay}\overline{AD}+G\overline{HD}=0$$

$$F_{Ay}=\frac{G\overline{HD}-W\overline{DE}}{\overline{AD}}=\left(\frac{2\times1-10\times0.5}{3}\right)\text{kN}=-1\text{kN}$$

$$\sum F_x=0, \qquad F_{Ax}+F_D\cos\alpha=0$$

$$F_{Ax}=-F_D\cos\alpha=(-26\times\cos30°)\text{kN}=-22.5\text{kN}$$

本题还可以用三力矩方程求解，请读者自行分析求解。

为了避免解联立方程的麻烦，力矩方程的矩心应尽量选在两个未知力的交点上；投影方程坐标系的选取应使坐标轴与该力系中的多数力平行或垂直，以简化力的投影。

下面再介绍一种工程上常见的约束——固定端约束及其约束力的求法。

夹紧在刀架上的车刀，如图 7-27a 所示；埋入地面的电线杆等零件，它们的共同特点是零件的一端被固定，工程上称之为固定端约束。如图 7-27b 所示是其简图。固定端约束既限制零件在力系作用平面内的转动，又限制零件上、下和左、右移动，所以这种约束可以产生一个约束力偶和一个约束力，约束力通常又用两个正交分力来表示，如图 7-27c 所示。约束力偶和约束力的大小和方向则由零件上所受的主动力来决定，见例 7-7。

例 7-7 用图 7-27a 所示的车刀割槽时，设车刀长度 l 和刀头上所受的切削力 F_x 和 F_y 均为已知（由"金属切削原理"课程可求得切削力 F_x 和 F_y，故视为已知），试求固定端 A 处的约束力。

解 取车刀为研究对象，它在切削力 F_x、F_y 和约束力 F_{Ax}、F_{Ay} 以及约束力偶 M_A 的作用下平衡，可画出其受力图，如图 7-27c 所示。

建立坐标系 Axy，并列出平衡方程

$$\sum F_x = 0, \qquad F_{Ax} - F_x = 0 \Rightarrow F_{Ax} = F_x$$

$$\sum F_y = 0, \qquad F_{Ay} - F_y = 0 \Rightarrow F_{Ay} = F_y$$

$$\sum M_A = 0, \qquad M_A - F_y l = 0 \Rightarrow M_A = F_y l$$

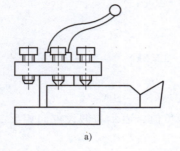 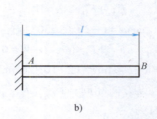 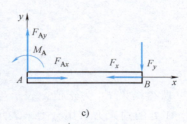

a)   b)   c)

图 7-27 固定端约束及其约束力的求法

a）固定端约束实例 b）简图 c）受力图

第七节　平面平行力系

各力作用线在同一平面内且相互平行的力系称为平面平行力系，如图 7-28 所示。通常起重机（图 7-29）、桥梁、车辆轮轴等结构上所受的力都可以简化为平面平行力系。因为平面汇交力系、平面力偶系和平面平行力系都是平面一般力系的特殊情况，因此它们的平衡方程都可以从平面一般力系的平衡方程得到。例如图 7-28 所示的平面平行力系，由于该力系中 $\sum F_x = 0$ 恒成立，所以力系的独立平衡方程只有两个，即

$$\begin{cases} \sum F_y = 0 \\ \sum M_O = 0 \end{cases}$$

或

$$\begin{cases} \sum M_A = 0 \\ \sum M_B = 0 \end{cases}$$

A、B 连线不能与诸力平行。

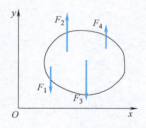

图 7-28 平面平行力系

例 7-8 图 7-29 所示为两腿架在工字钢钢轨上的一台塔式起重机。设已知机身重力 $G = 220$kN，最大起吊重力 $P = 50$kN，各部分几何尺寸如图 7-29 所示，求起重机满载时，为保证机身不致向前（顺时针）翻倒，平衡重力 W 的最小值应为多少？

解 取起重机为研究对象，作用在它上面的力有主动力 G、W、P 以及轨道 A、B 处的约束力 F_A 和 F_B，并构成一个

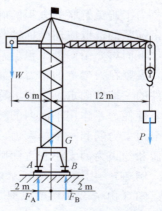

图 7-29 平面平行力系解题举例

平面平行力系。

为了保证机身不致向前翻倒，应满足 $F_A \geqslant 0$。

列平衡方程

$$\sum M_B = 0, \quad 2G + (6+2)W - (12-2)P - 4F_A = 0$$

得

$$W = \frac{10P + 4F_A - 2G}{8}$$

当取 $F_A = 0$ 时，即得

$$W_{min} = \frac{10P - 2G}{8} = \left(\frac{10 \times 50 - 2 \times 220}{8}\right) kN = 7.5kN$$

第八节　物体系统的平衡

工程中的机械或结构通常都是物体系统，简称物系。物系平衡时，物系中的任一个物体或任一部分也都是平衡的，所以解物系的平衡问题时，可以取整体，也可以取任一部分或任一物体为研究对象，且常常需要选几次研究对象。

例 7-9　图 7-30a 所示为一台地中衡的简图，图中几何尺寸 a 和 l 为已知，若在图 7-30a 所示位置平衡时，所加砝码的重力为 P，求所称物体的重力 W。

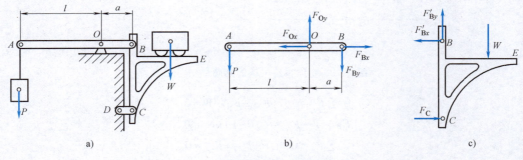

图 7-30　物体系统平衡的解题举例（一）

解　先取杠杆 AOB 为研究对象，画出受力图，如图 7-30b 所示。

列出平衡方程

$$\sum M_O = 0, \quad -F_{By}a + Pl = 0 \tag{①}$$

再取台面 BCE 为研究对象，其受力图如图 7-30c 所示。

列出平衡方程

$$\sum F_y = 0, \quad F_{By}' - W = 0 \tag{②}$$

显然，对铰链点 B 列出平衡方程（省略受力图）为

$$\sum F_y = 0, \quad F_{By} - F_{By}' = 0 \tag{③}$$

将以上式①、②、③联立求解，可得

$$W = \frac{l}{a}P$$

可见，所称物体的重力 W，在尺寸 a 和 l 一定时，可由所加砝码的重力 P 计算得到。为

了方便起见，实际上已将一定大小的 P 值所对应的 W 值标明在砝码上，称重时可以根据砝码直接读数而不必进行计算。而且与物体在台面上的位置无关。

例 7-10 图 7-31a 所示的三铰拱桥由 AC、BC 两半拱和 A、B、C 三个铰链构成。已知载荷 $P=6\text{kN}$，$W=10\text{kN}$，几何尺寸如图 7-31a 所示，不计拱桥的自重，求两固定座铰链 A、B 处的约束力。

解 先取整座拱桥为研究对象，画出受力图，如图 7-31a 所示。

列平衡方程

$$\sum M_B = 0, \quad 5W - 5P - 20F_{Ay} = 0 \qquad ①$$

故

$$F_{Ay} = \frac{5W - 5P}{20} = \left(\frac{5 \times 10 - 5 \times 6}{20}\right) \text{kN} = 1\text{kN}$$

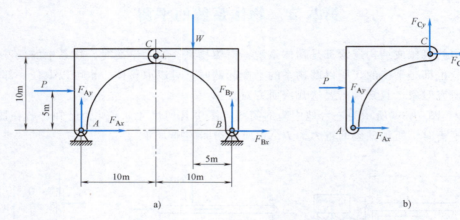

a)   b)

图 7-31 物体系统平衡的解题举例（二）

$$\sum F_y = 0, \quad F_{Ay} + F_{By} - W = 0 \qquad ②$$

故

$$F_{By} = W - F_{Ay} = (10 - 1)\text{kN} = 9\text{kN}$$

$$\sum F_x = 0, \quad P + F_{Ax} + F_{Bx} = 0 \qquad ③$$

再取半拱 AC 为研究对象，画出受力图，如图 7-31b 所示。

列平衡方程

$$\sum M_C = 0, \quad 5P + 10F_{Ax} - 10F_{Ay} = 0 \qquad ④$$

故

$$F_{Ax} = \frac{10F_{Ay} - 5P}{10} = \left(\frac{10 \times 1 - 5 \times 6}{10}\right) \text{kN} = -2\text{kN}$$

将 F_{Ax} 的值代入式③可得

$$F_{Bx} = -F_{Ax} - P = [-(-2) - 6]\text{kN} = -4\text{kN}$$

求得结果 F_{Ay}、F_{By} 为正值，说明其实际指向与假设的指向相同；而 F_{Ax}、F_{Bx} 为负值，说明其实际指向与假设的指向相反。

下面将解物系或物体的平衡问题时应注意的事项归纳如下：

1. 首先应正确选取研究对象

研究对象选择不当，将给问题的求解带来麻烦，甚至无法求解。例如在例 7-3 利用定滑轮装置提升重物的问题中，若需求人的拉力 F_3，就可以有几种研究对象的选取法和相应的解法，请读者自行分析、比较。在选取物系的研究对象时，较常见的两种取法是：①先选取系统中某个受已知力作用的物体，而后再逐个选取和它相连的物体，直到求出全部待求的未知力，如例7-9；②先选整个物系为研究对象，求出部分未知力后，再取系统中的某一部分或某个物体为研究对象，逐步求出其余的未知力，如例7-10。并且在一般情况下，所选研究对象上未知力的数量不能超过所能列出的独立平衡方程数。

2. 正确进行受力分析和画出受力图

画受力图时，不能漏画力，也不能多画力，必须根据约束类型和性质来确定约束力的数量和方向，要正确判断二力体。如在例7-9中，当选取台面为研究对象时，因为杆 CD 为二力杆，故在铰链点 C 处的约束力只有一个水平力 F_C，若画成 F_{Cx} 和 F_{Cy} 两个力，则由于多画了力，问题将不能求解。当取物系或部分物体为研究对象时，不能画出其内力。

3. 列平衡方程和求解

在列投影方程时，坐标选取应尽可能与大多数力平行或垂直；力矩方程的矩心应尽可能选取在两个或两个以上的未知力的交点上，这样容易使一个方程内只包含一个未知数，从而可以直接求解，以避免解联立方程的麻烦。还要根据具体问题，确定选用哪一种形式的方程，以便于求解。在解题过程中，对每一个研究对象不一定都要列出全部的平衡方程，而只需列出解题所必需的平衡方程即可，见例7-8、例7-9、例7-10。

习　　题

7-1　试比较下列概念：

（1）物体与刚体　　　　　　　　　（2）静止与平衡

（3）平衡力系与等效力系　　　　　（4）主动力与约束力

（5）作用与反作用公理中的两个力与二力平衡公理中的两个力以及力偶中的两个力

（6）物系的内力与外力　　　　　　（7）力矩与力偶

（8）力的可传性与力线平移定理　　（9）合力矩定理与合力投影定理

7-2　已知大小相等的两个共点力 F_1 和 F_2 的夹角为 α，合力为 F，求下列情况下的 α 值（$0° \leqslant \alpha \leqslant 180°$）

（1）$F = 2F_1$　　　　　（2）$F = \sqrt{2}F_1$

（3）$F = F_1$　　　　　（4）$F = 0$　　　　（5）$F = \dfrac{2}{3}\sqrt{3}F_1$

并说明合力 F 的大小与两个分力的夹角 α 大小的关系。

7-3　画出下列指定物体或物系的受力图，如图7-32所示（①除标明重力为 W 外的各构件的自重忽略不计；②摩擦忽略不计）。

a）球 O　　　b）圆柱滚子 O_2　　　c）杆 ABC　　　d）杆 ABC、杆 CD 和整体

e）刚架 ABC　　　f）半拱 AB、BC 和整体

7-4　如图7-33所示压路机的圆柱体碾子重 $W = 20\text{kN}$，碾子半径 $r = 400\text{mm}$，用一通过其中心的水平力 F 将碾子拉过高 $h = 80\text{mm}$ 的石阶，试用几何法求：①所需水平力 F 的大小；②若要使拉力 F 为最小，求最小拉力的大小和方向（提示：在求最小拉力时，要应用几何学中的定理——一点到一直线的垂直距离为最短）。

7-5　如图7-34所示的起重机连同起吊的重物共重 $W = 10\text{kN}$，作用在梁 AB 的中点 D，梁的自重忽略不计，图中 $\alpha = 30°$，试用平面汇交力系的解析法求：①拉杆 BC 的拉力和铰链 A 的约束力；②当 α 为何值时（$0° \leqslant \alpha \leqslant 90°$），这两个力为最小，其值为多少？③当 α 为何值时（$0° \leqslant \alpha \leqslant 90°$），这两个力为最大，其值为多少？④若 $\alpha = 30°$ 不变，而将起重机连同重物移动到梁 AB 的端点 B 时，这两个力的大小又为多少？

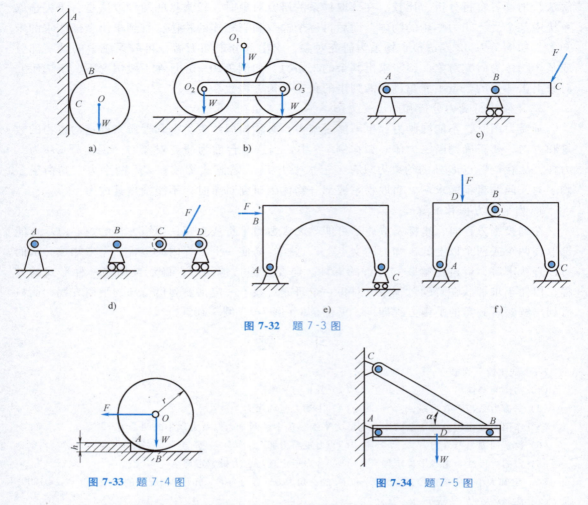

图 7-32　题 7-3 图

图 7-33　题 7-4 图

图 7-34　题 7-5 图

7-6　如图 7-35 所示的电动机安装在梁 AB 的中点 C，受到一力偶矩为 M=-200N·m 的力偶的作用，设梁的长度 AB=10m，电动机和梁的自重忽略不计，求 A、B 处的约束力。当改变电动机在梁上的安装位置时，上述约束力是否改变？为什么？

7-7　图 7-36 所示机构中，AB 杆上有一导槽，CD 杆上的销子 E 活动地嵌套在此槽中，在 AB 杆和 CD 杆上分别作用有力偶 M_1 和 M_2，且已知 M_1=-1000N·m，l=1m，α=45°，不计杆的自重和摩擦，求机构如图 7-36 所示位置平衡时，力偶矩 M_2 的大小。

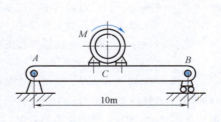

图 7-35　题 7-6 图

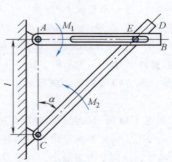

图 7-36　题 7-7 图

7-8　分别求如图 7-37 所示各梁 AB 在约束处所受到的约束力。已知 $F = 3000N$，$|M| = 100N \cdot m$，$a = 200mm$，$l = 600mm$，各梁自重忽略不计。

7-9　图 7-38 所示棘轮机构中，与棘轮固定的鼓轮上受到一重力为 $W = 32kN$ 的重物的作用，棘轮由向心滑动轴承 O 支承，并受到棘爪 AB 的制动，几何尺寸如图 7-38 所示，不计摩擦和各构件的自重，用平面一般力系的平衡条件求棘爪 AB 和轴承 O 对棘轮的约束力。

7-10　在例 7-3 中的匀速提升工字钢梁的定滑轮装置中，若已知 $W = 15kN$，$\alpha = 45°$，$\beta = 15°$，不计摩擦和各构件自重，试求：①人所需的拉力 F 为多少？②定滑轮支承 O 处的约束力为多少？③当角度 α 改变时以上两力是否变化？④当角度 β 改变时，以上两力是否变化？

7-11　在例 7-8 的塔式起重机中，若已知条件均不变，试求：①空载时，要保证机身不致向后（逆时针）翻倒，允许平衡重 W 的最大值为多少？②结合例 7-8 的结论，说明要使起重机安全地工作，平衡重 W 应在什么范围内选取？

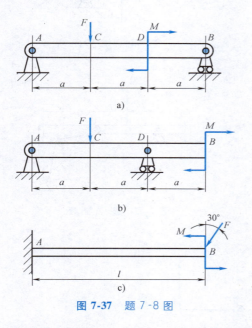

图 7-37　题 7-8 图

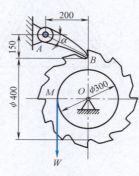

图 7-38　题 7-9 图

7-12　如图 7-39 所示，半径 $R = 1m$、重 $W = 10kN$ 的均质球 O，放在墙面和杆 AB 之间，杆的 A 端用铰链铰接，B 端用水平绳索 BC 拉住，并知 AB 杆的长为 $l = 5m$，它与墙面之间的夹角为 $\alpha = 30°$，不计摩擦和绳索、杆件的自重，求绳索 BC 的拉力（提示：$\overline{AE} = \overline{OE}\cot\dfrac{\alpha}{2}$）。

7-13　图 7-40 所示为活塞式发动机中的曲柄滑块机构。已知气缸中燃油燃烧时产生的对活塞的推力 $F = 400N$，几何尺寸如图 7-40 所示，不计摩擦和各构件自重，求图示位置时，机构能够克服作用在曲柄 OA 上的阻力偶矩 M 为多少？

7-14　折叠梯（人字梯）的两半梯 AB 和 AC 在点 A 处用中间铰链铰接，并在 D、E 两点处用水平绳相连，B、C 处支承于地面（视为光滑面），若 H 处站有一人，体重为 W，几何尺寸如图 7-41 所示，不计摩擦和各构件自重，试求绳索 DE 所受到的拉力 F。

7-15　图 7-42 所示构架由杆 AC 和刚架 BC 通过中间铰链 C 连接而成，且已知主动力 $F = 5kN$，主动力偶 $M = 10kN \cdot m$，几何尺寸 $l = 2m$，杆和刚架的自重均忽略不计，试求固定铰链 A、B 处的约束力。

7-16　图 7-43 所示构架由长度为 l 的三根等长杆 AD、BE 和 CF 组成。其中各杆的中点 D、E、F 处均为中间铰链；而端点 A 处为固定座铰链；端点 B 处为活动座铰链。在构架的水平杆 FC 的右端点 C 处挂有

一重力为 P 的重物。试求固定支座 A 和活动支座 B 处的约束力（您还能求中间铰链 D、E、F 处的约束力吗?）

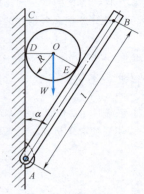

图 7-39　题 7-12 图

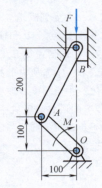

图 7-40　题 7-13 图

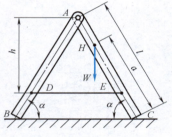

图 7-41　题 7-14 图

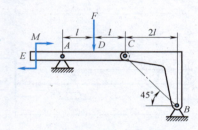

图 7-42　题 7-15 图

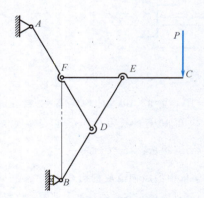

图 7-43　题 7-16 图

零件的失效分析和计算

通过上一章对零件（物体）进行的受力分析和计算，可以求得每一个零件上所受到力的大小和方向。本章的任务是进一步讨论在常温下受静应力（应力的大小和方向不随时间而变化或变化缓慢的应力）作用的等截面直杆在各种基本变形：轴向拉伸与压缩、剪切、挤压、扭转和弯曲下常见的失效形式——破坏、过量变形以及失稳，并进行相应的强度、刚度和稳定性计算。同时也扼要介绍在交变应力（应力的大小和方向随时间做周期性变化的应力）作用下的失效形式——疲劳破坏的概念。

第一节　轴向拉伸与压缩

一、基本概念

在工程实际中，有很多零件是受到轴向拉伸或压缩作用的。例如图 8-1a 所示的三角支架，当只在铰链 B 处受到载荷 F 作用时，且忽略杆 AB 和 BC 的自重，则它们都是二力杆，其受力图分别如图 8-1b、c 所示。其中杆 AB 是承受轴向拉伸的杆件，而杆 BC 是承受轴向压缩的杆件。它们共同的受力特点是：外力（或外力的合力）的作用线与杆件的轴线重合；变形特点是：杆件沿轴线方向伸长或缩短，所以这种变形形式称为轴向拉伸或压缩（以下简称拉伸或压缩），这类杆件相应称为拉杆或压杆。

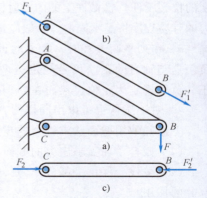

二、拉伸或压缩时的内力——轴力

内力是指由外力作用引起的零件内部相连两部分之间的相互作用力。如图 8-2a 所示的拉杆，在一对等值、反向、共线的外力（拉力）F 和 F' 的作用下处于平衡。为了确定其横截面 $m—m$ 上的内力，可假想沿横截面 $m—m$ 将杆截开，并取左段为研究对象，如图 8-2b 所示，显然，在横截面上必然有一个内力 $F_\sigma^{\ominus}$

图 8-1　轴向拉伸与压缩概念

⊖　本书将外力用"F"（需标明作用点时用 F_A、F_B 等）表示（见第七章），而将由外力 F 造成杆的拉、压变形时，所引起的内力——轴力用"F_σ"表示（因产生正应力 σ，见下述），以资区别（而不另用字母表示）。在剪切、扭转变形时，对于产生切应力"τ"的内力——剪力，则用"F_τ"表示。

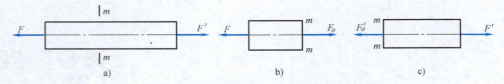

图 8-2　求内力的普遍方法——截面法

（分布内力的合力）作用，它代表了右段对左段的作用。若假设内力 F_σ 为拉力，则根据左段的平衡有

$$\sum F_x = 0, \quad F_\sigma - F = 0 \tag{a}$$

如取轴的右段来研究，如图 8-2c 所示，并设截面上内力 F_σ' 为拉力，则根据右段的平衡有

$$\sum F_x = 0, \quad F' - F_\sigma' = 0 \tag{b}$$

上述内力 F_σ 和 F_σ' 的方向均沿着杆件的轴线，故称为截面 m—m 上的轴力。并规定轴力是拉力时为正，轴力是压力时为负。

于是，由式（a）或式（b）即可求得截面 m—m 上的内力 $F_\sigma = F$ 或 $F_\sigma' = F' = F$，这种求内力的方法称为截面法，这是各种变形情况下求内力的普遍方法。

需要注意的是：

1）在画受力图时，必须假设轴力为拉力，这样求得轴力为正时，表示与假设的方向相同，也就同时表明轴力为拉力；如果求得的轴力为负时，表示与假设的方向相反，也就同时表明轴力为压力。

2）求拉（压）杆横截面上的内力时，可以取左段平衡，也可以取右段平衡，求得轴力的结果是一样的。如上例中，不仅求得的轴力 F_σ 和 F_σ' 大小相等，而且正负号也相同，均为"+"，表明轴力为拉力（尽管 F_σ 和 F_σ' 方向相反）。然而在求多力杆（在多个轴向力作用下平衡的拉、压杆）横截面上的内力时，取左段或右段平衡，求得的结果虽然也是一样的，但求内力的难易程度将是不同的。一般应选取受力较少的轴段为研究对象，以便于解题。

3）在列平衡方程时，各力的正负号仍以力的方向与 x 轴的正向一致时为正，反向时为负。这与轴力的正、负号规定是两回事。如图 8-2c 所示，假设轴力 F_σ' 为拉力，按轴力的正、负号规定为正值，然而在列平衡方程时，F_σ' 取负值，见式（b）。

4）对于压杆也可以用同样的方法求得轴力，只是压杆的轴力必为负值，即一定是压力。下面归纳用截面法求轴力的步骤如下：

（1）截开　在需求内力的截面处假想用截面将杆件截开。

（2）替代　保留一部分作为研究对象，移去另一部分，并以内力来代替移去部分对保留部分的作用。

（3）平衡　对留下的部分建立平衡方程，并解方程，求出截面上的内力。

三、拉、压杆横截面上的正应力

1. 应力的概念

取两根材料相同但直径（粗细）不同的直杆，并施加相同的拉力，则它们横截面上的内力也是相同的。但当拉力同时逐渐增大时，细杆必然先被拉断，这说明相同材料的直杆强

度不仅与内力 F_σ 的大小有关，而且与杆件的横截面面积（以下简称截面积）A 的大小有关。即杆的强度取决于内力在截面上分布的密集程度（简称集度），这种内力的集度在力学中称为应力。这就是说，相同材料的杆件强度取决于横截面上的应力。当内力 F_σ 在横截面上均匀分布时，则截面上各处的应力也都相同，此时应力 p 应为单位面积上的内力，即 $p = F_\sigma/A$。

应力的单位为 N/m^2，称为帕斯卡，简称帕，用符号 Pa 表示。

2. 拉、压杆横截面上的正应力

为了确定拉、压杆横截面上的应力分布情况，我们做如下的试验：取一根等圆截面直杆，并在杆的表面上画出垂直于杆轴的圆周线 ab 和 cd，如图 8-3a 所示的双点画线。然后在杆的两端加上一对平衡力 F 和 F'，使杆产生拉伸变形，我们发现如下现象：圆杆被拉细、拉长了，圆周线 ab 和 cd 则分别平移到 a_1b_1 和 c_1d_1，如图 8-3a 所示的细实线。

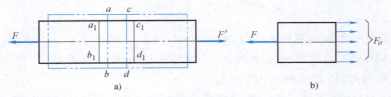

图 8-3 拉（压）杆横截面上的正应力

根据上述试验现象，可以做出如下平面假设：变形前为平面的横截面，变形后仍为平面，并仍垂直于杆轴，只是发生了相对平移。如果设想杆件是由许多纵向纤维所组成，则由平面假设可知，杆的各纵向纤维伸长相同，故受力也相同。可见横截面上的内力是均匀分布的，且垂直于横截面，如图 8-3b 所示。由此得出结论：拉（压）杆横截面上各点的应力大小相同，方向垂直于横截面，故称为正应力，并用"σ"表示。于是可得到拉（压）杆横截面上的正应力的计算公式为

$$\sigma = \frac{F_\sigma}{A} = \frac{F}{A} \tag{8-1}$$

正应力的符号随轴力的符号而定，即拉应力为正，压应力为负。

四、材料在拉伸和压缩时的力学性能

取两根直径相同的钢棒和铸铁棒，各加上一对相同的平衡拉力 F 和 F'，则它们的内力 F_σ 和正应力 σ 也都是相同的。当逐渐加大拉力时，发现铸铁棒首先被拉断，可见它们的强度除了与正应力的大小有关外，还与材料在外力作用下所显示的力学性能有关。因此，下面来研究一下材料在室温、静应力条件下的力学性能。这需要通过力学试验来测定。

根据国家标准 GB/T 228.1—2021《金属材料 拉伸试验 第 1 部分：室温试验方法》中的规定，将材料制成标准的拉伸试件，如图 8-4a 所示，并通过试验机施加拉力 F_1，F_2，$\cdots$，F_n，逐次增大，直至试件断裂。由式（8-1）可计算出对应的正应力为 σ_1，σ_2，$\cdots$，σ_n。在拉伸过程中，还可测得试件的标距长度 L_0 相应伸长为 L_1，L_2，$\cdots$，L_n，一般可用 L_i 表示，则 L_i 与 L_0 之差称为绝对变形；而绝对变形与 L_0 之比称为相对变形或线应变，简称应变，用 ε 表示。因此，可得到求 ε 的一般表达式为

$$\varepsilon_i = \frac{L_i - L_o}{L_o} \tag{8-2}$$

由式（8-2）即可求得 ε_1，ε_2，…，ε_n。

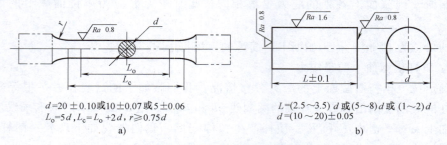

图 8-4 标准拉伸试件和压缩试件

a）标准拉伸试件   b）标准压缩试件

于是可以以正应力 σ 为纵坐标，以应变 ε 为横坐标，画出一条 σ-ε 曲线，称为应力-应变曲线。显然不同材料的应力-应变曲线也各不相同，下面举例说明之。

1. 碳素结构钢 Q235 拉伸时的力学性能

碳素结构钢 Q235 属于低碳钢，是一种典型的塑性材料，用上述拉伸试验方法可以得到它的应力-应变曲线如图 8-5 所示。如图 8-5 所示，整个拉伸过程可分为如下四个阶段。

（1）正比例阶段   如图 8-5 所示直线 Oa 段称为正比例阶段，点 a 所对应的应力值称为比例极限，用 σ_p 表示。Q235 钢的 $\sigma_p \approx 200\text{MPa}$。这一阶段材料的力学性能有两个特点：①变形是可逆的，即卸载后变形随之完全消失，这种变形称为弹性变形（近似认为弹性极限 $\sigma_e = \sigma_p$）；②应力与应变成正比，即

$$\sigma = E\varepsilon \tag{8-3}$$

图 8-5 Q235 钢的应力-应变曲线

这一关系式称为胡克定律。式中比例常数 $E = \sigma/\varepsilon = \tan\alpha$，为直线 Oa 段的斜率，称为材料的弹性模量。显然它反映了材料抵抗弹性变形能力的大小，是材料的刚度指标，即 E 值越大（α 角越大，直线越陡），材料的刚度越好。各种常用工程材料的弹性模量 E 值见表 8-1。

表 8-1 各种常用工程材料的弹性模量 E 值　　　（单位：GPa）

材料	碳钢	铸钢	合金钢	灰铸铁	球墨铸铁	铜及其合金	铝及其合金
E	206	202	186~216	118~126	173	100~120	70~72

（2）屈服阶段   在点 a 以后，曲线开始变弯，即应力和应变不再保持正比例关系，且卸载后开始出现部分不可逆的变形，这种将被永久保留下来的变形称为塑性变形。曲线到达点 s 出现一近似水平的线段 ss'，这表明此时应力的变化很小，而应变却显著增加，即材料暂时丧失了抵抗变形的能力，这种现象称为屈服，这一阶段（as'）相应称为屈服阶段。与点 s 对应的应力值称为材料的屈服强度，用 σ_s 表示。Q235 钢的 $\sigma_s \approx 235\text{MPa}$。

（3）强化阶段　过了点 s' 后，材料又恢复了抵抗变形的能力，即需要增大应力才能继续增加应变，直到点 b 时，应力达到最大值，这种现象称为强化，这一阶段（$s'b$）相应称为材料的强化阶段。点 b 是强化阶段的最高点，也是 σ-ε 曲线的最高点，其对应的应力值称为材料的抗拉强度，用 σ_b⊖表示。Q235 钢的 $\sigma_b = 375 \sim 460\text{MPa}$。

以上三个阶段中的应力 σ_p、σ_s 和 σ_b 均为材料的强度指标。

（4）局部收缩阶段　当应力达到抗拉强度时，试件某一部分的横截面将突然发生显著的局部收缩，称为缩颈现象。到达点 c 时，试件被拉断。这一阶段（bc）称为局部收缩阶段。

试件断裂后，其弹性变形消失，而保留下来的塑性变形的大小可以用来表明材料的塑性好坏。设此时的断后标距为 L_u（原始标距 L_o），则材料的塑性好坏可用塑性指标断后伸长率 δ（以下简称伸长率）来定量表示。即

$$\delta = \frac{L_u - L_o}{L_o} \times 100\% \tag{8-4}$$

工程上通常将伸长率 $\delta \geqslant 5\%$ 的材料称为塑性材料，如钢、铝、铜等；而把 $\delta < 5\%$ 的材料称为脆性材料，如铸铁、水泥等。Q235 钢的伸长率 $\delta \approx 26\%$。

2. 灰铸铁 HT250 在拉伸时的力学性能

脆性材料灰铸铁 HT250 拉伸时的 σ-ε 曲线如图 8-6 所示的实线。其特点是：

1）曲线无明显的直线部分（只有在应力较小时，曲线 $0a$ 段可近似看作直线段），即没有正比例阶段，同时也无屈服现象和缩颈现象。

2）强度低，其抗拉强度 σ_{b+} 仅为 250MPa。

3）塑性差，试件断裂时的塑性变形很小，其伸长率只有 $0.3\% \sim 0.8\%$。

3. Q235 钢压缩时的力学性能（GB/T 7314—2017）

用 Q235 钢的标准压缩试件，如图 8-4b 所示，进行压缩试验，可以得到它的 σ-ε 曲线，如图 8-5 中的 $Oass'd$ 所示。如图 8-5 所示，在点 s' 前与拉伸曲线重合，表明压缩时的弹性模量、比例极限和屈服强度等都与拉伸时相同；在点 s' 之后，曲线与拉伸时不再重合，而是沿虚线段 $s'd$ 方向上升，这反映了 Q235 钢压缩时，试件越压越扁，并不碎裂，故测不到强度极限 σ_b。因此，塑性材料的抗拉强度实际是指拉伸时的抗拉强度。由于塑性材料实际允许使用的应力都在 σ_s 以下，所以可以认为其拉、压的力学性能相同。

4. 灰铸铁 HT250 在压缩时的力学性能

灰铸铁 HT250 在压缩时 σ-ε 曲线如图 8-6 所示的虚线。如图 8-6 所示，灰铸铁压缩时的抗压强度 σ_{b-} 比拉伸时的抗拉强度 σ_{b+} 高得多，为拉伸时的 2~3 倍。

综上所述，塑性材料与脆性材料有如下的主要区别：

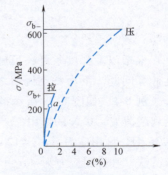

图 8-6　灰铸铁 HT250 拉、压时的 σ-ε 曲线

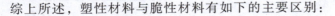

⊖　在国家标准 GB/T 228.1—2010《金属材料　拉伸试验　第 1 部分：室温试验方法》中，抗拉强度用"R_m"表示（断后伸长率用"A"表示）。在国家标准 GB 3102.3—1993《力学的量和单位》中，正应力用"σ"表示，故抗拉强度（材料拉伸过程中的最大正应力）相应用"σ_b"表示。鉴于后者是强制性国家标准，所以本书仍沿用"σ_b"表示抗拉强度（δ 表示断后伸长率）。

1）塑性材料有良好的塑性，$\delta \geqslant 5\%$；而脆性材料脆性大，塑性差，$\delta < 5\%$。

2）材料丧失正常工作能力时的应力称为极限应力，用 σ_{lim} 表示。对于塑性材料，当应力达到 σ_s 时就产生显著的塑性变形而失效，所以应取 $\sigma_{lim} = \sigma_s$，故塑性材料的抗拉和抗压强度相同。对于脆性材料，由于它在断裂时的变形还很小，所以应取 $\sigma_{lim} = \sigma_b$，即拉伸时 $\sigma_{lim} = \sigma_{b+}$，压缩时 $\sigma_{lim} = \sigma_{b-}$，由于 $\sigma_{b-} \gg \sigma_{b+}$，所以其抗压能力显著大于抗拉能力，即耐压不耐拉，这就是工程上常把脆性材料作为承压构件的原因。

五、拉、压杆的强度计算

为了保证零件在外力作用下能正常、安全地工作，应该使它的工作应力小于材料的极限应力。因此，一般将极限应力除以一个大于1的系数 S，作为零件工作时所允许的最大应力，称为许用应力，用 $[\sigma]$ 表示。系数 S 称为安全系数。即

$$[\sigma] = \frac{\sigma_{lim}}{S} \tag{8-5}$$

需要注意：

1）塑性材料的拉、压许用应力 $[\sigma]$ 相同；而脆性材料的拉、压许用应力 $[\sigma_+]$、$[\sigma_-]$ 不同。

2）安全系数的大小取决于设计计算的正确性、材料力学性能的可靠性以及特殊的安全要求等诸多因素。安全系数选取是否合理，直接影响安全与经济问题。

各种材料在一定工作条件下的安全系数或许用应力值可从有关手册中查到。对于塑性材料，一般取 $S = 1.2 \sim 2.5$；对于脆性材料，一般取 $S = 2.0 \sim 3.5$。请读者考虑，为什么脆性材料要比塑性材料取较大的安全系数。

综上所述，可以得到拉、压杆的强度条件为

$$\sigma = \frac{F_\sigma}{A} = \frac{F}{A} \leqslant [\sigma]^\ominus \tag{8-6}$$

根据以上强度条件，可解决工程中的强度校核、设计截面和确定许可载荷三种类型的强度计算问题。下面举例说明之。

例 8-1　如图 8-7a 所示的三角支架中，已知铰链 B 处受到载荷 $F = 10kN$ 的作用，$\alpha = 45°$，AB 杆（杆1）的材料为 Q235 钢，许用应力 $[\sigma] = 120MPa$，BC 杆（杆2）的材料为灰铸铁，其许用应力为 $[\sigma_+] = 50MPa$，$[\sigma_-] = 120MPa$，截面积 $A_2 = 100mm^2$，试求：

1）校核 BC 杆的强度。

2）根据 BC 杆的强度确定许可载荷 $[F]$。

3）当载荷为许可载荷 $[F]$ 时，设计 AB 杆的截面积 A_1。

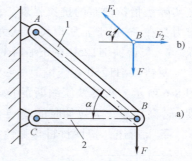

图 8-7　拉、压杆的强度计算

⊖　对于压杆，式（8-6）所表示的强度条件只适合于短而粗的压杆；而对于细而长的压杆其失效形式是丧失稳定性，有关压杆稳定性的概念见本章第五节。

4）若 BC 杆改用 Q235 钢，AB 杆改用灰铸铁，则许可载荷 $[F']$ 又为多少？说明什么问题？

解 取铰链 B 的圆柱销为研究对象，其受力图如图 8-7b 所示。

列平衡方程

$$\begin{cases} \sum F_x = 0, & F_2 - F_1 \cos\alpha = 0 \\ \sum F_y = 0, & F_1 \sin\alpha - F = 0 \end{cases}$$

解联立方程得

$$\begin{cases} F_1 = \sqrt{2}\,F\,(拉) \\ F_2 = F\,(压) \end{cases}$$

1）校核 BC 杆的强度。

$$\sigma = \frac{F_2}{A_2} = \frac{F}{A_2} = \left(\frac{10 \times 10^3}{100}\right) \text{MPa} = 100\text{MPa} < [\sigma_-] = 120\text{MPa}$$

所以 BC 杆的强度足够。

2）确定许可载荷 $[F]$。

$$[F] = [\sigma_-] A_2 = (120 \times 100)\,\text{N} = 12000\text{N} = 12\text{kN}$$

3）设计 AB 杆的截面积 A_1。

$$A_1 = \frac{F_1}{[\sigma]} = \frac{\sqrt{2}\,[F]}{[\sigma]} = \left(\frac{\sqrt{2} \times 12 \times 10^3}{120}\right)\text{mm}^2 = 141.4\text{mm}^2$$

4）求新的许可载荷 $[F']$。

BC 杆受压，由灰铸铁改为 Q235 钢后，由于 $[\sigma_-] = [\sigma] = 120\text{MPa}$，所以承载能力不变；而 AB 杆受拉，由 Q235 钢改为灰铸铁后，由于 $[\sigma_+] < [\sigma]$，使承载能力下降，所以此时的许可载荷应由 AB 杆决定。故

$$[F'] = \frac{[\sigma_+] A_1}{\sqrt{2}} = \left(\frac{50 \times 141.4}{\sqrt{2}}\right)\text{N} = 5000\text{N} = 5\text{kN}$$

这说明了脆性材料灰铸铁宜作为受压杆件，而不宜作为受拉杆件。这里由于受拉杆件 AB 改用了灰铸铁，使整个三角支架的承载能力（许可载荷）由 12kN 下降为 5kN。

六、拉、压杆的刚度条件

图 8-8 所示为受一对轴向拉力 F 作用的拉杆，设其应力在比例极限以内，杆的截面积为 A，原长为 l，变形后的长度为 l_1，则杆的应力 $\sigma = F/A$，应变 $\varepsilon = \dfrac{l_1 - l}{l} = \dfrac{\Delta l}{l}$，将 σ 和 ε 代入胡克定律表达式 $\sigma = E\varepsilon$，即得到

$$\Delta l = \frac{Fl}{EA} \qquad (8\text{-}7)$$

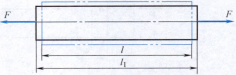

图 8-8 拉、压杆的轴向变形与刚度

式（8-7）是胡克定律的另一种表达形式，它表明在比例极限以内，杆的轴向变形 Δl 同拉力 F 及杆的原长 l 成正比，同材料的弹性模量 E 及杆的截面积 A 成反比，即乘积 EA 越大，杆的轴向变形越小，刚度越好。故乘积 EA 称为杆的抗拉、压刚度。

拉、压杆的刚度条件是限制轴向变形 Δl 不超过许用变形 $[\Delta l]$。即

$$\Delta l = \frac{Fl}{EA} \leq [\Delta l] \tag{8-8}$$

在大多数情况下，满足强度要求的拉、压杆，一般也满足刚度要求，故不必进行刚度计算。但在要求轴向变形很小的一些特殊使用场合下的拉、压杆，如车床的丝杠等，往往还需进行刚度校核。

第二节　剪切与挤压

一、剪切

1. 剪切的概念

在工程中经常会遇到剪切问题。图 8-9a 所示为齿轮与轴之间用键联接以传递转矩；图 8-10a 所示为两块钢板用圆柱销联接以承受横向拉力。上述键和圆柱销的受力情况分别如图 8-9b 和图 8-10b 所示。它们共同的受力特点是零件受到一对大小相等、方向相反、作用线相隔很近的外力或外力合力的作用，其变形特点是零件在两力作用线间的截面 m—m 发生相对错动。这种变形形式称为剪切，发生相对错动的面称为剪切面。

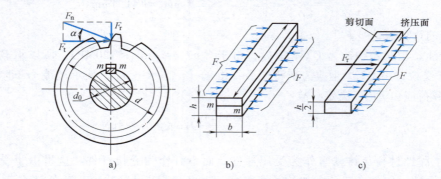

图 8-9　剪切与挤压——键

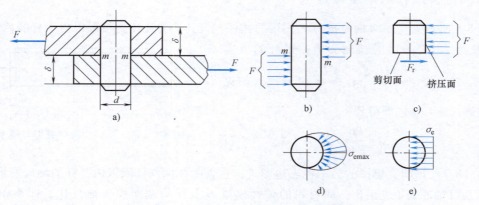

图 8-10　剪切与挤压——圆柱销

2. 剪切强度计算

用截面法可以求得剪切面上内力的合力——剪力 F_τ 的大小和方向。如图 8-9c 所示，$F_\tau = F = F_t \dfrac{d}{2} \left/ \dfrac{d_0}{2} \right. = M \left/ \dfrac{d_0}{2} \right. = 2M/d_0$（$M$ 为齿轮所传递的转矩）；如图 8-10c 所示，$F_\tau = F$。剪力 F_τ 的方向与外力平行、反向且切于剪切面。由剪力 F_τ 产生的应力也必切于剪切面，称为切应力，用"τ"表示。

由于剪力和切应力在剪切面上的分布比较复杂，所以工程上通常采用假定计算法（实用计算法），即假定切应力 τ 在剪切面上均匀分布，若剪切面的面积为 A，则 $\tau = \dfrac{F_\tau}{A}$。并对同类联接件进行剪切试验，得到极限剪力 $F_{\tau\lim}$，求得极限切应力 $\tau_{\lim} = \dfrac{F_{\tau\lim}}{A}$，再除以安全系数 S，即得到许用切应力 $[\tau] = \dfrac{\tau_{\lim}}{S}$。于是可建立剪切强度条件为

$$\tau = \frac{F_\tau}{A} \leqslant [\tau] \tag{8-9}$$

式中许用切应力的值可从有关手册中查到，或者由下面的经验公式确定：

塑性材料　$[\tau] = (0.6 \sim 0.8)[\sigma]$

脆性材料　$[\tau] = (0.8 \sim 1.0)[\sigma_+]$

3. 剪切变形

图 8-11a 为图 8-9a 中联接齿轮与轴的普通平键的横截面，在键的两侧面上分别受到外力的合力 F 的作用，其中 m—m 为剪切面。

在剪切面上的点 A 处，取一微立体 $dxdydz$，如图 8-11b 所示，力学上称为单元体，则在切应力 τ 的作用下，将产生剪切变形，如图 8-11b 所示的虚线。由于 dz 方向上的变形相同，所以可只取 $dxdy$ 面来讨论，如图 8-11c 所示，图中原矩形 $abcd$ 变成了平行四边形 $abc'd'$，形成了直角的微小改变量 γ。如图 8-11c 所示 cc' 或 dd'，称为绝对剪切变形；在小变形的情况下，$\gamma \approx \tan\gamma = cc'/bc = dd'/ad$，称为相对剪切变形，又称为切应变，其单位为弧度（rad）。

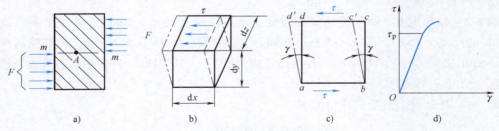

图 8-11　剪切变形及剪切胡克定律

试验表明，当切应力不超过材料的剪切比例极限 τ_p 时，切应力 τ 与切应变 γ 成正比，如图 8-11d 所示，即

$$\tau = G\gamma \tag{8-10}$$

这一关系称为剪切胡克定律。其中比例系数 G 反映了材料抵抗剪切变形的能力，称为材料的切变模量。其值因材料不同而异，可通过试验测定。常用工程材料的切变模量 G 值见表 8-2。

表 8-2 常用工程材料的切变模量 G 值   （单位：GPa）

材料名称	碳钢	合金钢	铸　铁	铜及其合金	铝及其合金
G	80~84	78~80	44	39~48	26~27

二、挤压

1. 挤压的概念

上述受剪力作用的零件在发生剪切变形的同时，局部表面上还存在着挤压。如图 8-9a 所示的键，在传递转矩的过程中，其右侧面的下半部分与轴槽压紧，左侧面的上半部分则与轮毂槽压紧；如图 8-10 所示的圆柱销与钢板的圆柱孔之间也有类似的压紧情况。这种零件局部面积的受压现象称为挤压。两零件间相互压紧的面称为挤压面，作用在挤压面上的力称为挤压力，由挤压力形成的应力称为挤压应力。

2. 挤压强度计算

当零件受到过大的挤压应力作用时，挤压面的局部区域将被压溃或产生显著的塑性变形，造成零件的失效。由于挤压力 F 和挤压应力 σ_e 在挤压面上的分布相当复杂，所以工程上也采用与剪切相同的假定计算法。故挤压强度条件为

$$\sigma_e = \frac{F}{A_e} \leqslant [\sigma_e] \tag{8-11}$$

式中　A_e——有效挤压面面积。当挤压面为平面时，有效挤压面面积等于实际承压面面积，如图 8-9 所示，$A_e = hl/2$；当挤压面为半圆柱面时，有效挤压面面积等于实际承压面沿挤压力 F 方向的投影面积，如图 8-10 所示，$A_e = \delta d$。这是因为理论分析表明，在半圆柱面上的挤压应力的分布如图 8-10d 所示，其最大挤压应力 σ_{emax} 与图 8-10e 所示取投影面积 $A_e = \delta d$ 求得的 σ_e 值大致相等。

许用挤压应力的值可以从有关手册中查到，或按下面的经验公式确定：

塑性材料：$[\sigma_e] = (1.7 \sim 2.0)[\sigma]$

脆性材料：$[\sigma_e] = (0.9 \sim 1.5)[\sigma_+]$

例 8-2 校核图 8-9 所示键联接的强度。已知轴的直径 $d_0 = 50\text{mm}$，采用平头普通平键（B 型）的尺寸为 $b \times h \times l = 14\text{mm} \times 9\text{mm} \times 50\text{mm}$，传递的转矩 $M = 0.5\text{kN} \cdot \text{m}$，键和轴的材料为 45 钢，许用切应力 $[\tau] = 60\text{MPa}$，许用挤压应力 $[\sigma_e] = 100\text{MPa}$，齿轮的材料为灰铸铁，许用挤压应力 $[\sigma_e] = 53\text{MPa}$。

解 1）计算键上所受的作用力 F。

$$F = \frac{2M}{d_0} = \left(\frac{2 \times 0.5 \times 10^3 \times 10^3}{50} \right) \text{N} = 20000\text{N}$$

2）校核键的剪切强度。

$$\tau = \frac{F_\tau}{A} = \frac{F}{bl} = \left(\frac{20000}{14 \times 50} \right) \text{MPa} = 28.57\text{MPa}$$

由题意已知 $[\tau] = 60\text{MPa}$，因 $\tau < [\tau]$，故键的剪切强度足够。

3）校核键联接的挤压强度。

这里轴、键和齿轮轮毂均受挤压作用，但齿轮材料较差，许用挤压应力较小，故只需校核轮毂处的挤压强度。

$$\sigma_e = \frac{F}{A_e} = \frac{2F}{hl} = \left(\frac{2 \times 20000}{9 \times 50}\right) \mathrm{MPa} = 88.89\mathrm{MPa}$$

由题意已知 $[\sigma_e] = 53\mathrm{MPa}$，因 $\sigma_e > [\sigma_e]$，所以齿轮轮毂处的挤压强度不足。解决的办法是：

1）改用较好的齿轮材料。

2）增加轮毂的宽度和相应的键长。

3）增加轴的直径和相应键的截面尺寸。

例 8-3 图 8-12 所示为一单剪切圆柱销（一个剪切面）安全联轴器，用以联接两轴并传递运动和动力。设联轴器传递的额定转矩为 $M = 760\mathrm{N \cdot m}$，销的直径 $d = 6\mathrm{mm}$，销的数目 $z = 2$，材料为 35 钢，其剪切强度 $\tau_b = 312\mathrm{MPa}$，销轴心线所在圆的直径 $D = 100\mathrm{mm}$，要求当过载 30%时，能起安全保护作用，试问此销能否满足使用要求？

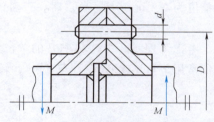

图 8-12 安全联轴器销剪切强度计算

解 1）联轴器正常工作时，销的切应力为

$$\tau = \frac{F_\tau}{A} = \frac{2M}{D} \bigg/ \frac{\pi d^2 z}{4} = \frac{8M}{\pi d^2 zD} = \left(\frac{8 \times 760 \times 10^3}{\pi \times 6^2 \times 2 \times 100}\right) \mathrm{MPa} = 268.8\mathrm{MPa}$$

由题意已知 $\tau_b = 312\mathrm{MPa}$，因为 $\tau < \tau_b$，故联轴器在额定载荷下工作时，销能满足强度要求而不被剪断，即能保证联轴器正常运转和工作。

2）当过载 30%时，销的切应力为

$$\tau' = 1.3\tau = (1.3 \times 268.8)\mathrm{MPa} = 349.4\mathrm{MPa}$$

因为 $\tau' > \tau_b$，故当过载 30%时，销因强度不足而被剪断，从而保护了联轴器的其他零件以及整台设备不致损坏，起到了安全保护作用。

综上所述，可见此销能满足规定的使用要求。

第三节　扭　　转

一、扭转的概念

工程实际中，有很多承受扭转的零件，如汽车的转向轴，如图 8-13a 所示；主传动轴，如图 8-13b 所示；以及舰、船的推进器轴，直升机的螺旋桨轴等。这些轴共同的受力特点是：它们受到一对大小相等、方向相反的外力偶作用，两外力偶的作用平面彼此平行且与杆件轴线垂直。其变形特点是杆件的任意两横截面围绕轴线发生相对转动，如图 8-13c 所示。这种变形形式称为扭转。这里只讨论工程上最常见的圆轴扭转问题。

二、外力偶矩

在工程上，作用在轴上的外力偶矩（又称转矩）通常由轴所传递的功率和轴的角速度

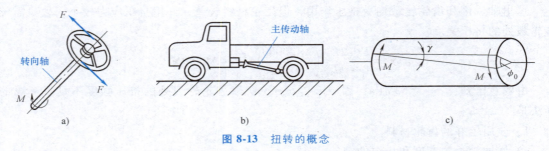

图 8-13　扭转的概念

或转速来求得。当功率 P 的单位为 W（瓦），角速度 ω 的单位为 rad/s（弧度/秒），转矩 M 的单位为 N·m（牛·米）时，三者的关系为

$$P = M\omega \tag{8-12}$$

考虑工程实际中，功率 P 的单位常用 kW，角速度 ω 通常由转速 n 来替代，且转速 n 的单位常用 r/min 或 $\min^{-1}$（转/分），转矩的单位常用 N·m（牛·米），则由式（8-12）可得

$$M = \frac{P}{\omega} = \frac{1000P}{2\pi n/60} = 9.55 \times 10^3 \frac{P}{n} \tag{8-13}$$

三、扭转时的内力——扭矩和扭矩图

圆轴扭转时，由横截面上的分布内力构成的内力偶矩称为扭矩，用 M_τ 表示。扭矩的大小和方向也可应用截面法求得，现举例说明如下。

例 8-4　一传动轴如图 8-14a 所示。已知轴的转速 $n = 300\text{r/min}$，主动轮 A 的输入功率 $P_A = 36.7\text{kW}$，从动轮 B、C、D 的输出功率分别为 $P_B = 14.7\text{kW}$，$P_C = P_D = 11\text{kW}$，试求该轴各处的扭矩，并画扭矩图。

解　1）计算外力偶矩。

$$M_A = 9.55 \times 10^3 \frac{P_A}{n} = \left(9.55 \times 10^3 \times \frac{36.7}{300}\right) \text{N·m} \approx 1168\text{N·m}$$

$$M_B = 9.55 \times 10^3 \frac{P_B}{n} = \left(9.55 \times 10^3 \times \frac{14.7}{300}\right) \text{N·m} \approx 468\text{N·m}$$

$$M_C = M_D = 9.55 \times 10^3 \frac{P_C}{n} = \left(9.55 \times 10^3 \times \frac{11}{300}\right) \text{N·m} \approx 350\text{N·m}$$

2）求轴各处的扭矩。

因该轴在 A、B、C、D 处有集中外力偶作用，所以应按 AB、BC 和 CD 三段分别求扭矩。

先求 AC 段的任意截面 2—2 上的扭矩，可假想将轴沿 2—2 截面截开，则轴左段上的扭矩 $M_{\tau 2}^{\ominus}$（图 8-14b）和轴右段上的扭矩 $M'_{\tau 2}$（图 8-14c）是一对作用力与反作用力，它们大

$\ominus$　当外力偶矩 M 造成轴的扭转变形时，所引起的内力偶矩——扭矩，本书用"M_τ"表示（因产生切应力 τ，见下述）；而当外力偶矩 M 造成梁的弯曲变形时（详见本章第四节），所引起的内力偶矩——弯矩，用"M_σ"表示（因产生正应力 σ），以资区别。本书不采取外力偶矩（外力）和梁的弯矩（内力）两个不同概念均用"M"表示，没有区分。而轴的扭矩又另用字母"T"表示，显示不出与造成扭矩的外力偶矩 M 之间的因果关系。

小相等、方向相反。为了使在同一截面上取左段平衡和右段平衡求得的扭矩不仅数值相等，而且正、负号也相同，特做如下规定：以右手四指表示扭矩的转向，当大拇指的指向离开截面时为正，反之为负。需要注意的是：①在画受力图时，必须假设扭矩的转向为正值方向，这样由平衡方程求得的扭矩为"+"时，表示与假设的方向相同；为"-"时，表示与假设的方向相反，并符合扭矩的正、负号规定；②在对轴的左段或右段列平衡方程 $\sum M_i = 0$ 来求扭矩时，方程中各力偶矩（包括扭矩），可任意假设何方向为正，并不影响计算结果。这与扭矩的正、负号规定是两回事，但为了方便起见，通常可取扭矩的正方向为正方向。

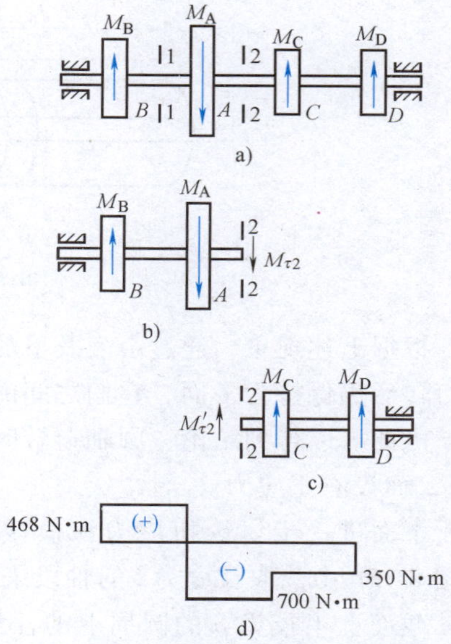

图 8-14　用截面法求轴的扭矩并画扭矩图

现对 2—2 截面取轴的左段平衡列方程有

$$\sum M_i = 0, \quad M_{\tau 2} + M_A - M_B = 0$$

故　　$M_{\tau 2} = M_B - M_A = (468 - 1168)\text{N} \cdot \text{m} = -700\text{N} \cdot \text{m}$

若取轴的右段平衡，可得到完全相同的结果，请读者自行列方程求解。

求解结果为负值，表明截面 2—2 上的扭矩与假设的方向相反，也与扭矩的正负号规定相符。

在求 AB 轴段的 1—1 截面上的扭矩 $M_{\tau 1}$ 时，为了使所列平衡方程包含较少的力偶矩，从而简单易解，应取轴的左段平衡（图 8-14 中省略未画出其受力图），则有

$$\sum M_i = 0, \quad M_{\tau 1} - M_B = 0$$

故　　　　　　　　　　$M_{\tau 1} = M_B = 468\text{N} \cdot \text{m}$

同理可求得 CD 轴段的 3—3 截面上的扭矩为

$$M_{\tau 3} = -350\text{N} \cdot \text{m}$$

3）画出扭矩图。

为了清楚地表示出扭矩沿轴线方向的变化情况，可绘制扭矩图。通常取平行于轴线的横坐标表示各横截面的位置，以垂直于轴线的纵坐标（按一定的比例尺）表示相应横截面上的扭矩 M_τ。由此可画出本例中传动轴的扭矩图，如图 8-14d 所示。

需要注意，对于一定材料的等截面圆轴，其扭转强度取决于扭矩绝对值的大小，而与扭转方向即扭矩的正、负号无关。因此应以轴上扭矩的绝对值最大处的截面（称为危险截面），来进行强度计算。如本例中，应以 $|M_\tau|_{max} = |M_{\tau 2}| = 700\text{N} \cdot \text{m}$ 来进行强度计算。

四、圆轴扭转时的应力和强度条件

为了导出圆轴扭转时最大应力的计算公式和相应的强度条件，可进行如下试验：在一根等截面圆轴的表面上刻上若干纵向线和圆周线，如图 8-15a 所示，然后在轴的两端加上一对等值、反向的平衡外力偶 M 和 M′ 使其扭转，如图 8-15b 所示。则可以观察到如下现象：

1）各圆周线的形状、大小和间距都保持不变，仅绕轴线相对地均匀旋转了一个角度。

2）各纵向线都倾斜了同一角度 γ。

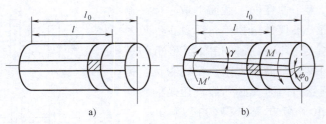

图 8-15 圆轴扭转实验和平面假设

根据上述现象，通过由表及里的推想，可以做出如下平面假设：圆轴扭转前的横截面，在扭转后仍保持为平面，它们之间的距离也不变，只是绕轴线旋转了一个角度。

由此可以得到结论：圆轴扭转时，横截面上只有垂直于半径方向的扭应力（扭转切应力），而没有正应力。

下面进一步讨论扭应力在横截面上的分布规律，在图 8-15b 中截取长度为 l 的轴段来研究，设圆轴受扭后其截面上半径为 ρ 的圆周上的任意点 b 转到了 b' 位置，如图 8-16 所示，由于圆轴为等截面直轴，且任一横截面上的扭矩相同，所以各横截面间必为均匀扭转。由于在变形很小时，$\gamma_\rho \approx \tan\gamma_\rho$，因此可直接利用变形后的几何关系求得任一半径 ρ 处的切应变为

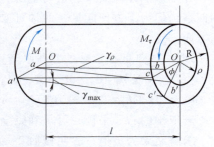

图 8-16 扭应力公式的
推导——几何关系

$$\gamma_\rho \approx \tan\gamma_\rho = \frac{\widehat{bb'}}{ab} = \frac{\phi}{l}\rho \qquad (a)$$

又根据物理关系，即剪切胡克定律

$$\tau_\rho = G\gamma_\rho \qquad\qquad (b)$$

将式（a）代入式（b），可得

$$\tau_\rho = G\frac{\phi}{l}\rho \qquad\qquad (c)$$

由式（c）可见，圆轴扭转时，横截面上任意点的扭应力 τ_ρ 与该点的半径 ρ 成正比，如图 8-17a 所示。

对于空心圆轴，也可以做同样的分析，其横截面上的扭应力分布情况如图 8-17b 所示。

式（c）中由于扭转角 ϕ 尚未知，所以还不能求出扭应力 τ_ρ。为此还需利用静力平衡关系求出 ϕ 与扭矩 M_τ 之间的关系。

在横截面上半径为 ρ 处取一微面积 dA，在该面积上的扭应力为 τ_ρ，如图 8-18 所示，则微面积上的剪力为 $\tau_\rho dA$，它对圆心 O 的微力矩为 $dM_\tau = \rho\tau_\rho dA$，而该截面上的扭矩 M_τ 就是整个面积 A 上的微力矩的总和，即

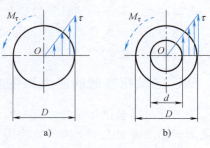

图 8-17 圆轴扭转时横截面
上扭应力的分布情况

a）实心圆轴时 b）空心圆轴时

$$M_\tau = \int_A \rho\tau_\rho dA \qquad (d)$$

将式（c）代入式（d）可得

$$M_\tau = \int_A \rho \left(G \frac{\phi}{l} \rho \right) \mathrm{d}A = G \frac{\phi}{l} \int_A \rho^2 \mathrm{d}A \qquad (e)$$

式中　$\int_A \rho^2 \mathrm{d}A$ ——截面的极惯性矩，是一个仅与截面形状和大小有关的几何量，用符号 I_p 表示（m^4）。即

$$I_p = \int_A \rho^2 \mathrm{d}A \qquad (8\text{-}14)$$

将式（8-14）代入式（e）可求得

$$\phi = \frac{M_\tau l}{G I_p} \qquad (8\text{-}15)$$

再将式（8-15）代入式（c），可得

$$\tau_\rho = \frac{M_\tau}{I_p} \rho \qquad (8\text{-}16)$$

显然，在圆轴的外圆周表面上（$\rho = \rho_{max} = R$ 处），扭应力为最大，其值为

$$\tau_{max} = \frac{M_\tau}{I_p} R \qquad (8\text{-}17)$$

为了计算方便，通常将截面的两个几何量 I_p 和 R 合并为一个几何量 Z，即令

$$Z = \frac{I_p}{R} \qquad (8\text{-}18)$$

于是式（8-18）可改写为

$$\tau_{max} = \frac{M_\tau}{Z} \qquad (8\text{-}19)$$

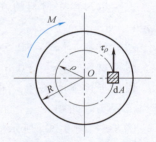

图 8-18　扭应力公式的推导——静力平衡关系

显然 Z 的大小反应了截面抵抗扭转的能力，称为抗扭截面系数，单位为 m^3。

式（8-19）只适用于最大扭应力 τ_{max} 小于材料的剪切比例极限的实心圆轴和空心圆轴。下面讨论圆形截面（实心圆轴）的 I_p 与 Z。

在图 8-19a 所示的圆形截面中，在半径为 ρ 处取一厚度为 $\mathrm{d}\rho$ 的微面积 $\mathrm{d}A$，则 $\mathrm{d}A = 2\pi\rho\mathrm{d}\rho$。因此

$$I_p = \int_A \rho^2 \mathrm{d}A = \int_0^{D/2} 2\pi\rho^3 \mathrm{d}\rho$$

$$= 2\pi \frac{\rho^4}{4} \Bigg|_0^{\frac{D}{2}} = \frac{\pi D^4}{32} \approx 0.1 D^4 \qquad (8\text{-}20)$$

$$Z = \frac{I_p}{R} = \frac{\pi}{16} D^3 \approx 0.2 D^3 \qquad (8\text{-}21)$$

同理可求得图 8-19b 所示的空心圆轴的圆环形截面的极惯性矩和抗扭截面系数分别为

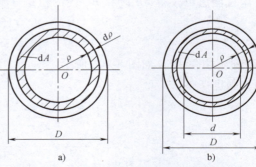

图 8-19　极惯性矩 I_p 和抗扭截面系数 Z 的计算

a）实心圆轴——圆形截面时　b）空心圆轴——圆环形截面时

$$I_p = \int_{d/2}^{D/2} 2\pi\rho^3 \mathrm{d}\rho = \frac{\pi}{32}(D^4 - d^4)$$

$$\approx 0.1D^4\left[1 - \left(\frac{d}{D}\right)^4\right] \tag{8-22}$$

$$Z = \frac{I_p}{R} \approx 0.2D^3\left[1 - \left(\frac{d}{D}\right)^4\right] \tag{8-23}$$

综上所述，可以得到等截面圆轴（Z 为常数）扭转时的强度条件为

$$\tau_{max} = \frac{|M_\tau|_{max}}{Z} \leqslant [\tau] \tag{8-24}$$

对于分段等截面的阶梯形圆轴的强度条件应如何得出，请读者自行分析和思考。

式（8-24）中材料的许用扭应力 $[\tau]$ 的值可从有关手册中查到，或者由下列经验公式确定：

塑性材料　$[\tau] = (0.5 \sim 0.6)[\sigma]$

脆性材料　$[\tau] = (0.8 \sim 1.0)[\sigma_+]$

根据上述强度条件，同样可以解决圆轴的扭转强度校核、设计截面尺寸和确定许可载荷三类工程实际问题。

例 8-5　图 8-20a 所示的传动轴，已知其转速 $n = 382\text{r/min}$，主动轮 A 的输入功率 $P_A = 60\text{kW}$，从动轮 B、C 的输出功率 $P_B = P_C = 30\text{kW}$，轴的材料为 45 钢，许用扭应力 $[\tau] = 60\text{MPa}$。要求：

1）设计实心圆轴的直径 D_0。

2）若将 A、B 两轮对调位置，如图 8-20b 所示，并采用外径 $D = 55\text{mm}$ 的空心轴，则内径 d 为多大才能满足强度要求。

3）上述空心轴与实心轴的自重比。

解　1）设计实心圆轴的直径 D_0。计算外力偶矩

$$M_A = 9.55\times10^3\frac{P_A}{n} = \left(9.55\times10^3\times\frac{60}{382}\right)\text{N}\cdot\text{m} \approx 1500\text{N}\cdot\text{m}$$

$$M_B = M_C = 9.55\times10^3\frac{P_B}{n} = \left(9.55\times10^3\times\frac{30}{382}\right)\text{N}\cdot\text{m} \approx 750\text{N}\cdot\text{m}$$

应用截面法可求得 AB 段和 BC 段的扭矩分别为

$$M_{\tau1} = M_A = 1500\text{N}\cdot\text{m}$$

$$M_{\tau2} = M_C = 750\text{N}\cdot\text{m}$$

画出轴的扭矩图，如图 8-20c 所示。

根据强度条件

$$\tau_{max} = \frac{|M_\tau|_{max}}{Z} = \frac{|M_\tau|_{max}}{0.2D_0^3} \leqslant [\tau]$$

故

$$D_0 \geqslant \sqrt[3]{\frac{M_{\tau1}}{0.2[\tau]}} = \sqrt[3]{\frac{1500\times10^3}{0.2\times60}}\text{mm} = 50\text{mm}$$

2）设计空心圆轴的内径 d。应用截面法可求得 A、B 两轮对调位置后的 $M_{\tau1} = -750\text{N}\cdot\text{m}$

和 $M_{\tau 2} = 750\text{N} \cdot \text{m}$ ，并画出其扭矩图，如图 8-20d 所示。则

$$\tau_{max} = \frac{|M_\tau|_{max}}{Z} = \frac{|M_\tau|_{max}}{0.2D^3\left[1-\left(\dfrac{d}{D}\right)^4\right]} \leqslant [\tau]$$

故

$$d \leqslant \sqrt[4]{1-\frac{|M_\tau|_{max}}{0.2D^3[\tau]}} \times D = \left(\sqrt[4]{1-\frac{750\times10^3}{0.2\times55^3\times60}} \times 55\right)\text{mm} = 49\text{mm}$$

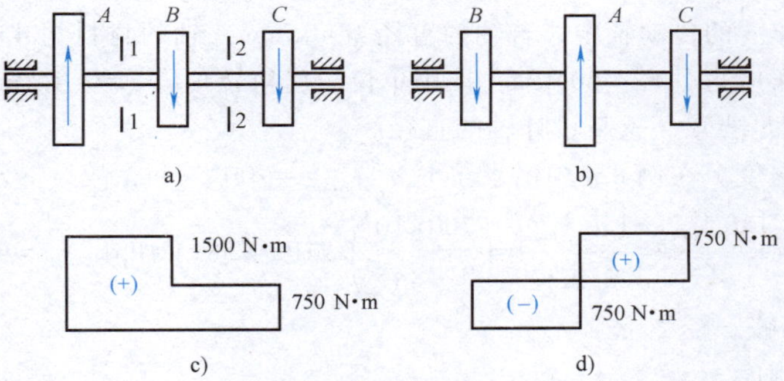

图 8-20 圆轴扭转强度计算举例

3）空心轴与实心轴的自重比 G/G_0 为

$$G/G_0 = \frac{\pi}{4}(D^2-d^2)\bigg/\left(\frac{\pi}{4}D_0^2\right) = (D^2-d^2)/D_0^2 = \frac{55^2-49^2}{50^2} \approx 1/4$$

由此可见，当 A、B 两轮对调位置并采用空心圆轴后，所用材料仅为原来的 1/4，从而大大节约了原材料。

五、圆轴扭转时的变形和刚度条件

圆轴扭转时的变形可用扭转角 ϕ 来度量。由式（8-15）可知

$$\phi = \frac{M_\tau l}{GI_p}$$

由上式可见，扭转角 ϕ 的大小与扭矩 M_τ、轴的长度 l 成正比，与轴的材料的切变模量 G、截面的极惯性矩 I_p 成反比，乘积 GI_p 的大小反映了圆轴抵抗扭转变形的能力，称为抗扭刚度。

上式适用条件是：

1）扭应力不超过材料的剪切比例极限。

2）在计算 ϕ 的长度 l 内，M_τ、G、I_p 均应为常数的实心圆轴和空心圆轴。

圆轴扭转时的刚度条件通常用单位长度内的最大扭转角 θ_{max} 不超过规定的许用扭转角 $[\theta]$ 来表示。因此有

$$\theta_{max} = \frac{\phi}{l} = \frac{|M_\tau|_{max}}{GI_p} \leqslant [\theta] \tag{8-25}$$

式中　θ_{max}——单位为 rad/m（弧度/米），而工程中 $[\theta]$ 的单位常用（°）/m（度/米），
　　　　　故式（8-25）应改写为

$$\theta_{max} = \frac{180°}{\pi} \frac{|M_\tau|_{max}}{GI_p} = 57.3° \times \frac{|M_\tau|_{max}}{GI_p} \leq [\theta] \qquad (8-26)$$

对于分段等截面的阶梯形圆轴刚度条件的建立请读者自行分析和思考。其中，$[\theta]$ 的值可查阅有关手册，或参考下列经验数据：

精密机械的轴　　$[\theta]$ = （0.25°~0.5°）/m
一般传动轴　　　$[\theta]$ = （0.5°~1°）/m
精度较低的轴　　$[\theta]$ = （1°~2.5°）/m

例 8-6　在例 8-4 的传动轴中，若轴的直径 D = 45mm，轴的材料为 45 钢，切变模量 G = $8×10^4$MPa，许用扭应力 $[\tau]$ = 60MPa，许用单位长度扭转角 $[\theta]$ = 0.4°/m，试校核该轴的强度和刚度。如不满足要求，重新设计轴的直径。

解　1）校核强度。在例 8-4 中已求得 $|M_\tau|_{max}$ = 700N·m，故

$$\tau_{max} = \frac{|M_\tau|_{max}}{Z} = \frac{|M_\tau|_{max}}{0.2D^3} = \left(\frac{700×10^3}{0.2×45^3}\right) \text{MPa} \approx 38.4\text{MPa} < [\tau] = 60\text{MPa}$$

故扭转强度足够。

2）校核轴的刚度。

$$\theta_{max} = \frac{180°}{\pi} \frac{|M_\tau|_{max}}{GI_p} = \frac{180°}{\pi} \times \frac{|M_\tau|_{max}}{G(0.1D^4)}$$

$$= \left(\frac{180°}{\pi} \times \frac{700}{8×10^4×10^6×0.1×(0.045)^4}\right)/\text{m}$$

$$\approx 1.22°/\text{m} > [\theta] = 0.4°/\text{m}$$

刚度不满足要求。

3）重新设计轴的直径。由刚度条件

$$\theta_{max} = \frac{180°}{\pi} \frac{|M_\tau|_{max}}{GI_p} = \frac{180°}{\pi} \frac{|M_\tau|_{max}}{G×0.1D^4} \leq [\theta]$$

$$\text{故 } D \geq \sqrt[4]{\frac{180°}{\pi} \frac{|M_\tau|_{max}}{G×0.1[\theta]}}$$

$$= \sqrt[4]{\frac{180°}{\pi} \times \frac{700}{8×10^4×10^6×0.1×0.4}} \text{m} \approx 0.06\text{m} = 60\text{mm}$$

由此可见，对于要求扭转变形很小的轴，在进行强度设计的同时必须进行刚度校核，以确保同时满足强度和刚度要求。

第四节　弯　　曲

一、平面弯曲的概念

在工程实际中，有大量的弯曲变形问题。例如桥式起重机（又名行车或天车）的横梁，如图 8-21a 所示；火车的轮轴，如图 8-22a 所示；夹紧在刀架上的车刀，如图 8-23a 所示。它们的受力和变形情况分别如图 8-21b ~ 图 8-23b 所示。在外力的作用下，它们的轴线发生

弯曲，这些以弯曲为主的零件，在工程上统称为梁。工程中的梁一般都具有一个纵向对称平面，如图 8-24 所示，当外力和（或）外力偶作用在此纵向对称平面内，梁的轴线就在该平面内弯曲成一条平面曲线，这种弯曲称为平面弯曲。其中横截面和纵向对称平面的交线 ef 称为纵向对称轴。图 8-25 所示是工程上常见的几种具有纵向对称平面梁的横截面形状。本节只讨论等截面直梁的平面弯曲问题。

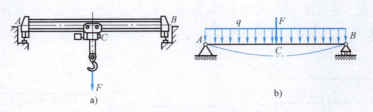

图 8-21　桥式起重机工作时的受力和变形情况

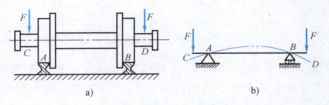

图 8-22　火车轮轴运行时的受力和变形情况

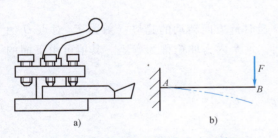

图 8-23　车刀切槽时的受力和变形情况

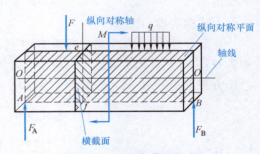

图 8-24　平面弯曲的概念

图 8-25　常见梁的横截面形状

作用在梁上的载荷常见的有集中力、集中力偶和均布载荷三种。其中，均布载荷的大小一般用单位长度上力的大小来衡量，称为载荷集度，用 q 来表示。

平面弯曲梁的各外力通常构成一个平面一般力系，若梁受到的约束力不超过三个时，则可以由静力平衡方程来求解，这种梁称为静定梁。工程中常见的静定梁有简支、外伸梁和悬臂梁三种，分别如图 8-21、图 8-22 和图 8-23 所示。如果梁的约束力超过独立平衡方程的数目时，则称为静不定梁或超静定梁。本节只讨论静定梁。

二、梁的内力——弯矩和弯矩图

求梁内力的方法仍然是截面法，下面直接举例说明。

例 8-7 已知一悬臂梁 AB，如图 8-26a 所示，长为 l，梁上受到均布载荷 q 的作用，求梁各横截面上的内力——弯矩，并画弯矩图。

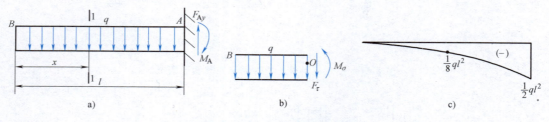

图 8-26　画梁的弯矩图（一）

解　假想在距梁的左端 B 为 x 处用 1—1 截面将梁截开，根据左段的平衡，如图 8-26b 所示，可知截面 1—1 上必有一个切于截面的内力 F_τ，这种内力称为剪力。由方程

$$\sum F_y = 0, \quad -qx - F_\tau = 0$$

得

$$F_\tau = -qx \quad (0 \leq x \leq l)$$

上式称为剪力方程。

显然，外力 qx 有使梁绕截面 1—1 的形心 O 逆时针方向转动的趋势（剪力 F_τ 对点 O 的矩为 O），可见截面上必然还有一个内力偶矩 M_σ，这个内力偶矩称为弯矩。其值可由下面的力矩方程求得

$$\sum M_O = 0, \quad M_\sigma + qx\frac{x}{2} + F_\tau \times 0 = 0$$

故

$$M_\sigma = -\frac{1}{2}qx^2 \quad (0 \leq x \leq l)$$

上式称为弯矩方程。

由此可见，在一般情况下，梁的截面上同时存在着两种内力——剪力和弯矩，这种弯曲称为剪切弯曲。特殊情况下，梁的截面上只有弯矩而没有剪力时，则称为纯弯曲。对于工程上常见的跨高比 $l/h \geq 5$ 的梁（l 为梁的跨度，h 为梁横截面的高度），其剪力对强度和刚度的影响很小，可忽略不计，故只需考虑弯矩的影响而近似地作为纯弯曲处理。

当取梁的右段平衡时（必须先由梁的整体平衡求出约束力 F_{Ay} 和约束力偶矩 M_A），则求得同一截面上的弯矩必大小相等、方向相反（互为反作用力）。为了使从两段梁上求得的同一截面上的弯矩不仅数值相等，而且正、负号一致，特做如下规定：凡弯矩使梁弯曲成下凹时取为"+"值，反之为"-"。同时在受力图中，必须假设截面上的弯矩为正值方向，如图 8-26b 所示，这样由平衡方程求得的弯矩为正，表示与假设的方向相同，为负表示与假设的方向相反，并符合弯矩的正、负号规定。

为了清楚地表明弯矩沿梁轴的变化情况，可以画出弯矩图。即以梁的轴线方向为横坐标轴

x，纵坐标 y 按一定比例尺表示弯矩值，画出弯矩方程的函数图像，就是弯矩图。本例中的弯矩方程 $M_\sigma=-\dfrac{1}{2}qx^2$ 为一元二次方程，其图像为抛物线。首先求出其极值：令 $\dfrac{\mathrm{d}M_\sigma}{\mathrm{d}x}=0$，得 $-qx=0$，即当 $x=0$ 时取得极大值，代入弯矩方程得 $M_\sigma=0$，故该点为抛物线的顶点；又当 $x=l$ 时，$M_\sigma=-\dfrac{1}{2}ql^2$；再取 $x=l/2$，得 $M_\sigma=-ql^2/8$。于是可近似画出其弯矩图，如图 8-26c 所示。

需要说明：①由于梁的截开是假想的，所以在熟练以后，图 8-26b 所示的受力图一般可以省略不画，而直接列出弯矩方程，并画出弯矩图；②本例中整个梁受连续均布载荷作用，其各横截面上的弯矩为 x 的一个连续函数，故弯矩可用一个方程来表达。如果均布载荷中断或者有集中力、集中力偶作用时，弯矩方程就不能用一个连续函数来表达，为此应分段写出弯矩方程，再画弯矩图。如以下各例所示。

例 8-8 图 8-27a 所示的简支梁 AB，在点 C 处受到集中力 F 作用，尺寸 a、b 和 l 均为已知，试画出梁的弯矩图。

解 1）求约束力。

$$\sum M_A=0，\quad F_B l-Fa=0$$

故

$$F_B=\frac{a}{l}F$$

$$\sum M_B=0，\quad Fb-F_A l=0$$

故

$$F_A=\frac{b}{l}F$$

2）列弯矩方程并画弯矩图。因为梁的点 C 处有集中力 F 作用，所以梁应分成 AC 和 BC 两段分别建立弯矩方程。

AC 段：$\quad M_\sigma-F_A x_1=0$

故

$$M_\sigma=F_A x_1=\frac{b}{l}Fx_1 \quad (0\le x_1\le a)$$

BC 段：$\quad M_\sigma-F_A x_2+F(x_2-a)=0$

故

$$M_\sigma=F_A x_2-F(x_2-a)=\frac{b}{l}Fx_2-Fx_2+aF=-\frac{a}{l}Fx_2+aF \quad (a\le x_2\le l)$$

以上两方程均为直线方程，取 $x_1=0$，$M_\sigma=0$；取 $x_1=a$，$M_\sigma=\dfrac{ab}{l}F$。取 $x_2=a$，$M_\sigma=\dfrac{ab}{l}F$；$x_2=l$，$M_\sigma=0$。于是可画出弯矩图，如图 8-27b 所示。

例 8-9 图 8-28a 所示简支梁 AB，在点 C 处受集中力偶矩 M 作用，尺寸 a、b 和 l 均为已知，试画此梁的弯矩图。

解 1）求约束力。

$$F_A=F_B=\frac{M}{l}$$

2）列弯矩方程，画弯矩图。由于梁在点 C 处有集中力偶矩 M 作用，所以梁应分 AC 和 BC 两段分别建立弯矩方程。

AC 段：$\quad M_\sigma+F_A x_1=0$

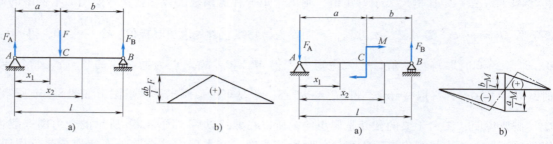

图 8-27 画梁的弯矩图 (二)   　　图 8-28 画梁的弯矩图 (三)

$$M_\sigma = -F_A x_1 = -\frac{M}{l} x_1 \qquad (0 \leqslant x_1 \leqslant a)$$

BC 段：　　$M_\sigma - M + F_A x_2 = 0$

$$M_\sigma = M - F_A x_2 = M - \frac{M}{l} x_2 \qquad (a \leqslant x_2 \leqslant l)$$

以上两式均为直线方程。取 $x_1 = 0$，$M_\sigma = 0$；取 $x_1 = a$，$M_\sigma = -\dfrac{a}{l}M$。取 $x_2 = a$，$M_\sigma = \dfrac{b}{l}M$；取 $x_2 = l$，$M_\sigma = 0$。

于是可画出梁的弯矩图，如图 8-28b $^{\ominus}$ 所示。

由上面的例题，可以得到画弯矩图的几点规律：

1）梁受集中力或集中力偶矩作用时，弯矩图为直线，并且在集中力作用处，弯矩发生转折；在集中力偶矩作用处，弯矩发生突变，突变量为集中力偶矩的大小。

2）梁受到均布载荷作用时，弯矩图为抛物线，且抛物线的开口方向与均布载荷的方向一致。

3）梁的两端点若无集中力偶矩作用，则端点处的弯矩为 0；若有集中力偶矩作用时，则弯矩为集中力偶矩的大小。

以上规律对于检查和绘制弯矩图都是很有用处的，现举例说明如下。

例 8-10　图 8-29a 所示悬臂梁 AB，在自由端 B 有一集中力 $F = 2\text{kN}$，在点 C 处有一集中力偶矩 $M = 10\text{kN} \cdot \text{m}$，尺寸 $a = 2\text{m}$，求画梁的弯矩图。

解　1）求约束力。

$$\sum F_y = 0, \quad F_A - F = 0$$

故　　　　$F_A = F = 2\text{kN}$

$$\sum M_A = 0, \quad M - M_A - 2aF = 0$$

$$M_A = M - 2aF = (10 - 2 \times 2 \times 2)\text{kN} \cdot \text{m} = 2\text{kN} \cdot \text{m}$$

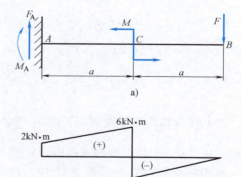

图 8-29 画梁的弯矩图 (四)

$\ominus$ 图 8-28 中在同一个截面 C 上不可能有两个不同的弯矩值。实际上有一个渐变过程，如图 8-28b 中细双点画线所示。但为了简化作图，且不影响强度计算，一般常画成图中实线所示。

2）列弯矩方程，画弯矩图。将梁分成 AC 和 BC 两段，因为梁上没有均布载荷作用，故 AC 和 BC 段的弯矩图均为直线。由于截面 C 处有集中力偶矩作用，弯矩图发生突变，可分别求出 $M_{\sigma C-}$（点 C 稍左）和 $M_{\sigma C+}$（点 C 稍右）截面上的弯矩值。其中

$$M_{\sigma C+} = -Fa = (-2\times2)\,\text{kN}\cdot\text{m} = -4\,\text{kN}\cdot\text{m}$$

$$M_{\sigma C-} = M_{\sigma C+} + M = (-4+10)\,\text{kN}\cdot\text{m} = 6\,\text{kN}\cdot\text{m}$$

再确定梁的两端点处的弯矩：B 端无集中力偶矩作用，所以 $M_{\sigma B}=0$；A 端有集中力偶矩 M_A 作用，所以 $M_{\sigma A}=M_A=2\,\text{kN}\cdot\text{m}$。

于是可画出梁的弯矩图，如图 8-29b 所示。

例 8-11　图 8-30a 所示外伸梁，CD 段受均布载荷 q 作用，点 B 处有一集中力 $F=aq$ 作用，尺寸 a 为已知，求画此梁的弯矩图。

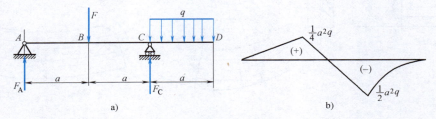

图 8-30　画梁的弯矩图（五）

解　1）求约束力。

$$\sum M_C=0,\qquad -\frac{1}{2}a^2q-2aF_A+a^2q=0$$

$$F_A=\frac{1}{4}aq$$

$$\sum F_y=0,\qquad F_A+F_C-F-aq=0$$

$$F_C=aq+aq-\frac{1}{4}aq=\frac{7}{4}aq$$

2）画弯矩图。将梁分成 AB、BC 和 CD 三段。AB 和 BC 段上无均布载荷作用，弯矩图为直线，且在集中力 F 和 F_C 作用的 B 和 C 处弯矩图发生转折；CD 段有向下的均布载荷 q 作用，弯矩图为抛物线，且开口方向向下；在梁的两端点 A 和 D 无集中力偶作用，故 $M_{\sigma A}=M_{\sigma D}=0$。因此，只需再求出 B、C 两点的弯矩值。

$$M_{\sigma B}=F_A a=\frac{1}{4}aqa=\frac{1}{4}a^2q$$

$$M_{\sigma C}=-qa\frac{a}{2}=-\frac{1}{2}a^2q$$

于是可画出梁的弯矩图，如图 8-30b 所示。

三、梁的应力和强度条件

1. 梁弯曲时的正应力

取一矩形截面的梁，如图 8-31a 所示，在梁的侧面上画上横向线 1—1 和 2—2，纵向线 m—m 和 n—n。然后在梁的纵向对称平面内加上一对大小相等、方向相反的平衡力偶矩 M

和 M'，使梁发生纯弯曲变形，如图 8-31b 所示。则可以观察到如下现象：①纵向线 m—m 和 n—n 弯曲成弧线，且靠近凹边的 m—m 线缩短了，靠近凸边的 n—n 线伸长了；②横向线 1—1 和 2—2 仍保持为直线，只是相对转过了一个角度，但仍与纵向线正交。通过由表及里的推想，可画出如下平面假设：梁弯曲变形后，其横截面仍保持为平面，且仍垂直于梁的轴线；各横截面间只有相对转动而无错动；各纵向线产生伸长或缩短。

由此得出结论：①横截面上只有正应力而无切应力；②根据变形的连续性可知，沿梁的高度必有一层纵向纤维既不伸长，也不缩短，这一纤维层称为中性层。中性层与横截面的交线称为中性轴，如图 8-31c 所示。

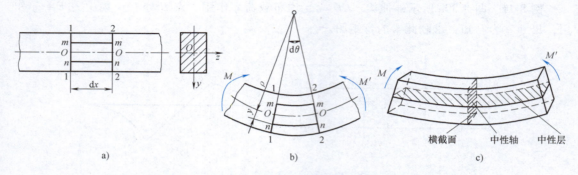

a)   b)   c)

图 8-31 梁的纯弯曲试验、平面假设和正应力公式的推导——几何关系

下面推导求弯曲正应力的公式：设 1—1 和 2—2 截面间的距离为 $\mathrm{d}x$，如图 8-31a 所示，变形后它们的夹角为 $\mathrm{d}\theta$，如图 8-31b 所示，中性层的曲率半径为 ρ，纵向纤维 n—n 距中性层的距离为 y。则由几何关系可知 n—n 的原长为 $\overline{nn}=\overline{OO}=\mathrm{d}x=\overset{\frown}{OO}=\rho\mathrm{d}\theta$；变形后的长度为 $\overset{\frown}{nn}=(\rho+y)\ \mathrm{d}\theta$。故伸长量为：$\overset{\frown}{nn}-\overline{nn}=(\rho+y)\ \mathrm{d}\theta-\rho\mathrm{d}\theta=y\mathrm{d}\theta$，其线应变为

$$\varepsilon=\frac{y\mathrm{d}\theta}{\rho\mathrm{d}\theta}=\frac{y}{\rho} \tag{a}$$

由物理关系，即胡克定律有

$$\sigma=E\varepsilon \tag{b}$$

将式（a）代入式（b）可得

$$\sigma=E\frac{y}{\rho} \tag{c}$$

式（c）中的曲率半径 ρ 为未知，可利用静力平衡关系求出 ρ 与弯矩 M_σ 之间的关系。为此在梁的一个横截面上距中性层为 y 处取微面积 $\mathrm{d}A$，如图 8-32 所示，设 $\mathrm{d}A$ 上的正应力为 σ，则微面积上的内力为 $\sigma\mathrm{d}A$，它对中性轴 z 的微力矩为 $y\sigma\mathrm{d}A$，而横截面上所有微力矩的总和即为截面上的弯矩，因此有

$$M_\sigma=\int_A y\sigma\mathrm{d}A \tag{d}$$

将式（c）代入式（d）得

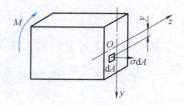

图 8-32 梁的弯曲正应力公式的推导——静力平衡关系

$$M_\sigma = \frac{E}{\rho} \int_A y^2 \mathrm{d}A \qquad\qquad (e)$$

式中 $\int_A y^2 \mathrm{d}A$ ——截面对 z 轴的轴惯性矩，简称惯性矩（m^4），是一个仅同截面的形状和大

小有关的几何量，用符号 $I^{\ominus}$ 来表示。即

$$I = \int_A y^2 \mathrm{d}A \qquad\qquad (8\text{-}27)$$

则式（e）可改写为

$$M_\sigma = \frac{E}{\rho} I$$

即

$$\frac{1}{\rho} = \frac{M_\sigma}{EI} \qquad (f)$$

将式（f）代入式（c）可得

$$\sigma = \frac{M_\sigma}{I} y \qquad\qquad (8\text{-}28)$$

式（8-28）说明，横截面上任一点处的正应力 σ 与该点到中性轴 z 的距离 y 成正比，且中性层以下为拉应力，中性层以上为压应力，如图 8-33 所示。由此可见，横截面上的最大正应力 σ_{max} 必位于 $y = y_{max}$ 的最外边缘处，即

$$\sigma_{max} = \frac{M_\sigma}{I} y_{max} \qquad (8\text{-}29)$$

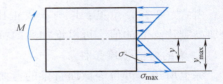

图 8-33 梁横截面上正应力的分布

通常将截面的两个几何量 I 和 y_{max} 合并为一个几何量，即令

$$W = \frac{I}{y_{max}} \qquad\qquad (8\text{-}30)$$

则

$$\sigma_{max} = \frac{M_\sigma}{W} \qquad\qquad (8\text{-}31)$$

式中 W ——横截面对中性轴 z 的抗弯截面系数（m^3），它是衡量截面抗弯能力的一个几何量。

2. 截面惯性矩 I 和抗弯截面系数 W

梁的几种常见截面的惯性矩 I 和抗弯截面系数 W 见表 8-3。对于各种标准型钢的 I 和 W 值可查相应的型钢表。

这里仅对矩形截面的 I 和 W 加以证明，如图 8-34 所示，其余请读者自行证明。

在距中性轴 z 为 y 处，取宽为 b，高为 $\mathrm{d}y$ 的微面积 $\mathrm{d}A$，则由式（8-27）有

$$I = \int_A y^2 \mathrm{d}A = \int_{-\frac{h}{2}}^{\frac{h}{2}} y^2 b\,\mathrm{d}y = \frac{b}{3} y^3 \Big|_{-\frac{h}{2}}^{\frac{h}{2}} = \frac{b}{12} h^3 \qquad\qquad (8\text{-}32)$$

$\ominus$ 截面对 z 轴和 y 轴的轴惯性矩一般是不相同的，并应分别用 I_z 和 I_y 表示。为了简便起见，本书将常用的 "I_z" 全部用 "I" 表示。

表 8-3 截面惯性矩 I 和抗弯截面系数 W

截面图形			
I	$I = \dfrac{bh^3}{12}$	$I = \dfrac{\pi D^4}{64} \approx 0.05 D^4$	$I = \dfrac{\pi D^4}{64}\left[1-\left(\dfrac{d}{D}\right)^4\right] \approx 0.05 D^4\left[1-\left(\dfrac{d}{D}\right)^4\right]$
W	$W = \dfrac{bh^2}{6}$	$W = \dfrac{\pi D^3}{32} \approx 0.1 D^3$	$W = \dfrac{\pi D^3}{32}\left[1-\left(\dfrac{d}{D}\right)^4\right] \approx 0.1 D^3\left[1-\left(\dfrac{d}{D}\right)^4\right]$

由式（8-30）有

$$W = \frac{I}{y_{\max}} = \frac{bh^3}{12}\bigg/\frac{h}{2} = \frac{b}{6}h^2 \qquad\qquad (8\text{-}33)$$

由式（8-33）可见：W 与 b 成正比，又与 h^2 成正比，所以截面积相同的矩形截面梁，增加高宽比 h/b 的值，可以增加梁的抗弯强度[⊖]。

3. 梁的弯曲强度条件

综上所述，可得等截面直梁的弯曲强度条件为

$$\sigma_{\max} = \frac{|M_\sigma|_{\max}}{W} \leqslant [\sigma] \qquad\qquad (8\text{-}34)$$

根据上述强度条件，同样可以解决梁的强度校核、设计截面和确定许可载荷三类问题。

例 8-12 一火车轮轴（图 8-22a）的受力简图如图 8-35a 所示。已知 $F = 50\text{kN}$，尺寸 $a = 0.25\text{m}$，轮轴材料的许用弯曲应力 $[\sigma] = 50\text{MPa}$[⊖]，试设计该火车轮轴的直径 D。

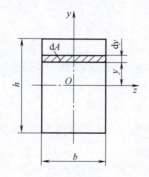

图 8-34 矩形截面的 I 和 W 的证明

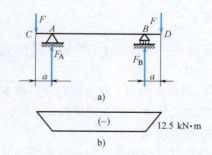

图 8-35 火车轮轴弯曲强度计算时的受力图和弯矩图

⊖ 高宽比 h/b 的值也不能过大，否则会使梁丧失稳定性而失效，详见本章第五节。

⊖ 火车运行时，轮轴所受的弯曲应力不是静应力，而是属于交变应力（详见本章第六节），因此这里的许用应力 $[\sigma]$ 实际上是交变应力作用下的许用应力。

解 1）求约束力。

$$F_A = F_B = F = 50\text{kN}$$

2）画出火车轮轴的弯矩图，如图 8-35b 所示。其中最大弯矩为

$$M_{\sigma\max} = -Fa = (-50 \times 0.25)\text{kN} \cdot \text{m} = -12.5\text{kN} \cdot \text{m}$$

3）计算轮轴所需的直径 D。

$$\sigma_{\max} = \frac{|M_\sigma|_{\max}}{W} = \frac{|M_\sigma|_{\max}}{0.1D^3} \leqslant [\sigma]$$

故

$$D \geqslant \sqrt[3]{\frac{|M_\sigma|_{\max}}{0.1[\sigma]}} = \sqrt[3]{\frac{12.5 \times 10^6}{0.1 \times 50}}\,\text{mm} \approx 135.7\text{mm}$$

四、梁的变形和刚度条件

图 8-36 所示悬臂梁 AB，在自由端 B 受到集中力 F 作用后，产生弯曲变形，轴线 AB 从原来的直线变成平面曲线 AB_1，这条连续的光滑曲线称为挠曲线。上述梁的变形可以用两种位移量表示：①梁上任一横截面的形心 C 沿垂直于 x 轴方向移至 C_1，

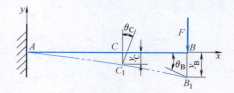

图 8-36 梁的变形——挠度和转角

则垂直位移 CC_1 称为该截面的挠度，用 y_C 表示，挠度的正、负号规定与坐标轴 y 的正方向一致时为正，反之为负。图 8-36 中 y_C 为负值，显然 $|y|_{\max} = |y_B|$。②横截面相对于原来位置转过的角度 θ 称为该截面的转角，转角的正、负号规定逆时针方向的转角为正，反之为负。图 8-36 中 θ_C 为负值，显然 $|\theta|_{\max} = |\theta_B|$。

梁在一些简单变形情况时的挠度和转角的计算公式可由表 8-4 直接查取（证明从略）。

表 8-4 简单载荷作用下梁的转角 θ 和最大挠度 $y_{\max}$

简图	公式	简图	公式
	$\theta_B = -\dfrac{Fl^2}{2EI}$ $y_B = -\dfrac{Fl^3}{3EI}$		$\theta_A = -\theta_B = -\dfrac{Fl^2}{16EI}$ $y_C = -\dfrac{Fl^3}{48EI}$
	$\theta_B = -\dfrac{Ml}{EI}$ $y_B = -\dfrac{Ml^2}{2EI}$		$\theta_A = \theta_B = \dfrac{Ml}{24EI}$ $\theta_C = -\dfrac{Ml}{12EI}$ $y_1 = -y_2 = -\dfrac{Ml^2}{72\sqrt{3}\,EI}$
	$\theta_B = -\dfrac{ql^3}{6EI}$ $y_B = -\dfrac{ql^4}{8EI}$		$\theta_A = -\theta_B = -\dfrac{ql^3}{24EI}$ $y_C = -\dfrac{5ql^4}{384EI}$

若梁上同时承受几个简单载荷作用时，所产生的变形等于各个载荷单独作用下所产生变形的代数和，这种计算变形的方法称为叠加法。

由上面的叙述可知梁的刚度条件为

$$|y|_{max} \leq [y] \qquad (8-35)$$

$$|\theta|_{max} \leq [\theta] \qquad (8-36)$$

式中　[y]、[θ]——许用挠度和许用转角，其值因应用场合不同而不同，可以从有关手册、资料中查到，或者参考表 8-5 所列经验数据。

表 8-5　梁的许用挠度 [y] 和许用转角 [θ]

项　目	应用场合	许　用　值	备　注
[y]/mm	机床主轴	0.0002l	l 为梁的跨度
	一般用途轴	(0.0003～0.0005)l	
	桥式吊车梁	(0.0013～0.0025)l	
[θ]/rad	装滑动轴承处	0.001	
	装深沟球轴承处	0.003	
	装齿轮处	0.001～0.002	

例 8-13　图 8-37a 所示悬臂梁 AB，采用 No.28a 工字钢（由型钢表查得截面惯性矩 $I = 7480\text{cm}^4$），梁的长度 l = 4m，在自由端 B 受到一集中力 F = 3kN 和集中力偶矩 M = 2kN·m 的共同作用，梁材料的弹性模量 $E = 2 \times 10^5 \text{MPa}$，许用挠度为 [y] = 0.0025l，试求梁是否满足挠度要求。

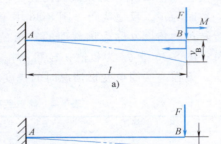
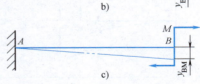

图 8-37　梁的刚度计算

解　本题对转角未提出要求，故只需校核挠度。

1）求集中力 F 作用下的挠度，如图 8-37b 所示。由表 8-4 可查到最大挠度发生在自由端 B，且 $y_{BF} = -\dfrac{Fl^3}{3EI}$。

2）求集中力偶矩 M 作用下的挠度，见图 8-37c。由表 8-4 可查得最大挠度也在自由端 B，且 $y_{BM} = -\dfrac{Ml^2}{2EI}$。

3）求梁在集中力 F 和集中力偶矩 M 同时作用下的挠度。显然，最大挠度仍在自由端 B。由叠加原理可得

$$|y_B|_{max} = |y_{BF} + y_{BM}| = \left| -\frac{Fl^3}{3EI} - \frac{Ml^2}{2EI} \right| = \frac{2Fl^3 + 3Ml^2}{6EI}$$

$$= \left[\frac{2 \times 3 \times 10^3 \times (4 \times 10^3)^3 + 3 \times 2 \times 10^6 \times (4 \times 10^3)^2}{6 \times 2 \times 10^5 \times 7480 \times 10^4} \right] \text{mm}$$

$$\approx 5.35\text{mm}$$

$$[y] = 0.0025l = (0.0025 \times 4 \times 10^3)\text{mm} = 10\text{mm}$$

可见，$|y_B|_{max} < [y]$，所以该梁满足挠度要求。

第五节　压杆稳定

在本章第一节中讨论拉、压杆强度问题时，已经指出强度条件 $\sigma = F/A \leqslant [\sigma]$ 不适用于细长压杆。这是因为细长压杆，往往在工作应力 σ 远小于许用应力 $[\sigma]$ 时，就因其轴线被显著压弯，甚至导致折断而丧失工作能力。这种压杆轴线不能保持原有的直线形状，即不能保持其平衡状态而丧失工作能力的现象称为压杆丧失了稳定性，简称压杆失稳。

为了更深刻地理解压杆稳定的概念，可进行如下试验：取一根直径为 4mm，长度为 1m，材料为 Q235 的钢杆，使其下端固定，上端自由，并在其上端装上一个重力为 5N 的小球，如图 8-38a 所示。这时若在上端加上一个微小的横向力——干扰力，使杆端稍有偏移，当横向力去除后，杆就会在原来位置附近摆动，最后又回到原来的平衡位置上，此时称杆处于稳定平衡状态。但若在杆上端换上一个重力为 7N 的小球后，这时钢杆就会被压弯，并突然迅速倒下，如图 8-38b 所示，即杆件丧失稳定平衡状态。然而计算杆件横截面上的压应力仅为 0.557MPa，远远小于 Q235 钢的屈服强度 235MPa。上述试验说明，细长压杆丧失工作能力不是因为强度不足，而是由于失稳所致。

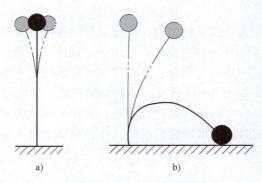

a)　　　　　　　b)

图 8-38　压杆稳定和失稳概念

细长压杆由稳定过渡到不稳定所对应的轴向压力称为临界载荷，用 F_{cr} 表示。因此细长压杆的稳定条件是

$$F \leqslant F_{cr}/S \tag{8-37}$$

式中　S——稳定安全系数。

临界载荷 F_{cr} 除与杆件的粗细和长短有关外，还与安装的支承形式、杆件的截面形状、杆件材料的弹性模量等诸多因素有关，比较复杂，所以这里不做定量计算，需要时可查阅有关书籍。

在机械中，如螺旋千斤顶的螺杆、卧式车床的丝杠等都是细长压杆的例子，都必须保证足够的稳定性，才能正常、安全地工作。除细长压杆外，截面高度远大于宽度的梁也会失稳，发生侧向弯曲，如图 8-39a 所示。可见用增加梁截面的高、宽比（增加 W）来提高梁的抗弯强度，是受到稳定性的限制的。受压的薄壁圆筒也会发生失稳，圆筒表面产生明显的绉褶，如图 8-39b 所示。高径比 H/D 较大的细长圆柱螺旋压缩弹簧也会失稳，产生侧向弯曲，如图 8-39c 所示。

对于这些零件，它们的失效往往是由于失稳造成的。

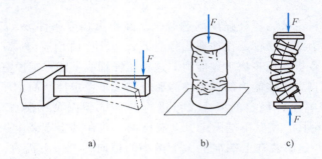

图 8-39 工程上常见的失稳实例

第六节 交变应力

一、交变应力的概念

以上讨论了零件在静应力作用下的强度、刚度和稳定性问题及其相应的失效形式。

在工程实际中，有许多零件是在交变应力作用下工作的。所谓交变应力是指应力的大小和方向随时间做周期性变化的应力。例如：在图 8-40a 所示的火车轮轴中，其横截面 $m—m$ 上的弯曲正应力的分布情况如图 8-40b 所示。随着轴的转动，其横截面边缘上的任一点 A 在经过 A_1、A_2、A_3、A_4 再回到 A_1 的连续运转过程中，如图 8-40c 所示，点 A 的应力将按 $0 \to \sigma_{max} \to 0 \to \sigma_{min} \to 0$ 的规律随时间做周期性的变化，即受到交变应力的作用。

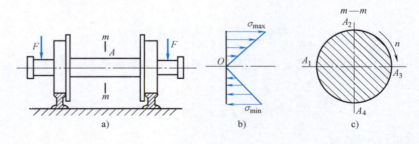

图 8-40 交变应力的概念

又如齿轮传动中的齿轮轮齿、带传动中的带、链传动中的链条和链轮以及滚动轴承的元件等工作时，也都受到交变应力的作用。

为了清楚地表明它们的应力随时间做周期性变化的规律，通常用 σ-t 曲线表示，称为应力循环图。图 8-41 所示为某交变应力的应力循环图，图 8-41 中交变应力每重复变化一次称为一个应力循环，重复变化的次数称为循环次数。应力循环中最小应力 σ_{min} 与最大应力 σ_{max} 之比表征着应力变化的特点，称为应力比，用 R 表示。即

$$R = \frac{\sigma_{\min}}{\sigma_{\max}} \qquad (8-38)$$

最大应力和最小应力的代数和的一半称为平均应力，用 σ_m 表示。即

$$\sigma_m = \frac{\sigma_{\max} + \sigma_{\min}}{2} \qquad (8-39)$$

最大应力与最小应力的代数差的一半称为应力幅，用 σ_a 表示。即

$$\sigma_a = \frac{\sigma_{\max} - \sigma_{\min}}{2} \qquad (8-40)$$

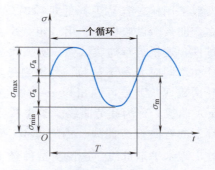

图 8-41　交变应力的应力循环图

工程中最常见的两种交变应力是对称循环交变应力和脉动循环交变应力。静应力则是交变应力的一种特殊情况。它们的 σ-t 曲线及其循环特征等见表 8-6。

表 8-6　典型的交变应力

应力种类	对称循环	脉动循环	静应力
σ-t 曲线			
应力比 R	-1	0	$+1$
应力特点	$\sigma_{\max} = -\sigma_{\min} = \sigma_a$ $\sigma_m = 0$	$\sigma_m = \sigma_a = \dfrac{\sigma_{\max}}{2}$ $\sigma_{\min} = 0$	$\sigma_{\max} = \sigma_{\min} = \sigma_m$ $\sigma_a = 0$
举　例	火车轮轴、双向转动的齿轮轮齿的弯曲应力	单向转动的齿轮轮齿的弯曲应力	定滑轮轴、自行车前轮轴的弯曲应力

零件在交变切应力作用下工作时，上述概念同样适用，只需将正应力 σ 改成切应力 τ 即可。例如图 8-41 中的 σ 改成 τ，则就是阀门压缩弹簧在工作时所受切应力的应力循环图。

二、疲劳破坏的概念

机器零件在交变应力作用下，经过一定的循环次数后发生的破坏称为疲劳破坏。它与静应力作用下的破坏有着本质区别，其特征是：①零件的最大应力在远小于静应力的强度极限时，就可能发生破坏；②即使是塑性材料，在没有明显的塑性变形下就可能发生突然的脆性断裂。零件产生疲劳破坏是由于材料内部的缺陷、加工过程中的刀痕或零件局部的应力集中等导致产生了微观裂纹，称为裂纹源。在交变应力作用下，随着循环次数的增加，裂纹不断扩展，直至零件发生突然断裂。

三、材料的疲劳极限

材料在交变应力作用下的力学性能也可通过试验确定。同一材料的试件直至疲劳破坏时所经历的循环次数除与应力大小有关外，还与循环特征和变形形式等有关。在工程实际中，

一般采用比较容易进行的对称循环下的弯曲疲劳试验：在弯曲疲劳试验机上，用一组（6~10根）标准光滑小试件，逐根进行加载试验，所加载荷各不相同，即各试件在不同应力 σ 下试验，分别测得其断裂时所经历的循环次数 N，于是可画出以 σ 为纵坐标，N 为横坐标的 σ-N 曲线，称为疲劳曲线。图 8-42 所示为碳钢在对称循环下的弯曲疲劳曲线，由图 8-42 所示，在 $N = N_0 = 10^7$ 处出现水平渐近线，这说明试件经 10^7 次应力循环而不破坏时，则经无限多次循环也不会破坏。N_0 称为循环

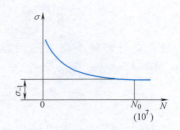

图 8-42 碳钢在对称循环下的弯曲疲劳曲线

基数，对应于 N_0 的应力值称为材料的疲劳极限，用 σ_{-1} 表示。再根据具体的使用条件，考虑一定的安全系数，就可以得到相应的许用应力 $[\sigma_{-1}]$。各种材料的 σ_{-1} 和在一定使用条件下的 $[\sigma_{-1}]$ 均可从有关手册中查取。

四、零件的疲劳极限、许用应力和强度条件

由于实际零件的几何形状、尺寸大小和表面加工质量等都与标准试件有差别，为此必须将上面得到的材料的 σ_{-1} 和 $[\sigma_{-1}]$ 用一系列的系数来修正，以获得实际零件的疲劳极限和许用应力，并作为设计时的依据。综上所述可得到实际零件在对称循环下的弯曲疲劳强度条件为

$$\sigma_{\max} \leqslant \frac{\varepsilon_\sigma \beta}{K_\sigma} [\sigma_{-1}] \tag{8-41}$$

式中　$\sigma_{\max}$——零件危险截面上的最大应力；

　　$[\sigma_{-1}]$——材料的许用应力；

　　K_σ——有效应力集中系数，它是考虑应力集中使疲劳极限降低的系数。在外力作用下，零件截面突变处附近的局部应力远大于名义应力，这种现象称为应力集中。如图 8-43a 所示的阶梯轴台阶面的转角处，图 8-43b 所示的带孔板的孔的边缘处均会产生应力集中。图 8-43c 所示为带孔板受到一对平衡拉力 F 作用时，截面 m—m 上的应力分布情况，孔壁处有明显的应力集中。应力集中将使零件的疲劳极限显著降低（但对静强度影响不大，一般可不予考虑）；

　　ε_σ——尺寸系数，它是衡量大尺寸构件使疲劳极限降低的系数，零件尺寸大，则材料中的缺陷多，使疲劳强度降低；

　　β——表面质量系数，是反映零件表面质量对疲劳极限影响的系数。

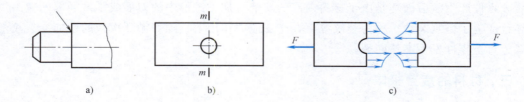

a)　　　　　　　b)　　　　　　　c)

图 8-43 应力集中概念

同理，可得到零件在其他变形形式和循环特征下的疲劳强度条件。

习　　题

8-1　试比较下列概念：

（1）零件的外力和内力

（2）零件的内力与静力学中物系的内力

（3）内力与应力

（4）应力与应变

（5）伸长率 δ 与线应变 ε

（6）比例阶段、屈服阶段、强化阶段、局部收缩阶段

（7）弹性变形与塑性变形

（8）强度指标、刚度指标（弹性指标）、塑性指标、韧性指标

（9）屈服现象、强化现象、缩颈现象

（10）比例极限 σ_p、屈服极限 σ_s、强度极限 σ_b、疲劳极限 σ_r

（11）工作应力、极限应力、许用应力

（12）正应力 σ 与切应力 τ

（13）材料的弹性模量 E 与切变模量 G

（14）扭转角 ϕ 与单位长度扭转角 θ

（15）线应变 ε 与切应变 γ

（16）剪切弯曲与纯弯曲

（17）抗扭截面系数 Z 与抗弯截面系数 W

（18）截面极惯性矩 I_p 与轴惯性矩 I

（19）抗拉压刚度 EA、抗扭刚度 GI_p、抗弯刚度 EI

（20）挠度 y 与转角 θ

（21）静载荷、动载荷、冲击载荷

（22）静应力与交变应力

（23）对称循环与脉动循环

（24）应力比 $R=-1$、$R=0$、$R=+1$

（25）静应力下材料的强度与交变应力下材料的疲劳强度

8-2　图 8-44 所示托架，BC 杆直径为 $d_1=30\text{mm}$，AB 杆的直径为 $d_2=45\text{mm}$，材料均为 Q235 钢，许用拉应力 $[\sigma]=120\text{MPa}$。要求：

1）若载荷为 $F=20\text{kN}$，试校核托架的强度。

2）根据托架强度，计算其许可载荷 $[F]$。

3）若托架的载荷为许可载荷 $[F]$ 时，试重新选择杆件合理的截面尺寸。

8-3　图 8-45 所示三角支架，已知载荷 F 和 AB 杆的长度 l，若 AB 杆的强度足够，BC 杆材料的许用应力为 $[\sigma]$，试问角度 α 为多少时，BC 杆所用的材料为最少？其值为多少？（提示：①BC 杆所用材料为它的体积，即 BC 杆的截面积×BC 杆的长度；②本题要用到代数公式 $\sin2\alpha=2\sin\alpha\cos\alpha$ 来求解）

8-4　图 8-46 所示为一精密螺纹车床上的梯形螺纹传动丝杠，已知其小径 $d_1=38\text{mm}$，螺距 $P=12\text{mm}$，材料的弹性模量 $E=210\text{GPa}$，比例极限 $\sigma_p=80\text{MPa}$，许用应力 $[\sigma]=100\text{MPa}$，车削螺纹时丝杠所受的最大拉力 $F=10\text{kN}$，丝杠每个螺距 P 的许用变形量为 $[\Delta P]=0.5\mu\text{m}$，试校核该丝杠的强度和刚度。

8-5　图 8-47 所示受拉圆杆，已知杆件材料的许用拉应力 $[\sigma]=120\text{MPa}$，许用挤压应力 $[\sigma_e]=240\text{MPa}$，许用切应力 $[\tau]=90\text{MPa}$，圆杆的直径 $d=20\text{mm}$，杆的头部直径 $D=32\text{mm}$，高度 $H=12\text{mm}$，试求：

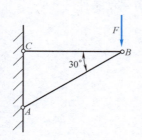

图 8-44　题 8-2 图

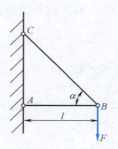

图 8-45　题 8-3 图

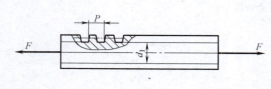

图 8-46　题 8-4 图

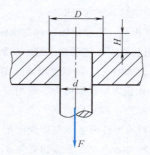

图 8-47　题 8-5 图

1）圆杆的许用拉力 [F]。

2）若已知最大拉力 F_{max} = 40kN，试重新确定 d、D 和 H 的大小。

8-6　如图 8-48 所示某压力机的最大冲压力 F = 200kN，冲头材料的许用应力 [σ] = 440MPa，被冲钢板的剪切强度极限 τ_b = 360MPa，试求：

1）此压力机能冲剪的圆孔的最小直径 d。

2）此压力机能冲剪的钢板的最大厚度 t。

8-7　图 8-49 所示传动轴，已知其转速 n = 300r/min，A 轮的输入功率 P_A = 50kW，B、C 轮的输出功率分别为 P_B = 30kW，P_C = 20kW，轴材料的许用扭应力 [τ] = 60MPa，试画此轴的扭矩图，并确定此轴的直径 d。

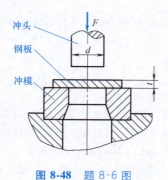

图 8-48　题 8-6 图

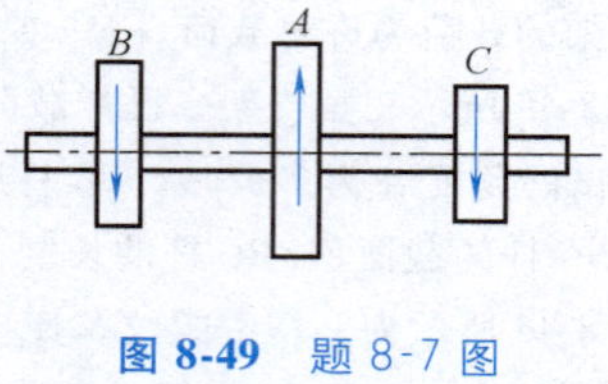

图 8-49　题 8-7 图

8-8　已知解放牌汽车的主传动轴（图 8-13b）是由 45 钢的无缝钢管制成，其外径 D = 90mm，壁厚 t = 2.5mm，传递的最大转矩 M_{max} = 1.5kN·m，材料的许用扭应力 [τ] = 60MPa，要求：

1）校核该轴的强度。

2）若轴的材料不变，但改用实心圆轴，并要求它的扭转强度和原空心圆轴（无缝钢管）相同，试确定此实心轴的直径 D_0。

3）试比较两根轴所用材料的自重比。

8-9　图 8-50 所示传动轴，已知 A 轮的输入功率 $P_A = 30\mathrm{kW}$，B、C、D 轮的输出功率分别为 $P_B = 15\mathrm{kW}$，$P_C = 10\mathrm{kW}$，$P_D = 5\mathrm{kW}$，轴的转速 $n = 500\mathrm{r/min}$，轴材料的切变模量 $G = 80\mathrm{GPa}$，许用扭应力 $[\tau] = 40\mathrm{MPa}$，轴的许用扭转角 $[\theta] = 1°/\mathrm{m}$，试设计此轴的直径 d。

8-10　图 8-51 所示简支梁 AB，受到均布载荷 q 的作用，试列出其弯矩方程，并画出其弯矩图。

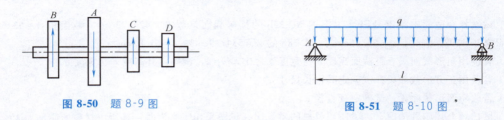

图 8-50　题 8-9 图　　　　图 8-51　题 8-10 图

8-11　画出下列各梁的弯矩图（不要求写出其弯矩方程），如图 8-52 所示。

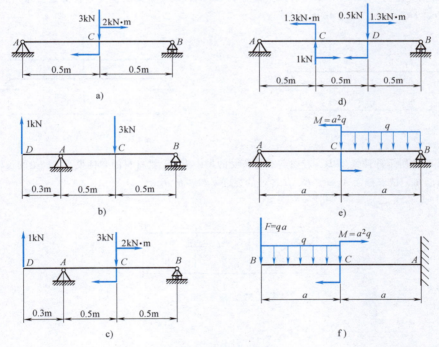

图 8-52　题 8-11 图

8-12　图 8-53 所示为钢筋混凝土预制楼板的横截面，试从力学观点解释：

1）为什么在中间开有若干个圆形孔洞？

2）楼板只在一面配置有钢筋，为什么？

3）铺放楼板时，有钢筋的一面应放在上面还是下面？为什么？

8-13　试分析图 8-54 所示同一矩形截面梁，按两种不同方法放置时，其抗弯强度是否相同？为什么？

8-14　如图 8-55 所示简支梁 AB，已知图中 $F = 50\mathrm{kN}$，$a = 0.8\mathrm{m}$，梁的材料的许用应力 $[\sigma] = 140\mathrm{MPa}$，若采用标准工字钢，要求：

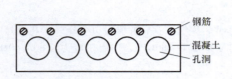

图 8-53　题 8-12 图

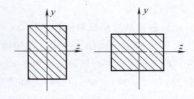

图 8-54　题 8-13 图

1）试选择合适的工字钢号码（工字钢 No.25b 的抗弯截面系数 $W = 422.72 \text{cm}^3$，截面积 $A = 53.5 \text{cm}^2$；No.28a 的 $W = 508.15 \text{cm}^3$，$A = 55.45 \text{cm}^2$；No.28b 的 $W = 534.29 \text{cm}^3$，$A = 61.05 \text{cm}^2$）。

2）若改用矩形截面梁，且截面高度 h 与宽度 b 之比 $h/b = 2$，试确定其高度 h 与宽度 b。

3）若改用正方形截面梁，试确定其边长尺寸 a。

4）若改用圆形截面梁，试确定其直径 d。

5）试比较上述四种情况下，梁所用材料的质量比（设梁采用工字钢时，其所用材料的质量为 1）。

8-15　图 8-56 所示简支梁 AB，采用 No.28a 工字钢，梁的跨度 $l = 7.5 \text{m}$，材料的弹性模量 $E = 2 \times 10^5 \text{MPa}$，许用挠度为 $[y] = 0.002l$，若最大载荷 $F = 23 \text{kN}$，试校核梁的挠度是否满足要求（由型钢表查得其截面惯性矩 $I = 7480 \text{cm}^4$，$q = 469 \text{N/m}$）。

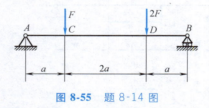

图 8-55　题 8-14 图

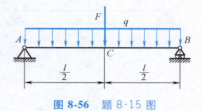

图 8-56　题 8-15 图

8-16　图 8-57 所示外伸梁 ABD，若在点 C 处所受的集中力 F、梁材料的弹性模量 E、梁的长度 l 和截面惯性矩 I 均为已知，试求截面 A、B、C、D 各处的挠度 y 和转角 θ。

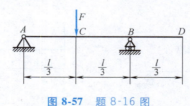

图 8-57　题 8-16 图

零件的材料选择

  工程上所使用的材料统称为工程材料。它不仅是机械工程和各种工程的物质基础，又在很大程度上决定了工程的质量和成本。因此，材料、能源、信息被人们公认为现代技术的三大支柱。历史学家常把人类的发展史分为石器（旧、新）时代、陶器时代、青铜器时代、铁器时代，而 21 世纪又将是合成材料的新时代。由此可见，材料在人类发展史上的重要作用。

  通过前面各章的学习，已经知道：①在零件图的标题栏中，都有一个材料栏目，填写为该零件所选用的材料；②在拉、压、弯、扭等各种基本变形条件下的强度计算时，都需要给出所用材料及其相应的许用应力 $[\sigma]$（或 $[\tau]$），才能进行计算。而材料的许用应力不仅取决于材料本身，还与它的热处理直接相关，所以机器零件一定要选择合适的材料和相应的热处理。例如一把菜刀，不仅要求钢好（钢的品质好），而且要求钢火好（钢的热处理好），才能锋利、耐用。由此可见，每一个工程技术人员都必须掌握材料和热处理方面的知识，才能为零件合理选材，也才能对零件进行强度、刚度和稳定性计算，以确保所设计的机器能正常、安全地工作。

  工程材料按化学成分等，可分为金属材料、非金属材料和复合材料三类。其中金属材料又可分为黑色金属（钢和铁）和有色金属（钢铁以外的其他金属）。黑色金属，尤其是钢仍是目前应用最为广泛的工程材料，也是本章讨论的重点。同时非金属材料，尤其是工程塑料近几十年来发展迅猛，人们预料它将成为 21 世纪的"钢"，所以本章也将扼要介绍其主要种类及其应用。此外本章还将简要介绍一种新型的工程材料——复合材料。作为学习本章的主要宗旨，最后介绍正确、合理选择零件材料的基本原则。

第一节　金属的晶体结构和铁的同素异构转变

一、金属的晶体结构

  从中学所学的化学课程中，我们已经知道，固态物质可分为晶体和非晶体。而固态金属基本上都是晶体物质，并且绝大多数金属的晶体结构都属于体心立方晶格（如 α-Fe、Cr、Mo、W、V 等）、面心立方晶格（如 γ-Fe、Cu、Al、Ni 等）和密排六方晶格（如 Mg、Zn、Be 等）。

二、铁的同素异构转变

多数金属在固态下只有一种晶格类型。但 Fe、Ti、Co、Mn、Sn 等金属并不只有一种晶体结构，而是随着外界条件（如温度、压力）的变化而有不同类型的晶体结构。即在固态下会发生晶格类型的转变，这种转变称为同素异构转变。其中铁的同素异构转变尤为重要，它是钢能够进行热处理改变其组织与结构，从而可改善其力学性能和工艺性能的根本原因。它也是钢铁材料性能多种多样、用途广泛的主要原因之一。图 9-1 所示为纯铁的冷却曲线及其晶体结构的转变，即同素异构转变。

如图 9-1 所示，高温下的液态纯铁在冷却至 1538℃ 时开始结晶，得到具有体心立方晶格的 δ-Fe；继续冷却到 1394℃ 时，则转变为面心立方晶格的 γ-Fe；再冷却到 912℃ 时，又转变成体心立方晶格的 α-Fe[1]，并直到室温不变。即铁在结晶后一直冷却到室温的过程中先后发生两次晶格类型的转变，其转变过程可表达为

$$\delta\text{-Fe} \underset{}{\overset{1394℃}{\rightleftharpoons}} \gamma\text{-Fe} \underset{}{\overset{912℃}{\rightleftharpoons}} \alpha\text{-Fe}$$

体心立方晶格　面心立方晶格　体心立方晶格

高温下原子做不规则排列的液态纯铁在冷却至 1538℃ 时转变成原子规则排列的固态 δ-Fe，这一过程称为结晶。而铁的两次同素异构转变，在固态下从原子的一种规则排列转变为另一种规则排列，这种原子的重新排列过程也是一种结晶过程，同样遵循着生核与核长大的结晶基本规律。

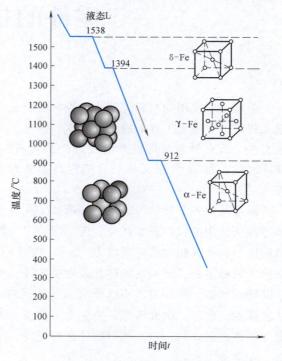

图 9-1　铁的同素异构转变

第二节　铁碳合金及其相图

一、合金的基本概念

纯金属的强度、硬度一般都很低，不能满足工程需要，而且冶炼困难，价格较贵（纯度越高，价格越贵），因此在工程上的应用受到限制。实际工程中广泛使用的是合金。合金是一种金属元素与其他金属元素或非金属元素相互熔合而成的具有金属特性的物质。例如碳素钢就是由铁和碳组成的（二元）合金，简称铁碳合金。合金除具有较组成合金的纯金属更好的力学性能外，还可以改变组成元素之间的成分比例，以获得一系列性能各不相同的合

---

[1]　虽然 δ-Fe 和 α-Fe 同为体心立方晶格，但两者的晶格常数不同，故性能也不相同。

金，例如改变铁、碳的成分比例，可以得到各种不同牌号和不同性能的碳素钢。同时一般还可以通过热处理来改善其力学性能和工艺性能。此外，某些合金还具有耐热、耐蚀、不易生锈等一些特殊的物理和化学性能，从而可以满足工程中各种不同的使用要求。

组成合金的独立的、最基本的单元称为组元。组元可以是金属、非金属元素和稳定化合物。根据合金中的组元数相应有二元合金、三元合金和多元合金。

由两个或两个以上组元按不同比例配制成的一系列不同成分的合金称为合金系统，简称合金系。

二、合金相图的基本概念

1. 相

合金中的各元素相互作用，可形成一种或几种相，即固态合金可能由一种相或多种相所组成。所谓相是指合金组织中化学成分、晶体结构和物理性能相同的组分，其中包括固溶体、金属化合物及纯物质（如石墨）。

（1）固溶体　合金在结晶成固态时，组元间会相互溶解，形成在某一组元（称为溶剂）的晶格中包含有其他组元（称为溶质）的新相，这种新相称为固溶体。若溶质原子代替一部分溶剂原子而占据溶剂晶格中某些结点位置则称为置换固溶体。若溶质原子嵌入溶剂晶格各结点间的空隙中，则称为间隙固溶体。例如铁和碳可形成间隙固溶体。由此可见，合金中固溶体的晶格类型为溶剂的晶格类型，但又以置换方式或嵌入方式溶入了溶质的原子，并由于溶质原子的溶入，造成固溶体晶格的畸变，变形抗力增大，从而使合金的强度、硬度升高，这一现象称为固溶强化。这是合金的力学性能优于纯金属的原因之一。

（2）金属化合物　溶质在固溶体中的溶解度一般是有限的，当溶质的含量超过此溶解度后将产生新相。这个新相可能是另一种固溶体，也可能是一种晶格类型和性能完全不同于任一合金组元的金属化合物，如铁碳合金中的 Fe_3C。金属化合物一般具有复杂的晶格结构，熔点高，硬而脆。它的存在将使合金的强度、硬度提高，而塑性和韧性下降。这也是合金的强度、硬度高于纯金属的原因之一。

工业合金总是由固溶体或固溶体和金属化合物所组成的（仅有金属化合物构成的合金硬而脆，没有实用价值）。

2. 相平衡（平衡）

相平衡是指在合金中参与结晶或相变过程的各相之间的相对质量和相对浓度不再改变时的状态。这种状态是在系统的温度变化极其缓慢时，晶格中的原子有充分的时间进行扩散的条件下得到的。

3. 组织

用金相观察方法看到的，由形态、尺寸不同和分布方式不同的一种或多种相构成的总体称为组织。其中用肉眼或借助于放大镜观察到的组织称为宏观组织（低倍组织）；而借助光学或电子显微镜所观察到的组织称为显微组织。通常所说的组织，一般均指显微组织。因此也可以说，工业合金可能是一种固溶体的单相组织，但多数是固溶体和金属化合物组成的两相或多相组织。这是因为这种多相组织的力学性能优异，而且可以通过调整固溶体的溶解度和分布于其中的金属化合物的形状、数量、大小及分布，可使合金的力学性能在一个相当大

的范围内变动，从而满足各种不同的要求。

4. 相图

相图是表达合金的温度、成分和相（或组织状态）之间平衡关系的图形，又称状态图或平衡图，即它是表明合金系中不同成分的合金在不同温度下，由哪些相（或组织）组成以及这些相（或组织）之间平衡关系的图形。

三、铁碳合金相图

现代工业中使用最广泛的钢铁材料（碳钢、铸铁、合金钢、合金铸铁等）都属于铁碳合金的范畴。因此，为了认识铁碳合金的本质，并了解铁碳合金的成分、组织和性能之间的关系，以便在生产中合理地使用，首先必须了解铁碳合金的相图。

（一）铁碳合金的基本相

1. 铁素体

碳溶解在 α-Fe 中形成的间隙固溶体称为铁素体，用符号"F"（或"α"）表示。由于体心立方晶格的 α-Fe 的晶格间隙很小，所以碳在 α-Fe 中的溶解度很低，在727℃时的最大溶碳量为 0.0218%，随着温度的降低，溶碳量逐渐下降，在室温时仅为 0.0008%。所以铁素体的性能接近于 α-Fe，具有良好的塑性和韧性，而强度、硬度都较低。

2. 奥氏体

碳溶解在 γ-Fe 中所形成的间隙固溶体称为奥氏体，用符号"A"（或"γ"）表示。由于面心立方晶格的 γ-Fe 晶格的间隙较大，故溶碳能力较强，在1148℃时，溶碳量可达 2.11%，随着温度的降低，溶碳量逐渐下降，到727℃时为 0.77%。奥氏体的强度和硬度都不高，但具有良好的塑性，因此绝大多数钢在高温时（处于奥氏体状态）具有良好的锻造和轧制工艺性能。

3. 渗碳体

渗碳体是铁和碳的金属化合物，它的分子式为 Fe_3C（也可用"C_m"表示），其碳的质量分数（通俗称含碳量）为 6.69%，用符号"ω_C"表示。渗碳体的熔点为1227℃，具有很高的硬度（800HBW），但塑性很差（$\delta \approx 0$），是一种硬而脆的组织。在钢中渗碳体以不同形态和大小的晶体出现于组织中，对钢的力学性能影响很大。

（二）铁碳合金相图

碳的质量分数大于 6.69% 的铁碳合金脆性很大，没有实用价值，因此讨论铁碳合金相图时，也只需要讨论碳的质量分数小于 6.69% 部分的相图。在该含碳量范围内，铁和碳生成的稳定化合物只能是 Fe_3C，并可将其视为合金的一个组元。因此部分的 Fe-C 相图也可以认为是 $Fe-Fe_3C$ 相图。

铁碳合金相图是通过试验实际测定得到的。将碳的质量分数在 6.69% 以内的铁碳合金系中各种不同成分的合金，分别在极其缓慢的冷却（或加热）条件下，测定其相变过程，得到一系列相变（临界）点，并标记在以温度为纵坐标，合金成分（碳的质量分数）为横坐标的图上，再把意义相同的相变点连接起来成为各相界线，就得到了如图 9-2 所示的铁碳合金相图，即 $Fe-Fe_3C$ 相图[⊖]。

⊖ 该相图是将实际相图上实用意义不大的包晶反应，生成 δ-Fe 的左上角部分予以简化后的简化相图。

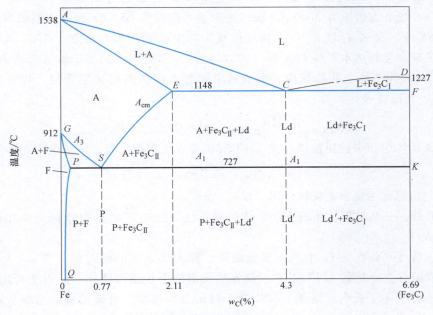

图 9-2　Fe-Fe₃C 相图

下面介绍一下铁碳合金相图中各主要线的意义。

1）ACD 线（AC 线+CD 线）——液相线。在此线以上，合金呈液态，称为液相区，用"L"表示。液态合金冷却至该线时开始结晶：在 AC 线以下结晶出奥氏体 A，剩余液体中的 w_C 沿 AC 线变化，w_C 逐渐增加；在 CD 线以下结晶出渗碳体 Fe_3C，剩余液体中的 w_C 沿 DC 线变化，w_C 逐渐减少。

2）$AECF$ 线（AE 线+ECF 线）——固相线。液态合金冷却至该线时结晶完毕，所以在该线以下区域均为固相区。而在液相线和固相线之间为液相和固相两相并存区：ACE 区为 L+A；CDF 区为 L+Fe_3C。固相线中的 AE 线是从液态中结晶出奥氏体的终止线，所以其下方为单相奥氏体区。固相线中的水平线 ECF 线称为共晶反应线，点 C 称为共晶点，凡 w_C 为 2.11%~6.69%的液态合金在冷却至临近 ECF 线时，剩余液体的成分均为共晶成分，即 w_C 为 4.3%的点 C 成分；而当到达 ECF 线（1148℃）时，所有剩余液体都将发生共晶反应，生成奥氏体和渗碳体的机械混合物，称为莱氏体，用"Ld"表示。其反应表达式为

$$L_{4.3\%\omega_C} \underset{1148℃}{\overset{1148℃}{\rightleftharpoons}} A_{2.11\%\omega_C} + Fe_3C_{6.69\%\omega_C} = Ld_{4.3\%\omega_C}$$

3）GS 线（又名 A_3 线）——从奥氏体 A 中析出铁素体 F 的开始线。在 GS 线以下，析出铁素体后，剩余奥氏体中的 w_C 沿 GS 线变化，逐渐增加。当到达727℃时，w_C 增加为0.77%的点 S 成分。

4）ES 线（又名 A_{cm} 线）——是碳在 γ-Fe 中的溶解度曲线，称为奥氏体的固溶线。在点 E（1148℃）时，奥氏体中的溶碳量为最大，达到2.11%。当 w_C 为 0.77%~2.11%的合金冷却至 ES 线以下时，以及 w_C 为 2.11%~6.69%的合金冷却至 ECF 线（1148℃）以下时，它们都要从奥氏体中析出渗碳体，且剩余奥氏体中的 w_C 将沿 ES 变化而逐渐减少，直到

727℃时降低至0.77%的点S成分。结合上面对ECF线的分析可知：ES线下方组织为$A+Fe_3C$；EC线下方组织为$A+Fe_3C+Ld$；点C下方组织为Ld；CF线下方组织为$Ld+Fe_3C$。

5）PSK线（又名A_1线）——共析反应线。其中点S称为共析点。凡ω_C为0.0218%～6.69%的铁碳合金到达水平线PSK线（727℃）时，其组织中的奥氏体成分均为S点成分，ω_C为0.77%，并将发生共析反应，生成铁素体和渗碳体的机械混合物，称为珠光体，用"P"表示。其反应表达式为

$$A_{0.77\%\omega_C} \xrightleftharpoons{727℃} F_{0.0218\%\omega_C} + Fe_3C_{6.69\%\omega_C} = P_{0.77\%\omega_C}$$

对于莱氏体组织中的奥氏体，在727℃时也要发生共析反应，转变成珠光体，即

$$Ld = A + Fe_3C \xrightleftharpoons{727℃} P + Fe_3C = L'd$$

此时的组织称为低温莱氏体；用"L'd"表示。

6）GP线——从奥氏体中析出铁素体的终止线。故左下方的GPQ区为单相铁素体，而GPS区为$A+F$。

7）PQ线——碳在α-Fe中的溶解度曲线，称为铁素体的固溶线。当ω_C为0.0218%～6.69%的铁碳合金冷却到727℃以下，都将从铁素体中析出渗碳体。但由于析出的量极少，一般忽略不计、不予表明。结合上面对PSK线的分析可知，合金的室温组织从左到右依次为：F、F+P、P（点S下方）、P+Fe$_3$C、P+Fe$_3$C+Ld'、Ld'（点C下方）、Ld'+Fe$_3$C。

通过以上对相图中各主要线的分析，也就同时了解到相图中各主要特性点（A、C、D、E、G、P、Q、S）的意义。请读者对这些点所在的温度、碳的质量分数ω_C以及它们的意义进行列表说明。

有时为了区别起见，将从液态中直接析出的渗碳体称为一次渗碳体，记为Fe_3C_I；将从奥氏体中析出的渗碳体称为二次渗碳体，记为Fe_3C_{II}；将从铁素体中析出的渗碳体称为三次渗碳体，记为Fe_3C_{III}。

（三）铁碳合金按碳的质量分数和组织分类

在铁碳合金中，碳的质量分数为0.0218%～2.11%称为钢[⊖]。其中碳的质量分数为0.77%的钢称为共析钢，其室温组织为珠光体P；碳的质量分数为0.0218%～0.77%的钢称为亚共析钢，室温组织为F+P；碳的质量分数为0.77%～2.11%的钢称为过共析钢，其室温组织为P+Fe$_3$C。碳的质量分数为2.11%～6.69%时称为白口铸铁（断口呈银白色而得名），其中碳的质量分数为4.3%时称为共晶白口铸铁，其室温组织为低温莱氏体Ld'。碳的质量分数为2.11%～4.3%时称为亚共晶白口铸铁，其室温组织为P+Fe$_3$C+Ld'；碳的质量分数为4.3%～6.69%时称为过共晶白口铸铁，其室温组织为Ld'+Fe$_3$C。

（四）珠光体和莱氏体介绍

1. 珠光体

珠光体（P）由于具有珍珠般的光泽而得名，碳的质量分数为0.77%，它是奥氏体从高温缓慢冷却至727℃以下时，发生共析反应所形成的铁素体薄层和渗碳体薄层交替重叠组成的共析组织。其力学性能也大体上是铁素体和渗碳体的平均值，故珠光体的强度较高，硬度适中，又有一定的韧性。

⊖ 碳的质量分数小于0.0218%的铁碳合金称为工业纯铁，在工程中较少应用。

2. 莱氏体

莱氏体是碳的质量分数为 4.3% 的液态，在 1148℃ 时发生共晶反应所形成的奥氏体和渗碳体所组成的共晶组织，用 "Ld" 表示。继续冷却至 727℃ 时，莱氏体内的奥氏体转变为珠光体，转变后的莱氏体称为低温莱氏体（统称莱氏体），用 "Ld'" 表示。莱氏体的力学性能与渗碳体相似，硬度很高，塑性很差。故含有莱氏体组织的白口铸铁较少应用。

若铁碳相图中的各区域均用相来表示，则相图中共有 4 个单相区。即液相（L）区（ACD 线上方）、铁素体（F）区（GPQ 线左方）、奥氏体（A）区（AESG 区域）和渗碳体 Fe_3C（DFK 线上）。而在两个单相区之间必为双相区，且为这两个单相区的相之和。如 ESKF 区域为 $A+Fe_3C$；PQ 线右方、ESK 线下方区域为 $F+Fe_3C$；其他各双相区请读者来分析。

（五）典型铁碳合金的结晶过程

图 9-3 所示为共析钢的结晶过程示意图，在点 1 以上温度，合金为液相 L；当合金冷却至 1~2 区间时，从液相中结晶出奥氏体，此时为 L+A 双相；到点 2 时结晶完毕，所以 2~3 区间为单相奥氏体 A；当温度降到 727℃ 的点 3 时，奥氏体发生共析反应，到点 3' 反应结束（由于共析反应是一个放热反应，反应过程是一个恒温过程，所以在图 9-3b 中，33' 为一水平线）。因此，在 33' 的反应期间，其组织为 A+P；到达 3' 时全部成为反应产物 P；当温度从点 3' 继续降到室温时的点 4 过程中，珠光体中铁素体的溶碳量沿 PQ 线变化，相应从 0.0218% 降到 0.0008%，并析出渗碳体（$Fe_3C_{Ⅲ}$）。由于析出渗碳体的量非常少，且与原珠光体中的渗碳体混合在一起，难以分辨，完全可以忽略不计，因此可认为 3'4 区间的组织均为 P。其他成分的铁碳合金的结晶过程请读者自行分析。

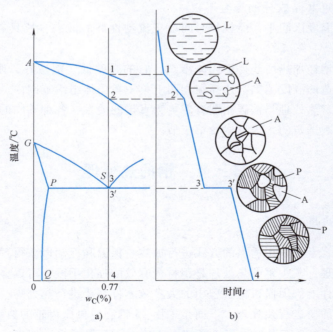

图 9-3 共析钢的结晶过程示意图

（六）铁碳合金的成分、组织和性能之间的关系

从铁碳相图可知，铁碳合金随着碳的质量分数的增加，其室温组织按下列顺序变化：

$F \rightarrow F+P \rightarrow P \rightarrow P+C_m \rightarrow P+C_m+Ld' \rightarrow Ld' \rightarrow Ld'+C_m$。不难看到这些组织都是由铁素体和渗碳体两相所组成的，而且碳的质量分数越高，铁素体的量越少而渗碳体的量越多，因而随着碳的质量分数的增加，钢的强度、硬度相应增加，而塑性、韧性则下降，如图9-4所示。图中碳的质量分数大于 0.9%时，钢的强度有所下降，这是由于钢中出现了影响强度的网状渗碳体的缘故。

（七）铁碳相图的应用

铁碳相图在生产实践中具有重要的现实意义。

1）铁碳相图所表明的铁碳合金的成分、组织和性能之间的关系是选择钢铁材料的依据。

2）铁碳相图是制订铸、锻、热处理工艺的依据。

在铸造方面，根据相图中的液相线可以找出不同成分的铁碳合金的熔点，从而确定合适的熔化、浇注温度。此外从相图中还可以看出，接近共晶成分的合金不仅熔点低，而且凝固温度区间小，能较长时间处于流动性好的液态，故具有良好的铸造性能，适宜用于铸造。

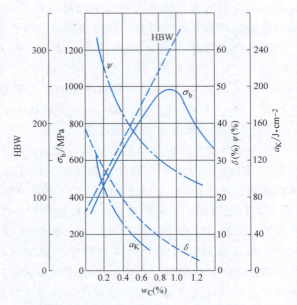

图 9-4 碳的质量分数对钢力学性能的影响

在锻造方面，钢经加热后获得奥氏体组织，它的强度低、塑性好，便于塑性变形加工。因此钢材轧制或锻造的温度范围都选择在相图上单一奥氏体组织范围内。

在热处理方面，热处理与铁碳相图有着更为直接的关系，各种不同的热处理方法的加热温度都是依照相图来选定的，详见本章第三节。

第三节　钢的热处理

一、热处理的基本概念

将固态金属或合金，采用适当的方式进行加热、保温和冷却以获得预期的组织结构与性能的工艺称为热处理。其中钢的热处理是钢材最有效的强化手段，可以显著提高钢的力学性能和改善钢的工艺性能。因而机械工程中的大多数零件都要进行热处理，如滚动轴承和各种工具几乎百分之百的要进行热处理。下面是采用45钢制造机床齿轮的典型工艺路线：

下料→锻造→<u>正火（或退火）</u>→齿坯加工→<u>淬火</u>→<u>高温回火</u>→切齿→<u>高频表面淬火</u>→<u>低温回火</u>→磨削。全部10道工序中就有5道工序是热处理，热处理在工序中的地位十分重要。

热处理的工艺过程一般可以用热处理工艺曲线（温度、时间关系曲线）来表达，如图9-5所示。

二、金属（钢）热处理工艺分类及代号（GB/T 12603—2005）

金属热处理工艺分类按基础分类和附加分类两个主层次进行划分。

1）基础分类和代号。根据工艺总称、工艺类型和工艺名称将热处理工艺按三个层次进行分类，其工艺代号相应由三位数字组成。其中工艺总称为"机械制造工艺方法分类与代号"中的热处理，用第一位数字"5"表示；工艺类型分为整体热处理、表面热处理和化学热处理三类，并分别用第二位数字1、2和3表示；工艺名称按获得的组织状态或渗入元素进行分类，并用第三位数字1、2、3…表示。以上基础分类和代号详见附录25。

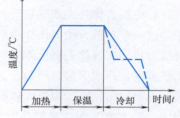

图9-5 热处理工艺曲线

2）附加分类和代号。是对基础分类中某些工艺的具体实施条件更细化的分类。包括实现工艺的加热方式的代号，采用两位数字01、02、…、11表示，见附录26；退火工艺的代号，采用英文字头表示，见附录27；淬火冷却介质和冷却方法的代号，也采用英文字头表示，见附录28。

3）热处理工艺代号。由基础分类代号和附加分类代号组成，中间用半字线连接。例如513-W 和513-04 等，其中5代表工艺总称为热处理；1代表工艺类型为整体热处理；3代表工艺名称为淬火；W代表冷却方式为水冷；04代表加热方式为感应加热。故513-W 为水冷淬火工艺，513-04 为感应加热淬火工艺。

为了正确掌握钢的各种热处理工艺，下面首先讨论钢在加热（包括保温）和冷却过程中组织变化的规律。

三、钢在加热时的转变

在钢的热处理工艺中，首先要进行加热并保温，以获得全部（或部分）奥氏体组织，称为钢的奥氏体化。虽然奥氏体是高温状态的组织，但它的成分、晶粒大小及其均匀化程度将直接影响钢冷却后的组织和性能。下面就以共析钢为例来说明在加热、保温时，其组织转变过程。共析钢加热到 Ac_1 线[^1]以上时，钢中的珠光体（F+Fe$_3$C）将向奥氏体转变，并经历生核、长大、残留渗碳体的溶解和奥氏体均匀化四个阶段，如图9-6所示。

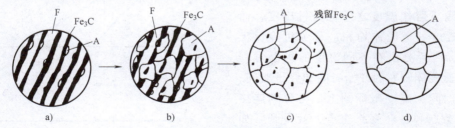

图9-6 共析钢中奥氏体的形成过程示意图

a）奥氏体生核　b）奥氏体长大　c）残留渗碳体溶解　d）奥氏体均匀化

[^1]: 通常将铁碳相图中的临界温度线 A_1、A_3、A_{cm}，在加热时标为 Ac_1、Ac_3、Ac_{cm}，冷却时标为 Ar_1、Ar_3、Ar_{cm}，以资区别。

首先在铁素体和渗碳体的相界面上生成奥氏体晶核（因为奥氏体碳的质量分数介于两者之间），如图 9-6a 所示；同时与奥氏体晶核相邻的铁素体与渗碳体不断溶入奥氏体中，使奥氏体长大，如图 9-6b 所示；由于渗碳体的晶体结构和碳的质量分数都与奥氏体相差很大，故溶解较慢，所以在铁素体全部溶解后尚有部分残留的渗碳体，称为残留渗碳体，如图 9-6c 所示；随着时间的延长，残留渗碳体也逐渐溶解，直至完全消失，此时奥氏体中的碳浓度是不均匀的，在原先铁素体处碳浓度较低，在原先渗碳体处碳浓度较高，经过一段时间的保温，通过碳原子的进一步扩散，使奥氏体中的碳浓度均匀一致，称为奥氏体均匀化，如图 9-6d 所示。刚刚完成上述转变过程的奥氏体晶粒是细小的（不论原来钢中的珠光体晶粒是粗、是细），但如果加热温度偏高或保温时间偏长，则奥氏体晶粒之间会通过互相吞并而自发地长大，加热温度越高，保温时间越长，则奥氏体晶粒越粗大。而奥氏体晶粒的大小又直接影响其冷却后得到的组织的晶粒大小。为了在加热时使奥氏体均匀化，冷却时又能获得细晶粒组织，具有良好的力学性能，因而在热处理时，严格控制加热温度和保温时间具有十分重要的意义。

四、钢在冷却时的转变

相同的钢，在同样的加热和保温条件下，获得奥氏体组织后，如在不同的冷却方式和冷却速度下冷却将获得不同的组织，从而在性能上也会有明显的差别。也就是说，人们可以采用不同的冷却条件，以期获得所需要的性能。可见，钢的冷却过程在热处理工艺中也是至关重要的。

下面以共析钢为例来说明冷却方式对钢的组织和性能的影响。

（一）过冷奥氏体在等温冷却方式下的转变

奥氏体在 Ar_1 线（727℃）温度以下时是不稳定的，必然要发生转变，但并不立即发生转变。下面做一个试验：用共析钢制成若干个一定尺寸的试样，加热至 Ac_1 线以上并保温，使其组织成为均匀的奥氏体，然后分别迅速地放入低于 Ar_1 线的不同温度的熔盐（槽）中，如 700℃、625℃、575℃、450℃、300℃，使奥氏体迅速降至熔盐的温度，并保持等温，这种冷却方式称为等温冷却方式。此时 Ar_1 线与熔盐温度之差称为过冷度，而低于 Ar_1 温度的奥氏体均相应称为过冷奥氏体（A'）。然后测出在不同温度的等温过程中，过冷奥氏体转变的开始时间和终了时间，并标记在时间、温度坐标图上。再分别连接各转变开始点和各转变终止点，就得到了如图 9-7 所示的等温转变曲线，该曲线形状似空心"C"字，故又名 C 曲线。

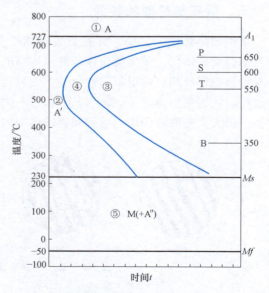

图 9-7 共析钢的等温转变曲线——C 曲线

这样，温度、时间坐标平面就被分成若干个不同意义的区域：①在 A_1 线以上是稳定的奥氏体区；②在 C 曲线的左方（A_1 线以下，Ms 线以上）为过冷奥氏体区，过冷奥氏体等温冷却到达转变开始线的时间称为孕育期，其中约 550℃（C 曲线的鼻尖处）时的孕育期为最短；③C 曲线的右方（A_1 线以下，Ms 线以上）为转变产物区；④在 C 曲线中为过渡区，转变正在进行，是过冷奥氏体和转变产物共存区；⑤在 C 曲线的下方有两条水平线，一条为 Ms 线（约 230℃），是马氏体转变开始线；另一条为 Mf 线（约为 -50℃），是马氏体转变的终止线，该区称为马氏体转变区（详见后述）。

下面着重将转变产物区③中的转变产物做一介绍：

1）在 A_1 线~550℃温度范围内，过冷奥氏体等温分解为铁素体和渗碳体的混合物——珠光体。在该珠光体转变区域内，转变温度越低（过冷度越大），则形成的珠光体片层越薄，力学性能越好。并根据片层间距大小细分为珠光体 P（A_1~650℃）、细珠光体，又称索氏体 S（650~600℃）和极细珠光体，又称托氏体 T（600~550℃）三种。

2）在 550℃~Ms 温度范围内，过冷奥氏体等温转变为碳的质量分数具有一定过饱和程度的铁素体和极分散的渗碳体的混合物，称为贝氏体，用符号"B"表示，并以 350℃ 为界，细分为上贝氏体和下贝氏体。

3）当奥氏体急冷至 Ms 线以下时（冷却曲线不穿过 C 曲线），由于转变温度非常低，奥氏体中的碳原子无法扩散与铁形成渗碳体，而是直接由奥氏体晶格改组为铁素体晶格，因此碳原子原封不动地保留在铁素体晶格中，这种碳在 α-Fe 中过饱和的固溶体称为马氏体，用符号"M"表示。这一奥氏体转变为马氏体的过程称为钢的淬火，得到的组织为马氏体的钢称为淬火钢（详见后述）。

马氏体转变是在 Ms~Mf 之间进行的，故冷却至室温时，马氏体的转变不能进行到底，即仍有少量的奥氏体存在，这部分奥氏体称为残留奥氏体，用"A""表示。

马氏体由于在 α-Fe 的晶格中溶入了过多的碳而使 α-Fe 的晶格发生严重畸变，增加了对塑性变形的抗力，故马氏体中碳的质量分数越高，其硬度也越高。

（二）共析钢的连续冷却转变

热处理工艺多数采用连续冷却方式，但由于连续冷却曲线的测定比较困难，所以在粗略分析时，一般仍用等温冷却曲线来分析连续冷却时的转变过程和转变产物。仍以共析钢为例，把代表连续冷却过程的曲线叠画在等温转变曲线上，如图 9-8 所示。图中冷却速度 v_1 相当于随炉冷却（炉冷），在 727~650℃ 之间穿过 C 曲线，得到粗片状珠光体。冷却速度 v_2 相当于空气中冷却（空冷），在 650~600℃ 之间发生转变，产物估计为索氏体 S。冷却速度 v_3 相当于在油中冷却（油冷），估计其产物为托氏体 T、贝氏体 B 和马氏体 M 的混合组织。冷却速度 v_4 相当于在水中冷却（水冷），它与 C 曲线不

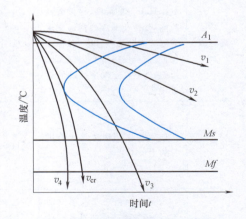

图 9-8　用 C 曲线估计连续冷却时的组织

相交，则奥氏体将全部保持到 Ms 线以下，获得马氏体 M 组织（和部分残留奥氏体）。图 9-8 中的冷却速度 v_{cr} 恰好与 C 曲线的鼻尖相切，表示奥氏体不发生非马氏体转变所需的最小冷却速度，称为临界冷却速度。也就是说，要使奥氏体过冷至 Ms 线之前不发生任何转变，使钢获得马氏体组织，则其冷却速度 v 必须大于或等于 v_{cr}。

显然，临界冷却速度的大小取决于 C 曲线的位置，而 C 曲线的位置则取决于碳素钢中碳的质量分数；对于后面介绍的合金钢，则取决于合金的成分。

五、钢的热处理工艺

（一）整体热处理

对工件整体进行穿透加热的热处理工艺称为整体热处理。其中常用的有退火、正火、淬火和回火，俗称四把火。

1. 退火与正火（GB/T 16923—2008）

退火和正火一般作为预备热处理［为调整原始组织，以保证工件最终热处理或（和）切削加工性能，预先进行热处理的工艺］，在对工件要求不很高的场合也可作为最终热处理。

退火是将钢件加热到适当温度（应根据工件的钢号、热处理的目的等因素确定），保温一定时间，然后缓慢冷却（一般是随炉冷却，简称炉冷）的热处理工艺。

退火工艺的种类很多，下面将常用的几种退火工艺的名称、定义、工艺规范和应用范围等列于表 9-1。

表 9-1　常用的退火工艺（摘自 GB/T 12603—2005、GB/T 16923—2008）

工艺名称	定义	分类代号	加热温度 $t/℃$	冷却	应用范围
完全退火	将钢完全奥氏体化,随之缓慢冷却,获得接近平衡组织的退火工艺	511-F	$Ac_3+(30\sim50)$	炉冷	用于中碳钢和中碳合金钢的铸、锻、焊、轧制件等,也可用于高速钢、高合金钢淬火返修前的退火。细化组织、降低硬度、改善切削加工性能、消除内应力
等温退火	将钢件或毛坯加热到高于 Ac_3(或 Ac_1)的温度,保持适当时间后,较快地冷却到珠光体温度区间的某一温度,并等温保持,使奥氏体转变为珠光体组织,然后在空气中冷却的退火工艺	511-I	亚共析钢: $Ac_3+(30\sim50)$ 共析钢和过共析钢: $Ac_1+(20\sim40)$	较快冷却等温保持再空冷	用于中碳合金钢和某些高合金钢的大型铸、锻件及冲压件。其目的与完全退火相同,但能够得到更为均匀的组织和硬度
球化退火	使钢中碳化物球状化而进行的退火工艺	511-Sp	$Ac_1+(10\sim20)$	炉冷	用于共析钢、过共析钢的锻、轧件以及结构钢的冷挤压件。其目的在于降低硬度,改善组织,提高塑性和改善机械加工和热处理工艺性能等
去应力退火	为了去除由于塑性形变加工、焊接等而造成的以及铸件内存在的残余应力而进行的退火	511-St	$Ac_1-(100\sim200)$	炉冷	消除中碳钢和中碳合金钢由于冷、热加工形成的残余应力

正火是将钢材或钢件加热到 Ac_3（或 Ac_{cm}）以上 $30\sim50℃$，保温适当的时间后，在空气中冷却（简称空冷）的热处理工艺。

各种常用的退火工艺和正火工艺的加热温度范围和工艺曲线如图 9-9 所示。

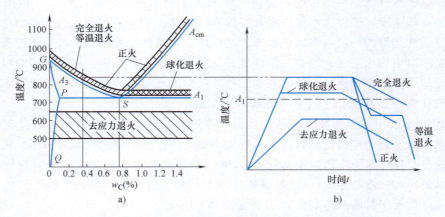

图 9-9 各种退火和正火工艺的加热温度范围和工艺曲线

a）加热温度范围　b）工艺曲线

正火与退火的主要区别是正火采用空冷，冷却速度较快，因此它与退火相比，具有如下特点：①正火组织较细，力学性能较好，如强度、硬度较高，韧性也较好；②正火工艺简单，生产周期短，效率高，成本低；③正火在消除工件的内应力方面不如退火效果好。

因此，正火主要用于低、中碳钢和低合金结构钢的铸、锻件消除内应力和淬火前的预备热处理，也可用于某些低温化学热处理件的预处理及某些结构钢的最终热处理。正火可消除网状碳化物，为球化退火做准备；还可细化组织，改善力学性能和切削加工性能。

总之，正火与退火在工艺、组织、性能、应用等方面均有许多相似之处，有时也可以互相替代，但由于正火比较经济，因而在满足使用性能要求的前提下，应优先采用正火。

2. 淬火与回火（GB/T 16924—2008）

将钢件加热到 Ac_3 或 Ac_1 线以上某一温度，保温一定时间，然后以适当速度（一般大于临界冷却速度）冷却，获得马氏体和（或）贝氏体组织的热处理工艺称为淬火。淬火的主要目的是获得具有很高硬度和耐磨性的马氏体组织。因此对于亚共析钢，必须加热到 Ac_3 +（30+50）℃，使钢完全奥氏体化，快速冷却后奥氏体转变为马氏体，并有少量未转变的残留奥氏体 A″，即 A→M+A″。如果只加热到 Ac_1 ~ Ac_3 温度区间，则钢件部分奥氏体化，其组织为 A+F，冷却后的组织为 M+F+A″，铁素体的存在将显著影响淬火钢的硬度。而对于共析钢、过共析钢，只需加热到 Ac_1 +（30~50）℃，使钢部分奥氏体化，组织为 A+C_m，且晶粒细小，冷却后的组织为细晶粒的 M+C_m+A″；渗碳体的存在有利于提高钢的硬度和耐磨性，并可降低奥氏体的含碳量，减小马氏体的脆性；同时还可减少残留奥氏体的数量，也有利于钢的硬度。反之，如加热到 Ac_{cm} 以上温度，使钢完全奥氏体化，则情况与上述恰恰相反，故不可取。

（1）淬透性　淬透性是指在规定条件下，钢材淬硬深度和硬度分布的材料特性。它反映了钢在淬火时，获得马氏体组织的能力。钢的淬透性完全取决于钢本身的化学成分，如果某一成分钢的过冷奥氏体越稳定，即 C 曲线越靠右，它的临界冷却速度就越小，则该钢种的淬透性越好。例如在碳素钢中，接近共析成分（ω_C 为 0.77%）的钢淬透性较好，而含碳量过低或过高的碳钢，淬透性都较差。但总的说来，碳钢的淬透性都较差，而大多数合金钢的淬透性都比碳钢好。

至于在具体条件下，钢是否能被淬透，除取决于钢本身的淬透性好坏（内因）外，还与淬火时的冷却速度、工件大小等许多外界因素（外因）有关，必须与淬透性概念区分开。

钢的淬透性是钢的一项重要的热处理工艺性能。淬透性好的钢容易被整体淬透，经回火后，截面上的组织均匀一致，综合力学性能好。同时淬透性好的钢，在淬火冷却时，可以采用缓和的冷却介质和冷却速度，从而减少工件淬火时的变形和开裂倾向。如合金钢由于淬透性好，一般在油中（甚至在空气中）冷却即可淬透。

图 9-10a、b 所示分别为某碳钢和合金钢的淬透性比较，如图 9-10b 所示合金钢的 C 曲线较右，说明合金钢的淬透性较好。若同样大小的工件，在同样的冷却条件下，由于工件表面的冷却速度 v 和心部的冷却速度 v_0 不同，碳钢工件的表面冷却速度大于其临界冷却速度 v_{cr}，而心部的冷却速度小于 v_{cr}，故表面被淬透而心部未被淬透；而合金钢工件的表面和心部的冷却速度均大于其临界冷却速度 v'_{cr}，故整体被淬透。

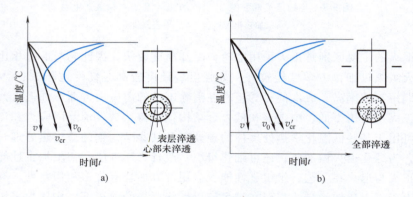

图 9-10 碳钢与合金钢试件在同样冷却条件下的淬透情况比较

a）碳钢 b）合金钢

为了定量地反映各种钢材淬透性的好坏，常用钢材能够达到整体淬透的最大直径来表示，称为临界淬火直径，简称临界直径，并由试验实际测定。表 9-2 列出了几种钢材在水冷和油冷条件下的临界直径值。

表 9-2 几种常用钢材的临界直径 （单位：mm）

碳钢牌号	水冷临界直径	油冷临界直径	合金钢牌号	水冷临界直径	油冷临界直径
20	6~9	2.4~4	20CrMnTi	32~50	12~20
45	13~17	6~8	40Cr	30~36	15~20
60	20~25	9~15	GCr15	—	30~35
T8~T12	15~18	5~7	Cr12	—	200

由表 9-2 可见：①淬透性好的合金钢的临界直径普遍大于碳钢；②由于水冷较油冷的冷却速度要快，所以对于同一种钢材，水冷比油冷时的临界直径要大，但水冷淬火后的工件内应力大，容易产生变形甚至开裂，所以对于淬透性好的合金钢，一般应采用油冷淬火。

（2）**淬硬性** 淬硬性是指钢在理想条件下进行淬火硬化所能达到的最高硬度的能力。它反映了钢的淬硬能力，主要取决于钢中碳的质量分数。如图 9-11 所示 abc 线为马氏体硬度与碳的质量分数关系：碳的质量分数越高，马氏体越硬。如图 9-11 所示 abd 线为淬火钢的硬度与碳的质量分数关系：在碳的质量分数到达 0.6% 以后，由于钢中的残留奥氏体的量也在增多，所以硬度上升逐渐趋于缓慢。总的说来，高碳钢的淬硬性好于低碳钢，由于低碳钢的淬硬性差（俗称淬不上火），故一般均在表面渗碳以后再淬火。

需要注意的是，钢的淬透性和淬硬性是两个不同概念，不能混淆。淬透性好的钢淬硬性未必好，淬硬性好的钢淬透性也未必好。

钢淬火后的马氏体组织虽有硬而耐磨的特点，但也存在着性脆、组织不稳定、内应力大等问题。因此，淬火后应及时进行回火。所谓回火是指钢件淬硬后，再加热到 Ac_1 线以下某一温度，保温一定时间，然后冷却到室温的热处理工艺[⊖]。回火的目的是：

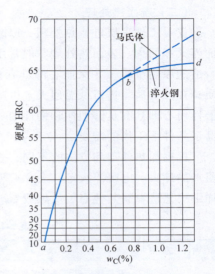

图 9-11　马氏体和淬火钢的硬度与碳的质量分数的关系

1）降低淬火钢的脆性，提高韧性。

2）稳定组织，使工件在使用过程中不发生组织转变和形状、尺寸的变化。

3）消除淬火内应力，防止工件在使用过程中的变形和开裂倾向。

4）通过不同的回火工艺，可调整钢的强度和硬度搭配，即获得不同的力学性能，以满足不同的使用要求。

按加热温度和目的的不同，回火可分为低温回火、中温回火和高温回火三种，具体的加热温度、组织、性能及应用见表 9-3。

其中，淬火后再进行高温回火的复合热处理工艺，通常称为调质。

回火是赋予工件以最终性能的最后热处理工序，淬火和回火是钢最重要的复合热处理工艺，也是最经济、最有效的综合强化手段。

表 9-3　回火的种类、加热温度、组织、性能及应用

回火种类	加热温度	组织	性能	应用
低温回火	250℃以下	回火马氏体 $M_回$	具有高的硬度（58~64HRC）和高的耐磨性以及一定的韧性	用于受强烈摩擦磨损、要求硬而耐磨的零件，如各种工具（刀具、量具、模具），夹具的定位元件，滚动轴承的内、外套圈和滚动体等
中温回火	250~500℃	回火托氏体 $T_回$	硬度稍为下降（35~45HRC），具有高的弹性极限、屈服强度和适当的韧性	主要用于弹簧等各种弹性零件
高温回火	500~650℃	回火索氏体 $S_回$	具有良好的综合力学性能（足够的强度、塑性和韧性的配合），硬度为 200~300HBW	主要用于重要的机器零件，如机床的主轴，曲轴、连杆、齿轮等

⊖　对于少数会产生可逆回火脆性的钢种，应控制回火温度或冷却速度，以避免产生可逆回火脆性。详见有关参考文献。

（二）表面热处理

仅对工件表层进行热处理，以改变其组织和性能的工艺称为表面热处理。它主要是指表面淬火和回火。表面热处理一般常用于中碳钢或中碳合金钢工件。为了给表面淬火表层准备合适的原始组织，并保证心部具有良好的力学性能，一般在表面淬火前，先进行正火或调质；在淬火后需进行低温回火，以减少淬火应力和脆性，从而可得到表面具有高硬度、高耐磨性而心部具有足够塑性和韧性的"表硬里韧"的工件，以满足在冲击载荷及在强烈摩擦、磨损条件下工作的需要。

根据加热原理和方法的不同，表面淬火可分为感应淬火、火焰淬火、激光淬火、接触电阻加热淬火、电解淬火等，表9-4列出了它们的定义、特点和应用等，供参考。关于它们的详细工艺请参阅其他有关文献或专著。

表 9-4　常用的表面淬火方法的比较

表面淬火种类	定义	特点	应用
感应淬火	利用感应电流通过工件所产生的热效应（称为集肤效应），使工件表层加热，并进行喷水快速冷却的淬火工艺	加热速度快、温度高，表面硬度大、脆性小，变形小、淬硬面深度易控制，易于自动化。设备贵，安装、调试、维修困难，感应圈难制造	只适宜成批和大量生产，如汽车变速器中的齿轮等
火焰淬火	应用氧-乙炔气（或其他可燃气）火焰对零件表面进行加热，随之快速冷却的淬火工艺	设备简单、成本低，生产率低、质量较难控制	只用于单件、小批生产或大型零件的表面淬火
激光淬火	以高能量激光作为能源，以极快的速度加热工件，并自冷硬化的淬火工艺	无需冷却介质，表面硬度、耐磨性、耐疲劳性优于其他淬火，并可对拐角、沟槽、不通螺孔底部、深孔内壁等进行处理	用于汽车零件的处理，如气缸套内壁等
接触电阻加热淬火	借助与工件接触的电极（高导材料的滚轮）通电后，因接触电阻而加热工件表面，随之快速冷却的淬火工艺	设备及工艺费用低，工件变形小，工艺简单，不需冷却介质（自冷），不需回火。硬化层较薄，形状复杂的工件不宜采用	主要用于机床导轨和气缸套等
电解淬火	将工件欲淬硬的部位浸入电解液中，零件接阴极，电解槽接阳极，通电后由于阴极效应而将工件表面加热，到达温度后断电，工件表面则被电解液冷却硬化的淬火工艺	电解液同时又是冷却介质，电解液中加入渗碳剂或渗氮剂还可起到渗碳和渗氮作用	适用于中、小型零件

（三）化学热处理

将钢件置于适当的活性介质中加热保温，使一种或几种元素渗入它的表层，以改变其化学成分、组织和性能的热处理工艺称为化学热处理。下面介绍几种常用的化学热处理工艺。

1. 渗碳

为了增加钢件表层的含碳量和一定的碳浓度梯度，将钢件在渗碳介质中加热并保温，使碳原子渗入表层的化学热处理工艺称为渗碳。渗碳一般用于低碳钢和低碳合金钢工件。

渗碳的方法有气体渗碳、固体渗碳和液体渗碳，其中应用最多的是气体渗碳。将工件装在密封的井式气体渗碳炉中，加热到 $900\sim950\,^{\circ}\mathrm{C}$，使钢奥氏体化，并向炉内滴入煤油或甲醇、丙酮等有机液体，或直接加入煤气、石油液化气，这些渗碳介质在高温下分解产生活性碳原子［C］，渗入钢件表面，并不断向内部扩散，形成渗碳层。一般要求渗层碳的质量分数为0.85%～1.05%，渗层厚度为0.2～2.0mm。渗碳只改变工件表面的化学成分，因此渗碳后必须进行淬火（直接淬火或间接淬火）和低温回火，以改变其组织和性能。因此，工程上常把表面渗碳、淬火和低温回火的复合热处理工艺简称为渗碳。

渗碳和表面淬火都是对工件表面进行热处理，工件的性能和应用也十分相似，但两者有着本质的区别，特列表9-5进行比较。

表 9-5　表面淬火和渗碳的比较

工艺名称	工艺类型	适合钢种	功用	性能、特点	主要应用
表面淬火	表面热处理	中碳钢和中碳合金钢	改变表层组织	表硬、内韧，生产周期短，效率高	在冲击载荷及表面摩擦磨损条件下工作的工件
渗碳	化学热处理	低碳钢和低碳合金钢	改变表层的化学成分和组织	表硬、内韧，耐疲劳，周期长，效率低	在较大冲击载荷及较严重的摩擦、磨损条件下工作的工件

2. 渗氮

在一定温度下（一般在Ac_1温度以下）于一定介质中，使活性氮原子渗入工件表层的化学热处理工艺称为渗氮。

目前常用的气体渗氮法是将钢件装入井式炉中，加热到550～570℃，并保温，同时向炉内通入氨气（NH_3），氨气分解后释放出活性氮［N］，并逐渐渗入工件表层，当达到需要的渗层厚度时，渗氮即告完成。

渗氮与渗碳相比，具有以下特点：

1）由于渗氮处理加热温度较低（在相变温度Ac_1以下，钢件不经过奥氏体化），所以工件的内应力低，变形很小。

2）渗氮需要用含有Cr、Mo、Al等合金元素的专用渗氮钢，如38CrMoAl等。这些合金元素能与氮形成硬度极高、耐磨、耐蚀、耐疲劳的氮化物，渗氮层硬度可达70HRC，其性能优于渗碳，且不需要再进行淬火处理，工艺简单。

3）渗氮速度特别慢，故生产周期更长、成本更高。

综上所述，渗氮主要用于要求高精度的耐磨、耐蚀零件，如镗床主轴，螺纹磨床的丝杠等。

3. 其他化学热处理

在一定温度下（820～860℃），同时将碳、氮渗入工件表层奥氏体中，并以渗碳为主的化学热处理工艺称为碳氮共渗。碳氮共渗后也需要进行淬火和低温回火，主要用于形状复杂、要求变形小的耐磨零件。

在工件表层渗入氮和碳，并以渗氮为主的化学热处理工艺称为氮碳共渗。其中常用的气体氮碳共渗处理温度为500～570℃，低于Ac_1线，故不发生相变，其钢种也不局限于专用渗氮钢，常用来处理模具、量具和高速钢刀具等。

总之，碳氮共渗和氮碳共渗均吸取了渗碳和渗氮两者的长处，正获得越来越多的应用。

此外，化学热处理还有渗硼、硅、硫等非金属元素，渗铝、铬、锌、钛、钒、钨、锰、

锑、铍、镍等金属元素，以及同时渗入两种或两种以上元素的多元共渗，需要时可参阅其他有关文献。

第四节 工业用钢

一、碳素钢

碳素钢（简称碳钢）冶炼方便，加工容易，价格低廉，其性能可以满足一般工程使用要求，所以是制造各种机器、工程结构和量具、刀具等最主要的材料。

碳钢是以铁和碳为主要成分的铁碳合金，其碳的质量分数为 $0.0218\% \sim 2.11\%$，并含有少量的有益元素硅和锰，有害元素硫和磷。

碳钢的主要分类方法有：

1）按碳的质量分数可分为低碳钢（$\omega_C \leqslant 0.25\%$）、中碳钢（$0.25\% < \omega_C \leqslant 0.60\%$）和高碳钢（$\omega_C > 0.60\%$）。

2）按质量（主要根据硫、磷含量）可分为普通钢、优质钢、高级优质钢和特级优质钢。

3）按用途可分为碳素结构钢（用于制造各种机器零件和工程结构件）和碳素工具钢（用于制造各种刀具、量具和模具）。

本章只介绍碳素结构钢，并分为（普通）碳素结构钢、优质碳素结构钢和铸钢分别予以介绍。

（一）碳素结构钢

根据国家标准 GB/T 700—2006《碳素结构钢》的规定，它的牌号由代表屈服强度的字母（Q）、屈服强度的数值（MPa）、质量等级符号（A、B、C、D）和脱氧方法符号（F 代表沸腾钢，Z 代表镇静钢，TZ 代表特殊镇静钢）四个部分按顺序排列组成。在牌号组成表示方法中，"Z"与"TZ"符号可省略。碳素结构钢的规定牌号有 Q195、Q215、Q235 和 Q275 四种。它们的含碳量依次增多，其屈服强度和抗拉强度相应增加，强度越高，伸长率降低，塑性下降。

总的说来，这类钢碳的质量分数较低（$0.12\% \sim 0.24\%$），加上硫、磷等有害元素和其他杂质含量较多，故强度不够高；但塑性、韧性好，焊接性能优良，同时冶炼简便，成本低，使用时一般不进行热处理，适合工程用钢批量大的特点，故通常作为工程用钢，轧制成各种型钢广泛用于建筑工程、桥梁工程、船舶工程、车辆工程等；也可作为机器用钢，用于制造不重要的机器零件。具体各牌号碳素结构钢的应用见附录 29。

（二）优质碳素结构钢（GB/T 699—2015）

优质碳素结构钢碳的质量分数一般在 $0.05\% \sim 0.9\%$ 之间。与碳素结构钢相比，其硫、磷及其他有害杂质含量较少，因而强度较高，塑性和韧性较好，通常还经过热处理来进一步调整和改善其性能，因此应用最为广泛，适用于制造较重要的机器零件。这类钢的牌号用两位数字表示，该数字表示钢中平均碳的质量分数的万分数，如牌号 45 表示其平均碳的质量分数为 0.45%。对于锰的质量分数（$0.7\% \sim 1.2\%$）较高的优质碳素结构钢，则在对应牌号后加"Mn"表示，如 45Mn、65Mn 等。其性能比相应牌号普通锰的质量分数（$0.35\% \sim$

0.80%）的优质碳素结构钢好。

根据碳的质量分数、热处理和用途的不同，优质碳素结构钢还可分为下列三类。

（1）渗碳钢 碳的质量分数为 0.15%～0.25%，常用的为 20 钢。渗碳钢属低碳钢，其强度较低，但塑性、韧性较好，切削加工性能和焊接性能优良。它可直接用来制造各种受力不大，但要求较高韧性的零件以及焊接件和冷冲件，如拉杆、吊钩扳手、轴套等；但通常多进行表面渗碳（故名渗碳钢）、淬火和低温回火处理，以获得表面硬度高、耐磨，且心部韧性好的"表硬、里韧"的性能，适用于要求承受一定的冲击载荷和有摩擦、磨损的机器零件，如凸轮、滑块和活塞销等。

（2）调质钢 碳的质量分数为 0.25%～0.50%，属于中碳钢，常用的牌号为 45、35 等。调质钢多进行调质处理（由此得名），即进行淬火和高温回火处理，以获得良好的综合力学性能（强度、塑性、韧性的良好配合），用于制造较重要的机器零件，如凸轮轴、曲轴、连杆、齿轮等；也可经表面淬火和低温回火处理，以获得较高的表面硬度和耐磨性，用于制造要求耐磨，但冲击载荷不大的零件，如车床主轴箱齿轮等。对于一些大尺寸零件和（或）要求较低的调质钢零件，也可以只进行正火处理，以简化热处理工艺。

（3）弹簧钢 碳的质量分数为 0.55%～0.9%，通常多进行淬火和中温回火，以获得高的弹性极限。它主要用于制造弹簧等各种弹性零件以及易磨损的零件，如车轮、犁铧等。

下面将部分优质碳素结构钢的牌号、化学成分和力学性能列于表 9-6。它们的主要应用见附录 29。

表 9-6　优质碳素结构钢的牌号、化学成分和力学性能（摘自 GB/T 699—2015）

牌号	化学成分					力学性能（不小于）					硬度 HBW（不大于）	
	C	Si	Mn	P	S	抗拉强度/MPa	屈服强度/MPa	断后伸长率（%）	断面收缩率（%）	冲击吸收能量/J	未热处理	退火钢
20	0.17～0.23	0.17～0.37	0.35～0.65	0.035	0.035	410	245	25	55		156	
35	0.32～0.39	0.17～0.37	0.50～0.80	0.035	0.035	530	315	20	45	55	197	
40	0.37～0.44	0.17～0.37	0.50～0.80	0.035	0.035	570	335	19	45	47	217	187
45	0.42～0.50	0.17～0.37	0.50～0.80	0.035	0.035	600	355	16	40	39	229	197
55	0.52～0.60	0.17～0.37	0.50～0.80	0.035	0.035	645	380	13	35		255	217
65	0.62～0.70	0.17～0.37	0.50～0.80	0.035	0.035	695	410	10	30		255	229
45Mn	0.42～0.50	0.17～0.37	0.70～1.00	0.035	0.035	620	375	15	40	39	241	217
65Mn	0.62～0.70	0.17～0.37	0.90～1.20	0.035	0.035	735	430	9	30		285	229

（三）铸钢

铸钢是将熔化的钢液直接浇注到铸型中去，冷却后即获得零件毛坯（或零件）的一种钢材。国家标准 GB/T 11352—2009《一般工程用铸造碳钢件》中规定，铸钢的牌号有：ZG 200-400、ZG 230-450、ZG 270-500、ZG 310-570 和 ZG 340-640 五种。其中代号 ZG 表示铸钢，代号后面的两组数字分别表示屈服强度和抗拉强度的值，单位均为 MPa。铸钢中碳的质量分数为 0.2%～0.6%，硅的质量分数为 0.6%，锰的质量分数为 0.8%～0.9%，硫、磷的质量分数均小于 0.035%。

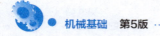

一般中、小型零件的毛坯材料多使用锻钢（或轧制型钢），因为它的力学性能优于相应牌号的铸钢。但对于大型零件和（或）形状复杂零件的毛坯，锻钢则受到锻造工艺或设备的限制而难以得到，故多采用铸钢。关于铸钢的具体应用可参见附录29。

二、合金钢

合金钢是在碳钢中有意识地加入一些合金元素后而得到的钢种。常用的合金元素有 Si、Mn、Cr、Ni 等。它与碳钢相比，热处理工艺性较好，力学性能指标更高，还能满足某些特殊性能要求。但合金钢的冶炼、加工都比较困难，价格也较贵，经济性差，所以一般只有在碳钢不能满足工程使用要求时才使用合金钢。

合金钢可分为合金结构钢、合金工具钢和特殊性能钢三类。这里仅对合金结构钢做扼要介绍。合金结构钢（广义）又可分为低合金高强度结构钢、铸造低合金钢、合金结构钢和滚动轴承钢等。

1. 低合金高强度结构钢

它的牌号由代表屈服强度的字母"Q"、屈服强度数值（MPa）、质量等级符号（A、B、C、D、E）三个部分组成。国家标准 GB/T 1591—2018《低合金高强度结构钢》中规定的牌号有 Q345、Q390、Q420、Q460、Q500、Q550、Q620 和 Q690 八种。它们都是在碳素结构钢的基础上加入少量的不同合金元素而得到的低碳、低合金的钢种，其力学性能比相应的碳素结构钢有明显的提高，并且具有良好的塑性、韧性、耐蚀性和焊接性能等，故广泛应用于各种重要的工程结构。其中部分牌号的应用见附录30。

2. 低合金铸钢

它的牌号由表示铸钢的字母"ZG"、表示低合金（铸钢）的字母"D"和屈服强度数值、抗拉强度数值（MPa）按顺序排列。国家标准 GB/T 14408—2024《一般工程与结构用低合金钢铸件》中规定的牌号有 ZGD270-480、ZGD290-510、ZGD345-570…ZGD1240-1450 共 10 种。它主要用于一般碳素铸钢不能满足使用要求的工程与结构的铸件。

3. 合金结构钢

合金结构钢的牌号用数字、合金元素符号和数字组成。前面的数字表示碳的质量分数的万分数，合金元素符号后面的数字表示该元素的质量分数的百分数，当平均质量分数小于 1.5% 时，仅标出元素符号，如 60Si2Mn 表示碳的质量分数为 0.6%，硅的质量分数为 2%，锰的质量分数小于 1.5%。

合金结构钢与优质碳素结构钢一样，可按用途和热处理特点分为合金渗碳钢、合金调质钢和合金弹簧钢，用途也对应相同。但由于合金结构钢的热处理工艺性较好，力学性能较高，故可用于制造截面尺寸更大、强度要求更高的重要机器零件。

按国家标准 GB/T 3077—2015《合金结构钢》的规定，合金结构钢的牌号有 77 种，其中典型牌号的应用见附录30。

4. 高碳铬轴承钢

高碳铬轴承钢（或其铸钢）是专门用于制造滚动轴承内、外套圈和滚动体的合金结构钢（也可用于制造量具、刃具、冷冲模以及要求与滚动轴承相似的耐磨零件）。根据 GB/T 18254—2016《高碳铬轴承钢》的规定，其牌号有 GCr4、GCr15、GCr15SiMn、GCr15SiMo 和 GCr18Mo 五种。一般中、小型轴承多采用 GCr15（或 ZGCr15）制造，其平均碳的质量分数达 1.0%，铬的质量分数为 1.5%。较大型轴承则采用 GCr15SiMn（或 ZGCr15SiMn），加入 Si、Mn 的作用是进一步提高钢的淬透性。牌号中的"G"是滚动轴承钢的代号，"ZG"为铸造滚动轴承钢。

第五节　铸　　铁

一、概述

如前已述，在铁碳相图中，ω_C 为 2.11%~6.69% 的铁碳合金称为白口铸铁（断口呈银白色），其中的碳极大部分是以渗碳体形式存在的，这类铸铁由于硬而脆，很难进行切削加工，因此很少直接用来制造机器零件，实用价值不大。实际上，在铸铁中的碳，如果经过石墨化过程，就可以以石墨（碳的一种同素异构物，用符号"G"表示）的形式存在。实践表明，当碳、硅等促进石墨化元素含量较高的铁液在缓慢冷却时，就可以自液相中直接析出石墨，这一过程就称为铸铁的石墨化$^{\ominus}$。这类铸铁由于其中的碳以石墨形式存在，加之其中的硫、磷和其他杂质的含量较高，所以与钢相比，它的力学性能较低，但它具有优良的铸造性能和切削加工性能以及耐压、耐磨和减振性能，并且生产工艺简单，成本低廉，因此在工程中得到广泛的应用。在各种机械设备中，它的用量一般均占总质量的 50% 以上，有的甚至高达 90%。这类铸铁按石墨的形态不同，又可分为灰铸铁、球墨铸铁、可锻铸铁和蠕墨铸铁。这里只介绍应用最多的灰铸铁和球墨铸铁。

二、灰铸铁

灰铸铁因断口呈暗灰色而得名，按国家标准 GB/T 9439—2023《灰铸铁件》的规定，灰铸铁的牌号有 HT100、HT150、HT200、HT225、HT250、HT275、HT300 和 HT350 八种。其中"HT"为灰铸铁的代号，代号后面的数字表示其抗拉强度值（MPa）。

灰铸铁中的石墨呈片状，它相当于在钢的基体上有了许多微小裂纹，对基体产生割裂和削弱作用，因此灰铸铁的力学性能远不如钢，如抗拉强度较低（抗压强度则较高，为抗拉强度的 3~5 倍），塑性和韧性很差（断后伸长率为 0.3%~0.8%），是一种典型的脆性材料。但由于石墨具有自润滑、储油、吸振和断屑等作用，因此灰铸铁具有良好的耐磨性、抗振性、切削加工性和铸造工艺性等。同时灰铸铁的生产设备和工艺简单，价格低廉，因而是应用最多的一种铸铁，主要用于对强度、塑性、韧性要求不高而形状较复杂的承压零件和（或）要求有良好的减振性和耐磨性的零件。各牌号灰铸铁的具体应用见附录 31。

三、球墨铸铁

球墨铸铁是在灰铸铁的铁液中加入球化剂（稀土镁合金等）和孕育剂（硅铁）进行球化—孕育处理后得到的。其石墨呈球状，故名球墨铸铁。按国家标准 GB/T 1348—2019《球墨铸铁件》中的规定，球墨铸铁的牌号有 QT350-22、QT400-18、QT400-15、QT450-10、QT500-7、QT500-5、QT600-3、QT700-2、QT800-2 和 QT900-2 等，其中"QT"为球墨铸铁

$\ominus$　铸铁的石墨化，还可以通过渗碳体在高温下的分解（$Fe_3C \rightarrow 3Fe + G$）来实现，这里不予讨论。

的代号，代号后面的两组数字分别表示抗拉强度（MPa）和伸长率（%）。

球墨铸铁具有灰铸铁的许多优点，如良好的减振性、耐磨性、低的缺口敏感性等，同时组织中的球状石墨对基体的削弱和造成应力集中都较小，因此其力学性能又优于灰铸铁，在抗拉强度、屈强比、疲劳强度等方面甚至可以与钢媲美（冲击韧度则不如钢），价格又比钢便宜，所以常用来代替部分铸钢和锻钢（以铁代钢、以铸代锻）制造曲轴、机床主轴、汽车拖拉机底盘零件以及齿轮、阀体等。各牌号球墨铸铁的具体应用参见附录 31。

第六节　有色金属及其合金

有色金属具有黑色金属所不具备的许多特殊的物理和化学性能，又有一定的力学性能和较好的工艺性能，所以也是不可缺少的工程材料。但有色金属产量少、价格贵，应节约使用。各种纯有色金属的力学性能都较差，所以工程上使用的多为有色金属合金，如铝合金、铜合金、轴承合金、锌合金、镁合金和钛合金等。各种有色金属合金根据其适用于变形（压力加工）或铸造进一步分成变形有色金属合金和铸造有色金属合金。其中铸造有色金属合金的牌号（GB/T 8063—2017）由"Z"和基体金属的化学元素符号、主要合金化元素符号（其中混合稀土元素符号统一用 RE 表示）以及表明合金化元素质量分数的数字组成。合金化元素符号按其名义质量分数递减的次序排列，合金化元素质量分数小于 1% 时，一般不标明含量。在牌号后面标注大写字母"A"表示优质。如 ZAlSi7MgA、ZMgZn4RE1Zr。下面对工程上最常用的铝合金、铜合金和轴承合金做简要介绍。

一、铝合金

铝及铝合金具有密度小（约为铜、铁的 1/3），比强度（强度与密度之比）高，抗蚀性好以及优良的塑性和冷热加工工艺性能等一系列优点，且价格较低、资源丰富，故广泛用于航空、航天、电气、汽车等工程领域，是工程中用量最大的有色金属。

（一）变形铝合金（GB/T 3190—2020、GB/T 16474—2011）

变形铝合金一般可直接采用国际四位数字××××体系牌号；而未命名为国际四位数字体系牌号的变形铝合金，则采用四位字符牌号×○××（×表示数字，○表示字母）。两者第一位数字 2~8 均分别表示以铜（2）、锰（3）、硅（4）、镁（5）、镁和硅（6）、锌（7）和其他合金元素（8）为主要合金元素的铝合金；第二位数字或字母表示原始合金的改型情况（0 或 A 表示原始合金，1~9 或 B~Y 表示改型合金）；牌号最后两位数字用来区分和识别同一组中的不同合金。下面将部分常用的变形铝合金的牌号、成分、性能特点及主要应用列于表 9-7。

（二）铸造铝合金（GB/T 1173—2013）

对于共晶成分附近的铝合金，因其组织中存在低熔点共晶体，故流动性好，塑性相对较差，只适用于铸造，故称为铸造铝合金。它的牌号按铸造有色金属合金牌号的表示方法。此外也可用代号表示，代号由字母"ZL"及其后的三位数字组成："ZL"表示铸铝，ZL 后面的第一个数字 1、2、3、4 分别表示铝硅、铝铜、铝镁、铝锌系列，后面第二、第三两个数字表示顺序号。

表 9-7　常用变形铝合金的牌号、化学成分、性能特点及主要应用（GB/T 3190—2020）

牌号	化学成分（质量分数，%）										性能特点及主要应用
	Si	Fe	Cu	Mn	Mg	Ni	Zn	Ti	Cr	Al	
2A01	0.5	0.5	2.2~3.0	0.2	0.2~0.5		0.1	0.15		余量	通过淬火、时效处理,抗拉强度可达 400MPa,比强度高,故称硬铝;缺点是不耐海水、大气腐蚀。主要用于制造飞机骨架、螺旋桨叶片、铆钉等
2A11	0.7	0.7	3.8~4.8	0.4~0.8	0.4~0.8	0.1	0.3	0.15		余量	
2A12	0.5	0.5	3.8~4.9	0.3~0.9	1.2~1.8	0.1	0.3	0.15		余量	
2A14	0.6~1.2	0.7	3.9~4.8	0.4~1.0	0.4~0.8	0.10	0.3	0.15		余量	力学性能与硬铝相近,并有良好的热塑性,适于锻造,故称锻铝。主要用于制造航空、仪表工业中形状复杂、质量小、强度要求高的锻件及冲压件,如压气机叶轮、飞机操纵臂
2A50	0.7~1.2	0.7	1.8~2.6	0.4~0.8	0.4~0.8	0.1	0.3	0.15		余量	
2A70	0.35	0.9~1.5	1.9~2.5	0.2	1.4~1.8	0.9~1.5	0.3	0.02~0.1		余量	
5083	0.4	0.4	0.10	0.4~1.0	4.0~4.9		0.25	0.15	0.05~0.25	余量	具有优良的塑性,良好的耐蚀性,故名防锈铝,但不能热处理强化。用于制造有耐蚀性要求的容器,如飞机油箱、油管、铆钉、蒙皮以及受力小的零件
5A05	0.5	0.5	0.1	0.3~0.6	4.8~5.5		0.2			余量	
5A12	0.3	0.3	0.05	0.4~0.8	8.3~9.6	0.10	0.2	0.05~0.15		余量	
7A03	0.2	0.2	1.8~2.4	0.1	1.2~1.6		6.0~6.7	0.02~0.08	0.05	余量	经淬火、人工时效处理,抗拉强度可达 600MPa,故称超硬铝,但耐蚀性较差。主要用于飞机上受力大的结构件,如大梁、桁架、起落架等
7A04	0.5	0.5	1.4~2.0	0.2~0.6	1.8~2.8		5.0~7.0	0.1	0.10~0.25	余量	
7A09	0.5	0.5	1.2~2.0	0.15	2.0~3.0		5.1~6.1	0.1	0.16~0.30	余量	

　　铝硅合金是最常用的铸造铝合金,硅的质量分数为 4.5%~13%,俗称硅铝明。当只有铝、硅两种成分时称为简单硅铝明,如 ZAlSi12（代号 ZL102）,其抗拉强度较低,约为 150MPa;若再加入铜、镁、锌等合金元素,则称为特殊硅铝明,如 ZAlSi5Cu1Mg（ZL105）、ZAlSi5Zn1Mg（ZL115）等,其抗拉强度可提高到 200MPa 以上。各种常用铸造铝合金的典型牌号及应用等见附录 32。

二、铜合金

　　铜合金一般具有良好的耐蚀性和导电、导热性能,又有较高的力学性能,所以也是工程中应用很普遍的一种有色金属。它可分为黄铜、青铜和白铜。这里仅介绍应用较多的黄铜和青铜。

（一）黄铜
黄铜又可分为普通黄铜、特殊黄铜和铸造黄铜。

（1）普通黄铜　它是铜、锌两元合金,其中锌的质量分数对黄铜力学性能的影响如

图 9-12 所示。锌的质量分数为 32% 时，黄铜的塑性（δ）最好，锌的质量分数为 45% 时，黄铜的强度（σ_b）最高。兼顾两者，所以锌的质量分数一般在 30% ~ 40%。普通黄铜的常用牌号有 H70、H68、H62、H59 等，其中 H70（H68）锌的质量分数约为 30%，所以又称为三七黄铜；H62（H59）锌的质量分数约为 40%，故称为四六黄铜。三七黄铜具有较高的强度和冷、热变形能力，适用于热轧、冷轧或冷拉成各种棒材、板材、带材、管材、线材等型材，制造复杂的冲压件、散热器外壳、轴套、弹壳等。四六黄铜强度高于三七黄铜，但塑性较差，只适合于热变形加工，制造热轧、热压零件。

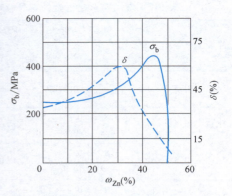

图 9-12 锌的质量分数对黄铜力学性能的影响

（2）特殊黄铜　在普通黄铜的基础上再加入少量的其他合金元素而得到的铜合金称为特殊黄铜。根据加入的元素为铝、铅、硅、锰、锡等分别称为铝黄铜（HAl59-3-2）、铅黄铜（HPb59-1）、硅黄铜（HSi80-3）、锰黄铜（HMn58-2）和锡黄铜（HSn90-1）等。这些合金元素的加入可提高合金的强度、硬度和耐磨性，提高耐蚀性，改善切削加工性能和铸造性能等。因此特殊黄铜的性能均优于普通黄铜。

（3）铸造黄铜　将上述黄铜合金熔化后浇注到铸型中去而获得零件毛坯的材料称为铸造黄铜，常用牌号有 ZCuZn38、ZCuZn40Pb2、ZCuZn40Mn2、ZCuZn16Si4 等。

铸造黄铜的力学性能虽不如相应牌号的黄铜，但可以直接获得形状复杂零件的毛坯，并显著减少机械加工的工作量，因此仍获得广泛应用。各种铸造黄铜的具体应用见附录 32。

（二）青铜

加入元素分别为锡、铝、硅、铍、锰、铅、钛等的铜合金统称为青铜。当加入元素为锡时相应称为锡青铜，依此类推。青铜按工艺特点可分为压力加工青铜和铸造青铜两类。

下面主要介绍锡青铜，其中锡的质量分数一般为 3% ~ 14%，锡的质量分数小于 8% 时塑性好，适合压力加工，称为压力加工锡青铜；锡的质量分数大于 10% 时塑性差，只能用于铸造，称为铸造锡青铜。压力加工青铜牌号的表示方法为：Q+主加元素符号和含量+其他加入元素含量，如 QSn4-3 表示含锡 ω_{Sn} = 4%、含锌 ω_{Zn} = 3%，其余为铜的锡青铜。铸造锡青铜的牌号按铸造有色金属合金牌号的表示方法，如 ZCuSn5Pb5Zn5、ZCuSn10Pb5、ZCuSn10Zn2 等。锡青铜对大气、海水具有良好的耐蚀能力，且凝固时尺寸收缩小以及良好的耐磨性等，因而获得广泛应用，常用于制造轴承、蜗轮等耐磨零件，还常用于制造大鼎、大钟和大佛等。由于锡青铜的价格较昂贵，因此在许多场合也常用铅青铜（ZCuPb30）、铝青铜（ZCuAl9Mn2）等作为代用品。各种青铜的具体应用可参见附录 32。

（三）铸造轴承合金（GB/T 1174—2022）

轴承合金是用来制造滑动轴承（轴瓦和轴承衬）的专用合金。当轴在轴承中运转工作时，轴承的表面要承受一定的交变载荷，并与轴发生强烈的摩擦。为了减少轴承对轴的磨损，保证轴的运转精度和机器的正常工作，轴承合金应具备如下性能要求：足够的强度、硬度和耐磨性；足够的塑性和韧性；较小的摩擦系数和较好的磨合能力；良好的导热性、耐蚀性和低的膨胀系数等。

为了满足上述要求，轴承合金的理想组织应由塑性好的软基体和均匀分布在软基体上的硬质点构成（或者相反）。软基体组织塑性高，能与轴（颈）磨合，并承受冲击载荷；软组织被磨凹后可储存润滑油，以减少摩擦和磨损，而凸起的硬质点则起支承作用。具备这种组织的典型合金是锡基轴承合金和铅基轴承合金。

锡基轴承合金是 Sn-Sb-Cu 系合金，实质上是一种锡合金。其牌号有 ZSnSb12Pb10Cu4、ZSnSb12Cu6Cd1、ZSnSb11Cu6、ZSnSb8Cu4 和 ZSnSb4Cu4 等，适用于制造最重要的轴承，如汽轮机、涡轮机、内燃机等的高速、重载轴承。

铅基轴承合金是 Pb-Sb-Sn-Cu 系合金，实质上是一种铅合金，它的性能略低于锡基轴承合金。但由于锡基轴承合金的价格昂贵，所以对某些要求不太高的轴承常用价廉的铅基轴承合金，如汽车、拖拉机的曲轴轴承、电动机轴承等一般用途的工业轴承。

此外，一些要求不高的低速、轻载轴承还可使用铜基轴承合金和铝基轴承合金。

各种轴承合金的具体应用参见附录32。

第七节　工程塑料

塑料是目前发展最快、应用最广的一种非金属材料。由于它具有一系列的优良性能（有些则是金属材料所不具备的），因此正在逐步取代部分金属材料而成为最主要的工程结构材料之一。人们预言，21世纪工程塑料的应用将超过金属材料。

塑料是以合成树脂为主要成分，再加入用来改善性能的各种添加剂（如填充剂、增塑剂、稳定剂、润滑剂、着色剂、固化剂、阻燃剂等）制成的。

塑料一般均具有良好的耐磨性、耐蚀性和电绝缘性，以及密度小、易于加工成型等优点，因此被广泛用于机械、电信、化工、仪表等各个部门，用来制造工程结构、机器零件、工业容器和设备等。其不足之处是强度、硬度较低，耐热性较差，容易老化、蠕变，这些都有待改进和提高。

根据树脂的热性能，塑料可分为下列两类：

（1）热塑性塑料　受热时软化，冷却后变硬，再受热时又软化，具有可塑性和重复性，可以再生使用的塑料。

（2）热固性塑料　加热固化后将不再软化，形成不溶、不熔物，不能再生使用的塑料。

塑料的具体品种繁多，新品种也在不断地被开发出来。目前应用较多的有聚酰胺，俗称尼龙（PA）；聚四氟乙烯，俗称塑料王（PTFE）；聚甲醛（POM）；聚碳酸酯（PC）；丙烯腈-丁二烯-苯乙烯（ABS）；硬聚氯乙烯（PVC）；聚甲基丙烯酸甲酯（俗称有机玻璃）等。它们的性能、应用等见国家标准 GB/T 2035—2008《塑料术语及其定义》（附录33）。

第八节　复合材料

由两种或两种以上物理、化学性质不同的物质，经人工合成后的材料称为复合材料。它不仅具有各组成材料的优点，而且还可获得单一材料无法具备的优越的综合性能，是一种新型的、具有很大发展前途的工程材料。众所周知，复合材料钢筋混凝土是一种优良的建筑材料，它具有组成材料钢筋、石子、沙子、水泥等无法比拟的优越性能。

复合材料的性能随着其组成材料的不同和复合方式的不同而有所不同，但它一般具有如下的性能特点：复合材料的比强度（σ_b/ρ）、比模量（E/ρ）比其他材料要高得多，因此对于要求性能好、自重轻的航空、航天和交通运输工具具有重要意义。复合材料同时还具有较高的疲劳强度，良好的减振性能以及较高的耐热性和断裂安全性，良好的自润滑性和耐磨性等。因而在导弹、火箭、人造卫星等尖端工业中以及各种民用工业中都得到了广泛应用。

复合材料按照增强相的性质和形态，可分为纤维增强复合材料、层合复合材料（由两层或多层不同性质的材料结合而成）和颗粒复合材料（由一种或多种颗粒均匀分布在基体材料中而制成）三类。下面只介绍应用最多的纤维增强复合材料。

1. 玻璃纤维增强复合材料

它是以玻璃纤维及其制品为增强剂，以树脂为粘结剂制成的，俗称玻璃钢。其中，以尼龙、聚烯烃类、聚苯乙烯类等热塑性树脂为黏结剂制成的热塑性玻璃钢，具有较高的介电、耐热和抗老化性能，其力学性能达到甚至超过某些金属材料，可用来制造轴承、齿轮、仪表盘、罩壳、叶片等零件。而以环氧树脂、酚醛树脂、有机硅树脂、聚酯树脂等热固性树脂为黏结剂的热固性玻璃钢，具有密度小、强度高、介电性和耐蚀性以及成型工艺性好等优点，可用来制造车身、船体、直升飞机旋翼等。

2. 碳纤维增强复合材料

它是以碳纤维及其织物为增强剂，以树脂、金属、陶瓷等为黏结剂制成的。其中，以环氧树脂、酚醛树脂、聚四氟乙烯树脂等为黏结剂的碳纤维树脂复合材料，具有比玻璃钢更高的强度、弹性模量和比强度、比弹性模量，还具有较高的冲击韧度和疲劳强度，优良的减摩性、耐磨性、导热性、耐蚀性和耐热性，可用于制造飞行器的结构件，如导弹的鼻锥体、火箭喷嘴、喷气发动机叶片等，还可制造重型机械的轴瓦、齿轮，化工设备的耐蚀件等。

2015 年，世界上最大的太阳能飞机——瑞士"阳光动力 2 号"它不添加任何燃料，不排放任何污染物，进行了环球飞行，这是对人类史无前例的挑战。

它最主要依靠的是：①超大的翼展（超过波音 747 的翼展）上面贴有 17249 片太阳能板，依靠太阳能提供动力；②超轻的复合材料——碳纤维（和蜂巢形式的多孔泡沫），故飞机自重仅相当于一辆家用汽车。可见超轻的新型碳纤维复合材料也是飞机能够进行环球巡游的必要条件。

第九节　零件的材料选择

以上学习了工程材料的成分、组织、性能和应用等，其最终目的都是为了正确、合理地选用零件材料，简称选材。对于从事机械设计和制造的工程技术人员来说，选材是一项十分重要的工作，一般应遵循如下的一些原则。

一、满足零件的使用性能要求——使用性能原则

机器零件发生破坏而不能工作，或严重损伤而不能安全工作，或变形、磨损而不能正常工作（不能完成规定的功能）均称为失效。为此，在选材时应确保零件和机器在预定的使用期限内能正常、安全地工作而不失效。因此，满足使用性能要求就是选材时首先要考虑的问题。所谓使用性能是指零件在使用状态下应满足的力学性能、物理性能和化学性能。例如

对零件有不同的强度要求时，对于低速、轻载的人力三轮车的传动轴，可选用（普通）碳素结构钢；对于速度较高、载荷较重的机床、汽车的传动轴，可选用优质碳素结构钢；而对于高速、重载的汽轮机、涡轮机、机床的主轴，应选用合金钢。又如飞机、飞船、军舰、轮船、车辆等要求动力大、自重轻，应选用比强度较高的铝合金、工程塑料、复合材料等。在一定的使用条件下，当碳钢能够满足强度要求，而不能满足刚度要求时，当选用合金钢来代替碳钢，则由于两者的弹性模量基本相同，也就是说，选用合金钢无助于提高刚度，因此就属于不合理的选材。

同理，对于在强烈摩擦、磨损条件下、在腐蚀性介质中、在高温状态下工作的零件，应相应选择耐磨、耐蚀、耐热的材料，或通过热处理能达到上述要求的材料。

二、满足零件的加工工艺要求——工艺性能原则

如所选材料的使用性能很理想，但极难加工甚至无法加工，那么也就失去意义了。因此，在满足使用性能要求的同时还应满足工艺性能要求。例如对于毛坯为铸件、锻件、焊接件时，应分别选择铸造性能好的材料（接近共晶成分的合金）、锻造性能好的材料（高温状态为奥氏体，热塑性好、变形抗力小的材料）和焊接性能好的材料（低碳钢或低碳合金钢）。要进行热处理的零件应选用淬透性、淬硬性等热处理工艺性好的材料。在某些特定条件下，工艺性能要求可成为选材的主要依据，例如在自动机床上大批量加工一些强度要求不高的小型零件时，就应选择切削加工工艺性好的易切削钢（一种 S、P 含量都较高，而力学性能较差的钢）。

三、满足经济性的要求——经济性原则

材料的直接成本在产品总成本中往往占有相当大的比例，即对产品的经济性有很大的影响。因此在满足使用要求和工艺要求的前提下，应尽可能选用价格低廉、供应情况好的材料。如能用国产材料不用进口材料；能用工程塑料不用金属材料；能用黑色金属不用有色金属；能用碳钢不用合金钢；能用铅青铜、铅基轴承合金不用锡青铜、锡基轴承合金，以及"以铁代钢、以铸代锻"等。总之一句话，应选择价格低廉的材料或综合经济效果好的材料，以取得良好的经济效益。

习 题

9-1 试比较下列概念：

（1）铁素体（F）、奥氏体（A）、渗碳体（C_m）、珠光体（P）、莱氏体（Ld）、索氏体（S）、托氏体（T）、马氏体（M）、贝氏体（B）、过冷奥氏体（A'）、残留奥氏体（A"）

（2）整体热处理、表面热处理、化学热处理

（3）退火与正火，完全退火、等温退火、球化退火、去应力退火，淬火与表面淬火，低温回火、中温回火和高温回火，渗碳、渗氮、碳氮共渗、氮碳共渗

（4）黑色金属和有色金属，黄铜和青铜，锡基轴承合金和锡青铜

（5）热塑性塑料和热固性塑料

9-2 解释下列名词：

调质、球化处理、石墨化、奥氏体化、过冷度、淬透性、淬硬性、临界（淬火）直径、临界冷却速度

9-3 试识别下列各种材料，并说明其含义：

Q235、45、ZG200-400、HT150、QT600-3、GCr15

9-4 试指出下列热处理中哪些加热温度在相变温度 Ac_1 线以上？哪些在相变温度 Ac_1 线以下？

淬火、完全退火、等温退火、球化退火、去应力退火、低温回火、中温回火、高温回火、正火、表面淬火、渗碳、渗氮

9-5 试比较碳钢在退火、正火、淬火、回火时，其冷却方法有何不同。

9-6 试根据下列用途：弹簧、比赛用自行车车架、坦克变速器齿轮、机床床身、多缸柴油机曲轴、滚动轴承，在所列材料中选择合适的材料（不重复选择）：

QT600-3、20CrMnTi、GCr15、HT200、Q345、60Si2Mn

第四篇

常 用 机 构

一、机器与机构

人们在日常的生活和生产过程中，广泛使用着各种各样的机器。尽管机器的种类繁多，其构造、性能和用途也各不相同，但都是由有限种类的机构，如连杆机构、凸轮机构、间歇运动机构、齿轮机构以及其他一些常用机构所组成。如图Ⅳ-1a所示的活塞式内燃机就是由连杆机构、凸轮机构和齿轮机构等所组成的。

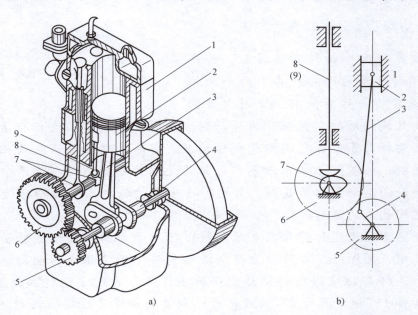

a) b)

图 Ⅳ-1　机器、机构及运动简图

1—气缸体　2—活塞　3—连杆　4—曲轴　5—小齿轮　6—大齿轮　7—凸轮　8—排气阀　9—进气阀

机器与机构的共同之处是它们都由一些人为制造的实体（构件）所组成，且各实体之间具有确定的相对运动，所以两者统称为机械。机器与机构的不同点是机构只能实现运动的传递和运动形式的转换，而机器则能实现能量的转换（如内燃机）或做有用功（如各种金属切削机床）。

本篇的任务就是来讨论各种典型的机构，从而为研究各种机器打下基础，至于各种具体的机器则属于有关专业的专业课所讨论的范围，本书不做论述。

二、构件与零件

机构由若干构件所组成，例如图Ⅳ-1所示内燃机中的连杆机构就是由连杆、曲轴（曲柄）、活塞（滑块）和气缸体（机架）四个构件组成的。而构件可以是一个零件，也可以是由几个零件构成的刚性整体。如上述连杆机构中的连杆是一个构件，如图Ⅳ-2a所示，它又是由连杆体1、连杆盖2、轴套3、轴瓦4和5、螺栓6、螺母7以及开口销8等零件构成的，如图Ⅳ-2b所示。

由此可见，构件与零件的主要区别在于构件是运动的单元，它作为一个整体参与运动；而零件则是制造的单元。

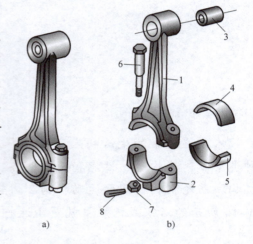

图Ⅳ-2 构件与零件

1—连杆体 2—连杆盖 3—轴套
4、5—轴瓦 6—螺栓 7—螺母 8—开口销

三、运动副及其分类和表示方法

运动副是指两个构件直接接触，并能产生一定相对运动的连接。其中两个构件以面接触的运动副称为低副。低副中若两个构件之间只能相对转动时则称为转动副，如图Ⅳ-1所示，连杆与活塞、连杆与曲轴以及曲轴与气缸体之间均构成转动副。若两构件之间只能做相对移动时则称为移动副，如图Ⅳ-1所示活塞与气缸体之间构成的运动副。两个构件之间以点或线接触的运动副称为高副，如图Ⅳ-1中两齿轮之间、凸轮与进（排）气阀的推杆之间构成的运动副。

运动副通常用规定的符号来表示。图Ⅳ-3所示为两构件组成转动副时的表示方法。其中，图Ⅳ-3a、b所示为两个活动构件1和2组成转动副，如上述连杆与活塞、连杆与曲轴组成的转动副；而图Ⅳ-3c、d所示两种画法意义相同，均为固定构件1（通常画出45°斜线表示）和活动构件2组成转动副，如上述曲轴与气缸体之间组成的转动副。图Ⅳ-4所示为两构件组成移动副时的表示方法。其中，图Ⅳ-4a所示三种画法均表示两个活动构件1和2组成移动副；图Ⅳ-4b

所示三种画法均表示固定构件 1 和活动构件 2 组成移动副，如上述气缸体与活塞之间组成的移动副。两构件组成高副，如齿轮副、凸轮副时的表示方法如图 IV-1b 所示。

四、运动简图

在分析已有的机械或设计新机械时，为了简明地表示出机械中所含机构种类、构件组成、运动副和运动情况以及工作原理，可以不考虑那些与运动无关的因素，如构件的复杂外形和运动副的具体结构，而仅仅根据那些与运动有关的因素，如机构的类型和各机构间的传动顺序、运动副的类型和数目、构件的数目以及与运动有关的尺寸，并用一些规定的简单符号绘制成图形，这种易画、易看的简明图形称为机构运动简图，如图 IV-1b 所示就是图 IV-1a 所示内燃机的机构运动简图。关于"机构运动简图符号"，可参见国家标准 GB/T 4460—2013《机械制图　机构运动简图用图形符号》的规定。

下面分章介绍连杆机构和凸轮机构。而齿轮机构等则并入第五篇机械传动中予以介绍。

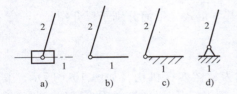

图 IV-3　转动副的表示方法

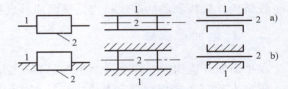

图 IV-4　移动副的表示方法

第◆十◆章

连 杆 机 构

各构件之间均以低副相连接的机构称为连杆机构。由于它能实现多种运动形式的转换，并具有结构简单、制造容易、使用寿命长等一系列的优点，因此在许多机械上都可以看到它的应用。其主要功用是实现给定的运动规律或实现给定的运动轨迹。本章只讨论连杆机构中最简单、最基本的也是应用最广泛的平面四杆机构。

第一节　平面四杆机构的基本形式及其应用

铰链四杆机构和曲柄滑块机构是平面四杆机构的基本形式，下面分别予以介绍。

一、铰链四杆机构

在平面四杆机构中，四个运动副都是转动副时称为铰链四杆机构，如图 10-1 所示。其中，固定不动的（或相对固定不动的）杆 4 称为机架，与杆 4 相对的杆 2 称为连杆，与机架相连的杆 1 和杆 3 都称为连架杆。如果连架杆能做整周（360°）转动，则称为曲柄；若不能做整周转动，只能在一定角度范围内往复摆动，则称为摇杆。因此根据两连架杆运动情况的不同，可将铰链四杆机构分为曲柄摇杆机构、双曲柄机构和双摇杆机构三种基本形式。

1. 曲柄摇杆机构

在铰链四杆机构中，若一个连架杆为曲柄，另一个连架杆为摇杆时称为曲柄摇杆机构。如图 10-2 所示的雷达天线机构和图 10-3 所示的缝纫机踏板机构就是其应用实例。前者是将曲柄 1 的回转运动转换成摇杆 3 的雷达天线的往复摆动；而后者是将摇杆 3 的缝纫机踏板的往复摆动转换为曲柄 1 的飞轮连续的回转运动。

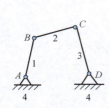

图 10-1　铰链四杆机构

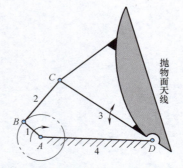

图 10-2　曲柄摇杆机构——雷达天线机构

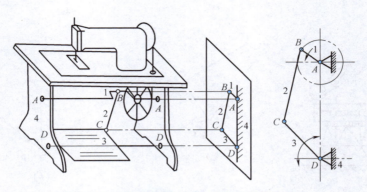

图 10-3　曲柄摇杆机构——缝纫机踏板机构

2. 双曲柄机构

在铰链四杆机构中，若两连架杆均为曲柄时称为双曲柄机构。如图 10-4 所示的惯性筛机构和图 10-5 所示的机车车轮联动机构就是其应用实例。前者是将曲柄 1 的等速转动转换为曲柄 3 的变速转动，再通过杆 5 拉动筛子 6 往复移动，并产生具有较大变化的加速度，从而使被筛物料因惯性而被筛分；而后者是将等速转动转换为相同角速度的同向转动。由于其四杆组成一平行四边形，所以又称为（正）平行四边形机构，它是双曲柄机构的一种特殊情况。

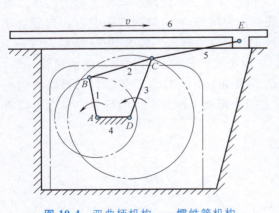

图 10-4　双曲柄机构——惯性筛机构

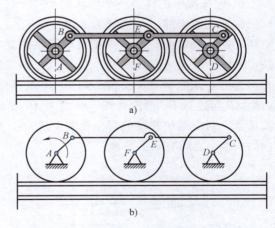

图 10-5　双曲柄机构——机车车轮联动机构

3. 双摇杆机构

在铰链四杆机构中，若两连架杆均为摇杆时称为双摇杆机构。如图 10-6 所示的鹤式起重机机构和图 10-7 所示的飞机起落架机构就是其应用实例。在鹤式起重机中，当摇杆 AB 摆动至 AB_1 时，整个机构由原实线位置 $ABCD$ 变动到双点画线位置 AB_1C_1D，而连杆 CBE 则到达垂直位置 $C_1B_1E_1$。在这个过程中，连杆上的点 E（和重物 W）沿水平直线 EE_1 移动到点 E_1，从而避免了重物移动时因不必要的升降而消耗能量。因此在港口的码头上都能看到它的庞大身躯，忙碌着为船舶装卸货物。在飞机起落架机构中，当飞机着陆前夕，机构处于图 10-7 中的实线位置 AB_1C_1D，即摇杆 AB 摆动至与连杆 BC 处于一直线的 AB_1、B_1C_1 位置

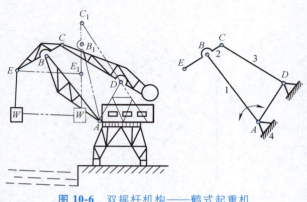

图 10-6 双摇杆机构——鹤式起重机

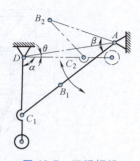

图 10-7 双摇杆机构——飞机起落架

（该位置称为机构的死点位置，详见后述），可顶住摇杆 C、D 下方的轮胎接触跑道地面时产生的巨大冲击力，以保证飞机安全着陆。当飞机起飞离开跑道以后，摇杆 AB_1 顺时针方向向上摆动，通过连杆 B_1C_1 带动摇杆 C_1D 逆时针方向摆动至水平位置 C_2D（整个机构处于双点画线位置 AB_2C_2D），收缩在飞机机腹的下方，有利于飞机安全飞行。

二、曲柄滑块机构

图 10-8 所示的具有一个移动副和三个转动副的机构称为曲柄滑块机构。它是由曲柄摇杆机构演变而来的（当摇杆为无限长时），其中与机架 4 构成移动副的构件 3 称为滑块，当曲柄 1 连续转动时，滑块 3 将沿导路做往复直线移动。图 10-8 中曲柄回转中心 A 到滑块导路中心线的距离 e 称为偏距，当 $e \neq 0$ 时称为偏置式曲柄滑块机构，如图 10-8a 所示；当 $e = 0$ 时称为对心式曲柄滑块机构，如图 10-8b 所示。在对心式曲柄滑块机构中，曲柄回转一周，曲柄 AB 与连杆 BC 两次共线，分别为 AB_1、B_1C_1 位置和 AB_2、B_2C_2 位置，且与导路的中心线重合，对应滑块移动的两个极限位置 C_1、C_2 之间的距离 s 称为滑块的行程。显然它与曲柄的长度 r 之间有如下关系

$$s = 2r$$

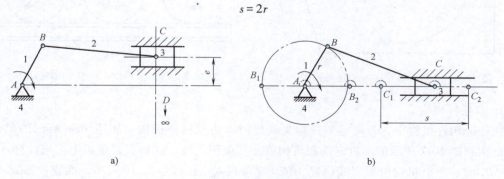

图 10-8 曲柄滑块机构

a）偏置式（$e \neq 0$） b）对心式（$e = 0$）

由于对心式曲柄滑块机构较偏置式曲柄滑块机构具有工作行程大、受力情况好等优点，因此在工程实际中得到更多的应用。它与曲柄摇杆机构相似，主动件可以是曲柄，也可以是

滑块。当主动件为曲柄时，可以将连续的回转运动转换为往复直线移动，如应用于插床、压力机、剪床等机器中；当主动件为滑块时，可以将往复直线移动转换为连续的回转运动，如应用于活塞式内燃机（图Ⅳ-1）、蒸汽机等机器中。

第二节　平面四杆机构的基本性质

在了解平面四杆机构基本形式的基础上，为了正确选择、合理使用和设计平面四杆机构，必须进一步了解平面四杆机构的几个基本性质。

一、曲柄存在的条件

由第一节可知，铰链四杆机构三种基本形式的区别主要在于有无曲柄。而曲柄是否存在则取决于机构中各杆件的相对长度关系和选取哪一个杆件为机架。

下面用图 10-9a 所示的曲柄摇杆机构来讨论曲柄存在的条件。

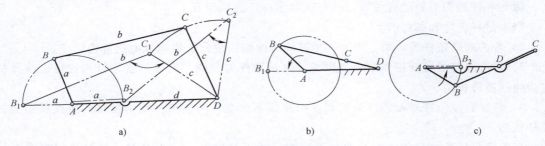

图 10-9　曲柄存在的条件

设图 10-9a 中 AB 为曲柄，BC 为连杆，CD 为摇杆，AD 为机架，各杆的长度分别为 a、b、c、d，且 $a<d$。

如果构件 AB 是曲柄，那么它应能绕 A 轴做整周转动，也就是说它应能顺利绕过两个极限位置 AB_1 和 AB_2，即应有 $\angle B_1 C_1 D \leq 180°$，构成 $\triangle B_1 C_1 D$；$\angle B_2 C_2 D \geq 0$，构成 $\triangle B_2 C_2 D$。这就是曲柄存在的几何条件。

而在图 10-9b 中，构件 AB 在尚未到达极限位置 AB_1 时，$\angle BCD = 180°$；在图 10-9c 中，构件 AB 在尚未到达极限位置 AB_2 时，$\angle BCD = 0°$。可见到达这两个位置时，杆 AB 已不能继续转动（也不难定量证明）。因此，构件 AB 就不能通过 AB_1 和 AB_2 位置做整周转动，即不能成为曲柄。下面把曲柄存在的几何条件定量化。

在 $\triangle B_1 C_1 D$ 中，由两边之和大于或等于第三边得

$$a+d \leq b+c \tag{a}$$

在 $\triangle B_2 C_2 D$ 中，由两边之差小于或等于第三边得

$$b-c \leq d-a$$

或

$$c-b \leq d-a$$

亦即

$$a+b \leq d+c \tag{b}$$

$$a+c \leq d+b \tag{c}$$

由式（a）+式（b）、式（a）+式（c）、式（b）+式（c）可得

$$\begin{cases} a \leqslant c \\ a \leqslant b \\ a \leqslant d \ (同设) \end{cases} \tag{10-1}$$

同理，当设 $d<a$ 时，可得

$$\begin{cases} d \leqslant a \\ d \leqslant b \\ d \leqslant c \end{cases} \tag{10-2}$$

由以上推导可得出铰链四杆机构中，曲柄存在的条件为：

1）由式（10-1）、式（10-2）可知，连架杆 a 和机架 d 中必有一杆是最短杆，称为最短杆条件。

2）由式（a）、式（b）、式（c）可知，最短杆与最长杆的长度之和小于或等于其他两杆的长度之和，称为杆长之和条件。

从上述曲柄存在的两个条件可以得到如下推论：铰链四杆机构到底属于哪一种基本形式，除与各杆的相对长度有关外，还与选取哪一杆为机架有关。

当满足杆长之和条件时：

1）若选取最短杆为机架，则两连架杆均为曲柄，故此机构为双曲柄机构。

2）若选取与最短杆相邻的杆为机架，则最短杆为曲柄，而另一连架杆为摇杆，故此机构为曲柄摇杆机构。

3）若选取最短杆对面的杆为机架，则曲柄不存在，两连架杆均为摇杆，故此机构为双摇杆机构。

当不满足杆长之和条件时，曲柄不存在。故不管以哪一杆为机架，都只能得到双摇杆机构。

二、曲柄连杆机构的急回特性和行程速度变化系数

如图 10-10 所示的曲柄摇杆机构中，设曲柄 AB 为主动件。它在转动一周的过程中将两次与连杆共线，即 AB_1C_1 和 AB_2C_2 位置。当曲柄由 AB_1 位置顺时针转过角度 $\phi_1 = 180° + \theta$ 而到达 AB_2 位置时，摇杆相应由 C_1D 摆动至 C_2D，此为工作行程，设经历的时间为 t_1。当曲柄继续转过角度 $\phi_2 = 180° - \theta$ 而回到 AB_1 位置时，摇杆也将由 C_2D 摆回至 C_1D，此为返回行程（空行程），设经历的时间为 t_2。摇杆两极限位置 C_1D 和 C_2D 之间的夹角 ψ 称为摇杆的摆角，与之相对应的曲柄两极限位置 AB_1 和 AB_2 之间所夹的锐角 θ 称为极位夹角。设曲柄 AB 为匀角速转动，则 $\phi_1/\phi_2 = t_1/t_2$，由于 $\phi_1 > \phi_2$，所以对应 $t_1 > t_2$。而从动摇杆在 t_1、t_2 时间内的摆角均为 ψ，所以其往复摆动的平均角速度分别为 $\omega_{1m} = \psi/t_1$ 和 $\omega_{2m} = \psi/t_2$，且有 $\omega_{2m} > \omega_{1m}$，这种摇杆返回行程的平均角速度大于工作行程的平均角速度的性质称为曲柄摇杆机构的急回特性，并用行程速度变化系数 K 来表明机构急回特性的大小，即

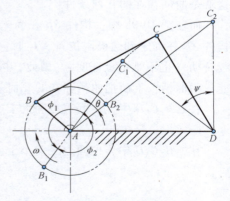

图 10-10 曲柄摇杆机构的急回特性

$$K = \frac{\omega_{2m}}{\omega_{1m}} = \frac{\psi/t_2}{\psi/t_1} = \frac{t_1}{t_2} = \frac{\phi_1}{\phi_2} = \frac{180°+\theta}{180°-\theta} \qquad (10\text{-}3)$$

由式（10-3）可知，当极位夹角 $\theta = 0°$ 时，$K = 1$，机构无急回特性。而 θ 角越大，K 值也越大，机构的急回特性越显著。

由式（10-3）可得

$$\theta = 180° \times \frac{K-1}{K+1} \qquad (10\text{-}4)$$

对于曲柄滑块机构，其滑块做往复直线运动，故行程速度变化系数 K 定义为返回行程和工作行程时，滑块的平均线速度 v_{2m} 和 v_{1m} 之比。同理可证明，上面的两式也适用于曲柄滑块机构。

一般在曲柄转过 $180°+\theta$ 时，设计为工作行程，而在转过 $180°-\theta$ 时为返回行程（不工作的空行程），因此机构具有急回特性可以节约空行程的时间，有利于提高生产效率。

在设计牛头刨床等要求具有急回特性的机械时，通常根据设计要求，预先选定 K 值，然后由式（10-4）计算出 θ 值，再根据 θ 值与其他限制条件进行设计（详见本章第三节）。

三、压力角与传动角

在实际生产中，不但要求连杆机构满足运动方面的要求，而且还要求它具有良好的动力性能，即要求传力轻便、效率高。

如图 10-11 所示的铰链四杆机构中，若忽略各构件的自重和运动副的摩擦，则主动连架杆 1 通过连杆 2 作用在从动连架杆 3 上点 C 处的力 F 是沿着杆 BC 方向的（因为连杆 2 为二力杆），它与点 C 的绝对速度 v_C 方向（垂直于杆 CD）之间所夹的锐角 α 称为压力角。显然力 F 在 v_C 方向的分力 $F_t = F\cos\alpha$ 是使从动连架杆 3 绕点 D 转动的有效分力；而垂直于速度 v_C 方向（即沿杆 CD 方向）的法向分力 $F_n = F\sin\alpha$ 只能对杆 CD 产生拉力，因而是无效分力。由此可见，连杆机构是否具有良好的传力性能，可以用压力角 α 的大小来衡量：压力角 α 越小，则 F_t 越大，传力性能越好。

压力角 α 的余角 γ 称为传动角，即 $\gamma = 90° - \alpha$。由图 10-11 可见，传动角 γ 就是连杆 2 与连架杆 3 之间所夹的锐角，度量很方便，因此在工程中常用传动角 γ 的大小来表明传力性能：传动角 γ 越大，传力性能越好。

显然，压力角和传动角的大小是随连杆机构的位置改变而变化的，为了保证良好的传力性能，一般要求机构在一个运动循环中的最大压力角 $\alpha_{max} \leqslant 50°$ 或最小传动角 $\gamma_{min} \geqslant 40°$，传递的功率大时，$\alpha$ 取小值或 γ 取大值。

不难证明，曲柄摇杆机构中，曲柄 AB 与机架 AD 两次共线时的传动角 γ_1 和 γ_2 中必有一个为 γ_{min}，如图 10-12 所示。

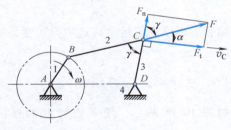

图 10-11 连杆机构的压力角与传动角

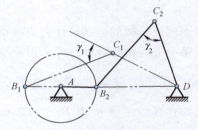

图 10-12 最小传动角 γ_{min} 的确定

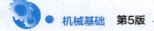

需要注意，上述压力角与传动角概念都是对从动件而言的。

四、死点位置

图 10-13 所示为缝纫机的踏板机构（曲柄摇杆机构）。其中，摇杆 CD 为主动件，由图 10-13 可见，机构在一个工作循环中，连杆 BC 和曲柄 AB 两次处于共线位置：AB_1C_1 和 AB_2C_2，此时主动摇杆 CD 通过连杆 BC 作用在曲柄 AB 上的力将通过铰链中心 A（$\alpha = 90°$、$\gamma = 0°$），对曲柄 AB 的力矩为零，故不能推动曲柄转动。机构的这两个位置称为死点位置。

同理，在曲柄滑块机构（活塞式内燃机）工作时，其活塞（滑块）为主动件，机构在一个工作循环中，也有两个死点位置 AB_1C_1 和 AB_2C_2，如图 10-14 所示。

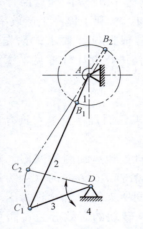

图 10-13　曲柄摇杆机构的两个死点位置

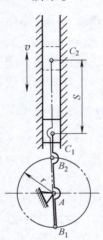

图 10-14　曲柄滑块机构的两个死点位置

为了使机构能顺利通过死点位置正常工作，可以在从动曲柄轴上安装飞轮，以便利用其惯性来渡过死点位置，如缝纫机和手扶拖拉机上的飞轮。也可以采用多组相同机构交错排列的方法，使处于死点位置的时间错开，如常见的多缸内燃机。

在工程中也有利用死点位置来实现一定的工作要求的。如图 10-7 所示的双摇杆机构（飞机起落架机构中），当飞机着陆时，机构处于图 10-7 中实线位置，此时着陆轮胎接触地面产生的冲击力为主动力，即摇杆 C_1D 为主动件，而连杆 B_1C_1 与从动摇杆 AB_1 处于一直线，即机构处于死点位置，从而始终保持支撑状态，使飞机得以安全着陆。

第三节　连杆机构的运动设计

平面四杆机构的运动设计有实现预定的运动规律和实现预定的运动轨迹两类问题，这里只介绍第一类问题的设计，并采用简单易行的图解法。

一、按给定连杆的三个位置（或两个位置）设计平面四杆机构

已知连杆的三个位置 B_1C_1、B_2C_2 和 B_3C_3，如图 10-15 所示，要求设计此四杆机构 $ABCD$。

由于连杆的三个位置为已知，也就是已知连杆 BC 与两连架杆 AB、CD 的铰链点 B 和 C 的三个位置以及连杆 BC 的长度，因此问题的实质是要求出两连架杆 AB、CD 与机架 AD 的铰链点 A 和 D，从而得到四杆机构 $ABCD$ 和各杆的长度。

由于连架杆 AB 和 CD 分别绕机架 AD 的两个铰链点 A 和 D 做圆周运动，因此连杆上点 B 的三个位置 B_1、B_2 和 B_3 应位于同一个圆弧 R_b 上，点 C 的三个位置应位于同一圆弧 R_c 上。根据不在一直线上的三点决定一个圆的道理，可以连接 B_1B_2 和

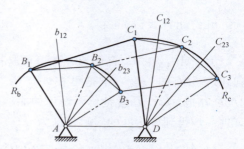

图 10-15　按给定连杆的三个
位置设计平面四杆机构

B_2B_3，并分别画它们的垂直平分线 b_{12} 和 b_{23}，则 b_{12} 和 b_{23} 的交点就是 B_1、B_2、B_3 三点所在圆的圆心，即为连架杆 AB 与机架 AD 的铰链点 A。同理由 C_1、C_2、C_3 三点可求出连架杆 CD 与机架 AD 的铰链点 D，则机构 AB_1C_1D（或 AB_2C_2D、AB_3C_3D）即为所要求的四杆机构，并可按作图比例尺确定各杆的长度。

如果仅已知连杆的两个位置 B_1C_1 和 B_2C_2，则两连架杆 AB 和 CD 与机架 AD 的铰链点 A 和 D 可分别在 B_1B_2 和 C_1C_2 的垂直平分线 b_{12} 和 c_{12} 上任意选取，所以可以得到无穷多解。实际工程问题中，往往还有其他要求（附加条件），从而问题仍可得到唯一解。

二、按给定的行程速度变化系数 K 设计平面四杆机构

按已知摇杆 CD 的长度 l_{CD}、摆角 ψ 和行程速度变化系数 K，设计曲柄摇杆机构。

设计此类问题的一般步骤如下：

1）按给定的 K 值　由 $\theta = 180° \times \dfrac{K-1}{K+1}$ 求出极位夹角 θ。

2）按给定的摇杆长度 l_{CD} 和摆角 ψ，选取适当的长度比例尺 μ_l（尽量采用 $\mu_l = 1\text{mm/mm}$），画出摇杆的两个极限位置 C_1D 和 C_2D，如图 10-16 所示。

3）画直角 $\triangle C_1C_2P$，使 $\angle C_1C_2P = 90°$，$\angle C_2C_1P = 90°-\theta$，并以斜边 C_1P 的中点 O 为圆心，以 OP 为半径画圆。由于直角三角形的斜边中点到三顶点等距离，所以圆 O 为直角 $\triangle C_1C_2P$ 的外接圆。

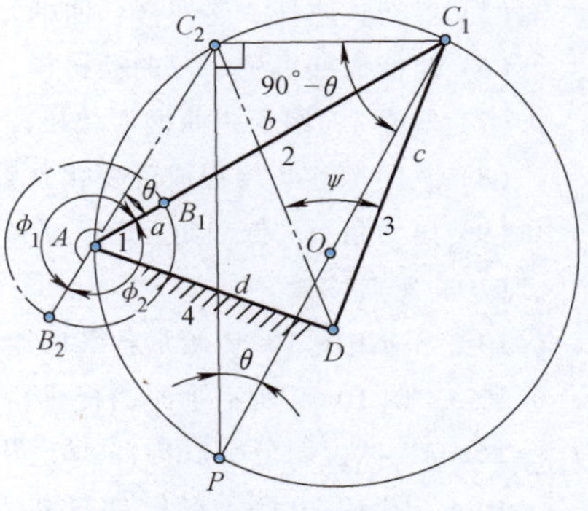

4）在圆 O 上任取一点 A 作为曲柄与机架的铰链点，

图 10-16　按行程速度变化系数
K 设计曲柄摇杆机构

并连接 AC_1 和 AC_2，由于同弧（$\overset{\frown}{C_1C_2}$）所对的圆周角相等，所以 $\angle C_1AC_2 = \angle C_1PC_2 = \theta$，即此时 AC_1 和 AC_2 的位置分别为曲柄和连杆处于延伸成为直线和重叠成为直线的位置。因此可得到

$$AC_1 = AB_1 + B_1C_1 = AB + BC \qquad\qquad (\text{d})$$

$$AC_2 = B_2C_2 - AB_2 = BC - AB \qquad\qquad (\text{e})$$

由式（d）+式（e）可得
$$BC = \frac{AC_1 + AC_2}{2} \qquad\qquad (\text{f})$$

由式（d）-式（e）可得 $$AB = \frac{AC_1 - AC_2}{2} \qquad (g)$$

由于 AC_1 和 AC_2 已画出，并可量取其长度，所以根据式（f）、式（g）即可直接计算得到 AB 和 BC 的长度。于是可在 AC_1 线上定出点 B_1，在 AC_2 线的延长线上定出点 B_2，则 AB_1C_1D 或 AB_2C_2D 就是所要设计的曲柄摇杆机构。并可进一步得到各构件的实际长度为

$$l_{AB} = \mu_l \overline{AB}; \quad l_{BC} = \mu_l \overline{BC}; \quad l_{CD} = \mu_l \overline{CD}; \quad l_{AD} = \mu_l \overline{AD}$$

上述铰链点 A 是在圆 O 上任意选取的，因此问题可有无穷多解。若再给出一些附加条件，如给定机架 AD 的长度 l_{AD}，则点 A 必须在以点 D 为圆心，以 l_{AD}/μ_l 为半径所画的圆弧与圆 O 的交点上，问题就有了确定的解。或者规定了对机构的最小传动角 $\gamma_{\min}$ 的要求，同样可以得到确定的解。

同理，对于偏置式曲柄滑块机构，若已知滑块的行程 s 和行程速度变化系数 K，也可设计出此机构的多种解，若再给出附加条件，如机构的偏距 e，则问题也可得到确定的解，如图 10-17 所示。

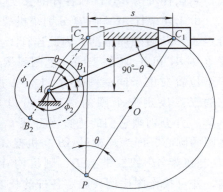

图 10-17 按行程速度变化系数 K 设计曲柄滑动机构

习　　题

10-1　试比较或解释下列概念：

（1）机器、机构、机械

（2）构件、零件

（3）运动副、高副、低副、转动副、移动副

（4）运动简图

（5）机架、连杆、连架杆、曲柄、摇杆、滑块

（6）曲柄摇杆机构、双曲柄机构、双摇杆机构、曲柄滑块机构

（7）偏距 e、偏置式曲柄滑块机构、对心式曲柄滑块机构

（8）急回特性和行程速度变化系数 K

（9）压力角 α、传动角 γ、极位夹角 θ

（10）死点位置

10-2　画出图 10-18 所示各平面连杆机构的运动简图。

10-3　图 10-19 所示平面四杆机构中，已知各构件的长度分别为 $l_{AB} = 55\mathrm{mm}$，$l_{BC} = 40\mathrm{mm}$，$l_{CD} = 50\mathrm{mm}$，$l_{AD} = 25\mathrm{mm}$，试说明分别以构件 AB、BC、CD 和 AD 为机架时，可得到何种机构？

10-4　图 10-20 所示铰链四杆机构 $ABCD$ 中，已知三个构件的尺寸分别为 $l_{BC} = 50\mathrm{mm}$，$l_{AD} = 30\mathrm{mm}$，$l_{CD} = 40\mathrm{mm}$，现要构成以 AB 为曲柄的曲柄摇杆机构，试确定 l_{AB} 应为多少？

10-5　在图 10-21 所示平行四边形机构 $ABCD$ 中，当取不同构件为机架时，可得到何种机构？为什么？

10-6　对心式曲柄滑块机构有无急回特性？为什么？其滑块的行程 s 如何确定（设曲柄长度为 r）？

10-7　图 10-22 所示偏置式曲柄滑块机构的偏距 $e = 10\mathrm{mm}$，曲柄长度 $l_{AB} = 20\mathrm{mm}$，连杆长度 $l_{BC} = 60\mathrm{mm}$，试求：

1）滑块的行程长度 s。

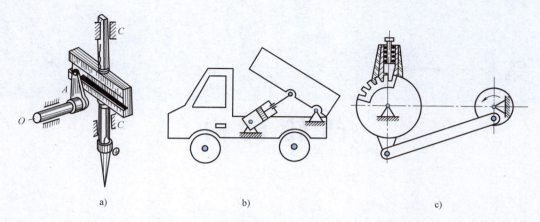

a)   b)   c)

图 10-18   题 10-2 图

a) 缝纫机的针杆机构   b) 自卸汽车的翻斗机构   c) 牛头刨床的进给机构

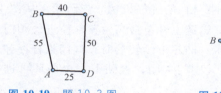

图 10-19   题 10-3 图

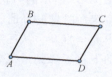

图 10-20   题 10-4 图

图 10-21   题 10-5 图

2）曲柄为原动件时的最大压力角 α_{max}。

3）滑块为主动件时，机构的死点位置、极位夹角 θ 以及行程速度变化系数 K 值。

10-8   试根据给定的连杆的两个位置 B_1C_1 和 B_2C_2（图 10-23），设计一飞机起落架机构 $ABCD$。要求飞机在飞行过程中，连架杆 CD 收缩于机腹的下方成水平位置；而当飞机着陆时，机构必须处于死点位置，即连架杆 AB 和连杆 BC 必须成一直线。

10-9   试设计一偏置式曲柄滑块机构，已知滑块的行程 $s = 50\text{mm}$，行程速度变化系数 $K = 1.4$，导路偏距 $e = 30\text{mm}$。

10-10   试设计一曲柄摇杆机构 $ABCD$，已知摇杆 CD 的长度 $l_{CD} = 50\text{mm}$，摇杆的最大摆角 $\psi = 30°$。行程速度变化系数 $K = 1.4$，机架 AD 的长度 $l_{AD} = 40\text{mm}$。

10-11   试设计一曲柄摇杆机构 $ABCD$，已知摇杆 CD 的长度 $l_{CD} = 50\text{mm}$，摇杆的摆角 $\psi = 30°$。行程速度变化系数 $K = 1$，机架 AD 的长度 $l_{AD} = 100\text{mm}$（提示：设摇杆摆动的两个极限位置为 C_1D 和 C_2D，因为 $K = 1$，所以 $\theta = 0°$，则机构在一个工作循环中，曲柄 AB 和连杆 BC 两次共线，且都必定位于过 C_1、C_2 的直线上）。

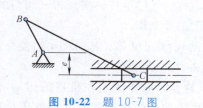

图 10-22   题 10-7 图

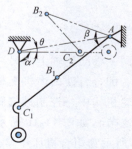

图 10-23   题 10-8 图

第十一章

凸轮机构

第一节　凸轮机构的分类、特点和应用

图 11-1a 所示的凸轮机构是一活塞式内燃机（图Ⅳ-1）的进气机构。当凸轮 1 从图 11-1a 所示位置逆时针转动时，凸轮轮廓将推动气门推杆 2 迅速上升至最高位置，使进气阀门在短时间内完全打开，从而满足了对气缸的快速进气要求；凸轮继续转动时，气门推杆在弹簧力的推动下将下降到最低位置并保持一段时间，将进气阀门关闭，直到下一个循环再进气前为止。

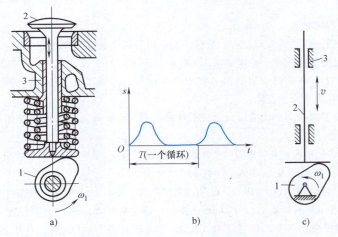

a)　　　　　　　　b)　　　　　　　　c)

图 11-1　控制内燃机进（排）气阀门的凸轮机构

1—凸轮　2—气门推杆　3—机架

a）内燃机进（排）气凸轮机构　b）气门推杆的运动规律 s-t 曲线　c）凸轮机构的运动简图

同理，同一根凸轮轴上的另一个凸轮的转动，推动另一气门推杆，实现排气阀门的开启和关闭。两者配合，使内燃机交替进行进、排气，实现正常工作。

上述凸轮机构中，控制进气阀门启闭的推杆的运动规律（位移 s 与时间 t 的关系曲线，详见本章第二节）如图 11-1b 所示。机构运动简图如图 11-1c 所示。

图 11-2 所示为组合机床中常用的行程控制凸轮机构。凸轮 1 固定在机器的运动部件上并随之一起移动，当到达预定位置时，其轮廓将接触并推动电气行程开关（或液压行程阀）

的推杆 2，使之发生电信号（或液压信号），从而使移动部件变速、变向或停止运动，以实现机器的自动工作循环要求。

图 11-3 所示为缝纫机中的挑线凸轮机构。安装在挑线板 2 上的小滚轮嵌在圆柱凸轮 1 的螺旋状沟槽内，当凸轮 1 绕自身轴线连续转动时，通过其沟槽推动小滚轮做相对移动，于是挑线板 2 绕机架 3 的轴 O 摆动，成为摆杆，使穿在挑线板右上方小孔中的针线被拉紧并不断向前输送，用以缝制服装。

从以上例子可见，凸轮机构一般由凸轮、从动件（推杆或摆杆）和机架所组成。它的作用是将凸轮的转动或移动（一般为连续等速转动或移动）转换为从动件的连续或间歇地移动或摆动。

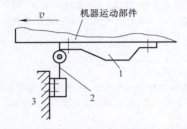

图 11-2　机器中用于行程控制的凸轮机构
1—凸轮　2—电气行程开关的推杆　3—机架

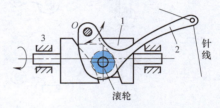

图 11-3　缝纫机中的挑线凸轮机构
1—凸轮　2—挑线板（摇杆）　3—机架

凸轮机构通常有以下几种分类方法。

一、按凸轮的形状分类

1. 盘形凸轮

凸轮轮廓上的各点到轴线具有变化向径的盘形零件称为盘形凸轮，如图 11-1 所示。

2. 移动凸轮

当盘形凸轮的基圆（基圆柱）为无穷大时，则凸轮由轮廓上各点到轴线具有变化向径，演化为到一条直线具有变化距离，同时凸轮的转动演化为凸轮的移动，这种凸轮称为移动凸轮，如图 11-2 所示。

3. 圆柱凸轮

凸轮的轮廓位于一圆柱体的端面上，可视为将移动凸轮的侧面围绕在一圆柱面上所形成，这种凸轮称为圆柱凸轮（或端面凸轮）。圆柱凸轮有时还有一个法向等距面，从而在圆柱表面上形成由两个法向等距面组成的沟槽，如图 11-3 所示。

由此可见，圆柱凸轮可以展开为移动凸轮，而移动凸轮又是盘形凸轮的特例。因此盘形凸轮是凸轮中的最基本的形式，应用也最多。

二、按从动件的结构形式分类

按从动件的结构形式通常可分为尖顶从动件、滚子从动件、平底从动件和曲面从动件凸轮机构四种，它们各自的特点和应用见表 11-1。

三、按从动件的运动形式分类

按从动件的运动形式可分为移动从动件（称为推杆）凸轮机构和摆动从动件（称为摆

杆）凸轮机构，参见表11-1。

表 11-1   凸轮机构从动件的结构形式、运动形式特点和应用

从动件结构形式	从动件运动形式		主要特点及应用
	移动	摆动	
尖顶从动件		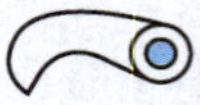	结构最简单，且尖顶能与各种形状的凸轮轮廓保持接触，可实现任意的运动规律，但尖顶易磨损，故只适用于低速、轻载的凸轮机构
滚子从动件			滚子与凸轮为滚动摩擦，磨损小、承载能力较大，但运动规律有一定限制，且滚子与转轴之间有间隙，故不适用于高速的凸轮机构
平底从动件			结构紧凑、润滑性能和动力性能好，效率高，故适用于高速，但凸轮轮廓曲线不能呈凹形，因此运动规律受到较大限制
曲面从动件			介于滚子从动件和平底从动件之间

四、按移动从动件的导路与凸轮转轴的相对位置分类

当移动从动件的导路中心线通过凸轮转轴中心时称为对心式凸轮机构，不通过凸轮转轴中心时称为偏置式凸轮机构。

凸轮机构的主要优点是：只要改变凸轮的轮廓曲线，原则上可以使从动件实现任意给定的运动规律；结构简单、紧凑，工作可靠。其缺点是凸轮具有曲线轮廓，因此加工制造比较困难；凸轮与从动件之间为点接触或线接触，形成高副，因此压力大，易于磨损。

凸轮机构一般适用于实现特殊的、复杂的运动规律，且传力不大的场合，如内燃机、自动机床、印刷机、卷烟机等各种机器中的控制机构和调节机构。

本章主要讨论工程中最常见的对心式尖顶和滚子移动从动件盘形凸轮机构。

第二节   从动件的常用运动规律

在凸轮机构中，通常凸轮为主动件，推杆或摆杆为从动件，且凸轮以匀角速度 ω 转动，并通过其轮廓曲线来推动与它接触的推杆移动或摆杆摆动。如图 11-4a 所示为一对心式尖顶直动从动件盘形凸轮机构，图中以凸轮的最小向径 r_b 为半径所画的圆称为凸轮的基圆。当凸轮在图示起始位置时，推杆的尖顶 A' 与凸轮轮廓的点 A 相接触，推杆处于最低位置；当凸轮以匀角速度 ω 顺时针转过角度 ϕ_s 时，推杆与凸轮轮廓的 AB 段圆弧相接触，故推杆静止不动，凸轮转角 ϕ_s 称为近休止角；当凸轮继续转过角度 ϕ_0 时，推杆与凸轮轮廓的 BC 段相接触，由于这段凸轮轮廓的向径是按预定规律逐渐增大的，所以推杆也将以一定的运动规

律上升至最高位置 A''，则 $\overline{A'A''}=h$ 称为凸轮机构的推程（或升程），凸轮转角 ϕ_0 称为推程角
（或升程角）；凸轮再转过角度 ϕ'_s 时，推杆与凸轮轮廓的 CD 段圆弧相接触，所以推杆处于

最高位置不动，凸轮转角 ϕ'_s 称为远休
止角；凸轮继续转过角度 ϕ_0' 时，推杆
与凸轮轮廓上向径不断减小的 DA 段相
接触，所以推杆也将由最高位置 A'' 下降
到起始时的最低位置 A'，这一过程称为
回程，凸轮转角 ϕ_0' 称为回程角。

上述凸轮机构在经历一个工作循
环，即凸轮转过一周的过程中，从动件
经历了"停—升—停—降"四个阶段。
其位移 s 的变化规律可以用位移线图
s-ϕ（或 s-t）曲线来表示，如图 11-4b
所示。显然凸轮继续转动时，从动件将
重复上述工作循环。在凸轮机构中，由
于具体的工作要求不同，推杆的运动还
可以采用"停—升—降"或"升—停
—降"或只有"升—降"的工作循环。

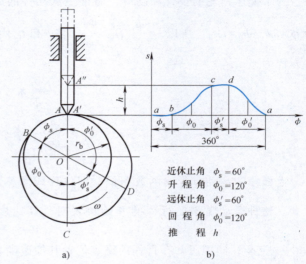

近休止角 $\phi_s=60°$
升程角 $\phi_0=120°$
远休止角 $\phi'_s=60°$
回程角 $\phi_0'=120°$
推　程 h

图 11-4　凸轮机构的典型工作循环

综上所述，凸轮的轮廓决定了从动件的运动规律。然而在设计凸轮机构时情况正相反，
首先要根据具体的工作要求确定从动件的运动规律，然后再根据选定的运动规律来设计凸轮
的轮廓。所谓从动件的运动规律，一般是指它的运动参数（位移 s、速度 v 和加速度 a）随
时间 t 或凸轮转角 ϕ 的变化规律（因为凸轮通常为匀角速转动），这种变化规律通常用位移
线图 s-ϕ、速度线图 v-ϕ 和加速度线图 a-ϕ 来表示，统称运动线图，如图 11-5～图 11-8 所示。

由于对凸轮机构的工作要求是多种多样的，因此要求推杆（或摆杆）的运动规律也是
各种各样的。下面介绍几种常用的运动规律，并且只对升程进行讨论。回程的讨论与升程相
似，请读者来完成。

一、等速运动规律

在设计凸轮机构时，通常由工作要求等可确定如下参数：

1）凸轮的转向和角速度 ω，且 ω 为常数。

2）凸轮的升程 h 及对应的凸轮转角 ϕ_0。

3）完成升程所需的时间 t_0。

当从动件（推杆）的速度 v 设定为常数时，称为等速运动规律。此时可得推杆的运动
方程为

位移方程 $$s=vt=\frac{h}{t_0}t \tag{11-1}$$

速度方程 $$v=\frac{\mathrm{d}s}{\mathrm{d}t}=\frac{h}{t_0}=常数 \tag{11-2}$$

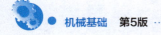

加速度方程 $$a = \frac{\mathrm{d}v}{\mathrm{d}t} = 0 \qquad (11\text{-}3)$$

为了便于凸轮的设计和制造，通常把从动件的运动规律表达为凸轮转角 ϕ 的函数，因为 $\phi = \omega t$，$\phi_0 = \omega t_0$，所以 $t = \frac{\phi}{\omega}$，$t_0 = \frac{\phi_0}{\omega}$，将 t 和 t_0 代入上面各式，可得到以转角 ϕ 表示的运动方程为

$$s = \frac{h}{\phi_0}\phi \qquad (11\text{-}4)$$

$$v = \frac{h}{\phi_0}\omega = 常数 \qquad (11\text{-}5)$$

$$a = 0 \qquad (11\text{-}6)$$

上面三个运动方程的函数图像，即位移线图、速度线图和加速度线图分别如图 11-5a、b、c。这种运动规律在行程的开始位置时，其速度由零突变为 $v = \frac{h}{\phi_0}\omega$，其加速度为 $a = \lim\limits_{\Delta t \to 0} \frac{v-0}{\Delta t} = \infty$；同理可知在行程的终点位置其加速度为 $-\infty$，因此在该两处的理论惯性力都为 ∞。虽然凸轮和推杆均为弹性体，实际上不会产生无穷大的惯性力，但机构仍将受到强烈的冲击，这种冲击称为刚性冲击。故等速运动规律只适用于低速的凸轮机构中。

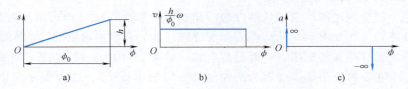

图 11-5　从动件为等速运动时的运动线图

二、等加速等减速运动规律（抛物线运动规律）

采用这种运动规律时，通常取推杆的前半个升程（$h/2$）为等加速运动，后半个升程（$h/2$）为等减速运动，且两者的绝对值相等。

在等加速运动区间$\left(0° \leqslant \phi \leqslant \dfrac{\phi_0}{2}\right)$，推杆的运动方程为

$$s = \frac{2h}{\phi_0^2}\phi^2 \qquad (11\text{-}7)$$

$$v = \frac{4h\omega}{\phi_0^2}\phi \qquad (11\text{-}8)$$

$$a = \frac{4h}{\phi_0^2}\omega^2 = 常数 \qquad (11\text{-}9)$$

在等减速运动区间（$\dfrac{\phi_0}{2} \leqslant \phi \leqslant \phi_0$）推杆的运动方程为

$$s = h - \frac{2h}{\phi_0^2}(\phi_0 - \phi)^2 \tag{11-10}$$

$$v = \frac{4h}{\phi_0^2}\omega(\phi_0 - \phi) \tag{11-11}$$

$$a = -\frac{4h}{\phi_0^2}\omega^2 = 常数 \tag{11-12}$$

以上各式的证明从略。

上述运动规律的运动线图及其做法如图 11-6 所示，由于其位移线图是由两段反向抛物线组成，所以这种运动规律又称为抛物线运动规律。同时从加速度线图上可见，在行程开始、终止以及 $h/2$ 三个位置时，加速度也有突变，所以也会对机构产生冲击，但加速度的突变量为一定值而不是无穷大，所以较刚性冲击要小，称为柔性冲击。因此这种运动规律可用于中速的凸轮机构。例如前述内燃机的进（排）气阀门的凸轮机构中就采用了这种运动规律。

三、简谐运动规律（余弦加速度运动规律）

如图 11-7a 所示的位移线图 s-ϕ 中，设有一质点沿半径为 $R = h/2$（h 为升程）的半圆周做等速运动，则该质点在直径线上的投影点的运动规律称为简谐运动规律。其运动方程为

$$s = \frac{h}{2}\left[1 - \cos\left(\frac{\pi}{\phi_0}\phi\right)\right] \tag{11-13}$$

$$v = \frac{\pi h\omega}{2\phi_0}\sin\left(\frac{\pi}{\phi_0}\phi\right) \tag{11-14}$$

$$a = \frac{\pi^2 h\omega^2}{2\phi_0^2}\cos\left(\frac{\pi}{\phi_0}\phi\right) \tag{11-15}$$

证明从略。

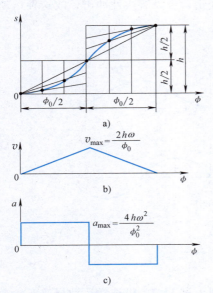

图 11-6　等加速、等减速运动规律时的运动线图

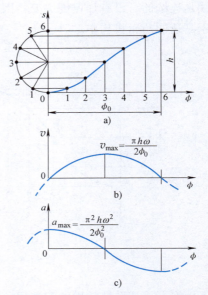

图 11-7　简谐运动规律时的运动线图

其相应的运动线图及其做法如图 11-7 所示。图中位移曲线是简谐运动曲线，速度曲线是正弦曲线，加速度曲线是余弦曲线。所以这种运动规律又称为余弦加速度运动规律。

当从动件采用"停—升—停—降"型运动循环时，则由加速度线图可见，在"停转升"和"升转停"的转换瞬时都有加速度突变，即有柔性冲击，因此这种运动规律也只适用中速的凸轮机构。但当推杆做连续"升—降"型运动循环时，加速度曲线将沿图中引出的虚线连续变化而得到连续的加速度曲线，故运动时无冲击，因此就可以用于高速的凸轮机构中。

四、摆线运动规律（正弦加速度运动规律）

如图 11-8a 所示，设有一半径为 $R = h/(2\pi)$ 的圆（周长为 h），当其沿纵坐标轴做纯滚动时，则滚圆上的某点 A（从 A_0 起始）在纵坐标轴上的投影点的运动规律称为摆线运动规律。其运动方程为

$$s = h\left[\frac{\phi}{\phi_0} - \frac{1}{2\pi}\sin\left(\frac{2\pi}{\phi_0}\phi\right)\right] \tag{11-16}$$

$$v = \frac{h\omega}{\phi_0}\left[1 - \cos\left(\frac{2\pi}{\phi_0}\phi\right)\right] \tag{11-17}$$

$$a = \frac{2\pi h\omega^2}{\phi_0^2}\sin\left(\frac{2\pi}{\phi_0}\phi\right) \tag{11-18}$$

证明从略。

相应的运动线图及其画法如图 11-8 所示，由于其加速度曲线为正弦曲线，所以又称为正弦加速度运动规律。

如图 11-8 所示，从动件在起始点和终止点的加速度均为零，而且在整个升程中，加速度曲线是连续的，没有加速度突变，因此没有刚性冲击，也没有柔性冲击，故这种运动规律适用于高速的凸轮机构中。

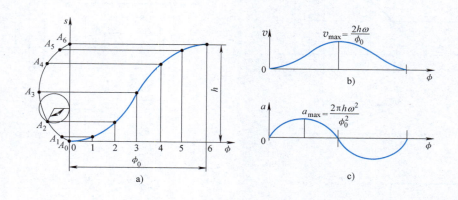

图 11-8　摆线运动规律时的运动线图

下面将上述从动件常用的四种运动规律的比较列于表 11-2，供选择运动规律时参考。

表 11-2　从动件常用运动规律的比较

运动规律	v_{max}	a_{max}	冲击	画图	凸轮制造	适用速度
等速	1	∞	刚性	容易	容易	低
等加速、等减速	2	1	柔性	较难	较难	中
简谐	1.57	1.23	柔性(或无)	较易	较难	中(或高)
摆线	2	1.57	无	较难	较难	高

注：1. v_{max} 和 a_{max} 是在升程 h、升程角 ϕ_0 和凸轮角速度 ω 等均相同的条件下，且 v_{max} 以等速运动规律时为 1，a_{max} 以等加速、等减速运动规律时为 1 进行比较的。

　　2. 等速运动规律的凸轮轮廓在升程时为阿基米德曲线，比较容易制造。

第三节　盘形凸轮轮廓曲线的设计

　　根据选定的从动件运动规律来设计盘形凸轮的轮廓曲线（以下简称廓线）时，通常有图解法和解析法两种设计方法。由于图解法简便易行，而且直观，在精度要求不很高时，一般能满足使用要求，所以这里仅介绍图解法。

　　用图解法设计盘形凸轮廓线的基本原理是相对运动原理，下面以图 11-9a 所示的对心尖顶直动从动件盘形凸轮机构为例来加以说明。如图 11-9a 所示机构正处于起始位置。当凸轮 1 以角速度 ω 逆时针方向转动一个角度 ϕ_1 而到达一个新位置时，如图 11-9b 所示，机架 3 静止不动，而推杆 2 在凸轮廓线的推动下向上移动了一段距离 s_1。同理，当凸轮继续转过角度 ϕ_2、ϕ_3、…时，凸轮相应到达一系列新位置，并得到推杆的对应位移 s_2、s_3、…（图 11-9b 中省略未示出）。

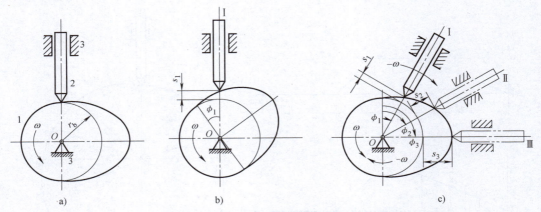

图 11-9　设计盘形凸轮廓线时的相对运动原理

　　由此可见，为了得到凸轮在转过不同角度 ϕ 时，即转到各个不同位置时，推杆的对应位移 s，就需要画出凸轮在一系列不同位置时的廓线，而凸轮廓线的形状一般比较复杂，因此这是难以办到的。为此设想给整个凸轮机构加上一个 "$-\omega$" 的公共角速度绕凸轮轴心 O 旋转（反转），此时凸轮的角速度为 $\omega+(-\omega)=0$，即凸轮始终处于原始位置静止不动，而推杆将与导路（机架）一起以 "$-\omega$" 的角速度绕凸轮轴心 O 转动，同时又在凸轮廓线的推动下沿导路移动。这就是说，把原来凸轮绕轮心 O 转动和推杆在导路中移动，转化为凸静止不动，而推杆一方面随导路一起绕凸轮轮心 O 反向转动，同时沿导路移动的复合运动。在这种复合运动中，推杆在各个瞬时所占据的位置如图 11-9c 所示。

上述做法，由相对运动原理可知，凸轮机构中各构件间的相对运动关系和相对位置关系均保持不变，如图 11-9b 和图 11-9c 所示的实线位置 Ⅰ 两者完全一样。由于推杆和导路反转过程中的各个不同位置比较容易画出，因此就可以很方便地求出凸轮转过任意一个角度 ϕ 时（即推杆反向转过同样角度时）推杆的位移 s，如图 11-9c 所示的位移 s_1、s_2、s_3 等。反之，若已知推杆的运动规律 s-ϕ 曲线，则只要给定凸轮转角 ϕ_1、ϕ_2、$\cdots$、ϕ_n，就可以得到推杆的对应位移 s_1、s_2、$\cdots$、s_n，也就可以很方便地求出推杆在做复合运动中的一系列位置，而这些位置推杆尖顶的轨迹就是所要求的凸轮的廓线。这种应用相对运动原理来设计凸轮廓线的方法称为反转法。下面就介绍如何用反转法设计几种常用的盘形凸轮机构的凸轮廓线。

一、对心尖顶直动从动件盘形凸轮机构

例 11-1 试设计一对心尖顶直动从动件盘形凸轮机构的凸轮廓线。已知推杆升程和回程均采用等速运动规律，升程 $h = 10$mm，升程角 $\phi_0 = 135°$，远休止角 $\phi'_s = 75°$，回程角 $\phi'_0 = 60°$，近休止角 $\phi_s = 90°$，且凸轮以匀角速度 ω 逆时针转动，凸轮基圆半径 $r_b = 20$mm。

作图：

1）选取适当的比例尺画 s-ϕ 曲线，如图 11-10a 所示，图中长度比例尺 $\mu_l = 1$mm/mm，角度比例尺 $\mu_\phi = 6°$/mm（若问题直接给出位移线图 s-ϕ 曲线，则省去此步）。

2）将位移曲线的升程角和回程角分别分成若干等份（等份数越多，则设计出的凸轮轮廓越精确），这里将升程角分成 6 等份，每等份为 $22.5°$，回程角分成 2 等份，每等份为 $30°$，于是得分点 1、2、$\cdots$、9、0 和对应位移 11′、22′、$\cdots$、99′、00′，如图 11-10b 所示。

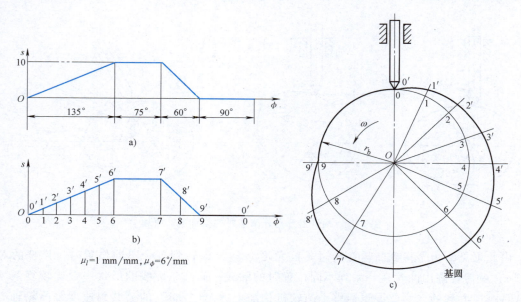

$\mu_l = 1$ mm/mm, $\mu_\phi = 6°$/mm

图 11-10 对心尖顶直动从动件盘形凸轮的廓线设计

3）以 $r_b = 20$mm 为半径画出基圆，如图 11-10c 所示；然后按"$-\omega$"方向从 0 点起，按 s-ϕ 曲线上划分的角度，顺次画出凸轮相应运动角时的径向线 $O0$、$O1$、$O2$、$\cdots$、$O9$；并在

各径向线上分别量取 00′、11′、22′、…、99′，与 s-ϕ 曲线中的对应位移相等；再分别光滑连接 0′、1′、2′、…、6′（升程段廓线）和 7′、8′、9′（回程段廓线）。以及画圆弧 6′7′（远休止段廓线）和 9′0′（近休止段廓线），则各段曲线所围成的封闭图形，即为所需设计的凸轮廓线。

二、对心滚子直动从动件盘形凸轮机构

例 11-2 试设计一对心滚子直动从动件盘形凸轮机构的凸轮廓线，已知条件同例 11-1，且知滚子半径 $r_r = 5\text{mm}$。

分析：由于滚子中心是推杆上的一个铰链点，它的运动规律就是推杆的运动规律，因此滚子中心就相当于例 11-1 中尖顶推杆的尖顶。滚子推杆要实现例 11-1 同样的运动规律，滚子中心就必须沿例 11-1 中的凸轮廓线运动。然而滚子推杆实际工作时，凸轮轮廓不是与滚子中心接触，而是与滚子外圆相切接触，且接触点到滚子中心的距离恒为滚子半径 r_r，因此以例 11-1 中的凸轮廓线上的各点为圆心，画出一系列的滚子圆，则这些圆的内包络线就是本例所要求的凸轮廓线。因此本例中凸轮廓线的设计要分成如下两步（图11-11）：

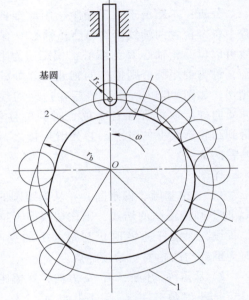

图 11-11 对心滚子直动从动件盘形凸轮的廓线设计
1—凸轮理论廓线 2—凸轮实际廓线

1）画出尖顶推杆时的凸轮廓线 1（画法同例11-1，故此处直接给出该廓线），此廓线称为滚子推杆时的理论廓线。

2）以理论廓线上的各点为圆心，以滚子半径 $r_r = 5\text{mm}$ 为半径，画出一系列的滚子圆，并画出这些圆的内包络线 2，即为所求凸轮的实际廓线。

需要说明的几点：

1）尖顶推杆可视为滚子半径 $r_r = 0$ 时的滚子推杆的一个特例，故尖顶推杆时凸轮的理论廓线也是实际廓线，两者合二为一。

2）滚子直动从动件盘形凸轮的实际廓线和理论廓线是两条法向等距曲线，距离为滚子半径 r_r。

3）对心滚子直动从动件盘形凸轮的基圆仍然是指理论廓线的基圆，如图 11-11 所示。

4）对于对心滚子直动从动件盘形凸轮理论廓线的内凹部分，滚子半径 r_r、实际廓线的曲率半径 ρ 和理论廓线的曲率半径 ρ_T 三者之间有如下的关系：$\rho = \rho_T + r_r > 0$，因此不论滚子半径大小如何，实际廓线总可以画出。对于理论廓线的外凸部分，上述三者之间的关系为 $\rho = \rho_T - r_r$。因此：①当 $r_r < \rho_T$ 时，$\rho > 0$，实际廓线可以画出；②当 $r_r = \rho_T$ 时，$\rho = 0$，实际廓线将出现尖点，滚子极易磨损；③当 $r_r > \rho_T$ 时，$\rho < 0$，此时将得不到完整的廓线，推杆不能实现预期的运动规律，产生"失真"现象。为了避免上述缺陷，滚子半径 r_r 必须小于凸轮理论廓线外凸部分的最小曲率半径 $\rho_{T\min}$，一般可取 $r_r \leq 0.85\rho_{T\min}$。

5）对于对心平底直动从动件盘形凸轮，其平底与推杆轴线交点的运动规律就是推杆的运动规律，故该点相当于滚子直动从动件时的滚子中心。由于该点一般不与凸轮廓线直接接触，因此其廓线的设计方法与例 11-2 相似，也要分成两步：①求出盘形凸轮的理论廓线；②通过理论廓线上的各点画出平底的位置线，则平底位置线的包络线就是所求盘形凸轮的实际廓线。限于篇幅，请读者自行完成例 11-1 改用平底直动从动件时凸轮廓线的设计。显然，平底直动从动件不能用于凸轮理论廓线为凹形廓线时的情况。

三、偏置尖顶直动从动件盘形凸轮机构

例 11-3 试设计一偏置尖顶直动从动件盘形凸轮的廓线，已知其偏距 $e = 8\text{mm}$，其他已知条件均同例 11-1。

分析：本题由于有了偏距，因此推杆在反转过程中各个位置的轴线始终与凸轮轴心 O 保持偏距 e。故可以凸轮轴心 O 为圆心，偏距 e 为半径画一个圆，称为偏距圆。则推杆的轴线必然处处与偏距圆相切，如图 11-12 所示。然后在这些切线上从基圆开始向外量取推杆在各个位置时的位移量 s，从而得到凸轮廓线上的各点，并光滑连接之，就得到了凸轮的廓线。

作图：

1）画出基圆、偏距圆，并从偏距圆的右象限点 K_0 向上画偏距圆的切线，则该切线即为推杆的初始位置线，而推杆的尖顶 0′ 与基圆上的点 0 重合处，即为推杆与凸轮的初始接触点。

2）从点 K_0 开始，沿 $-\omega$ 方向，在偏距圆上量取 135°（升程角）并 6 等分得点 K_1、K_2、…、K_6；再量取 75°（远休止角）得点 K_7；再量取 60°（回程角），并 2 等分得点 K_8、K_9；余下 90° 为近休止角。

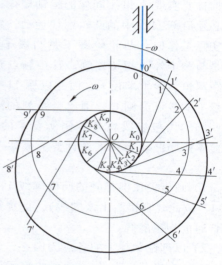

图 11-12　偏置尖顶直动从动件盘形凸轮的廓线设计

3）通过各分点 K_0、K_1、K_2、…、K_9 画偏距圆的切线，分别与基圆相交于 0、1、2、…、9 各点，这些切线就是推杆在反转过程中的位置线。

4）在各切线上依次分别向基圆外量取位移量 00′、11′、22′、…、88′、99′ 与 s-ϕ 曲线中的对应位移相等，得 0′、1′、2′、…、9′各点，并将这些点顺次连成光滑曲线（其中 6′7′ 为 75° 远休止角所对应的圆弧，9′0′ 为 90° 近休止角所对应的圆弧，且位于基圆上），则该封闭曲线就是所要求的凸轮廓线。

需要注意的几个问题：

1）也可以先从基圆上的点 0（而不从偏距圆上的点 K_0）起，沿"$-\omega$"方向进行分度，得 1、2、…、9 各点，然后从上述各点分别画偏距圆的切线，并在各切线上分别向外截取推杆的位移量 11′、22′、…、99′，得到点 1′、2′、…、9′，并光滑连接之，即可得到相同的凸轮廓线，由于基圆比偏距圆大，所以分度和作图结果会更精确。

2）无论是在偏距圆上分度或是在基圆上分度，在分度后画偏距圆的切线时，各切线都

应与偏距圆在同方向顺次相切。

3）应从基圆与各切线的交点起，在各切线上向外量取位移量，而不能像例 11-1 对心尖顶推杆时那样，在径向线 $O1$、$O2$、$\cdots$、$O9$ 上向外量取位移量。

4）对于偏置滚子直动从动件或平底直动从动件盘形凸轮的廓线设计，可先求得上述理论廓线，并通过理论廓线上的各点画滚子圆或平底的位置线，再画其包络线，即可得到凸轮的实际廓线（见例 11-2）。

第四节　凸轮与滚子的材料、热处理以及凸轮零件图

凸轮机构工作时，凸轮工作表面（凸轮轮廓）与从动件之间为点接触或线接触，很容易磨损，且往往有冲击，因此要求凸轮工作表面有高的硬度和耐磨性，心部则要求具有足够的强度和韧性。表 11-3 列出了凸轮的常用材料和热处理工艺，供设计时参考。

滚子的直径小，旋转次数多，工作条件差，因此较凸轮更容易磨损；但由于它比凸轮容易制造，磨损后可以更换，所以一般可选用与凸轮相同的材料和热处理工艺。也常直接选用标准的微型滚动轴承作为滚子使用。

对于向径为 300~500mm 的盘形凸轮，其主要尺寸的公差、几何公差和表面粗糙度要求可参照表 11-4 确定。

图 11-13 所示为盘形凸轮零件图示例，供设计时参考。

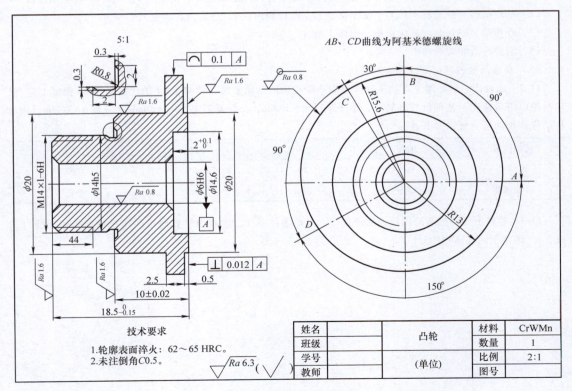

图 11-13　盘形凸轮零件图

表 11-3　凸轮的常用材料和热处理工艺

凸轮工作条件	材料	热处理工艺
低速、轻载凸轮	40、45	调质:220~260HBW
中速、轻载凸轮	45、40Cr	表面淬火:48~52HRC
中速、中载凸轮	20、20Cr	表面渗碳(0.8~1.2mm)、淬火:56~62HRC
高速、重载凸轮	GCr15	淬火、低温回火:61~65HRC
	38CrMoAlA	表面渗氮:62~68HRC

表 11-4　盘形凸轮的尺寸公差、几何公差及表面粗糙度要求

凸轮精度	向径偏差 /mm	轴孔公差带	轴孔圆度公差	基准端面对轴孔垂直度	两端面的平行度	轮廓表面粗糙度 $Ra/\mu m$
低	±(0.2~0.5)	H9	9 级	8 级	8 级	3.2
较低	±(0.1~0.2)	H8、H9	8、9 级	7、8 级	7、8 级	1.6~3.2
中	±(0.05~0.1)	H7、H8	7、8 级	6、7 级	6、7 级	0.8~1.6
高	±(0.01~0.05)	H6、H7	6、7 级	5、6 级	5、6 级	0.4~0.8

习　　题

11-1　试比较下列概念:

(1) 从动件的运动规律:等速运动规律,等加速、等减速运动规律,简谐运动规律,摆线运动规律

(2) 凸轮机构中的基圆半径 r_b、滚子半径 r_r、凸轮的向径 r、凸轮轴孔半径 r_0

(3) 升程角、回程角、近休止角、远休止角

(4) 刚性冲击和柔性冲击

(5) 盘形凸轮的理论廓线和实际廓线

11-2　试设计一对心滚子直动从动件盘形凸轮机构的凸轮廓线(请按 1:1 的比例画在 A4 图纸上)。已知凸轮以匀角速度 ω 逆时针方向转动,滚子半径 $r_r=10mm$,凸轮基圆半径 $r_b=50mm$,升程 $h=10mm$,直动从动件的预期运动规律如下表:

运动阶段	推程	远休止	回程	近休止
运动角	90°	30°	60°	180°
运动规律	等速	静止	等速	静止

11-3　若将上题的推程改用简谐运动规律,其他条件不变,重新设计此盘形凸轮机构的凸轮廓线(请按 1:1 的比例画在 A4 图纸上)。

第五篇

机 械 传 动

一般机器都是由原动机、传动装置和工作机三个部分组成的。传动装置是原动机和工作机之间的"桥梁",它的作用是将原动机的运动和动力传递给工作机,并进行减速、增速、变速或改变运动形式,以满足工作机对运动速度、运动形式以及动力方面的要求。

传动装置按工作原理可分为机械传动、流体传动和电力传动三类。其中,机械传动具有变速范围大、传动比准确、运动形式的转换方便、环境温度对传动的影响小,以及传递的动力大、工作可靠、寿命长等一系列的优点,因而得到广泛的应用,如在汽车、拖拉机、金属切削机床等机器中,其重量和成本等均占整机的50%以上。所以本篇就来讨论带传动、齿轮传动和链传动这三种最常用的机械传动。

第◆十◆二◆章

带 传 动

第一节　带传动的分类、特点和应用

一、带传动的分类

由带和带轮组成的传递运动和（或）动力的传动称为带传动，如图12-1所示。根据工作原理的不同，带传动可分为摩擦带传动和啮合带传动两类。依靠张紧在带轮上的带和带轮之间的摩擦力来传动的称为摩擦带传动。摩擦带传动按带的横截面形状的不同，又可分为平带传动、V带传动和圆带传动，分别如图12-1a、b、c所示。依靠带齿和轮齿相啮合来传动的称为啮合带传动，如同步带传动，如图12-1d所示。

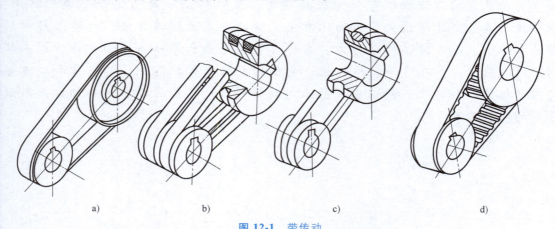

a)　　　　　　　b)　　　　　　　c)　　　　　　　d)

图 12-1　带传动

a）平带传动　b）V带传动　c）圆带传动　d）同步带传动

二、摩擦带传动的特点及应用

摩擦带传动的主要优点是：①带具有弹性，能缓冲、吸振，因此传动平稳、噪声小；②传动过载时能自动打滑，起安全保护作用；③结构简单，制造、安装、维修方便，成本低廉；④可用于中心距较大的传动。其主要缺点是：①不能保证恒定的传动比；②轮廓尺寸大，结构不紧凑；③不能传递很大的功率，且传动效率低；④带的寿命较短；⑤对轴和轴承的压力大，提高了对轴和轴承的要求；⑥不适宜用于高温、易燃等场合。根据上述特点，摩擦带传动适用于在一般工作环境条件下，传递中、小功率，对传动比无严格要求，且中心距较大的两轴之间的传动。

在摩擦带传动中，不难证明，在同样大小的张紧力下，V带传动较平带传动能产生更大的摩擦力（约为平带传动的3倍），因而传动能力大，结构较紧凑，且允许较大的传动比，因此得到更为广泛地应用。根据V带的楔角（α）和相对高度（h/b_p）的不同，V带又可分为普通V带、窄V带、半宽V带和宽V带等多种，本章只讨论一般机械传动用的普通V带及其传动，以下简称V带传动。

第二节　V带传动中的几何参数和几何关系

1. V带的节宽、高度、相对高度和楔角

当V带垂直于底边弯曲时，在带中保持原长度不变的任意一条周线称为节线，如图12-2a所示。由全部节线构成的面称为节面，如图12-2b所示。带的节面宽度称为节宽，用b_p表示；带的横截面中梯形轮廓的高度称为带的高度，用h表示；V带两侧边的夹角称为楔角，用α表示，如图12-2c所示。带的高度与节宽之比（h/b_p）称为相对高度。普通V带的相对高度h/b_p约为0.7，楔角α为40°。

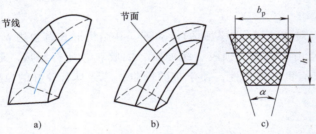

图 12-2　V带的节线、节面、节宽、高度和楔角
a）节线　b）节面　c）节宽b_p、高度h和楔角α

2. V带轮的基准宽度和基准直径

在V带轮中，表示槽形轮廓宽度的一个无公差的规定值，即与标准V带的截面基本尺寸中所列的节宽的规定值（理论值）相等的值，称为带轮的基准宽度，用b_d表示，如图12-3所示。因此当V带的节宽恰为标准规定的值时，$b_p=b_d$（见表12-1和表12-3），V带的节面与V带轮的基准宽度处于同一位置，相互重合。而带轮轮槽基准宽度处的带轮直径称为基准直径，用d_d表示，如图12-3所示。小带轮和大带轮的基准直径分别用d_{d1}和d_{d2}表示，如图12-4所示。

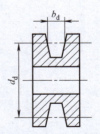

图 12-3　V带轮的基准宽度b_d和基准直径d_d

3. V带的基准长度

V带在规定的张紧力下，位于测量带轮基准直径上的周线长度称为V带的基准长度，用L_d表示，如图12-4所示。

4. 中心距

当带处于规定的张紧力时，两带轮轴线间的距离称为中心距，用a表示，如图12-4所示。

5. 包角

带与带轮接触弧所对的圆心角称为包角，用 α 表示，小带轮和大带轮的包角分别用 α_1 和 α_2 表示，如图 12-4 所示。

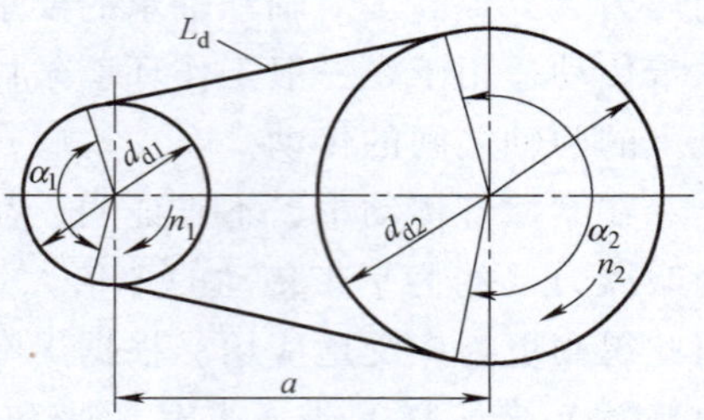

不难证明，上述几何参数间有如下的几何关系

$$L_d \approx 2a + \frac{\pi}{2}(d_{d2}+d_{d1}) + \frac{(d_{d2}-d_{d1})^2}{4a} \qquad (12\text{-}1a)$$

当 $d_{d1}=d_{d2}=d_d$ 时，则有

$$L_d = 2a + \pi d_d \qquad (12\text{-}1b)$$

$$\alpha_1 \approx 180° - 57.3° \times \frac{d_{d2}-d_{d1}}{a} \qquad (12\text{-}2)$$

图 12-4　V 带传动中的
几何参数和几何关系

第三节　V 带和 V 带轮的结构、尺寸和标记

一、V 带的结构、尺寸和标记

（一）V 带的结构

普通 V 带是具有对称的梯形横截面的传动带。其结构形式有包边 V 带和切边 V 带两种，如图 12-5 所示。通常由胶帆布、顶胶、缓冲胶、底胶、芯绳等组成。胶帆布耐磨，起保护作用；顶胶、底胶具有良好的弹性，便于带的弯曲；芯绳具有较好的拉伸强度，主要用来承受带的拉力。

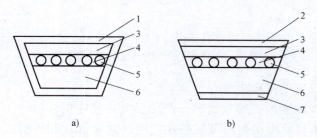

图 12-5　V 带的结构示意图

a）包边 V 带　b）切边 V 带（普通型）

1—胶帆布（包边）　2—顶布　3—顶胶　4—缓冲胶　5—芯绳　6—底胶　7—底布

（二）V 带的尺寸

V 带的尺寸已经标准化，其标准有：

1. 截面尺寸

V 带根据截面尺寸由小到大的顺序排列，共有 Y、Z、A、B、C、D 和 E 七种型号，其截面尺寸的规定见表 12-1。

2. 基准长度

V 带的基准长度系列见表 12-2。

表 12-1 V 带截面型号和基本尺寸（摘自 GB/T 11544—2012）

截型		节宽 b_p /mm	顶宽 b /mm	高度 h /mm	线质量 ρ_1 /(kg·m^{-1})	楔角 α/(°)
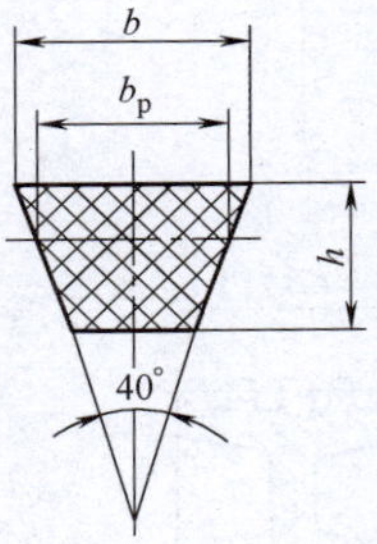	Y	5.3	6.0	4.0	0.02	
	Z	8.5	10.0	6.0	0.06	
	A	11.0	13.0	8.0	0.10	
	B	14.0	17.0	11.0	0.17	40
	C	19.0	22.0	14.0	0.30	
	D	27.0	32.0	19.0	0.62	
	E	32.0	38.0	23.0	0.90	

表 12-2 V 带传动的基准长度 L_d（摘自 GB/T 11544—2012） （单位：mm）

型号	L_d
Y	200,224,250,280,315,355,400,450,500
Z	406,475,530,625,700,780,920,1080,1330,1420,1540
A	630,700,790,890,990,1100,1250,1430,1550,1640,1750,1940,2050,2200,2300,2480,2700
B	930,1000,1100,1210,1370,1560,1760,1950,2180,2300,2500,2700,2870,3200,3600,4060,4430,4820,5370,6070
C	1565,1760,1950,2195,2420,2715,2880,3080,3520,4060,4600,5380,6100,6815,7600,9100,10700
D	2740,3100,3330,3730,4080,4620,5400,6100,6840,7620,9140,10700,12200,13700,15200
E	4660,5040,5420,6100,6850,7650,9150,12230,13750,15280,16800

（三） V 带的规定标记

V 带的标记形式为：

| 截型 | | 基准长度 | | 标准号 |

例如，截型为 A 型，基准长度 L_d = 1430mm 的普通 V 带，其标记为：A1430 GB/T 1171。

二、V 带轮的结构和尺寸

（一） V 带轮的结构[⊖]

V 带轮的常用结构形式如图 12-6 所示。其应用如下：

1）当 $d_d \leqslant (2.5\sim3)d$（$d_d$ 为带轮的基准直径，d 为带轮轮毂孔径，下同）时，宜采用实心式带轮，如图 12-6a 所示。

2）当 $3d < d_d < 300$mm 时，可采用孔板式带轮或辐板式带轮，如图 12-6b、c 所示。

3）当 $d_d > 300$mm 时，宜选用轮辐式带轮，如图 12-6d 所示。

如图 12-6 所示带轮轮缘宽度 B、轮毂孔径 d 及轮毂长度 L 的尺寸可根据结构设计来确定。

⊖ V 带轮的结构并非国家标准，为作者所推荐，供设计时参考。

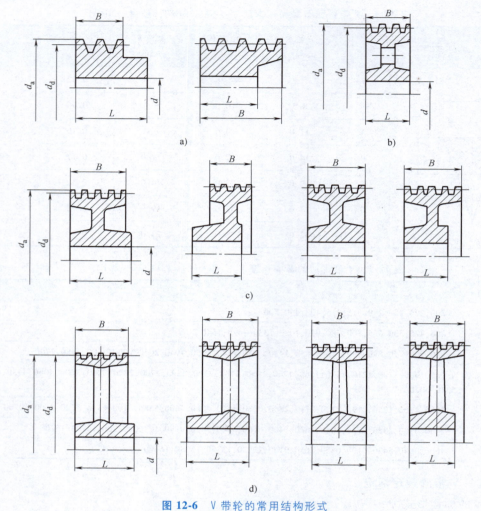

a) b)

c)

d)

图 12-6　V 带轮的常用结构形式

a）实心式带轮　b）孔板式带轮　c）辐板式带轮　d）轮辐式带轮

（二）V 带轮的尺寸

1. V 带轮的槽型尺寸

V 带轮的槽型尺寸可根据所配用的 V 带的型号由表 12-3 查取。需要说明的是：各种型号 V 带的楔角 α 均为 $40°$，而所配用的 V 带轮的槽角 ϕ 则随带的型号和带轮基准直径的不同而不同，且都小于 $40°$，这是考虑 V 带在绕过 V 带轮时，由于弯曲变形而导致楔角减小后，可与 V 带轮的槽角基本一致。

表 12-3　V 带轮的槽型尺寸（摘自 GB/T 10412—2002）　　　　　　（单位：mm）

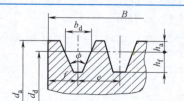

1. 外径 $d_a = d_d + 2h_a$

2. 轮缘宽 $B = (z-1)e + 2f$（z 为带的根数）

3. 轮毂孔径 d 和毂长 L 由结构要求自定

4. 槽顶圆角 $r_1 = 0.2 \sim 0.5$，槽底圆角 $r_2 = 0.5 \sim 2.0$

5. 槽角 ϕ 的极限偏差：Y、Z、A、B 型为 $\pm 1°$；C、D、E 型为 $\pm 30'$

（续）

槽型	b_d	h_{amin}	h_{fmin}	e	f_{min}	d_d 与 d_d 相对应的 ϕ, ±0.5°			
						$\phi=38°$	$\phi=36°$	$\phi=34°$	$\phi=32°$
Y	5.3	1.60	4.7	8±0.3	6	—	>60	—	≤60
Z	8.5	2.00	7.0	12±0.3	7	>80	—	≤80	—
A	11.0	2.75	8.7	15±0.3	9	>118	—	≤118	—
B	14.0	3.50	10.8	19±0.4	11.5	>190	—	≤190	—
C	19.0	4.80	14.3	25.5±0.5	16	>315	—	≤315	—
D	27.0	8.10	19.9	37±0.6	23	>475	≤475	—	—
E	32.0	9.60	23.4	44.5±0.7	28	>600	≤600	—	—

2. V 带轮的基准直径 d_d

V 带轮的基准直径的标准尺寸系列见表 12-4。

表 12-4　V 带轮的基准直径（摘自 GB/T 10412—2002）　　　　（单位：mm）

带型	基准直径 d_d 系列
Y	20,22.4,25,28,31.5,35.5,40,45,50,56,63,71,80,90,100,112,125
Z	50,56,63,71,75,80,90,100,112,125,132,140,150,160,180,200,224,250,280,315,355,400,500,630
A	75,80,85,90,95,100,106,112,118,125,132,140,150,160,180,200,224,250,280,315,355,400,450,500,560,630,710,800
B	125,132,140,150,160,170,180,200,224,250,280,315,355,400,450,500,560,600,630,710,750,800,900,1000,1120
C	200,212,224,236,250,265,280,300,315,335,355,400,450,500,560,600,630,710,750,800,900,1000,1120,1250,1400,1600,2000
D	355,375,400,425,450,475,500,560,600,630,710,750,800,900,1000,1060,1120,1250,1400,1500,1600,1800,2000
E	500,530,560,600,630,670,710,800,900,1000,1120,1250,1400,1500,1600,1800,1900,2000,2240,2500

3. V 带轮的技术要求

1）带轮的材料及质量要求。带轮可以由能够被加工成符合标准规定尺寸和公差，并能承受各种工作条件（包括温升、机械应力、摩擦等）而不损坏的材料制造。带轮材料应适于发散由传动产生的热量（容易散热）。一般要求时，推荐使用铸铁 HT150、HT200，较高要求时，可选用钢或适宜的合金。

2）表面粗糙度要求。V 带轮槽和带轮轴孔的表面粗糙度 Ra 为 3.2μm，带轮轮缘棱边的 Ra 为 6.3μm，带轮槽槽底的 Ra 为 12.5μm。

3）V 带轮轮槽的棱边应倒角或倒圆。

4）V 带轮的几何公差——圆跳动的要求见表 12-5。

5）带轮轴孔直径 d 公差带为 H7 或 H8，轮毂长度 L 的公差带为 H14。

6）带轮的平衡要求。带轮是做旋转运动的转子类零件，为了改善它的质量分布，以减少它在旋转时，由于不平衡力而引起的离心惯性力，影响带轮的正常工作，故带轮应进行平衡。带轮的平衡有静平衡和动平衡两种方式。设带轮的实际转速为 n，带轮的极限转速为 n_1，则当 $n \leqslant n_1$ 时，只需要进行静平衡；当 $n \geqslant n_1$ 时，应同时进行动平衡。

极限转速 n_1 由下列公式计算确定：

$$n_1 = \sqrt{1.58 \times 10^{11} / (Bd)} \tag{12-3}$$

式中 B——带轮轮缘宽度（mm）；

d——带轮基准直径（mm）。

动平衡可根据 GB/T 9239.1~2—2006 进行。

7）带轮表面粗糙度和几何公差要求见表 12-5。

表 12-5 带轮的表面粗糙度和几何公差

基准直径 d_d/mm	圆跳动 t/mm	表面粗糙度 Ra/μm		
20~100	0.20			
106~160	0.30			
170~250	0.40			
265~400	0.50	$X = 3.2$	$Y = 6.3$	$Z = 12.5$
425~630	0.60			
670~1000	0.80			
1060~1600	1.00			
1700~2500	1.20			

三、V 带传动的设计

如上所述，V 带是标准件，而 V 带轮的槽型等主要结构也已经标准化，并且要与所选用的 V 带匹配，只有带轮的轮毂部分需要自行设计。所以 V 带传动的设计属于选择设计。其具体的设计方法和步骤在国家标准 GB/T 13575.1—2022《普通和窄 V 带传动 第 1 部分：基准宽度制》中做了详细介绍，所以本书为了节省篇幅，不再介绍。

习   题

12-1 试比较下列概念：

（1）带的节宽与带轮的基准宽度

（2）带的楔角与带轮的槽角

12-2 V 带轮的槽角是否与 V 带的楔角相等？为什么？V 带轮的槽角根据什么来确定？

12-3 V 带和 V 带轮各有哪些国家标准的规定？

齿轮传动

第一节　齿轮传动的特点和分类

一、齿轮传动的特点

齿轮传动是机械传动中应用最为广泛的一种传动形式，它主要用来传递两轴间的回转运动，还可以实现回转运动和直线运动之间的转换。齿轮传动与其他形式的机械传动相比，其主要优点是：①能在空间任意两轴间传递运动和动力；②传动准确，能保证恒定的瞬时传动比；③适用的圆周速度和功率范围广（速度可达 300m/s，功率可达 1×10^5 kW）；④传动效率高；⑤工作可靠，使用寿命长；⑥结构紧凑，适合于近距离传动。其缺点是制造和安装精度要求高，因此成本较高，且不适用于远距离传动。

二、齿轮传动的分类

按齿轮的形状和两轴线间的相对位置，可做如图 13-1 所示的分类。

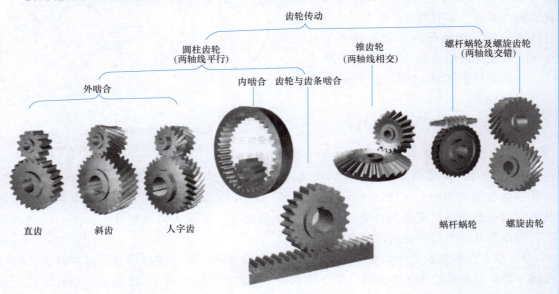

图 13-1　齿轮传动的分类

按齿轮轮齿的齿廓曲线形状可分为渐开线齿轮传动、摆线齿轮传动和圆弧齿轮传动。本章只讨论应用最广的渐开线齿轮传动。

按齿轮的工作条件可分为：

（1）开式齿轮传动　齿轮无箱无盖地暴露在外，故不能防尘且润滑不良，因而轮齿易于磨损，寿命短，只能用于低速或低精度的场合，如水泥搅拌机齿轮、卷扬机齿轮等。

（2）闭式齿轮传动　齿轮安装在密闭的箱体内，故密封条件好，且易于保证良好的润滑，使用寿命长，均用于较重要的场合，如机床主轴箱齿轮、汽车变速器齿轮、减速器齿轮等。

（3）半开式齿轮传动　介于开式齿轮和闭式齿轮传动之间，通常在齿轮的外面安装有简易的罩子，虽没有密封性，但也不致使齿轮暴露在外。如车床交换齿轮架上的交换齿轮等。

第二节　渐开线的形成及其性质

一对齿轮相互啮合传动时，其主动轮的角速度 ω_1 与从动轮的角速度 ω_2 之比称为这对齿轮的传动比，用 i 表示。对齿轮传动来说，最基本的要求之一是其传动比 i 应保持恒定不变，即 $i=\omega_1/\omega_2=$ 常数。否则当主动轮以匀角速度 ω_1 转动时，从动轮的角速度 ω_2 将会发生变化，引起惯性力，从而产生冲击、振动和噪声，影响齿轮的强度和传动精度。理论上能够实现恒定传动比的齿轮齿廓曲线是很多的，然而工程实际还要求齿轮轮齿的强度大、磨损小、加工和安装方便等。由于用渐开线作为齿廓曲线的齿轮（称为渐开线齿轮）能较好地满足上述要求，因此得到最广泛的应用。

如图 13-2a 所示，当一直线 NK 沿半径为 r_b 的圆做纯滚动时，此直线上的任意一点 K 的轨迹 AKD 曲线称为该圆的渐开线，该圆称为基圆，而直线 NK 称为发生线。渐开线齿轮轮齿两侧的齿廓就是由两条反向的渐开线线段所组成的，如图 13-2b 所示。

由渐开线的形成过程可以知道渐开线具有下列性质：

1）发生线在基圆上滚过的线段长度 $\overline{NK}$ 等于基圆上被滚过的弧长 $\overset{\frown}{NA}$，即 $\overline{NK}=\overset{\frown}{NA}$。

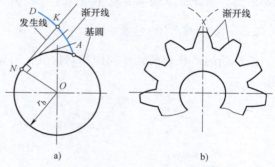

图 13-2　渐开线的形成及其性质
a）渐开线的形成及其性质
b）齿轮轮齿的齿廓曲线——两条反向的渐开线

2）发生线 NK 是渐开线上点 K 的法线，也是基圆的切线。发生线与基圆的切点 N 是渐开线在点 K 的曲率中心，线段 NK 为曲率半径。如图 13-2a 所示，渐开线上各点的曲率半径是不同的；渐开线在基圆上的始点 A 的曲率半径为零，由点 A 向外展开，曲率半径由小变大，因而渐开线由弯曲逐渐趋向平直。

3）渐开线的形状完全取决于基圆的大小：基圆越小，渐开线越弯曲；基圆越大，渐开线越平直；当基圆趋于无穷大时，渐开线成为一条斜直线，如图 13-3a 所示，渐开线齿轮就变成了渐开线齿条，如图 13-3b 所示。故具有直线齿廓的齿条是渐开线齿轮的一个特例。

4）渐开线上各点的压力角是不同的。渐开线上任一点 K 处的法向压力 F_n 的方向线与该点速度 v_K 的方向线之间所夹的锐角 α_K 称为渐开线上点 K 处的压力角，如图 13-4 所示。由图可知，在直角 $\triangle KON$ 中，$\angle KON$ 的两边与点 K 处压力角 α_K 的两边对应垂直，即 $\angle KON = \alpha_K$，故有

$$\cos\alpha_K = \frac{\overline{ON}}{\overline{OK}} = \frac{r_b}{r_K} \tag{13-1}$$

式（13-1）中，基圆半径 r_b 为一定值，所以渐开线上各点的压力角将随各点的向径 r_K 的不同而不同，在基圆上（$r_K = r_b$）的压力角为 $0°$，点 K 离基圆越远，r_K 越大，压力角 α_K 也越大。压力角的大小将直接影响一对齿轮的传力性能，所以它是齿轮传动中的一个重要参数。

5）基圆以内无渐开线。

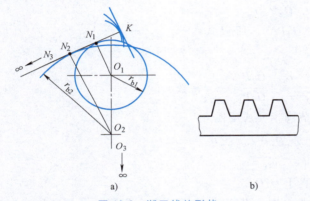

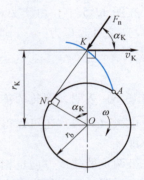

图 13-3　渐开线的形状

图 13-4　渐开线的压力角

a）渐开线的形状随基圆大小变化而变化　b）渐开线齿轮的特例——齿条

第三节　渐开线齿廓啮合的几个重要性质

一、具有恒定的瞬时传动比

图 13-5 所示为渐开线齿轮 1 和 2 的一对齿廓在任意点 K 相啮合的情况。根据渐开线的性质，过点 K 画齿廓的公法线 N_1N_2 必为两基圆的内公切线，设 N_1 和 N_2 为切点。图 13-5 中 v_1（KB）为轮 1 齿廓上点 K 的速度，垂直于 O_1K；v_2（KA）为轮 2 齿廓上点 K 的速度，垂直于 O_2K。由于两齿廓啮合时，既不分离，也不嵌入，故 v_1 与 v_2 在齿廓啮合点 K 的公法线 N_1N_2 上的分速度必相等，均为 v_n（KC）。又因为 $\angle BKC = \angle KO_1N_1 = \alpha_1$，$\angle AKC = \angle KO_2N_2 = \alpha_2$，故有

$$v_n = v_1\cos\alpha_1 = v_1 \frac{\overline{O_1N_1}}{\overline{O_1K}} = r_{b1}\omega_1 \tag{a}$$

$$v_n = v_2\cos\alpha_2 = v_2 \frac{\overline{O_2N_2}}{\overline{O_2K}} = r_{b2}\omega_2 \tag{b}$$

即
$$r_{b1}\omega_1 = r_{b2}\omega_2 = v_n \tag{c}$$

因此可得
$$i = \frac{\omega_1}{\omega_2} = \frac{r_{b2}}{r_{b1}} = 常数 \tag{13-2}$$

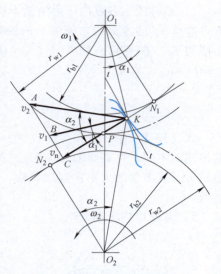

由于两轮的基圆半径 r_{b1} 和 r_{b2} 均为定值，所以式 (13-2) 表明，一对渐开线齿轮的齿廓在任意点啮合时，其传动比为一常数，且与两轮基圆半径成反比，这是渐开线齿轮传动的一大优点。

在图 13-5 中，设两轮齿廓在任意啮合点 K 的公法线 N_1N_2 与两轮连心线 O_1O_2 的交点为 P，则点 P 称为节点。分别以两轮的轴心 O_1 和 O_2 为圆心，O_1P 和 O_2P 为半径所画的圆称为节圆。节圆的半径（或直径）用 r_w（或 d_w）表示。因此有 $\overline{O_1P} = r_{w1}$，$\overline{O_2P} = r_{w2}$。

在图 13-5 中，由于 $\triangle O_1PN_1 \backsim \triangle O_2PN_2$，所以式 (13-2) 又可改写为

图 13-5 一对渐开线齿廓啮合

$$i = \frac{\omega_1}{\omega_2} = \frac{r_{b2}}{r_{b1}} = \frac{\overline{O_2P}}{\overline{O_1P}} = \frac{r_{w2}}{r_{w1}} = 常数 \tag{13-3}$$

式 (13-3) 表明，两轮的传动比也与节圆半径成反比。

由式 (13-3) 还可以得到
$$\omega_1\overline{O_1P} = \omega_2\overline{O_2P}$$
即
$$v_{1P} = v_{2P}$$

且两点的速度方向也相同，均垂直于 O_1O_2。

这说明，两齿轮齿廓在节点 P 处啮合时，节点 P 处具有完全相同的圆周速度，所以一对齿轮的传动相当于两节圆（柱）相切做纯滚动。

二、啮合线为一直线，啮合角为一常数

一对齿轮传动时，其齿廓啮合点的轨迹 K—P—K' 称为啮合线，如图 13-6 所示。对于渐开线齿轮来说，不论齿廓在哪一点啮合，过啮合点齿廓的公法线总是同时与两轮的基圆相切（根据渐开线的性质 2），即为两基圆的内公切线 N_1N_2。这说明一对渐开线齿轮在啮合传动过程中，其啮合点始终落在直线 N_1N_2 上，即啮合线是一条直线。

啮合线 N_1N_2 与两节圆的公切线 tt 之间的夹角称为两齿轮的啮合角。当两轮的位置（中心距）一定时，N_1N_2 和 tt 线的位置也一定，即啮合角为一常数，并用 α_w 表示。

综上所述，N_1N_2 线同时有四种含义，即：

1）两基圆的内公切线。

2）啮合点 K 的轨迹线——（理论）啮合线。

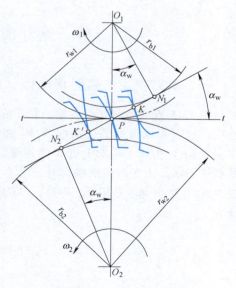

图 13-6 渐开线齿廓啮合时，啮合线为直线，啮合角为常数

3）两轮齿廓啮合点 K 的公法线。

4）在两齿廓之间不计摩擦时力的作用线。

由上面的"四线合一"可以知道，当一对渐开线齿轮传递的功率一定时，在传动过程中，主、从动轮的齿廓上所受的法向压力的大小和方向始终保持不变，这为齿轮的平稳传动、受力分析和计算以及强度设计等均带来了极大的方便，是渐开线齿轮传动又一突出的优点。

三、中心距可分性

如上所述，一对渐开线齿轮的传动比与两轮基圆半径（或节圆半径）成反比，且为常数。因此，由于制造误差、安装误差或轴承磨损等原因，造成实际中心距（两轮轴心 O_1、O_2 之间的距离）与设计的理论中心距有变动时，其传动比仍将保持不变（虽然两轮的节圆半径相应变化，但其比值不变），渐开线齿轮传动的这一性质称为中心距可分性。这是渐开线齿轮传动所独有的优点，它给齿轮的制造和安装等带来了很大的方便。

四、齿廓间具有相对滑动

如上所述，在图 13-5 中，两齿廓上点 K 的速度 v_1 和 v_2 在过点 K 的公法线 N_1N_2 上的分速度 v_n 是相等的，但在过点 K 的齿廓的公切线 tt 方向上的分速度 v_t 并不相等（显然，图 13-5 中 $v_{2t} > v_{1t}$）。因此，在传动时，两齿廓间将产生沿 tt 方向的相对滑动。滑动速度的大小与啮合点到节点之间的距离有关，在节点处啮合时，滑动速度为零。啮合点距节点越远，齿廓间的相对滑动速度越大，齿廓磨损也越严重，以致影响传动的精度和轮齿的强度。因此通常对齿轮的轮齿工作面进行高频表面淬火等热处理，以提高其硬度和耐磨性，并采用闭式齿轮传动，给予良好的润滑以减轻摩擦和磨损。

第四节　渐开线标准直齿圆柱齿轮的基本参数和几何尺寸

一、齿轮各部分的名称及代号

齿轮各部分的名称及代号如图 13-7 所示。

（1）齿顶圆　齿顶所在的圆，其直径用 d_a 表示。

（2）齿根圆　齿槽底所在的圆，其直径用 d_f 表示。

（3）分度圆　具有标准模数和标准压力角的圆（详见后述）。它介于齿顶圆和齿根圆之间，把轮齿分为齿顶和齿根两部分，并在该圆上进行均匀分齿（分度）。其直径用 d 表示。

（4）基圆　生成渐开线的圆，其直径用 d_b 表示。

以上四种圆的半径分别用 r_a、r_f、r 和 r_b 表示。

（5）齿顶高　齿顶圆与分度圆之间的径向距离，用 h_a 表示。

（6）齿根高　齿根圆与分度圆之间的径向距离，用 h_f 表示。

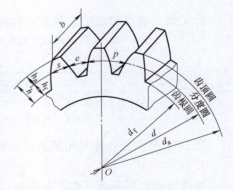

图 13-7　齿轮各部分的名称及代号

（7）（全）齿高　齿顶圆与齿根圆之间的径向距离，用 h 表示。显然有

$$h = h_a + h_f \qquad (13\text{-}4)$$

（8）齿厚　一个齿的两侧齿廓之间的分度圆弧长，用 s 表示。

（9）槽宽　一个齿槽的两侧齿廓之间的分度圆弧长，用 e 表示。

（10）齿距　相邻两齿的同侧齿廓之间的分度圆弧长，用 p 表示。显然有

$$p = s + e \qquad (13\text{-}5)$$

（11）齿宽　齿轮轮齿的宽度（沿齿轮轴线方向度量），用 b 表示。

二、直齿圆柱齿轮的基本参数

1. 齿数 z

齿数应为整数。

2. 模数 m

显然，齿轮的承载能力（强度）主要取决于其轮齿的大小，而齿轮轮齿的大小可以用齿厚 s 或齿距 p 来衡量。若设分度圆周长为 C，则

$$C = pz = \pi d \qquad (a)$$

因此有

$$p = \pi \frac{d}{z} \qquad (b)$$

可见齿距 p（或齿厚 s）是一个含有"π"因子的无理数，不便于定量反映轮齿的大小，为此，可以令

$$m = \frac{p}{\pi} = \frac{d}{z} \qquad (13\text{-}6)$$

则比值 m 就是一个有理数，称为齿轮的模数，其单位为 mm。由此可见，模数 m 是人为定义用来间接反映齿轮轮齿大小的一个重要参数。

由式（13-6）又可得

$$d = mz \qquad (13\text{-}7)$$

为了便于齿轮的设计、制造和检验等，模数已经标准化，见表 13-1。

表 13-1　通用机械和重型机械用圆柱齿轮模数 m（摘自 GB/T 1357—2008）

（单位：mm）

1,1.25,1.5,2,2.5,3,4,5,6,8,10,12,16,20,25,32,40,50

注：1. 本标准适用于渐开线圆柱齿轮，对于斜齿轮是指法向模数 m_n。

2. 表中只列入应优先采用的第一系列模数值。

图 13-8 所示为几种常用模数的齿轮轮齿大小的比较。

3. 压力角 α

如前所述，同一渐开线上各点的压力角是不相等的。我国国家标准规定：在分度圆上的压力角为 20°，称为标准压力角。实质上就是定义通过渐开线上压力角为 20°处的圆为分度圆，如图 13-9 所示，分度圆与基圆之间有如下的定量关系

$$d_b = d\cos\alpha = mz\cos\alpha = mz\cos20° \qquad (13\text{-}8)$$

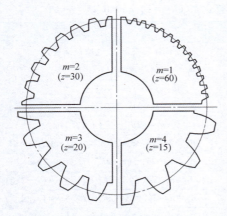

图 13-8　几种常用模数的齿轮轮齿大小的比较

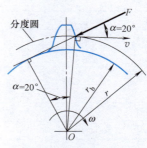

图 13-9　标准压力角

因此，渐开线的形状取决于基圆，也可以说取决于齿轮的标准模数、齿数和标准压力角。

分度圆除了具有标准压力角外，还必须具有标准模数，即分度圆直径必须满足公式 $d=mz$，且式中模数 m 为标准值［相应基圆直径必须满足式（13-8）］。这样 $\pi d=\pi mz=pz$，分度圆周长才能被标准模数所对应的齿距 p 正好分成 z 等份。因此分度圆是具有标准模数和标准压力角的圆。

4. 齿顶高系数 h_a^* 和顶隙系数 c^*

齿轮各部分的几何尺寸一般均以模数 m 作为基本参数进行计算，如 $d=mz$，$p=m\pi$ 等，对于齿高也不例外，取

$$h_a=h_a^* m \tag{13-9}$$

$$h_f=(h_a^*+c^*)m \tag{13-10}$$

$$h=h_a+h_f=(2h_a^*+c^*)m \tag{13-11}$$

式中　h_a^*——齿顶高系数；

c^*——顶隙系数，它们也都已标准化，标准规定对于正常齿 $h_a^*=1$，$c^*=0.25$；短齿 $h_a^*=0.8$，$c^*=0.3$。其中，$c=c^* m$，称为顶隙，这是为了避免一对齿轮啮合传动时，一个齿轮的齿顶与另一个齿轮的齿槽底部发生干涉（顶死）以及为了贮存润滑油而必须保证的间隙。

综上所述，可以引入标准齿轮概念：模数、压力角、齿顶高系数和顶隙系数均为标准值的齿轮称为标准齿轮。标准齿轮的主要特征之一是分度圆上的齿厚 s 与槽宽 e 相等。故有

$$p=s+e=2s=2e \text{ 或 } s=e=p/2 \tag{13-12}$$

三、标准直齿圆柱齿轮的几何尺寸

根据上述五个基本参数（m、z、α、h_a^*、c^*）就可以计算出标准直齿圆柱齿轮各部分的几何尺寸。表 13-2 列出了外啮合标准直齿圆柱齿轮的尺寸计算公式，对于内齿轮和齿条的尺寸计算公式请读者自行分析得出。

表 13-2　外啮合标准直齿圆柱齿轮的尺寸计算公式 （$h_a^* = 1$，$c^* = 0.25$，$\alpha = 20°$）

名称	代号	公式
模数	m	强度计算后获得，并选取标准模数
分度圆直径	d	$d_1 = mz_1$；$d_2 = mz_2$
齿顶高	h_a	$h_a = h_a^* m = m$
齿根高	h_f	$h_f = (h_a^* + c^*) m = 1.25m$
全齿高	h	$h = h_a + h_f = (2h_a^* + c^*) m = 2.25m$
齿顶圆直径	d_a	$d_{a1} = d_1 + 2h_a = (z_1 + 2h_a^*) m = (z_1 + 2) m$
		$d_{a2} = d_2 + 2h_a = (z_2 + 2h_a^*) m = (z_2 + 2) m$
齿根圆直径	d_f	$d_{f1} = d_1 - 2h_f = (z_1 - 2h_a^* - 2c^*) m = (z_1 - 2.5) m$
		$d_{f2} = d_2 - 2h_f = (z_2 - 2h_a^* - 2c^*) m = (z_2 - 2.5) m$
基圆直径	d_b	$d_{b1} = d_1 \cos\alpha$；$d_{b2} = d_2 \cos\alpha$
齿距	p	$p = \pi m$
齿厚	s	$s = p/2 = \pi m/2$
槽宽	e	$e = p/2 = \pi m/2$
中心距	a	$a = \dfrac{d_1 + d_2}{2} = \dfrac{m}{2}(z_1 + z_2)$

　　一对模数和压力角分别相等的标准齿轮安装时，若使两轮的分度圆相切，即节圆与分度圆重合，则称为标准安装，如图13-10 所示。

　　显然，在标准安装条件下，两轮间的顶隙均为

$$c = h_f - h_a = (h_a^* + c^*) m - h_a^* m$$
$$= c^* m \qquad (13-13)$$

两轮间的中心距为

$$a = \frac{1}{2}(d_1 + d_2) = \frac{1}{2}m(z_1 + z_2)$$

$$(13-14)$$

分别称为标准顶隙和标准中心距。

　　需要指出，分度圆和压力角是对单个齿轮而言的，而节圆和啮合角是对一对齿轮啮合传动时而言的。所以分度圆与节圆、压力角和啮合角分别为两个不同的概念，不能混淆。但当一对标准齿轮标准安装时，其分度圆与节圆重合，即 $d = d_w$，啮合角等于压力角，即 $\alpha_w = \alpha$。

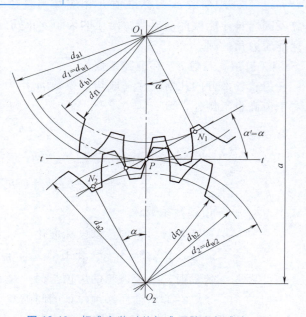

图 13-10　标准安装时的标准顶隙和标准中心距

第五节　渐开线直齿圆柱齿轮的啮合传动

　　要使一对渐开线直齿圆柱齿轮能够正确、连续地啮合传动，必须满足下列两方面的条件。

一、正确啮合条件

设 m_1、m_2 和 α_1、α_2 分别为两齿轮的模数和压力角，则一对渐开线直齿圆柱齿轮的正确啮合条件是

$$m_1 = m_2 = m$$

$$\alpha_1 = \alpha_2 = \alpha \tag{13-15}$$

即两轮的模数和压力角必须分别相等。（证明从略）

于是，一对渐开线直齿圆柱齿轮的传动比又可表达为

$$i = \frac{\omega_1}{\omega_2} = \frac{n_1}{n_2} = \frac{d_{b2}}{d_{b1}} = \frac{d_{w2}}{d_{w1}} = \frac{d_2\cos\alpha}{d_1\cos\alpha} = \frac{d_2}{d_1} = \frac{mz_2}{mz_1} = \frac{z_2}{z_1} \tag{13-16}$$

即其传动比不仅与两轮的基圆、节圆、分度圆直径成反比，也与两轮的齿数成反比。

二、连续传动条件

为了保证一对渐开线齿轮能够连续传动，前一对啮合轮齿在脱开啮合之前（之时），后一对轮齿必须进入啮合，即同时啮合的轮齿对数必须有一对或一对以上。传动的连续性可用重合度 ε 定量反映，它表示一对齿轮在啮合过程中，同时参与啮合的轮齿的平均对数。因此，连续传动条件为：重合度必须大于或等于1，即

$$\varepsilon \geqslant 1 \tag{13-17}$$

对于一对标准直齿圆柱齿轮啮合传动，可以证明 $1 < \varepsilon < 2$，一般在 1.4～1.6 之间，总能满足上述要求（ε 的定量计算公式从略）。

第六节 标准直齿圆柱齿轮的受力分析

为了对齿轮（以及轴和轴承）等零（部）件进行设计计算，首先必须对齿轮进行受力分析，求出其所受到的作用力。如图 13-11 所示是标准安装下的一对标准直齿圆柱齿轮在节点 P 啮合时主动轮1的受力情况，当摩擦力忽略不计时，主动轮上所受的法向力 F_{n1} 垂直于齿面，并可分解为圆周力 F_{t1} 和径向力 F_{r1}。因此有

$$\begin{cases} F_{t1} = \dfrac{2M_1}{d_1} \\[2mm] F_{r1} = F_{t1}\tan\alpha \\[2mm] F_{n1} = F_{t1}/\cos\alpha \end{cases} \tag{13-18}$$

式中　M_1——主动小齿轮所传递的转矩（N·mm）；

　　　d_1——主动小齿轮的分度圆直径（mm）；

　　　α ——分度圆压力角，$\alpha = 20°$。

显然，从动大齿轮上所受的力与此大小相等、

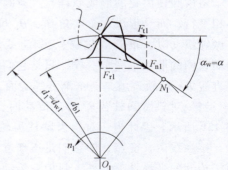

图 13-11　直齿圆柱齿轮的受力分析

方向相反。

因此，两轮所受各力的方向可归纳为：主动轮上的圆周力与其圆周速度方向相反，从动轮上的圆周力与其圆周速度方向相同；两轮的径向力分别指向各自的轮心。

第七节　斜齿圆柱齿轮传动

一、斜齿圆柱齿轮的形成原理

在前面讨论直齿圆柱齿轮形成原理时，我们仅以齿轮端面加以说明，这是因为在同一瞬时，所有与端面平行平面内的情况完全相同。当考虑实际齿轮的宽度时，则基圆就成了基圆柱，发生线成了发生面，发生线与基圆的切点 N 就成了发生面与基圆柱的切线 NN'，发生线上的点 K 就成了发生面上的直线 KK'，且 $KK'/\!/NN'$，如图 13-12a 所示。因此当发生面沿基圆柱做纯滚动时，直线 KK' 的运动轨迹就是一个渐开面，这就是直齿圆柱齿轮的齿面。

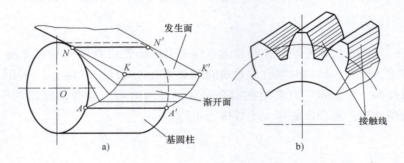

图 13-12　直齿圆柱齿轮的形成原理和瞬时接触线
a）直齿圆柱齿轮齿廓曲面的形成原理　b）直齿圆柱齿轮传动时的接触线

当一对直齿圆柱齿轮啮合传动时，两轮齿廓曲面的瞬时接触线是与轴线平行的直线，如图 13-12b 所示。所以在啮合过程中，一对轮齿沿着整个齿宽同时进入啮合或退出啮合，因而轮齿上的载荷是突然加上或卸掉的；同时直齿圆柱齿轮传动的重合度较小，每对轮齿的负荷就大，所以它们的传动不够平稳，容易产生冲击、振动和噪声，为了克服上述缺点，改善啮合性能，常采用斜齿圆柱齿轮（简称斜齿轮）。

斜齿圆柱齿轮的形成原理与直齿圆柱齿轮相似，所不同的是发生面上的直线 KK' 与 NN' 不相平行，而是形成一个夹角 β_b，β_b 称为基圆螺旋角，如图 13-13a 所示。当发生面沿基圆柱做纯滚动时（展开或包绕），斜直线 KK' 上任一点的轨迹都是大小相同的基圆的渐开线，因而它们的形状也完全一样，只是它们的起点各不相同，各起点的连线就是螺旋线 AA'，而斜直线 KK' 的轨迹就是一个渐开螺旋面，这就是斜齿圆柱齿轮的齿廓曲面。

当一对斜齿圆柱齿轮啮合传动时，两轮齿廓曲面的瞬时接触线是一条斜直线，如图 13-13b 所示。因此当一对斜齿圆柱齿轮的轮齿进入啮合时，接触线由短变长，而退出啮合时，接触线由长变短，即它们是逐渐进入和退出啮合的，从而减少了冲击、振动和噪声，提高了传动的平稳性。此外，斜齿轮传动的总接触线长、重合度大，从而进一步提高了承载能力，因此被广泛应用于高速、重载的传动中。斜齿轮传动的缺点是：在传动时会产生一个轴

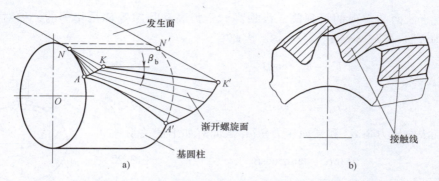

图 13-13 斜齿圆柱齿轮的形成原理和瞬时接触线

a）斜齿圆柱齿轮的形成原理　b）斜齿圆柱齿轮传动时的接触线

向分力，提高了对支承设计的要求，因此在矿山、冶金等重型机械中，又进一步采用了轴向力可以互相抵消的人字齿轮。此外斜齿轮的加工制造没有直齿轮来得容易，用斜齿轮来实现变速要求也没有直齿轮来得方便。

二、斜齿圆柱齿轮的基本参数

1. 螺旋角

图 13-14 所示为斜齿轮的分度圆柱及其展开图。图 13-14 中螺旋线展开所得的斜直线与轴线之间的夹角 β 称为分度圆柱面上的螺旋角，简称螺旋角。它是斜齿轮的一个重要参数，可定量反映其轮齿的倾斜程度。螺旋角太小，不能充分体现斜齿轮传动的优点，而螺旋角太大，则轴向力太大，将给支承设计带来不利和困难，为此一般取 $\beta = 8° \sim 20°$。

斜齿轮轮齿的旋向可分为右旋和左旋两种，当斜齿轮的轴线垂直放置时，其螺旋线右高左低为右旋，如图 13-14 所示；反之为左旋。

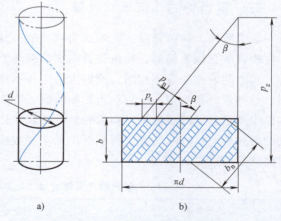

a) b)

图 13-14 斜齿圆柱齿轮的螺旋角 β

2. 其他基本参数

除螺旋角 β 外，斜齿轮与直齿轮一样，也有模数、齿数、压力角、齿顶高系数和顶隙系数 5 个基本参数。但由于有了螺旋角，斜齿轮的各参数均有端面和法面[⊖]之分，并分别使用下标 t 和 n 区别。且两者之间均有一定的对应关系。

由图 13-14 可知

$$p_n = p_t \cos\beta \tag{13-19a}$$

上式两边同时除以 π，得

$$m_n = m_t \cos\beta \tag{13-19b}$$

⊖　在圆柱齿轮上，垂直于齿轮轴线的平面称为端（平）面，而垂直于轮齿齿线的平面称为法（平）面。

同时由于法面和端面的齿顶高、齿根高、全齿高和顶隙等都是相等的，如对齿顶高有 $h_{an}=h_{at}$，即 $h_{an}^*m_n=h_{at}^*m_t=h_{at}^*m_n/\cos\beta$，因此有

$$h_{an}^*=h_{at}^*/\cos\beta \qquad (13\text{-}20)$$

同理可得

$$c_n^*=c_t^*/\cos\beta \qquad (13\text{-}21)$$

此外，法向压力角 α_n 和端面压力角 α_t 之间有如下的关系

$$\tan\alpha_n=\tan\alpha_t\cos\beta \qquad (13\text{-}22)$$

式（13-22）证明从略。

需要特别说明的是，加工斜齿轮时，刀具是沿着齿槽方向，即垂直于法向方向切入的，如图 13-15 所示，并且使用与加工直齿轮时完全相同的刀具，所以斜齿轮的法向参数与刀具一致，均为标准值，即 $\alpha_n=\alpha_{刀}=20°$，m_n 为符合表 13-1 中的标准模数系列，$h_{an}^*=1$，$c_n^*=0.25$。

综上所述：直齿圆柱齿轮只是螺旋角 $\beta=0°$ 的斜齿圆柱齿轮的一个特例。其法向和端面重合，法向参数和端面参数完全相同。由上述各式中，$\cos\beta=\cos0°=1$，也可以得到同样的结论。

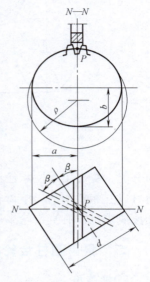

图 13-15　成形法加工斜齿轮示意图

三、斜齿轮的几何尺寸计算

如上所述，斜齿轮以法向参数为标准值，然而由于法向倾斜于齿轮轴线，所以它与分度圆柱相截的交线为椭圆，轮齿就分布在该椭圆上；同时法向只与选定的齿垂直，而与其他轮齿方向之间的夹角各不相同，所以齿形也各不相同。然而在端面内各轮齿的大小、形状均相同，且各齿分布均匀，所以斜齿轮的齿数 z 是对端面而言的，同时分度圆等几何尺寸也是在端面中度量的。这就是说，斜齿轮的几何尺寸计算必须在端面中进行，且与直齿轮的计算公式的形式相同；同时又必须将端面的基本参数换算为法向的标准参数。斜齿轮的主要几何尺寸的计算公式见表 13-3。

表 13-3　斜齿圆柱齿轮的尺寸计算公式（正常齿外啮合标准齿轮）

各部分名称	代号	公式
法向模数	m_n	由强度计算得到，并取标准值
分度圆直径	d	$d=m_t z=\dfrac{m_n z}{\cos\beta}$
齿顶高	h_a	$h_a=h_{an}^* m_n=m_n$
齿根高	h_f	$h_f=(h_{an}^*+c_n^*)m_n=1.25m_n$
全齿高	h	$h=h_a+h_f=2.25m_n$
齿顶圆直径	d_a	$d_a=d+2h_a=d+2m_n$
齿根圆直径	d_f	$d_f=d-2h_f=d-2.5m_n$
中心距	a	$a=\dfrac{d_1+d_2}{2}=\dfrac{m_t(z_1+z_2)}{2}=\dfrac{m_n(z_1+z_2)}{2\cos\beta}$

四、一对斜齿轮的正确啮合条件

一对斜齿轮的正确啮合条件，除了两轮的法向模数和法向压力角必须分别相等外，两轮分度圆上的螺旋角 β_1 和 β_2 必须大小相等、方向相反，称为合槽条件（图13-16），即

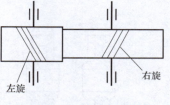

图 13-16 一对斜齿轮传动时的合槽条件

$$\beta_1 = -\beta_2 \qquad (13-23)$$

第八节　圆柱齿轮的规定画法

齿轮的齿廓曲线是渐开线，所以要按真实投影画出齿轮是非常困难的，为此国家标准 GB/T 4459.2—2003《机械制图　齿轮表示法》中规定了机械图样中齿轮的画法。

1. 单个齿轮的画法

1）齿顶圆和齿顶线用粗实线绘制，如图13-17a 所示。

2）分度圆和分度线用细点画线绘制。

3）齿根圆和齿根线用细实线绘制，也可省略不画。

4）在剖视图中，当剖切平面通过齿轮的轴线时，轮齿一律按不剖绘制。此时齿根线应用粗实线绘制，如图13-17b、c 所示。

5）当需要表示齿线的形状时，可用三条与齿线方向一致的细实线表示，如图13-17c 所示。直齿则不需要表示，如图13-17a、b 所示。

6）表示齿轮一般用两个视图，如图13-17a、b 所示；或者用一个视图和一个局部视图，如图13-17c 所示。

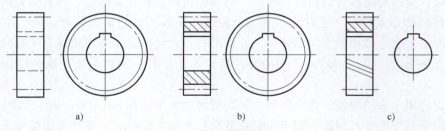

a)　　　　　　　　　　　　b)　　　　　　　　　　　　c)

图 13-17　单个圆柱齿轮的画法

至于齿轮轮齿以外的轮毂、轮辐和轮缘等部分的结构仍应按真实投影画出。

2. 一对圆柱齿轮的啮合画法

1）在投影为非圆的视图上，一般画成剖视图（剖切平面通过两啮合齿轮的轴线）。在啮合区两齿轮的分度线重合为一条线，画成细点画线；两齿轮的齿根线均画成粗实线；一个齿轮的齿顶线画成粗实线，另一个齿轮的齿顶线及其轮齿被遮挡部分的投影均画成细虚线，如图13-18a 所示。也可省略不画，如图13-18b 所示。当投影为非圆的视图画成外形视图时，啮合区内只需画出一条分度线，并要改用粗实线表示，如图13-18c 所示。而在图13-18a、b、c 中，非啮合区的画法仍与单个齿轮的画法相同。

2）在投影为圆的视图（端视图）中，与单个齿轮的画法相同。只是表示两个齿轮分度

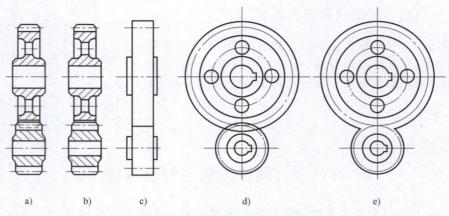

图 13-18　一对圆柱齿轮的啮合画法

圆的细点画线圆应画成相切，如图 13-18d、e 所示。同时啮合区内齿顶圆均用粗实线绘制，如图 13-18d 所示；也可以省略不画，如图 13-18e 所示。

需要注意的是，一对齿轮啮合时，两轮的分度圆相切，分度线重合，且齿轮的齿顶高为 m，而齿轮的齿根高为 $1.25m$，所以一轮的齿顶线（或齿顶圆）与另一轮的齿根线（或齿根圆）之间有 $0.25m$ 的径向间隙。

第九节　圆柱齿轮的结构设计

通过以上对齿轮传动的全面介绍，已经确定了齿轮的主要参数，如模数、齿数、压力角（为 20°）、螺旋角等，以及齿轮的主要几何尺寸，如分度圆直径、齿顶圆直径、齿宽等。而齿轮的轮缘、轮辐和轮毂等结构形式和尺寸则需要由结构设计来确定。通常齿轮的结构形式与 V 带轮的结构形式相似，也有实心式、辐板式、孔板式和轮辐式几种，同时也是根据各自的直径大小来选定结构形式。而结构尺寸则可自行设计确定，也可根据有关经验公式或采用类比的方法确定。与 V 带轮所不同的是，齿轮结构还有一种称为齿轮轴的结构形式，特介绍如下。

对于直径很小的钢齿轮，当齿根圆与轴孔键槽底部的距离 $x \leqslant 2.5m_n$ 时，如图 13-19a 所示，如果把轴和齿轮分开制造，则当齿轮在载荷作用下工作时，在该处常因强度不够而首先破坏。为此应将齿轮和轴制成一体，称为齿轮轴，如图 13-19b 所示。由于齿轮轴的工艺性差，选材时又难以兼顾齿轮和轴的不同要求，且齿轮损坏时整个齿轮轴将报废，因此当 $x > 2.5m_n$ 时，则应将齿轮与轴分开制造，再用键、销等联接。

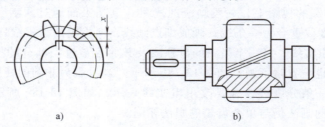

图 13-19　齿轮轴

第十节　圆柱齿轮的零件图

圆柱齿轮零件图一般应有如下内容：

1）必要的视图以反映齿轮的结构形状。

2）标注一般尺寸数据（GB/T 6443—1986）：齿顶圆直径及其公差、分度圆直径、齿宽、孔（轴）径及其公差、定位面及其要求、齿轮表面粗糙度等。

3）需要用表格列出的数据：法向模数、齿数、压力角、螺旋角及其旋向（对斜齿轮）、径向变位系数（对变位齿轮）、齿厚及其上、下极限偏差，精度等级、齿轮副中心距及其极限偏差、配对齿轮的图号及其齿数、检验项目代号及其公差（或极限偏差）值以及其他一切在齿轮加工和测量时所必需的数据。

4）给出必要的技术要求。

如图 13-20 所示就是圆柱齿轮的零件图示例。

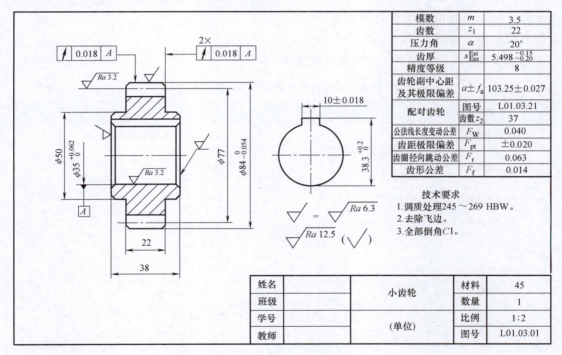

图 13-20　圆柱齿轮零件图

第十一节　直齿锥齿轮传动

锥齿轮用于相交两轴之间的传动，其轮齿有直齿、斜齿和曲齿三种类型。本节只讨论最常用的两轴垂直相交（轴交角 $\Sigma = 90°$）的标准直齿锥齿轮传动，如图 13-21 所示（图 13-1）。

一、基本参数和几何尺寸计算

和直齿圆柱齿轮相似，直齿锥齿轮有齿顶圆锥、分度圆锥和齿根圆锥，且三者相交于一

点 O，称为锥顶。因此就形成了其轮齿一端大、另一端小，向着锥顶方向逐渐收缩的情况，称为收缩齿。即轮齿在齿宽 b 的全长上，其齿厚、齿高和模数均不相同，向着锥顶方向收缩变小。为了便于尺寸计算和测量，通常规定以大端模数为标准模数（标准模数系列见 GB/T 12368—1990），所以锥齿轮的分度圆直径、齿顶圆直径和齿高尺寸等也都是指大端的端面尺寸。

一对模数 m 为标准值，压力角 $\alpha =$ 20°，齿顶高系数 $h_a^* = 1$，顶隙系数 $c^* = 0.2$ 的标准直齿锥齿轮，在标准安装下传动时，两轮的锥顶重合为一点，分度圆锥相切，如图 13-21 所示。

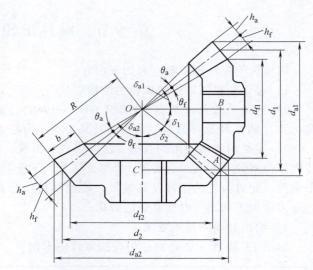

图 13-21　锥齿轮传动

标准直齿锥齿轮各部分尺寸计算公式见表 13-4。

表 13-4　标准直齿锥齿轮各部分尺寸计算公式（$\Sigma = 90°$）

各部分名称	代号	公式
模数	m	取大端模数 m 为标准模数
分度圆锥角	δ	$\tan\delta_1 = \dfrac{z_1}{z_2}$；$\tan\delta_2 = \dfrac{z_2}{z_1}$
轴交角	Σ	$\Sigma = \delta_1 + \delta_2 = 90°$
齿顶高	h_a	$h_a = m$
齿根高	h_f	$h_f = 1.2m$
全齿高	h	$h = h_a + h_f = 2.2m$
分度圆直径	d	$d_1 = mz_1$；$d_2 = mz_2$
齿顶圆直径	d_a	$d_{a1} = d_1 + 2m\cos\delta_1 = m(z_1 + 2\cos\delta_1)$ $d_{a2} = d_2 + 2m\cos\delta_2 = m(z_2 + 2\cos\delta_2)$
齿根圆直径	d_f	$d_{f1} = d_1 - 2.4m\cos\delta_1 = m(z_1 - 2.4\cos\delta_1)$ $d_{f2} = d_2 - 2.4m\cos\delta_2 = m(z_2 - 2.4\cos\delta_2)$
锥距	R	$R = \sqrt{\left(\dfrac{d_1}{2}\right)^2 + \left(\dfrac{d_2}{2}\right)^2}$
齿宽	b	$b = \psi_R R = R/3$（一般取齿宽系数 $\psi_R = 1/3$）
中点分度圆直径	d_m	$d_{m1} = (1 - 0.5\psi_R)d_1$；$d_{m2} = (1 - 0.5\psi_R)d_2$
传动比	i	$i = \dfrac{n_1}{n_2} = \dfrac{d_2}{d_1} = \dfrac{z_2}{z_1} = \cot\delta_1 = \tan\delta_2$

二、锥齿轮的结构

锥齿轮的结构与圆柱齿轮结构相仿；设锥齿轮的小端齿根圆直径与轴孔直径之间的距离为 x，如图 13-22a 所示，则当 $x < 1.6m$ 时，应采用齿轮轴结构，如图 13-22b 所示。此外，随着齿顶圆直径的增大，依次有实心式、辐板式、孔板式和肋辐式结构等，其具体的结构尺寸可自行设计确定，也可采用经验公式计算或用类比法确定。

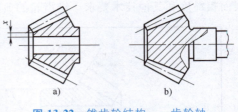

图 13-22　锥齿轮结构——齿轮轴

三、锥齿轮的画法

1. 单个锥齿轮画法

锥齿轮一般均以通过其轴线剖切的剖视图作为主视图，画法与圆柱齿轮相仿，如图 13-23 所示。在投影为圆的视图上，轮齿部分只需要画出大端齿顶圆、分度圆和小端齿顶圆。

2. 一对锥齿轮的啮合画法

锥齿轮的啮合画法也与圆柱齿轮啮合画法基本相同，如图 13-24 所示。

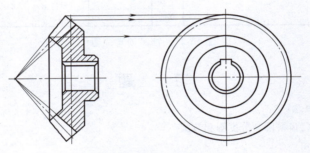

图 13-23　单个锥齿轮画法

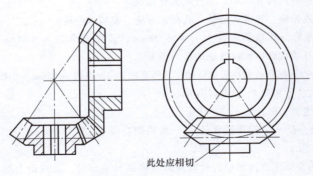

此处应相切

图 13-24　锥齿轮的啮合画法

四、直齿锥齿轮零件图

锥齿轮零件图与圆柱齿轮相似，除必要的视图用来表示其结构形状外，还应标注齿顶圆直径及其公差、齿宽等一般尺寸数据，且需要用表格列出模数、齿数、压力角等数据和参数以及表面粗糙度和其他技术要求。锥齿轮的典型零件图如图 13-25 所示。

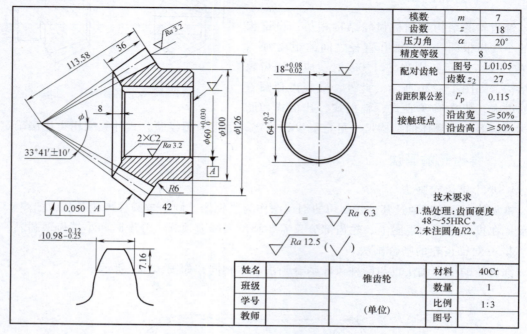

模数	m	7
齿数	z	18
压力角	α	20°
精度等级		8
配对齿轮	图号	L01.05
	齿数 z_2	27
齿距积累公差	F_p	0.115
接触斑点	沿齿宽	≥50%
	沿齿高	≥50%

技术要求
1. 热处理: 齿面硬度 48～55HRC。
2. 未注圆角 R2。

姓名		锥齿轮	材料	40Cr
班级			数量	1
学号			比例	1:3
教师		(单位)	图号	

图 13-25　锥齿轮零件图

习　　题

13-1　试比较下列概念:

(1) 基圆、齿顶圆、齿根圆、分度圆和节圆

(2) 压力角和啮合角

(3) 端面模数、法向模数、大端模数 (锥齿轮的)

(4) 闭式齿轮传动、开式齿轮传动、半开式齿轮传动

(5) 齿轮轴、实心式齿轮、辐板式齿轮、孔板式齿轮、轮辐式齿轮

13-2　有一渐开线齿轮, 其基圆半径为 $r_b = 56.38$mm, 齿顶圆半径 $r_a = 64$mm, 模数 $m = 2$mm, 齿数 $z = 30$, 试求该齿轮的渐开线齿廓在齿顶圆处的压力角 α_a。

13-3　已知一对外啮合标准直齿圆柱齿轮传动, 其传动比 $i = 3$, 模数 $m = 5$mm, 小齿轮齿数 $z_1 = 30$, 试求:

1) 两轮的齿顶高 h_a、齿根高 h_f 和全齿高 h。

2) 两轮的齿厚 s、槽宽 e 和齿距 p。

3) 大齿轮的分度圆直径 d_2、齿顶圆直径 d_{a2}、齿根圆直径 d_{f2}。

4) 两轮的啮合中心距 a。

13-4　当渐开线外啮合标准直齿圆柱齿轮的基圆与齿根圆重合时, 其理论上的齿数为多少? 又当齿轮的实际齿数大于上述理论齿数时, 基圆和齿根圆哪个大?

13-5　何谓渐开线齿轮传动的中心距可分性? 当一对渐开线外啮合标准直齿圆柱齿轮传动的实际中心距大于标准中心距时, 下列参数是否发生变化? 如何变化? ①传动比 i; ②基圆半径 r_b; ③分度圆半径 r; ④节圆半径 r_w; ⑤啮合角 α_w。

13-6　已知一对标准直齿圆柱齿轮的参数 $z_1 = 22$, $z_2 = 33$, $m = 4$mm, 若两轮的安装中心距比标准中心距大 1mm, 试求这对齿轮的节圆半径 r_{w1} 和 r_{w2} 以及啮合角 α_w。

13-7 已知一对标准斜齿圆柱齿轮传动，齿数 $z_1 = 27$、$z_2 = 60$，法向模数 $m_n = 3mm$，螺旋角 $\beta = 15°$，试求两轮的分度圆直径和理论中心距。若将中心距取整为 135，而两轮的模数和齿数均不变，此时螺旋角 β 应为多少？

13-8 一对渐开线直齿圆柱齿轮传动，已知两齿轮的轴线位置 O_1 和 O_2，一对齿廓的瞬时啮合位置和啮合点的公法线方向 nn，如图 13-26 所示。

试：

1）画出（理论）啮合线 $N_1 N_2$。

2）画出两基圆（部分圆弧），并标注基圆半径 r_{b1}、r_{b2}。

3）标明节点 P，画出两节圆（部分圆弧），并标出节圆半径 r_{w1}、r_{w2}。

4）标出啮合角 α_w。

5）标出两齿轮的中心距 a。

13-9 如图 13-27 所示，主动轴 I 上安装有两个固定齿轮 z_1 和 z_2（齿轮与轴固定，两者不能相对运动），从动轴 II 上安装有两个滑移齿轮 z_3 和 z_4（齿轮与轴可以相对移动，但不能相对转动），当右移齿轮 z_3（或 z_4）时，可以使齿轮 z_1 和 z_3（或 z_2 和 z_4）啮合，从而将主动轴 I 的转动传递给从动轴 II。设两对齿轮的模数 m 相同，且齿数 $z_1 = 60$，$z_2 = 20$，$z_3 = 40$。

试求：

1）齿轮 z_4 的齿数为多少？

2）若主动轴 I 的转速为 400r/min，则从动轴 II 的转速为多少？

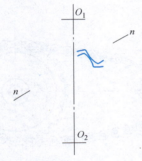

图 13-26 题 13-8 图

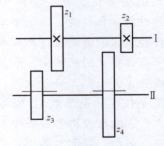

图 13-27 题 13-9 图

第◆十◆四◆章

链 传 动

第一节 链传动的特点和应用

链传动由国家标准 GB/T 1243—2024《传动用短节距精密滚子链、套筒链、附件和链轮》和 GB/T 9785—2007《链条链轮术语》等进行了详细介绍，它由主动链轮 1、链条 2 和从动链轮 3 组成，如图 14-1 所示，并依靠链轮的轮齿与链条的链节之间的啮合来传递运动和动力，所以它是一种具有中间挠性件（链条）的啮合传动。

链传动的主要优点是：①由于是啮合传动，没有弹性滑动和打滑，所以平均传动比正确，并能传递较大的圆周力（F_t）和功率，同时安装时不需要很大的张紧力，故工作时压轴力（Q）较小 [$Q \approx (1.2 \sim 1.3)F_t$]；②可根据需要选取链条长度（链节数），因而中心距的适用范围大；③能在较恶劣的条件下（环境温度高、多油、多尘、湿度大等）正常工作；④与带传动相比，传动效率较高，结构较紧凑，工作较可靠，使用寿命较长。

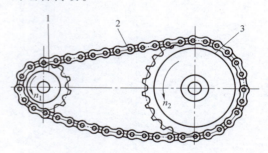

图 14-1　链传动的组成
1—主动链轮　2—链条　3—从动链轮

链传动的缺点是：①不能保证恒定的瞬时链速和瞬时传动比，因此传动不平稳，传动中有周期性的动载荷和啮合冲击，易于产生振动和噪声；②只能用于平行轴之间的传动；③与带传动相比，制造、安装较困难，成本较高。

根据上述特点，链传动适用于要求平均传动比正确（对瞬时传动比无严格要求）、工作条件较差、距离较远的平行两轴之间的传动。

传动链的种类很多，如传动用短节距精密滚子链、传动用短节距精密套筒链和齿形链等。本章只讨论应用最多的传动用短节距精密滚子链（以下简称滚子链）。

滚子链的主要传动性能为传递功率 $P < 100\text{kW}$，链速 $v < 15\text{m/s}$，传动比 $i \leqslant 6$（常用为 $i = 2 \sim 3.5$），传动效率 $\eta = 0.92 \sim 0.98$。

⊖　本章讨论的是一般机械传动中的链传动和相应的传动链（简称链条或链），不讨论专用于起重机械的起重链和专用于运输机械的牵引链。

第二节　滚子链链条

一、滚子链的结构

滚子链链条是由若干链节以铰链形式串接起来的挠性件。因此，链节是组成链条的基本结构单元。链节一般可分为外链节、内链节和接头链节（连接链节或过渡链节）几种，如图 14-2 所示。其中内链节和外链节称为基本链节，它们交替串接排列，形成两端，再用一个接头链节将两端连接成闭合的链条。

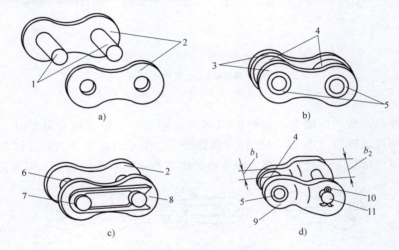

图 14-2　单排滚子链的几种链节

a）外链节　b）内链节　c）连接链节　d）过渡链节

1—销轴　2—外链板　3—内链板　4—滚子　5—套筒　6—连接销轴　7—止锁件（弹性锁片）
8—可拆装链板　9—过渡链板　10—止锁件（开口销）　11—可拆式销轴

下面分析一下链条中的一个内链节和一个外链节相连后的结构情况和运动关系，如图 14-3 所示。

如图 14-3 所示外链板 2 与销轴 1 之间为过盈配合，构成一个刚性整体，即为外链节（图 14-2a）；内链板 3 和套筒 5 之间也为过盈配合，构成一个刚性整体，而滚子 4 与套筒 5 之间为间隙配合，即滚子空套在套筒上，可以自由转动（滑动摩擦），共同构成一个内链节（图 14-2b）；而内、外链节又通过销轴与套筒之间的间隙配合相互交替串接在一起，彼此可以相对转动（滑动摩擦）。这就是说，外链板与销轴固定，内链板与套筒固定，而滚子与套筒、套筒与销轴之间均可相对转动。因此当链条与链轮啮合时，即链条绕过链轮时可以自由地弯曲，且链轮轮齿与链条的滚子之间为滚动摩擦。

当链条的链节数为偶数时，内、外链节交替串接，虽然可以自行封闭，但将给链条的装拆带来困难。为此应改用一个连接链节来替换一个外链节。由于连接链节一侧的可拆装链板 8（图 14-2c）为可拆装链板，它与销轴之间不是采用过盈配合，而是采用过渡配合，因此装拆方便。为防止该外链板在工作过程中脱落，必须加装止锁件将其锁住。常用的止锁件有

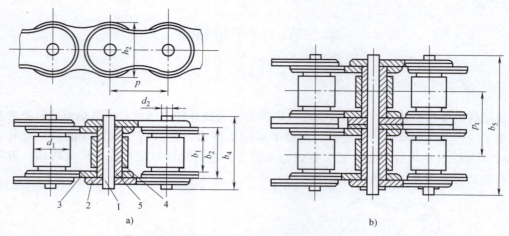

图 14-3　内、外链节连接后的结构情况和运动关系

a）单排链　b）双排链

1—销轴　2—外链板　3—内链板　4—滚子　5—套筒

钢丝锁销、弹性锁片和开口销等，如图 14-4 所示。同理，当链节数为奇数时，可以采用一个带过渡链板的过渡链节（图 14-2d）作为装拆链节。由于过渡链节中的过渡链板 9 的受力情况不好，所以应尽量不用过渡链节，即链条的链节数应尽量采用偶数，而避免使用奇数。

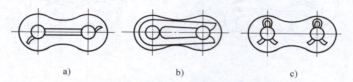

图 14-4　接头链节几种常用的止锁方式

a）钢丝锁销　b）弹性锁片　c）开口销

二、滚子链的主要参数

（1）节距 p　两相邻链节铰链副理论中心间的距离称为链的节距，如图 14-3a 所示。链的节距大，则链的各组成元件的尺寸也大，链所能传递的功率就大，所以节距是链传动中最主要的参数。

（2）整链链节数 L_p（以下简称链节数）　指整挂链条的链节数，对于多排链按单排链计算。

（3）整链总长 l　整链链节数 L_p 与节距 p 的乘积，即 $l = L_p p$。

（4）排距 p_t　双排链或多排链中，相邻两排链条中心线间的距离，如图 14-3b 所示。

三、滚子链的型号（链号）、主要结构尺寸、抗拉载荷以及规定标记

滚子链已经标准化，按 GB/T 1243—2024《传动用短节距精密滚子链、套筒链、附件和链轮》的规定，与 ANSI 系列链条一致。表 14-1 摘录了链条主要尺寸、测量力、抗拉强度。

表 14-1　链条主要尺寸、测量力、抗拉强度及动载强度

链号①	节距 p nom	滚子直径 d_1 max	内节内宽 b_1 min	销轴直径 d_2 max	套筒孔径 d_3 min	链条通道高度 h_1 min	内链板高度 h_2 max	外或中链板高 h_3 max	过渡链节尺寸② l_1 min	l_2 min	c min	排距 p_t	内节外宽 b_2 max	外节内宽 b_3 min	销轴长度 单排 b_4 max	双排 b_5 max	三排 b_6 max	止锁件附加宽度③ b_7 max	测量力 单排	双排	三排	抗拉强度 F_u min 单排	双排	三排
	mm																N		N			kN		
25	6.35	3.30	3.10	2.31	2.34	6.27	6.02	5.21	2.65	3.08	0.10	6.40	4.80	4.85	9.1	15.5	21.8	2.5	50	100	150	3.5	7.0	10.5
35	9.525	5.08	4.68	3.60	3.62	9.30	9.05	7.81	3.97	4.60	0.10	10.13	7.46	7.52	13.2	23.4	33.5	3.3	70	140	210	7.9	15.8	23.7
05B	8.00	5.00	3.00	2.31	2.36	7.37	7.11	7.11	3.71	3.71	0.08	5.64	4.77	4.90	8.6	14.3	19.9	3.1	50	100	150	4.4	7.8	11.1
06B	9.525	6.35	5.72	3.28	3.33	8.52	8.26	8.26	4.32	4.32	0.08	10.24	8.53	8.66	13.5	23.8	34.0	3.3	70	140	210	8.9	16.9	24.9
40	12.70	7.92	7.85	3.98	4.00	12.33	12.07	10.42	5.29	6.10	0.08	14.38	11.17	11.23	17.8	32.3	46.7	3.9	120	250	370	13.9	27.8	41.7
08B	12.70	8.51	7.75	4.45	4.50	12.07	11.81	10.92	5.66	6.12	0.08	13.92	11.30	11.43	17.0	31.0	44.9	3.9	120	250	370	17.8	31.1	44.5
081	12.70	7.75	3.30	3.66	3.71	10.17	9.91	9.91	5.36	5.36	0.08	—	5.80	5.93	10.2	—	—	1.5	125	—	—	8.0	—	—
083	12.70	7.75	4.88	4.09	4.14	10.56	10.30	10.30	5.36	5.36	0.08	—	7.90	8.03	12.9	—	—	1.5	125	—	—	11.6	—	—
084	12.70	7.75	4.88	4.09	4.14	11.41	11.15	11.15	5.77	5.77	0.08	—	8.80	8.93	14.8	—	—	1.5	125	—	—	15.6	—	—
41	12.70	7.77	6.25	3.60	3.62	10.17	9.91	8.51	4.35	5.03	0.08	—	9.06	9.12	14.0	—	—	2.0	80	—	—	6.7	—	—
50	15.875	10.16	9.40	5.09	5.12	15.35	15.09	13.02	6.61	7.62	0.10	18.11	13.84	13.89	21.8	39.9	57.9	4.1	200	390	590	21.8	43.6	65.4
10B	15.875	10.16	9.65	5.08	5.13	14.99	14.73	13.72	7.11	7.62	0.10	16.59	13.28	13.41	19.6	36.2	52.8	4.1	200	390	590	22.2	44.5	66.7
60	19.05	11.91	12.57	5.96	5.98	18.34	18.10	15.62	7.90	9.15	0.10	22.78	17.75	17.81	26.9	49.8	72.6	4.6	280	560	840	31.3	62.6	93.9
12B	19.05	12.07	11.68	5.72	5.77	16.39	16.13	16.13	8.33	8.33	0.10	19.46	15.62	15.75	22.7	42.2	61.7	4.6	280	560	840	28.9	57.8	86.7
80	25.40	15.88	15.75	7.94	7.96	24.39	24.13	20.83	10.55	12.20	0.13	29.29	22.60	22.66	33.5	62.7	91.9	5.4	500	1000	1490	55.6	111.2	166.8
16B	25.40	15.88	17.02	8.28	8.33	21.34	21.08	21.08	11.15	11.15	0.13	31.88	25.45	25.58	36.1	68.0	99.9	5.4	500	1000	1490	60.0	106.0	160.0
100	31.75	19.05	18.90	9.54	9.56	30.48	30.17	26.04	13.16	15.24	0.15	35.76	27.45	27.51	41.1	77.0	113.0	6.1	780	1560	2340	87.0	174.0	261.0
20B	31.75	19.05	19.56	10.19	10.24	26.68	26.42	26.42	13.89	13.89	0.15	36.45	29.01	29.14	43.2	79.7	116.1	6.1	780	1560	2340	95.0	170.0	250.0

（续）

链号①	节距 p nom	滚子直径 d_1 max	内节内宽 b_1 min	销轴直径 d_2 max	套筒孔径 d_3 min	链条通道高度 h_1 min	内链板高度 h_2 max	外或中链板高度 h_3 max	过渡链节尺寸② l_1 min	l_2 min	c min	排距 p_t	内节外宽 b_2 max	外节内宽 b_3 min	销轴长度 单排 b_4 max	双排 b_5 max	三排 b_6 max	止锁件附加宽度③ b_7 max	测量力 单排	双排	三排	抗拉强度 F_u 单排 min	双排 min	三排 min
	mm														N				N			kN		
120	38.10	22.23	25.22	11.11	11.14	36.55	36.20	31.24	15.80	18.27	0.18	45.44	35.45	35.51	50.8	96.3	141.7	6.6	1110	2220	3340	125.0	250.0	375.0
24B	38.10	25.40	25.40	14.63	14.68	33.73	33.40	33.40	17.55	17.55	0.18	48.36	37.92	38.05	53.4	101.8	150.2	6.6	1110	2220	3340	160.0	280.0	425.0
140	44.45	25.40	25.22	12.71	12.74	42.67	42.23	36.45	18.42	21.32	0.20	48.87	37.18	37.24	54.9	103.6	152.4	7.4	1510	3020	4540	170.0	340.0	510.0
28B	44.45	27.94	30.99	15.90	15.95	37.46	37.08	37.08	19.51	19.51	0.20	59.56	46.58	46.71	65.1	124.7	184.3	7.4	1510	3020	4540	200.0	360.0	530.0
160	50.80	28.58	31.55	14.29	14.31	48.74	48.26	41.68	21.04	24.33	0.20	58.55	45.21	45.26	65.5	124.2	182.9	7.9	2000	4000	6010	223.0	446.0	669.0
32B	50.80	29.21	30.99	17.81	17.86	42.72	42.29	42.29	22.20	22.20	0.20	58.55	45.57	45.70	67.4	126.0	184.5	7.9	2000	4000	6010	250.0	450.0	670.0
180	57.15	35.71	35.48	17.46	17.49	54.86	54.30	46.86	23.65	27.36	0.20	65.84	50.85	50.90	73.9	140.0	206.0	9.1	2670	5340	8010	281.0	562.0	843.0
200	63.50	39.68	37.85	19.85	19.87	60.93	60.33	52.07	26.24	30.36	0.20	71.55	54.88	54.94	80.3	151.9	223.5	10.2	3110	6230	9340	347.0	694.0	1041.0
40B	63.50	39.37	38.10	22.89	22.94	53.49	52.96	52.96	27.76	27.76	0.20	72.29	55.75	55.88	82.6	154.9	227.2	10.2	3110	6230	9340	355.0	630.0	950.0
240	76.20	47.63	47.35	23.81	23.84	73.13	72.39	62.49	31.45	36.40	0.20	87.83	67.81	67.87	95.5	183.4	271.3	10.5	4450	8900	13340	500.0	1000.0	1500.0
48B	76.20	48.26	45.72	29.24	29.29	64.52	63.88	63.88	33.45	33.45	0.20	91.21	70.56	70.69	99.1	190.4	281.6	10.5	4450	8900	13340	560.0	1000.0	1500.0
56B	88.90	53.98	53.34	34.32	34.37	78.64	77.85	77.85	40.61	40.61	0.20	106.60	81.33	81.46	114.6	221.2	327.8	11.7	6090	12190	20000	850.0	1600.0	2240.0
64B	101.60	63.50	60.96	39.40	39.45	91.08	90.17	90.17	47.07	47.07	0.20	119.89	92.02	92.15	130.9	250.8	370.7	13.0	7960	15920	27000	1120.0	2000.0	3000.0
72B	114.30	72.39	68.58	44.48	44.53	104.67	103.63	103.63	53.37	53.37	0.20	136.27	103.81	103.94	147.4	283.7	420.0	14.3	10100	20190	33500	1400.0	2500.0	3750.0

① 重载和超重载系列链条详见国家标准。

② 对于高应力使用场合，不推荐使用过渡链节。

③ 止锁件的实际尺寸取决于其类型，但都不宜超过规定尺寸，使用者宜从制造商处索取详细资料。

第三节　滚子链链轮

一、链轮的基本参数

1）链轮的（弦）节距 p、滚子外径 d_1、排距 p_t 均与配用的链条相同。

2）链轮齿数 z。链轮齿数 z 的范围为 $9 \sim 150$，优先选用的齿数为 17、19、21、23、25、38、57、76、95 和 114。

二、链轮的直径尺寸

链轮的直径尺寸及其计算公式见表 14-2。

表 14-2　链轮的直径尺寸及其计算公式

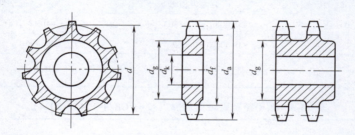

名称	代号	计算公式	备注
分度圆直径	d	$d = p/\sin\dfrac{180°}{z}$	
齿顶圆直径	d_a	$d_{amax} = d + 1.25p - d_1$ $d_{amin} = d + \left(1 - \dfrac{1.6}{z}\right)p - d_1$	1. d_a 可在 $d_{amax} \sim d_{amin}$ 范围内任意选取 2. d_1 为配用滚子链的滚子直径，见表 14-1
齿根圆直径	d_f	$d_f = d - d_1$	
齿侧凸缘（或排间槽）直径	d_g	$d_g = p\cot\dfrac{180°}{z} - 1.04h_2 - 0.76$	h_2 为配用滚子链的内链板高度，见表 14-1

三、链轮齿形

链轮齿形对链条与链轮轮齿间的啮合质量有很大影响，正确的齿形应能保证链条顺利进入和退出啮合，不易脱链；各齿受力均匀并便于加工。链轮齿形分端面齿形（齿槽形状）和轴面齿形，它们均已标准化。

1. 端面齿形（齿槽形状）

国家标准 GB/T 1243—2024 规定的齿槽形状如图 14-5 所示。它是由两段圆弧 r_i 和 r_e 在滚子定位圆弧角 α 处光滑（相切）连接而成的，故称为双圆弧齿形。并规定了齿槽形状极限，即最大齿槽形状和最小齿槽形状，其计算公式见表 14-3。实际齿槽形状必须处于两者之间。

链轮的齿形一般采用标准的链轮滚刀来加工（与齿轮渐开线齿廓的滚齿加工方法相似），因此凡设计上述标准齿形时，零件图上一般不必画出其齿形和注出相应尺寸 r_i、r_e、α，而只需在"齿形"栏内填写"按 GB/T 1243—2024"即可。

图 14-5　链轮标准端面齿形——双圆弧齿形

2. 链轮的轴向齿廓

链轮的轴向齿廓及尺寸计算公式见表 14-4。在链轮的零件图上需要绘出轴面齿形并注出其主要尺寸。

表 14-3　滚子链链轮的齿槽尺寸计算公式

名称	代号	最大齿槽形状	最小齿槽形状
齿侧圆弧半径	r_e	$r_{emin} = 0.008d_1(z^2+180)$	$r_{emax} = 0.12d_1(z+2)$
滚子定位圆弧半径	r_i	$r_{imax} = 0.505d_1 + 0.069\sqrt[3]{d_1}$	$r_{imin} = 0.505d_1$
滚子定位圆弧角	α	$\alpha_{min} = 120° - \dfrac{90°}{z}$	$\alpha_{max} = 140° - \dfrac{90°}{z}$

表 14-4　滚子链链轮轴向齿廓（摘自 GB/T 1243—2024）

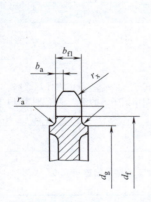
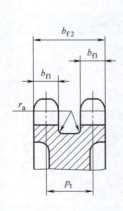
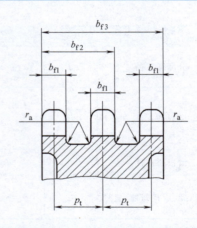

名称		代号	计算公式		备注
			$p \leq 12.7$	$p > 12.7$	
齿宽	单排	b_{f1}	$0.93b_1$	$0.95b_1$	b_1——内链节内宽，见表 14-1
	双排、三排		$0.91b_1$	$0.93b_1$	
倒角宽		b_a	$b_a = 0.13p$		
倒角半径		r_x	$r_x = p$		
齿侧凸缘（或排间槽）圆角半径		r_a	$r_a = 0.04p$		
齿总宽		b_{fn}	$b_{fn} = (n-1)p_t + b_{f1}$		n——排数

四、链轮的结构

链轮常见的结构形式如图 14-6 所示。具体选择时主要取决于链轮直径尺寸的大小。对于小直径链轮可采用整体实心式，如图 14-6a 所示。中等尺寸的链轮应采用孔板式（或辐板式）结构，如图 14-6b 所示。大直径的链轮则将齿圈和轮体分开制造，并采用焊接式结构，如图 14-6c 所示。当齿圈损坏后需要更换时则可采用铰制孔用螺栓联接式，如图 14-6d 所示。

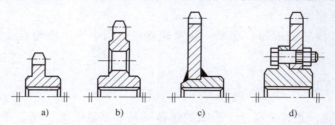

图 14-6　链轮常见的结构形式

a）整体实心式　b）孔板式　c）焊接式　d）铰制孔用螺栓联接式

五、链轮材料和热处理

链轮的材料应保证轮齿有足够的强度和耐磨性。在低速、轻载及平稳传动中，常用中碳钢，并经正火处理；中速、中载时，常用中碳钢表面淬火处理，硬度大于 40~45HRC；高速、重载及连续传动时，宜用低碳钢或低合金钢表面渗碳，其齿面硬度为 50~60HRC；不重要的链轮也可用铸铁（HT150 以上）或碳素结构钢（如 Q235）制造；功率较小、速度较高，且要求传动平稳、噪声小的场合可用工程塑料（如夹布胶木）制造。

第四节　链传动的布置、张紧和润滑

一、链传动的布置

链传动合理布置的原则是：

1）两链轮应位于同一垂直平面内，并保持两轮轴线相互平行。

2）两轮连心线与水平线的夹角 ϕ 应小于 45°，并尽量采用水平布置（$\phi = 0°$），如图 14-7 所示。

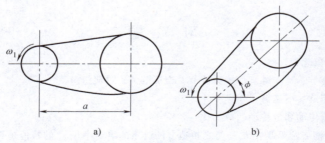

图 14-7　链传动的布置

a）尽量采用水平布置　b）非水平布置时，$\phi < 45°$

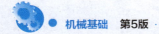

3）一般情况下，链传动应紧边在上、松边在下（与带传动相反），有利于防止咬链或两边链条相碰。

二、链传动的张紧

链传动在使用过程中，会因为链节铰链的磨损而使节距增大，从而使链条松弛、垂度变大，影响正常传动，为此必须进行张紧。张紧方法与带传动相似：

1）调整中心距张紧。

2）用张紧轮（链轮或滚轮）张紧。张紧轮直径应稍小于小链轮直径，并置于松边外侧靠近小链轮处。

三、链传动的润滑

润滑对于链传动，尤其是高速、重载的链传动是非常重要的。润滑不良将加速链条的磨损，甚至导致胶合，严重影响链传动的质量和使用寿命。为此应根据链速和链条节距，分别选用以下四种润滑方式之一，如图14-8所示。Ⅰ为用油壶或油刷人工定期加油；Ⅱ为用油杯滴油润滑；Ⅲ为油浴或飞溅润滑；Ⅳ为压力循环润滑。

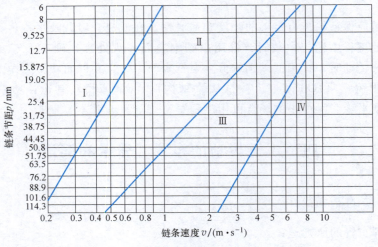

图14-8 润滑方式的选择

润滑油推荐采用牌号为 L-AN32、L-AN46、L-AN68 的全损耗系统用油，温度低时取前者。

习　题

14-1 试比较下列概念：

（1）内链节、外链节、基本链节、接头链节、连接链节、过渡链节

（2）低速链、中速链、高速链

（3）带传动、齿轮传动和链传动的传动比

14-2 链轮齿槽的槽底圆弧半径 r_i 和与之相啮合的链条的滚子半径 r_1 的数值是否相同？为什么？

14-3 试说明在链传动中，链条的链节数多选用偶数而链轮的齿数多选用奇数的理由。

第六篇

轴系零、部件

在机械中，轴、联轴器、滑动轴承和滚动轴承等统称为轴系零、部件。它们是机械的重要组成部分，其设计是否正确、合理将直接影响整台机器的工作性能。

第◆十◆五◆章

轴

第一节　轴的功用和分类

一、轴的功用

轴是机械中的重要零件之一。它的主要功用是支承回转零件，如齿轮、带轮、链轮、凸轮等，以实现运动和动力的传递。

二、轴的分类

本章只讨论轴线为直线的直轴，以下简称为轴。根据轴上所承受载荷的不同，轴可以分为以下三类：

（1）心轴　只受弯矩而不受转矩的轴（$M_\sigma \neq 0$、$M_\tau = 0$）称为心轴。当心轴随轴上回转零件一起转动时称为转动心轴，如火车轮轴，如图 15-1a 所示；而固定不转动的心轴称为固定心轴，如自行车前轮轴，如图 15-1b 所示。

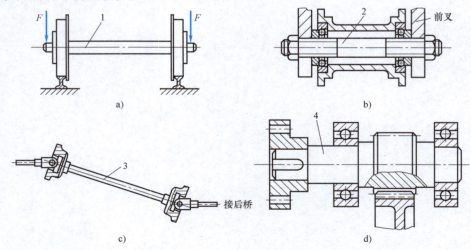

图 15-1　轴的分类
a）转动心轴　b）固定心轴　c）传动轴　d）转轴
1—火车轮轴　2—自行车前轮轴　3—汽车主传动轴　4—减速器轴

（2）传动轴　只承受转矩而不承受弯矩（或弯矩很小，可以忽略不计）的轴（$M_\sigma = 0$，$M_\tau \neq 0$）称为传动轴，如汽车主传动轴，如图 15-1c 所示。

（3）转轴　既承受弯矩又承受转矩的轴（$M_\sigma \neq 0$，$M_\tau \neq 0$）称为转轴，如减速器轴，如图 15-1d 所示。这是机械中最常见的轴。

第二节　轴的设计

一、轴的材料和热处理

机械中的轴多数为转轴，要同时承受弯曲正应力和扭转切应力两种交变应力的作用，因此要求轴具有高的静强度和疲劳强度，足够的韧性，即具有良好的综合力学性能。此外对于用滑动轴承支承的轴，轴颈处还受到强烈的摩擦和磨损，因此轴颈处的局部表面还要求有高的硬度和耐磨性。

根据上述要求，轴的材料一般宜选用中碳钢或中碳合金钢。对于载荷不大、转速不高的一些不重要的轴可采用 Q235、Q275 等碳素结构钢来制造，以降低成本；对于一般用途和较重要的轴，多采用 45 钢等中碳的优质碳素结构钢制造，这类钢对应力集中的敏感性小，可加工性和经济性好，且经过调质（或正火）处理后可获得良好的综合力学性能，安装滑动轴承的轴颈处可进行表面淬火处理。合金钢的力学性能和热处理工艺性能均优于碳素钢，所以对于要求强度高而尺寸小、自重小的重要的轴或有特殊性能要求（如在高温、低温或强腐蚀条件下工作）的轴，应采用合金钢制造，如 40Cr、35SiMn、40MnB、40CrNi、38CrMoAl 和 06Cr18Ni11Ti 等，并经调质处理。需要注意的是，合金钢与碳素钢的弹性模量 E 值相近，所以用合金钢代替碳素钢并不能提高轴的刚度。

轴常用材料的牌号、热处理、力学性能以及许用应力和轴径计算系数 A 值见表 15-1。

表 15-1　轴常用材料的牌号、热处理、力学性能以及许用应力和轴径计算系数 A 值

材料名称	牌号	热处理	抗拉强度 /MPa	屈服强度 /MPa	伸长率 （％）	HBW	$[\sigma_{-1}]$ /MPa	$[\tau]$/MPa	A
碳素结构钢	Q235	—	375～460	235	26	—	40	12～20	160～135
优质碳素结构钢	35	正火	530	315	20	197	45	20～30	135～118
	45	正火	550	295	15	195	55	30～35	118～112
	45	调质	600	355	16	229	60	30～40	118～106
合金结构钢	40Cr	调质	980	785	9	207	70	40～52	106～97
	35SiMn	调质	885	735	15	229			
	42SiMn	调质	885	735	15	229			
	40MnB	调质	980	785	10	207			
	40CrNi	调质	980	785	10	241			
	38CrMoAl	调质	980	835	14	229			

二、初步计算轴的直径

轴的设计不同于传动件等一般零件的设计计算。对于既受扭矩又受弯矩作用的转轴，在

轴的结构设计未进行前，轴的跨度（轴的支承位置）和轴上零件的位置均未确定，因此就无法作出轴的弯矩图并确定其危险截面，也就不能进行弯、扭组合变形下的强度计算。然而在轴的结构设计时，需要初定轴端直径时又不能毫无根据，必须以强度计算为基础才能进行。可见轴的强度设计和结构设计互相依赖、互为前提。

解决上述问题的办法是：先不考虑弯矩（未知）对轴强度的影响，而只考虑转矩（已知）的作用，即按纯扭转时的强度条件来估算轴的直径，并作为轴的最小直径，通常为轴端直径。至于弯矩对轴强度的影响，可以由以下两方面给予考虑：①降低扭转强度计算时材料的许用切应力 $[\tau]$ 的值；②为了结构设计的需要，各轴段的直径都要在轴端最小直径的基础上逐渐加粗，正好同时起到了补偿弯矩对轴强度影响的作用。在初估轴径的基础上，就可进行轴的结构设计，定出支承位置和轴上零件的位置，得出受力点，从而可求出所有主动力和约束力的大小和方向，画出弯矩图。于是可进行弯、扭同时作用下的强度校核。

下面就按转矩来初估轴的直径，根据圆轴扭转时的强度条件可得

$$\tau = \frac{M_\tau}{Z} = \frac{9.55 \times 10^6 P}{n} / (0.2d^3) \leqslant [\tau] \tag{15-1}$$

由式（15-1）可得到计算轴径的公式为

$$d \geqslant \sqrt[3]{\frac{9.55 \times 10^6 P}{0.2n [\tau]}} = A \sqrt[3]{\frac{P}{n}} \tag{15-2}$$

式中　A——轴径计算系数，由轴的材料和相应的 $[\tau]$ 确定，可由表15-1查取；

　τ、$[\tau]$——扭转切应力和许用扭转切应力（MPa）；

　　M_τ——转矩（N·m）；

　　Z——抗扭截面系数（mm³）；

　　P——轴传递的功率（kW）；

　　n——轴的转速（r/min）；

　　d——轴的直径（mm）。

需要注意的是：①当轴端直径处有一个键槽时，应将该轴径加大 3%~5%；当有两个键槽时，应将该轴径加大 7%~10%，以弥补键槽对轴强度削弱的不利影响；②求得结果应圆整为标准尺寸，见附录1；③当该轴段与滚动轴承、联轴器、V带轮等标准零、部件装配时，其轴径必须与标准零、部件相应的孔径系列中的孔径取得一致。

三、轴的结构设计

轴的结构设计就是在上述扭转强度计算，求得轴的最小直径（轴端直径）的基础上，再合理地确定轴的整体结构形状和全部尺寸。所谓合理就是轴的结构首先要满足轴上零件（包括轴承）的正确定位和可靠固定，以保证这些零件在轴上具有正确的相对位置，同时还要便于轴承、传动件等轴上零件的装配和拆卸。为了实现上面的要求，一般轴均需设计成由多个不同直径的轴段所组成，且为中间粗、两端细的阶梯形，称为阶梯轴。与此同时，还要确定各轴段合适的长度。在完成上述轴的主体结构设计后，还需进一步确定轴的加工工艺结构，以便于轴的加工和测量等。此外轴的结构还应满足受力情况好，应力集中小，强度、刚度高等要求。下面就来分别予以讨论。

（一）轴上零件的定位和固定

1. 轴上零件的轴向定位和固定

轴上零件的轴向定位通常均采用轴肩或轴环，见表 15-2。这种定位方法简单、方便、可靠。轴肩或轴环处应有过渡圆角，且圆角半径 r 不宜太小，以减少应力集中。为了使零件端面能与轴肩或轴环平面接触到，零件孔口处的圆角半径 R 或倒角 C 应大于轴上圆角半径 r。为了使零件端面能与轴肩或轴环平面具有一定的接触面积，轴肩或轴环应有足够的高度 h，轴环的宽度 b 可取为 $1.4h$。具体的 r、R、C 和 h 值见表 15-2。

表 15-2　轴上零件的孔口倒角 C 或圆角半径 R，轴肩、轴环处圆角半径 r 和高度 h

（单位：mm）

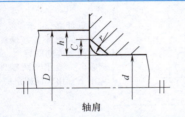

轴肩

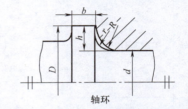

轴环

轴径 d	>10~18	>18~30	>30~50	>50~80	>80~120	>120~180	>180~260	>260~360	>360~500
轴肩、轴环处圆角半径 r	1	1.5	2	2.5	3	4	5	6	8
轴上零件孔口倒角 C 或圆角半径 R	1.5	2	2.5	3	4	5	6	8	10
轴肩高度 h	定位轴肩：$h=(2\sim3)C$（或 R），或 $h=(0.07\sim0.1)d$；非定位轴肩：$h=1\sim3\mathrm{mm}$ 或更小								

注：受有轴向力的定位轴肩取大值，没有轴向力的定位轴肩取小值。

如图 15-2 所示有三处定位轴肩：Ⅰ、Ⅱ 轴段间的轴肩是左轴承的定位轴肩，Ⅲ、Ⅳ 轴段间的轴肩是轴上传动件的定位轴肩；Ⅴ、Ⅵ 轴段间的轴肩是轴伸出端上（半）联轴器的定位轴肩。

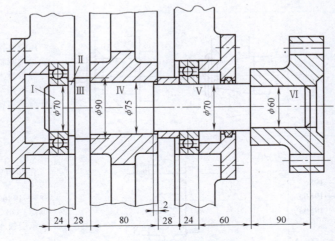

图 15-2　轴肩的结构设计

轴上零件除要求正确的轴向定位外，还要求可靠的轴向固定，以防止轴上零件在工作时产生轴向窜动。现将轴上零件常用的轴向固定方式、特点及应用列于表15-3。

表 15-3　轴上零件常用的轴向固定方式、特点及应用

固定方式	固定件标准	简图	特点及应用
套筒	—	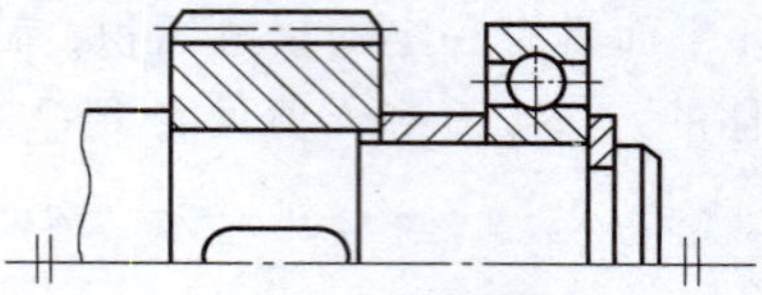	结构简单(不用在轴上开槽、钻孔)，固定可靠，承受轴向力大。多用于轴上两零件相距不远的场合
双圆螺母	GB/T 812—1988	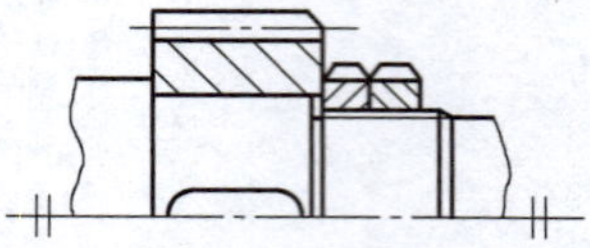	固定可靠，可承受大的轴向力。但轴上的细牙普通螺纹和退刀槽对轴的强度削弱较大，应力集中较严重。一般用于两零件间距离较大不适宜用套筒固定的场合
圆螺母和止动垫圈	GB/T 812—1988 GB/T 858—1988	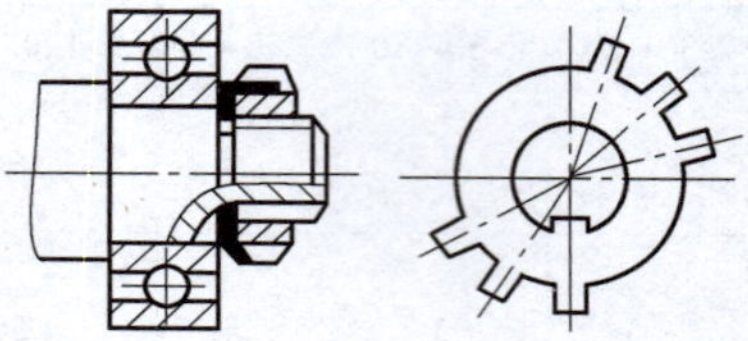	圆螺母起固定作用，止动垫圈用于防松，故固定可靠，承受轴向力大，但轴上螺纹、螺纹退刀槽和轴向沟槽对轴的削弱较大。主要用于固定轴端零件(右图为止动垫圈的放大视图)
弹性挡圈	轴用： GB/T 894—2017 孔用： GB/T 893—2017	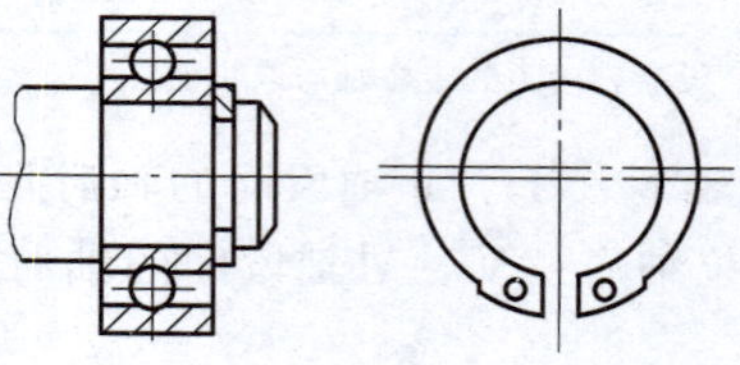	结构简单紧凑，但只能承受较小的轴向力。常用作滚动轴承内圈或外圈的轴向固定，图示为轴用弹性挡圈轴向固定内圈(右图为弹性挡圈放大视图)
轴端挡圈	GB 891—1986 GB 892—1986	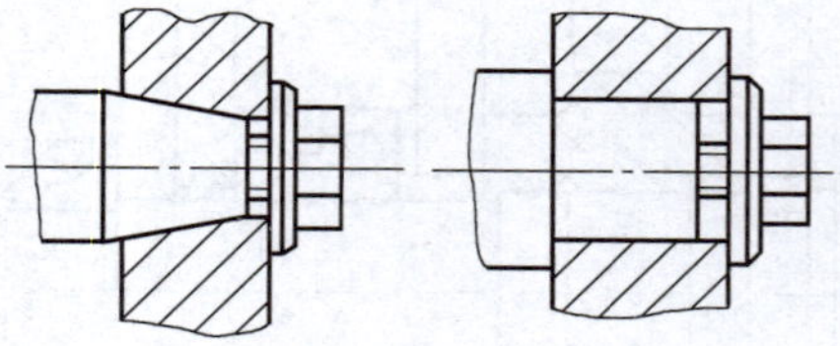	用螺钉拧紧在轴端的螺孔中，并通过挡圈轴向固定轴上零件，轴端零件装拆方便，固定可靠。常用于圆锥形轴端或圆柱形轴端上的零件需要轴向固定的场合。
锁紧挡圈	GB/T 883—1986 (GB/T 884—1986) (GB/T 885—1986)	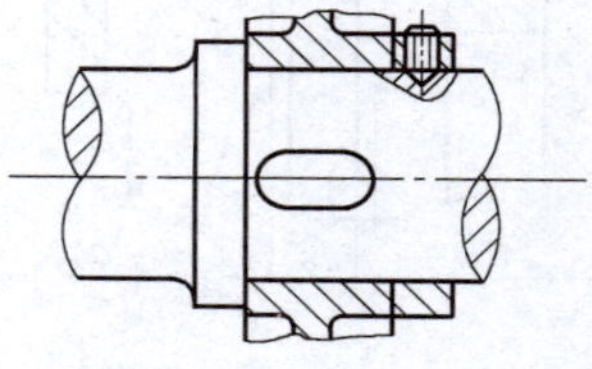	有锥销锁紧挡圈(GB/T 883—1986)、螺钉锁紧挡圈(GB/T 884—1986)和带锁圈的螺钉锁紧挡圈(GB/T 885—1986)三种，只能承受较小的轴向力

（续）

固定方式	固定件标准	简 图	特点及应用
紧定螺钉	GB/T 71—2018 （GB/T 73—2017） （GB/T 74—2018） （GB/T 75—2018）	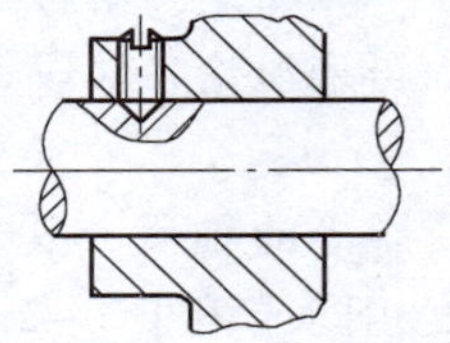	结构简单，只用于承受轴向力小或不承受轴向力的场合。在光轴上应用较多
圆锥销 （圆柱销）	GB/T 117—2000	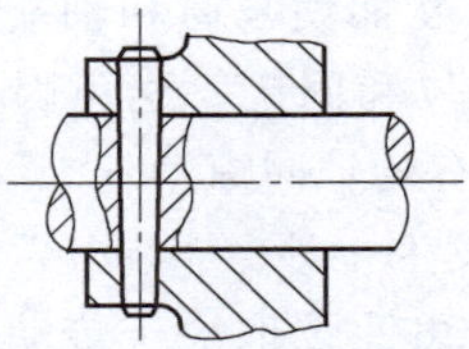	兼起轴向固定和周向固定的作用，但对轴的强度削弱严重。只能用于传递小功率的场合

2. 轴上零件的周向固定

轴上零件的周向固定就是限制轴上零件和轴之间的相对转动，以实现两者之间的运动和动力（转矩）的传递。这种固定均通过轴与轮毂之间的联接来实现。常用的方法有普通平键（或花键）联接（见第四章）以及过盈配合联接（见第五章），此外，用紧定螺钉和圆锥销作轴向固定的同时也起到周向固定的作用。

（二）轴上零件的装配和拆卸

为了便于轴上零件的装配，减少压配距离，并保证配合面的精度，在轴上相应部位也应设计出轴肩，这种轴肩称为装配轴肩（非定位轴肩）。其高度 h 应比定位轴肩小，一般可取 $h = 1 \sim 3\text{mm}$。如图 15-2 所示的Ⅳ、Ⅴ轴段间的轴肩（h 为 2.5mm）就是为了便于装配传动件而设计的装配轴肩。为了减少轴径的变化量，以免轴设计得过粗，有时也可把装配轴肩设计得更小，如图 15-2 所示的轴段Ⅴ，就是图 15-4 中直径 $\phi70$、长 114 的轴段。该轴段采用了同一个公称尺寸 $\phi70$，而不同的尺寸偏差：右方长 50 的非配合面处为 $\phi70_{-0.060}^{-0.030}$，左方长 64 与滚动轴承内径配合处为 $\phi70\text{k6}$（$_{+0.002}^{+0.021}$）。因此，轴段Ⅴ实际上是两个轴段，并形成了一个很小的装配台肩（台肩具体的大小请读者分析）。在零件图和装配图中均不画出该台肩，而是通过标注尺寸来反映。

需要说明以下几点：

1）装配轴肩同时方便轴上零件的装配和拆卸。

2）图 15-2 所示的轴段Ⅱ和Ⅲ，如合并为直径相同的一个轴段，能同时满足传动件的定位要求和左轴承的定位和拆卸要求时，应合并为一个轴段，以尽量减少轴段的数量，便于轴的加工。

3）滚动轴承一般均为成对使用，故相应的两个轴颈的直径应相同，并为轴承标准中所规定的孔径，即符合商品轴承的规格要求。

4）滚动轴承的定位轴肩小了，将不能可靠定位；而轴肩大了，轴承装配后将无法拆卸，故其轴肩高度 h 应从轴承手册中查取其规定值。

5）要防止错误的轴肩设计。如轴上零件所在的轴段较细，而相邻两轴段较粗，则轴上零件将无法进行装配。

（三）确定轴的各轴段的长度

上面由扭转强度条件确定了轴端直径（最小直径）；又根据轴上零件的定位和装卸要求，确定了需要的定位轴肩和装配轴肩（非定位轴肩）及其相应的轴肩高度，实际上也就是确定了轴段数和各轴段的直径。下面再来讨论各轴段长度的确定方法。确定轴段长度的依据有以下几点：

1）对于装有传动件、轴承、联轴器等的轴段，其长度主要取决于轴上零件的轮毂长度，如轴段Ⅰ的长度应与左轴承的宽度相同或稍长 1~2mm。而轴段Ⅳ与Ⅵ的长度则应略小于各自轴上零件的轮毂长度 2~3mm，从而使套筒和轴端挡圈的端面能压住各自轴上零件的轮毂端面，以保证轴上零件的轴向定位和固定，避免因压在轴肩上而压不到零件轮毂端面上，导致轴上零件在工作中产生不应有的轴向窜动。

2）机器工作时，各零件间不能发生干涉（相碰），为此，相对运动的零件间应留有必要的空隙。如轴段Ⅱ、Ⅲ的长度之和28主要取决于传动件与箱体内壁之间的必要空隙（还与左轴承与箱体内壁之间的距离有关）。轴段Ⅴ的长度的确定请读者自行分析。

3）在机器的装拆过程中，要保证零件、工具和操作者所需的必要活动空间。如轴段Ⅴ的外伸长度应考虑在拆卸右轴承盖（轴端零件不拆）添加或更换轴承润滑脂时，拧出轴承盖螺钉所需的空间长度。

（四）轴的加工工艺结构

通过以上定位轴肩、装配轴肩和各轴段长度的设计，已经确定了轴的主体结构形状，即确定了轴段的数量以及各轴段的直径和长度。与此同时，一般轴上还有许多工艺结构。如拧螺母的轴段上需设计出螺纹和螺纹退刀槽，见表15-3的第二、三行；在磨削外圆或磨削外圆和端面时，需设计出砂轮越程槽；在轴上键联接处应设计出键槽，当同一轴上有多个键槽时，各键槽应位于同一方位上，即排列在一直线上，其规格也应尽可能统一，以便于加工，如图15-6所示；在轴上销联接处应设计出销孔，见表15-3第八行；对于细长轴和精度要求高的轴，要在轴的两端面上设计出中心孔，作为定位基准，以便在车削、磨削等各道工序中均可用两个顶尖（孔）来安装，从而实现基准统一原则，提高定位精度，以确保安装轴承的轴段Ⅰ和Ⅴ以及安装传动件的轴段Ⅳ之间的同轴度要求。在两相邻轴段连接处（轴肩处）应设计成圆角过渡，以减少应力集中；在轴的两端应设计出倒角等。

需要注意：轴是专用件，根据使用场合的不同，其主体结构形状也各不相同，需要自行设计。然而上述工艺结构，在各种轴上普遍采用。为了便于加工、制造，并减少刀具的品种规格，它们已经标准化，称为标准工艺结构，因而在设计轴时，其工艺结构的形式、规格、画法和尺寸注法等都应严格遵循有关标准的规定。

（五）改善轴的受力情况

如图15-3所示的传动轴中，设A轮的输入转矩为 $M_A = 2M$，B、C两轮的输出转矩为 $M_B = M_C = M$。其中，如图15-3a、b所示分别为A轮在右侧和A轮在中间时的受力简图和相应的转矩图。由图可见，如图15-3a所示时最大转矩 $M_{\tau max} = 2M$，如图15-3b所示时 $M_{\tau max} = M$，因此如图15-3b所示时受力情况好，轴的强度高。又如图15-5（题15-2图）所示的一台卷扬机中，大齿轮（齿圈）与卷筒两者焊接为一个整体，并用键与轴Ⅴ周向固定。电动机的动力（转矩）传到Ⅳ轴上的箱外小齿轮后，由小齿轮直接传给大齿轮和卷筒，并带动绕在卷筒上的钢丝绳实现卷扬作业。这种结构使轴Ⅴ只承受弯矩作用，而不承受转矩作用，成为转动心轴，有利于提高轴的强度。如果将大齿轮与卷筒分开，并分别用键与轴Ⅴ连接，则动力由大齿轮通过键传给轴Ⅴ，轴Ⅴ再通过键传给卷筒，则轴Ⅴ除承受弯矩外，还承受转矩，成为转轴，强度将不如上述的转动心轴。

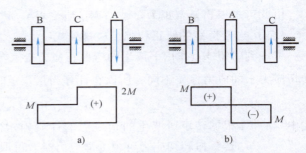

图 15-3　合理布置轴上零件

为了改善轴的受力情况，对于中间传动轴（简支梁），其轴上传动件应尽量采用对称布置；对于动力输入轴和输出轴（外伸梁），其外伸端上的传动件应尽量靠近轴承布置，以减少外伸长度；在同一轴上有多个传动件受到轴向力作用时，应使轴向力的方向相反，互相抵消。此外，当轴受到的转矩很大，需要很大的截面积时，应采用空心圆轴结构，以增加轴的抗扭截面系数 Z，从而提高轴的强度。

四、轴的强度校核

上面按扭转强度条件求出轴的最小直径（轴端直径）d 时，暂时略去了弯矩对轴强度的影响。然而我们在 d 的基础上进行轴的结构设计时，加大了各轴段的直径。这一方面满足了轴上零件的轴向定位和便于装拆等结构设计的要求；另一方面也就定性地补偿了弯矩对轴强度的影响。其结果是否满足转轴在弯、扭同时作用下的强度要求，还需要进一步进行定量计算，即进行强度校核才能最终确定。

（一）轴的合成弯矩 M_σ 和转矩 M_τ

鉴于轴的结构设计中已确定了轴上零件的位置和轴的跨距等，再计算出轴上传动件所受力的大小和方向（见第五篇各章），即可得到轴上所受的全部外力的大小、方向和作用点，因而可作出水平面内的受力图和弯矩图——$M_{\sigma H}$ 图；垂直面内的受力图和弯矩图——$M_{\sigma V}$ 图。并可用式（15-3）求出合成弯矩

$$M_\sigma = \sqrt{(M_{\sigma H})^2 + (M_{\sigma V})^2}$$ （15-3）

由此可作出合成弯矩图——M_σ 图。再根据轴上所受的转矩作出转矩图——M_τ 图。

（二）组合变形概念和轴的当量弯矩

转轴同时受到弯矩和转矩的作用，即同时受到弯曲正应力 σ 和扭转切应力 τ 的作用，这种情况称为组合变形。在转轴弯、扭组合变形条件下，可根据材料力学中的第三强度理论将两种应力合成为弯曲正应力 σ_{eq}。即

$$\sigma_{eq} = \sqrt{\sigma^2 + 4\tau^2}$$ （15-4）

故有

$$\sigma_{eq} = \sqrt{\left(\frac{M_\sigma}{W}\right)^2 + 4\left(\frac{M_\tau}{Z}\right)^2}$$ （15-5）

又由于对圆轴有 $Z = 2W$，代入式（15-5）可得

$$\sigma_{eq} = \frac{\sqrt{M_\sigma^2 + M_\tau^2}}{W}$$ （15-6）

由此可求得当量弯矩为 $M_{eq}^{\ominus}=\sigma_{eq}W=\sqrt{M_\sigma^2+M_\tau^2}$　　　　　(15-7)

（三）　当量弯矩的修正和强度校核公式

考虑到弯矩 M_σ 作用下产生的弯曲正应力 σ（为对称循环）与转矩 M_τ 作用下产生的扭转切应力 τ 的应力性质不同，所以在计算当量弯矩时，式（15-7）应修正为

$$M_{eq}=\sqrt{M_\sigma^2+(\alpha M_\tau)^2}　　　　　(15-8)$$

式中　α——根据转矩所产生的切应力的性质确定的应力修正系数。当轴连续单向稳定运转，扭转切应力可视为静应力时，可取 $\alpha=0.3$；当轴单向运转，且频繁起动和（或）转速经常变动，扭转切应力可视为脉动循环交变应力时，可取 $\alpha=0.6$；当轴双向运转、频繁起动、换向和变速，扭转切应力可视为对称循环交变应力时，可取 $\alpha=1$。

至此可作出当量弯矩图——M_{eq} 图。

综上所述，可得轴的强度校核公式为

$$\sigma_{-1}=\frac{M_{eq}}{W}=\frac{M_{eq}}{0.1d^3}\leqslant[\sigma_{-1}]　　　　　(15-9)$$

还需要说明以下几点：

1）计算结果如强度不够，应修改结构设计，适当加大轴的直径。如强度足够，即使强度裕度较大，一般也不得减小轴的直径，以保证上面的结构设计要求。同时考虑到：①所选用来进行强度校核的危险截面可能不准确，对于各段轴径不同的阶梯轴，其危险截面可能是弯矩最大的截面，也可能是轴径最小的截面或弯矩较大而轴径较小的截面；②未计算危险截面上的键槽对轴强度的削弱；③未考虑应力集中对轴疲劳强度的影响；④未进行刚度验算；⑤未涉及轴的振动和共振问题。

2）对于重要的轴，应考虑应力集中等因素的影响，进一步进行安全系数法的校核。

3）对于刚度要求较高的电动机轴、机床主轴等还应进行刚度计算。

4）对于高速运转的轴，还应进行振动稳定性计算。

以上几方面的计算，需要时可参考其他有关文献。而对于转速不高、刚度较好的一般用途的轴，如减速器的轴，只需进行强度校核即可。

5）在实际工程中，有许多组合变形问题。例如，受横向载荷（垂直于螺栓轴线）作用的螺栓联接，它是依靠螺栓均匀预紧后压紧被联接件产生的摩擦力来平衡横向外载荷的。螺栓将因预紧而受到轴向拉力作用，并在横截面上产生拉应力 σ；与此同时，由于预紧而作用在螺纹牙表面上的摩擦力和摩擦力矩，将使螺栓的横截面上产生切应力 τ。所以这种预紧螺栓联接实际上是一个拉、扭组合变形问题。限于篇幅，这里不予讨论。

五、画出轴的零件图

当校核结果表明轴的强度满足要求时，即可根据轴结构设计时所确定的结构形状和大小，并补充过渡圆角尺寸，中心孔型式、规格，轴上零件与轴的配合，轴的尺寸公差和几何公差，键槽尺寸和公差以及各表面的表面粗糙度等技术要求，即可画出轴的零件图，如图 15-4 所示。

⊖　在不致引起误解时，本节将表示弯矩字母下标中的"σ"省去。如这里的当量弯矩 $M_{\sigma eq}$ 用 M_{eq} 表示等。

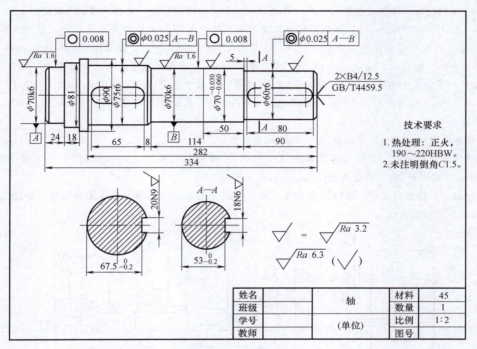

图 15-4　轴的零件图

习　　题

15-1　试比较下列概念：

（1）心轴、传动轴、转轴；固定心轴、转动心轴

（2）轴肩、轴环

（3）合成弯矩、当量弯矩

15-2　图 15-5 所示为一台卷扬机的传动图，试分析轴 Ⅰ～Ⅴ各自所受的载荷情况，并确定它们各属于何种类型的轴。

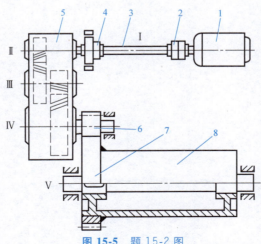

图 15-5　题 15-2 图

1—电动机　2—联轴器　3—传动轴　4—联轴器（带制动）　5—减速器　6—小齿轮　7—大齿轮　8—卷筒

15-3 在轴的弯、扭强度校核时，为什么要引入一个应力修正系数？它的取值如何确定？

15-4 图 15-6a 所示为一单级直齿圆柱齿轮减速器，其中 V 带和齿轮均为水平传动，动力由轴伸出端的 V 带传来，已知 V 带的压轴力 $F_\Sigma = 4850\text{N}$，传递的功率 $P = 40\text{kW}$，主动轴的转速 $n_1 = 580\text{r/min}$，主动齿轮的齿数 $z_1 = 24$，模数 $m = 5\text{mm}$，压力角 $\alpha = 20°$。如图 15-6b 所示是经结构设计的主动轴，其两端采用深沟球轴承支承，齿轮居中布置。并将主动轴设计成七个轴段，其中轴段Ⅶ的直径 $d_7 = 60\text{mm}$，轴段Ⅰ、Ⅴ的直径 $d_1 = d_5 = 70\text{mm}$，轴的跨距 $l = 180\text{mm}$，轴伸长度 $a = 110\text{mm}$。主动轴选用 45 钢，正火。

试求：

1）按扭转强度计算轴伸出端直径 $d_7 = 60\text{mm}$ 是否合适？

2）分析轴的结构中，哪些是定位轴肩（大轴肩）？哪些是装配轴肩（小轴肩）？并请确定轴径 d_2、d_3、d_4 和 d_6（说明理由）。确定各轴段的长度有什么要求？

3）根据弯、扭组合变形，校核轴的强度。要求画出受力图、弯矩图、转矩图和当量弯矩图（取弯矩最大的截面为危险截面）。

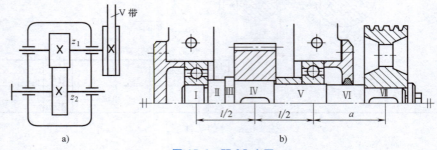

图 15-6 题 15-4 图

滚 动 轴 承

第一节　滚动轴承的特点和结构

　　滚动轴承是根据滚动摩擦原理工作的，因而它具有摩擦因数小，起动灵活，运动性能好，效率高，且能在较广泛的载荷、速度和精度范围内工作等一系列的优点，因而在各种机器中得到广泛地应用。其缺点是承受冲击载荷的能力较差，高速运转时易产生噪声，径向尺寸较大，使用寿命也较低。

　　为了便于滚动轴承的制造，降低成本，以及便于机械设计时的选用，缩短设计周期，滚动轴承的类型、结构形式、尺寸以及画法等均已标准化，因此它是一种标准部件。

　　滚动轴承的种类较多，但其结构大体相似，如图 16-1 所示分别为深沟球轴承、圆柱滚子轴承和推力球轴承的结构，由图可见，它们都是由外圈 1（或座圈 5）、内圈 2（或轴圈 6）、滚动体 3 和保持架 4 四个部分组成。

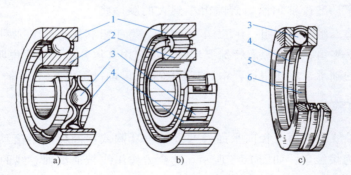

图 16-1　滚动轴承的构造
a）深沟球轴承　b）圆柱滚子轴承　c）推力球轴承
1—外圈　2—内圈　3—滚动体　4—保持架　5—座圈　6—轴圈

　　轴承的套圈（内圈和外圈的统称）或垫圈（轴圈和座圈的统称）是具有一个或几个滚道的环形零件，其功用是依靠其滚道来承受载荷，并作为滚动体的滚动轨道，防止滚动体沿套圈的轴向或垫圈的径向移动。

　　滚动体是在套圈或垫圈的滚道间滚动的球或滚子，其功用是在套圈或垫圈之间做滚动运动，以实现滚动摩擦并传递载荷。滚动体的形状常见的有球、圆柱和圆锥。

保持架是部分地包裹全部（或一些）滚动体，与之一起运动的轴承零件，用以均匀隔离滚动体，并引导滚动体和将其保持在轴承内。

通常滚动轴承的外圈安装在机座孔中固定不动，内圈则装在轴上与轴一起转动，而滚动体则在内、外圈的滚道之间滚动，形成滚动摩擦。

第二节　滚动轴承的游隙和接触角

一、滚动轴承的游隙

滚动轴承的游隙有径向游隙和轴向游隙两种。无外载荷作用时，在不同的角度方向，一个套圈相对于另一个套圈，从一个径向偏心的极限位置移向相反极限位置的径向距离的算术平均值，称为轴承的径向游隙，用 G_r 表示，如图 16-2a 所示。无外载荷作用时，一个套圈（或垫圈）从一个轴向极限位置移向相反的极限位置的轴向距离的算术平均值，称为轴承的轴向游隙，用 G_a 表示，如图 16-2b 所示。

商品轴承的游隙称为原始游隙。由于轴承与机器装配时的装配变形和轴承工作时的温度变形将导致轴承游隙的减小，得到轴承工作时的实际游隙称为有效游隙。轴承有效游隙的大小对轴承的噪声、发热、刚度、旋转精度以及寿命等都有着重大的影响。但轴承的有效游隙因其装配要求和工作情况的不同而不同，又难以测量，且主要取决于原始游隙，故国家标准按轴承原始游隙由小到大的顺序将

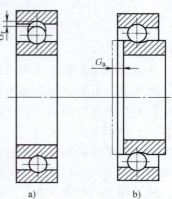

图 16-2　滚动轴承的游隙
a）径向游隙 G_r　b）轴向游隙 G_a

其分为第一组、第二组、基本组（0组）、第三组、第四组和第五组共六种游隙规范。在一般情况下应选用基本组，对游隙有特殊要求时，可选用其他各组。需要说明：对于圆锥滚子轴承等某些类型的轴承，在使用过程中，其游隙是可以进行调整的。

二、滚动轴承的接触角

垂直于轴承轴线的平面（径向平面）与经轴承套圈或垫圈传递给滚动体的合力作用线之间的夹角 α 称为接触角，如图 16-3 所示。此合力作用线与轴承轴心线的交点 O 称为载荷

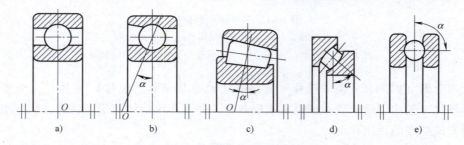

图 16-3　滚动轴承的接触角
a）$\alpha = 0°$　b）$0° < \alpha \leqslant 45°$　c）$0° < \alpha \leqslant 45°$　d）$45° < \alpha < 90°$　e）$\alpha = 90°$

中心。作用于轴承上的载荷和轴承的约束力都通过载荷中心。支承轴的两个轴承的载荷中心之间的距离称为轴的跨距。

第三节　滚动轴承的分类

滚动轴承的类型很多，能满足各种机器的要求，并可以从各种不同角度进行分类，详见国家标准 GB/T 271—2017《滚动轴承　分类》。

1. 按轴承所能承受的载荷方向和公称接触角分类

（1）向心轴承　主要用于承受径向载荷的滚动轴承，其公称接触角 α 为 $0° \sim 45°$。按 α 的不同又可分为：

1）径向接触轴承：$\alpha = 0°$ 的向心轴承。

2）角接触向心轴承：$\alpha > 0° \sim 45°$ 的向心轴承。

（2）推力轴承　主要用于承受轴向载荷的滚动轴承，其 $\alpha > 45° \sim 90°$。按 α 角不同，又可分为：

1）轴向接触轴承：$\alpha = 90°$ 的推力轴承。

2）角接触推力轴承：$45° < \alpha < 90°$ 的推力轴承。

2. 按滚动体的种类分类

1）球轴承：滚动体为球的轴承。

2）滚子轴承：滚动体为圆柱、圆锥等滚子的滚动轴承。

3. 按滚动轴承工作时能否调心分类

1）调心轴承：滚道表面制成球面，能适应两滚道轴心线间的角偏差和角运动的轴承，从而可顺应轴的偏斜。

2）非调心轴承：能阻抗滚道间轴心线角偏移的轴承。

4. 按滚动体的列数分类

可分为单列轴承、双列轴承和多列轴承。

5. 按滚动轴承组件是否可分离分类

1）可分离轴承：具有可分离组件的轴承。

2）不可分离轴承：在最终装配后，轴承套圈均不能任意自由分离的滚动轴承。

6. 按外径尺寸的大小分类

可分为微型轴承、小型轴承、中小型轴承、中大型轴承、大型轴承、特大型轴承和重大型轴承。

7. 按轴承的结构和性能特点分类

滚动轴承的基本类型、主要性能及应用见表 16-1。

表 16-1　滚动轴承的基本类型、主要性能及应用

轴承类型	类型代号	简图	承载方向	主要性能及应用	标准号
双列角接触球轴承	0		F_r F_a　F_a	具有相当于一对角接触球轴承背靠背安装的特性	GB/T 296—2015

（续）

轴承类型	类型代号	简图	承载方向	主要性能及应用	标准号
调心球轴承	1		F_r / F_a ← → F_a	主要承受径向载荷,也可以承受不大的轴向载荷;能自动调心,允许角偏差<2°～3°。适用于多支点传动轴、刚性较小的轴以及难以对中的轴	GB/T 281—2013
调心滚子轴承	2		F_r / F_a ← → F_a	与调心球轴承特性基本相同,允许角偏差<1°～2.5°,承载能力比前者大。常用于其他种类轴承不能胜任的重载情况,如轧钢机、大功率减速器、起重机车轮等	GB/T 288—2013
推力调心滚子轴承	2		F_r ↑ F_a ↓	主要承受轴向载荷;承载能力比推力球轴承大得多,并能承受一定的径向载荷;能自动调心,允许角偏差<2°～3°;极限转速较推力球轴承高。适用于重型机床、大型立式电动机轴的支承等	GB/T 5859—2023
圆锥滚子轴承	3		F_r ↑ F_a ←	可同时承受径向载荷和单向轴向载荷,承载能力高;内、外圈可以分离,轴向和径向间隙容易调整;允许角偏差2′,一般成对使用。常用于斜齿轮轴、锥齿轮轴和蜗杆减速器轴以及机床主轴的支承等	GB/T 297—2015
双列深沟球轴承	4		F_r ↑ F_a ← → F_a	除了具有深沟球轴承的特性外,还具有承受双向载荷更大、刚性更大的特性。可用于比深沟球轴承要求更高的场合	GB/T 276—2013
推力球轴承	5		F_a ↓	只能承受轴向载荷,51000用于承受单向轴向载荷,52000用于承受双向轴向载荷;不宜在高速下工作,常用于起重机吊钩、蜗杆轴和立式车床主轴的支承等	GB/T 28697—2012
双向推力球轴承	5		F_a ↑ F_a ↓		
深沟球轴承	6		F_r ↑ F_a ← → F_a	主要承受径向载荷,也能承受一定的轴向载荷;极限转速较高,当量摩擦因数最小;高转速时可用来承受不大的纯轴向载荷;允许角偏差<2′～10′;承受冲击能力差。适用于刚性较大的轴上,常用于机床齿轮箱、小功率电动机等	GB/T 276—2013

（续）

轴承类型	类型代号	简图	承载方向	主要性能及应用	标准号
角接触球轴承	7			可承受径向和单向轴向载荷；接触角 α 越大，承受轴向载荷的能力也越大，通常应成对使用；高速时用它替推力球轴承较好；允许角偏差<2′～10′。适用于刚性较大、跨距较小的轴，如斜齿轮减速器和蜗杆减速器中轴的支承等	GB/T 292—2023
推力圆柱滚子轴承	8			只能承受单向轴向载荷；承载能力比推力球轴承大得多，不允许有角偏差。常用于承受轴向载荷大而又不需调心的场合	GB/T 4663—2017
圆柱滚子轴承（外圈无挡边）	N			内、外圈可以分离，内、外圈允许少量轴向移动，允许角偏差很小，<2′～4′；能承受较大的冲击载荷；承载能力比深沟球轴承大。适用于刚性较大、对中良好的轴，常用于大功率电动机、人字齿轮减速器	GB/T 283—2021

此外，尚有一般轴承与无保持架轴承、无内圈轴承、无外圈轴承或无套圈轴承，普通轴承与组合轴承，通用轴承与专用轴承等。

第四节　滚动轴承的代号

滚动轴承的代号是用字母加数字来表示滚动轴承结构、尺寸、公差等级、技术性能等特征的产品符号。

轴承的代号由基本代号、前置代号和后置代号构成，其排列顺序和代号内容见表 16-2。

表 16-2　滚动轴承的代号

前置代号	基本代号					后置代号							
	1	2	3	4	5	1	2	3	4	5	6	7	8	9
成套轴承分部件（表7）①	类型代号（表2）	宽度（或高度）系列代号（表3）	直径系列代号（表3）	内径代号（表5）		内部结构（表9）	密封与防尘与外部形状（表10）	②保持架及其材料（表11）	②轴承零件材料（表12）	公差等级（表13）	游隙（表14）	配置（表15）	振动及噪声（表16）	②其他（表17）

① 指 GB/T 272—2017《滚动轴承　代号方法》中的，余同。
② 其代号表示方法见 JB/T 2974—2004《滚动轴承　代号方法的补充规定》。

一、基本代号

基本代号表示轴承的基本类型、结构和尺寸，是轴承代号的基础。它由轴承类型代号、尺寸系列代号（由直径系列代号和宽度系列代号组合而成）和内径代号构成。

（一）轴承类型代号

轴承类型代号用阿拉伯数字（以下简称数字）或大写拉丁字母（以下简称字母）表示，见表 16-1。

（二）尺寸系列代号

1. 直径系列代号

滚动轴承的每一个标准内径，对应都有一个外径（包括宽度）的递增系列（因而承载能力也相应增加），称为直径系列。用数字 7、8、9、0、1、2、3、4、5 表示，外径和宽度依次增大。其中常用的为 0、1、2、3、4，依次称为超轻系列、特轻系列、轻系列、中系列和重系列。如图 16-4 所示为内径 ϕ30mm 的深沟球轴承，在直径系列代号分别为 0、2、3、4 时（宽度系列相同，均为 0 并被省略，详见后述），外形尺寸的对比。

2. 宽度系列代号

滚动轴承每一轴承内径和直径系列，都有一个宽度的递增系列，称为宽度系列。即对于相同内径和外径的同类轴承，还有几种不同的宽度。宽度系列用数字 8、0、1、2、3、4、5、6 表示，宽度依次增加，其中常用的为 0、1、2、3，依次称为窄系列、正常系列、宽系列和特宽系列。如图 16-5 所示为内径 ϕ30mm 的圆锥滚子轴承，在宽度系列代号分别为 0、2、3 时（直径系列相同），外形尺寸的对比。

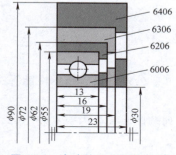

图 16-4　滚动轴承的直径系列

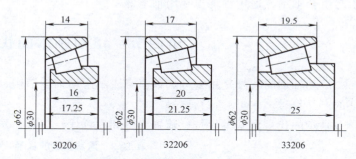

图 16-5　滚动轴承的宽度系列

（三）内径代号

轴承公称内径为 20～480mm（22、28、32mm 除外）时，其代号用公称内径除以 5 的商数表示，商数为个位数时，需在商数左边加"0"，如内径为 40mm 的轴承，其内径代号为 08。由此可知，由轴承内径代号乘以 5，即得到轴承的内径。

二、前置代号和后置代号

前置、后置代号是轴承在结构形状、尺寸、公差、技术要求等有改变时，在其基本代号左右（前后）添加的补充代号，其排列位置和内容见表 16-2。其中前置代号用字母表示，代号及其含义见 GB/T 272—2017《滚动轴承　代号方法》中的表 7。后置代号用字母（或加数字）表示，分别见 GB/T 272—2017 表 8～17 和 JB/T 2974—2004《滚动轴承　代号方法的补充规定》的规定。下面只就轴承材料、公差等级和轴承游隙做简要介绍。

滚动轴承套圈及滚动体用 GCr15 或 GCr15SiMn 钢制造；P4、P2 级公差的轴承用 ZGCr15 或 ZGCr15SiMn 钢制造（硬度均为 60~65HRC）。轴承材料符合此标准要求时，其代号省略。

滚动轴承的公差等级有 0、6（或 6X）、5、4、2 五级，精度依次提高。在代号中分别用 /PN（可省略不表示）、/P6（或/P6X）、/P5、/P4 和 /P2 表示。滚动轴承的径向游隙分别用/CA、/C2、/CN（可省略不表示）、/C3、/C4 和 /C5 表示。公差等级和游隙组别需同时表示时，可进行简化，取公差等级代号加上游隙组号组合表示，如/P63、/P52 等。

三、轴承代号表示法举例

例 16-1　6205/P4：6——轴承类型代号，表示深沟球轴承；2——尺寸系列代号 02，表示宽度系列代号为 0（省略），直径系列代号为 2；05——内径代号，表示内径为 05×5 = 25mm；/P4——公差等级代号，表示公差等级为 4 级。在滚动轴承中，深沟球轴承的宽度系列代号只有为 0 的一种，且省略不表示。故唯有深沟球轴承的代号为 4 位数字。

例 16-2　22308/P63：2——轴承类型为调心滚子轴承；23——宽度系列为 2，直径系列为 3；08——轴承内径为 40mm；/P63——公差等级为 6 级，径向游隙为 3 组。

例 16-3　圆柱滚子轴承（外圈无挡边）；宽度系列为宽系列（2），直径系列为轻系列（2）；轴承内径为 40mm，公差等级为 0 级，游隙组别为 3 组的滚动轴承代号为：N2208/C3。

第五节　滚动轴承的选择

滚动轴承是一种通用的标准部件，由专业轴承厂生产。因此，在一般机械设计时，只需通过选择计算，确定轴承的代号后，即可进行外购。选择计算的具体内容有：①选择轴承的类型（确定类型代号）；②选择轴承的尺寸系列（确定尺寸系列代号）；③确定轴承的内径（得出内径代号）。实际上，在轴的设计时，已经确定了安装轴承处的轴颈的直径，也就是轴承的内径。这样就得到了轴承的基本代号。在一般使用条件下，轴承前置代号和后置代号中的内容：如轴承的精度等级多为 0 级；轴承的游隙组别多为 0 组；轴承的结构和材料等均按标准规定，没有变化，因此在代号中均可省略，不必表示。

因此，滚动轴承的选择通常主要是选择轴承的类型和轴承的尺寸系列。下面分别予以介绍。

一、选择轴承的类型

选择滚动轴承的类型时，应首先了解各类轴承的性能特点（见表 16-1），并结合实际工作条件来决定。

1. 载荷的大小、方向和性质

当承受的载荷大或为冲击载荷时，应选用承载能力大、刚性好、耐冲击的滚子轴承；反之则应选用球轴承。当承受纯径向载荷时，应选用向心轴承，如深沟球轴承、圆柱滚子轴承等；当承受纯轴向载荷时，应选用推力轴承，如推力圆柱滚子轴承，单向或双向推力球轴承等。当同时承受径向载荷和轴向载荷时：若轴向载荷较小，则可选用深沟球轴承；轴向载荷较大，则可选用角接触球轴承或圆锥滚子轴承；当轴向载荷很大，可选用向心轴承和推力轴承的组合，以分别承受径向载荷和轴向载荷。

2. 轴承的转速

在滚动轴承的产品样本中，一般都列出了每个轴承在油润滑和脂润滑时所允许的最高转速，称为轴承的极限转速，用 n_{lim} 表示。为了满足轴承的工作转速 $n \leq n_{lim}$，应注意以下几点：

1）当轴承的工作转速较高时，应优先选用球轴承。这是由于滚动体球比滚子质量小，离心惯性力也小，且摩擦因数小、转动灵活，因此具有较高的极限转速。

2）高速运转的轴承应优先选择轻、窄系列的轴承。这是因为轻、窄系列轴承比重、宽系列轴承具有较高的极限转速。

3）由于推力轴承的极限转速都较低，所以高速轴承轴向力不是很大时，可选用深沟球轴承、角接触球轴承等来代替推力轴承。

3. 调心性能

对于弯曲刚度小的轴或多支点轴的轴承应选用调心轴承。

4. 结构尺寸的限制

当径向尺寸受限制时，可选用轻系列轴承或滚针轴承；当轴向尺寸受限制时，应选用窄系列轴承。

5. 安装与拆卸

对于采用整体式轴承座并需要经常装拆的轴承，应优先选用可分离型轴承，如圆锥滚子轴承和圆柱滚子轴承。

6. 经济性

一般情况下，球轴承的价格低于滚子轴承；径向接触轴承价格低于角接触轴承；0 级精度轴承的价格远低于其他公差等级的轴承。为此在满足轴承使用性能要求的前提下，应尽量选用价格低廉的轴承。

二、滚动轴承尺寸（型号规格）的选择

1. 滚动轴承内部的载荷分布、应力变化情况及其失效形式

图 16-6a 所示为一深沟球轴承受径向载荷 F_r 作用时的工作情况，设外圈（与外壳）固定不动，内圈（与轴）转动。显然，只有位于下半周的滚动体承压，称为承载区，而上半周为非承载区。由于滚动体的弹性变形而使内圈下移至图 16-6a 所示双点画线位置，如图 16-6a 所示，在承载区内各滚动体的法向变形量 δ 各不相同，作用力 F 相应也不同，其中位于最下方的滚动体所受的力 F_0 为最大，可以证明，其值约为平均作用力的 5 倍，即 $F_0 \approx 5F_r/z$（z 为轴承中滚动体的总数）。

图 16-6b 所示为在承载区内滚动体与内、外圈在不同位置接触时，其应力的变化情况。其中内圈上的一点 A（转动）在一个循环中的应力变化情况如图 16-6c 所示；外圈上的最低点 B（不动）在一个循环中的应力变化情况如图 16-6d 所示。滚动体既有自转又有公转，与内、外圈的接触点也在不断改变，故其表面上任一点的应力变化情况非常复杂，可近似视为与内圈的变化情况相同。综上所述，可以认为滚动轴承工作时，其内、外圈和滚动体均处在脉动循环交变接触应力的作用下，因此，对于最常用的中速和中高速轴承，其主要失效形式为滚动体或内、外圈的疲劳点蚀失效。

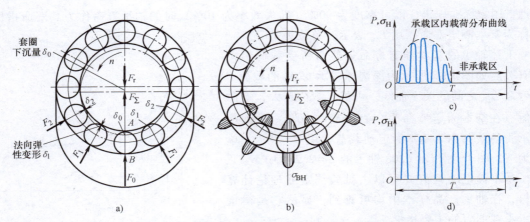

图 16-6 滚动轴承内部的载荷分布和应力变化情况

a) 内部载荷分布　b) 应力变化情况　c) 内圈的应力循环　d) 外圈的应力循环

对于高速轴承，往往由于其过高的转速而引起过度地发热，破坏润滑而导致急剧磨损或胶合失效，故应限制其最高转速不超过轴承的极限转速。

对于受重载或冲击载荷作用的低速（$n<10\text{r/min}$）轴承，其主要失效形式为滚动体（或内、外圈）过大的塑性变形。一般规定：滚动体与滚道的总永久变形量 δ 不得超过滚动体直径 d_r 的万分之一，即 $\delta \leqslant 0.0001d_r$。

此外，由于安装不正确，润滑不充分，密封不可靠等造成的套圈断裂、保持架损坏等均属于非正常失效，应当避免。

2. 滚动轴承的尺寸选择

如上所述，对于一定类型和一定内径的轴承，其尺寸取决于它的尺寸系列（宽度系列和直径系列），因此滚动轴承尺寸选择实际上就是确定轴承的尺寸系列。具体选择时，通常是首先根据经验或类比初定轴承的尺寸系列，然后再针对轴承的工作条件和相应的失效形式进行强度校核。下面只讨论针对轴承的疲劳点蚀失效进行的强度校核，通常称为轴承的寿命计算。

（1）基本概念　单个轴承，其中一个套圈（或垫圈）或滚动体材料首次出现疲劳扩展之前，一套圈（或垫圈）相对于另一套圈（或垫圈）的转数，称为滚动轴承的（实际）寿命，用 L 表示。滚动轴承的寿命也常用在一定转速下所经历的小时数 L_h 来表示。

对在同一（规定）条件下运转的一组近乎相同（同一批生产的相同类型、相同型号规格）的轴承进行疲劳试验后，用数理统计的方法可以得到轴承的寿命 L 与相应的可靠度 R（完好轴承的百分数）之间的关系曲线，即 $L\text{-}R$ 曲线，如图 16-7 所示。可见：①随着轴承运转次数的增加，可靠度随之降低；②单个轴承的寿命各不相同，有的甚至相差几十倍，这种现象称为轴承寿命的离散性。因此在机械设计中，对于某个具体的轴承来说，就很难预知它的确切寿命，若把寿命定高了，则工作不可靠，定低了则不经济，为了兼顾轴承工作时的可靠性和经

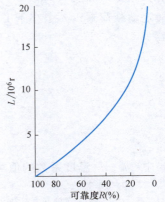

图 16-7 滚动轴承的 $L\text{-}R$ 曲线

济性，国家标准规定，以可靠度为 90%（即失效率为 10%）时的轴承寿命作为其寿命指标，
并称为基本额定寿命，用 L_{10} 表示，单位为 10^6r。

上述轴承的基本额定寿命显然与所受载荷的大小有关。如图 16-8 所示为深沟球轴承 6208 的载荷 P 与寿命 L_{10} 之间的关系曲线。可见，载荷越大，寿命越短。在基本额定寿命为一百万转（10^6r）时轴承所承受的载荷称为基本额定动载荷，用 $C^{\ominus}$ 表示，单位为 N。图 16-8 所示 6208 轴承的 $C = 2.28 \times 10^4$N。

基本额定动载荷 C 可以由试验测定或理论计算求得，在轴承产品样本中均可查到，显然它是衡量轴承承载能力的主要指标。

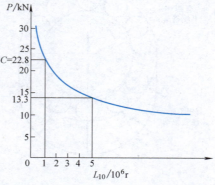

图 16-8　轴承（6208）的 P-L_{10} 曲线

（2）滚动轴承的寿命计算　试验研究表明，各种滚动轴承均有与 6208 轴承类似的寿命曲线，且都可以用下面的方程近似表达。即

$$P^\varepsilon L_{10} = 常数 \tag{16-1}$$

由于 $L_{10} = 1$，$P = C$ 为曲线上的一点，故也满足方程，即

$$P^\varepsilon L_{10} = C^\varepsilon \times 1 = 常数 \tag{16-2}$$

或写成

$$L_{10} = \left(\frac{C}{P}\right)^\varepsilon \tag{16-3}$$

式中　P——当量动载荷（N）（详见后述）；

　　　　ε——寿命指数，对球轴承 $\varepsilon = 3$；对滚子轴承 $\varepsilon = 10/3$。

由于实际计算时，常用轴承工作的小时数 L_{10h} 来表示其寿命，因此式（16-3）可改写为

$$L_{10h} = \frac{10^6}{60n}\left(\frac{C}{P}\right)^\varepsilon \tag{16-4}$$

式中　n——滚动轴承的转速（r/min）。

轴承的基本额定动载荷 C 是在轴承工作温度 $t \leqslant 120℃$ 等规定的条件下得出的，当轴承的实际工作温度 $t > 120℃$ 时，C 值将减小，即将会降低轴承的承载能力和寿命，故应对基本额定动载荷乘以一个小于 1 的温度系数 f_t 来加以修正，因此式（16-3）和式（16-4）可改写为

$$L_{10} = \left(\frac{f_t C}{P}\right)^\varepsilon \tag{16-5}$$

$$L_{10h} = \frac{10^6}{60n}\left(\frac{f_t C}{P}\right)^\varepsilon \tag{16-6}$$

式中　f_t——温度系数的值可由表 16-3 查取。

$\ominus$　对于向心轴承的基本额定动载荷为径向载荷，需要区分时用"C_r"表示；对于推力轴承的基本额定动载荷为轴向载荷，需要区分时用"C_a"表示。

表 16-3　温度系数 f_t 的值

轴承工作温度/℃	≤120	125	150	175	200	225	250	300
f_t	1	0.95	0.90	0.85	0.80	0.75	0.70	0.60

通常在选择轴承类型和初选轴承的型号、规格后，即可从轴承产品样本（或附录16）中，查得 C 值并由式（16-6）求得 L_{10h}，于是可按式（16-7）进行寿命校核，以确定所选轴承是否满足使用要求。即

$$L_{10h} \geqslant L'_{10h} \tag{16-7}$$

式中　L'_{10h}——各种机器所要求达到的轴承预期计算寿命，可由表 16-4 查取。

表 16-4　各种机器所要求达到的轴承预期计算寿命 L'_{10h}

机器类型	L'_{10h}/h
不经常使用的机器或设备,如闸门开关装置等	300～3000
短期或间断使用的机械,中断使用不致引起严重后果,如手动工具等	3000～8000
间断使用的机械,中断使用后果严重,如发动机辅助设备、流水作业线自动传递装置、升降机、车间起重机、不常使用的机床等	8000～12000
每天 8h 工作的机械(利用率不高),如一般齿轮传动、某些固定电动机等	12000～25000
每天 8h 工作的机械(利用率较高),如金属切削机床、连续使用的起重机、木材加工机械等	20000～30000
24h 连续工作的机械,如矿山升降机、输送滚道用滚子等	40000～50000
24h 连续工作的机械,中断使用后果严重,如纤维或造纸设备、发电站主发电机、矿井水泵、船舶螺旋桨轴等	≈10000

在工程实际中，也可以在选择轴承类型后，再根据机器类型定出轴承的预期计算寿命 L'_{10h}，则由式（16-6）和式（16-7）可得到待选轴承的 C 值应满足的条件为

$$C \geqslant \frac{P}{f_t} \sqrt[\varepsilon]{\frac{60nL'_{10h}}{10^6}} \tag{16-8}$$

据此即可由轴承产品样本或有关设计手册中选定轴承的型号规格。

3. 滚动轴承的当量动载荷

在上面的寿命计算公式中，载荷 P 是当量动载荷。所谓当量动载荷是指一个恒定的假想（理论）载荷，对向心轴承为假想的纯径向载荷，对推力轴承为假想的纯轴向载荷，在该载荷作用下滚动轴承的寿命与在实际载荷（一般同时有径向载荷和轴向载荷）作用下的寿命相同。当量动载荷计算公式为

$$P = f_d(XF_r + YF_a) \tag{16-9}$$

式中　F_r、F_a——轴承同时受到的实际径向载荷和实际轴向载荷；

　　　　X、Y——径向载荷系数和轴向载荷系数，这是将实际径向载荷和实际轴向载荷折算为当量动载荷时的折算系数，其值可根据轴承类型等由表 16-5 查取；

　　　　f_d——考虑轴承实际载荷不平稳影响的折算系数，称为冲击载荷系数，其值由表 16-6 查取。

下面对表 16-5 做如下说明：

1）表中的 C_{0r} 为轴承的基本额定静载荷，它表征轴承静强度的大小，其值可查轴承产

品样本或附录 16。

2）表中的 e 为轴向载荷对轴承寿命影响程度的判断系数（其值由轴承类型和 F_a/C_{0r} 确定）。当 $F_a/F_r \leq e$ 时，轴向载荷 F_a 对轴承寿命的影响较小，如又为单列轴承，则可不考虑其影响，即取 $X=1$，$Y=0$（此时 $P=f_d F_r$）。当 $F_a/F_r > e$ 时，轴向载荷 F_a 对轴承寿命的影响较大，此时应查表确定 X、Y 值。

3）对于径向接触向心轴承（$\alpha=0°$），承受纯径向载荷时，$P=f_d F_r (X=1，Y=0)$；对于轴向接触推力轴承（$\alpha=90°$），它只能承受轴向载荷 F_a，故 $P=f_d F_a (X=0，Y=1)$。即只需考虑冲击载荷系数 f_d。

4）对于向心角接触轴承，如角接触球轴承（70000 型）和圆锥滚子轴承（30000 型）等，当其受到外载荷径向力 F_r 和轴向力 F_a 作用时，由于存在着接触角，轴承为平衡径向力 F_r 而产生的约束力可以分解为径向约束力 F_r' 和轴向约束力 F_a'，即 $F_r=F_r'$，而 F_a' 称为派生轴向力，它与 F_a 可以合成为一个合成轴向力。限于篇幅，本章不介绍派生轴向力和合成轴向力的计算方法，即这里不进行其当量动载荷计算和寿命计算，需要时可参阅有关文献。

表 16-5　径向载荷系数 X 和轴向载荷系数 Y（摘自 GB/T 6391—2010）

轴承类型	相对轴向载荷			单列轴承				双列轴承				e
	$\dfrac{F_a^{[1]}}{C_{0r}}$	$\dfrac{f_0 F_a^{[2]}}{C_{0r}}$	$\dfrac{F_a}{iZD_w^2}$	$\dfrac{F_a}{F_r}\leq e$		$\dfrac{F_a}{F_r}>e$		$\dfrac{F_a}{F_r}\leq e$		$\dfrac{F_a}{F_r}>e$		
				X	Y	X	Y	X	Y	X	Y	
径向接触深沟球轴承	0.014	0.172	0.172	1	0	0.56	2.3	1	0	0.56	2.3	0.19
	0.028	0.345	0.345				1.99				1.99	0.22
	0.056	0.689	0.689				1.71				1.71	0.26
	0.084	1.03	1.03				1.55				1.55	0.28
	0.11	1.38	1.38				1.45				1.45	0.3
	0.17	2.07	2.07				1.31				1.31	0.34
	0.28	3.45	3.45				1.15				1.15	0.38
	0.42	5.17	5.17				1.04				1.04	0.42
	0.56	6.89	6.89				1				1	0.44
调心球轴承				1	0	0.4	$0.4\cot\alpha$	1	$0.42\cot\alpha$	0.65	$0.65\cot\alpha$	$1.5\tan\alpha$

[1] 在 "GB/T 6391—2010《滚动轴承　额定动载荷和额定寿命》" 的表中，"相对轴向载荷" 只有右边两栏，本栏是作者添加的。这是因为右栏中的系数 f_0 需从 "GB/T 4662—2012《滚动轴承　额定静载荷》" 的表 1 中查取，不甚方便；在粗略计算时，为了方便起见，本书将右栏的值除以 f_0（并取平均值 $f_0=12.3$），即消去 f_0 后得本栏值。

[2] 由于 $C_{0r}=f_0 iZD_w^2$（见 GB/T 4662—2012），代入 "相对轴向载荷" $f_0 F_a/C_{0r}$ 栏中，即得 $f_0 F_a/C_{0r}=F_a/(iZD_w^2)$，故右边两栏的值完全相同。

表 16-6　冲击载荷系数 f_d

载荷性质	举　例	f_d
轻微冲击	电动机、汽轮机、通风机、水泵等	1.0~1.2
中等冲击	冶金机械、水力机械、木材加工机械、起重机械、机床、车辆、造纸机、选矿机、卷扬机、减速器等	1.2~1.8
强大冲击	破碎机、轧钢机、钻探机、剪床、振动筛等	1.8~3.0

例 16-4 已知一轴用一对 6320 型深沟球轴承支承（由附录 16 查得其基本额定静载荷 $C_0 = 133\text{kN}$，基本额定动载荷 $C = 136\text{kN}$），轴的转速 $n = 256\text{r/min}$，轴承工作温度 $t < 100℃$，载荷有轻微冲击，其中受载较大的轴承所受的径向力 $F_r = 20\text{kN}$，轴向力 $F_a = 7.45\text{kN}$，试计算该轴承的寿命 L_{10h}。

解 1）$\dfrac{F_a}{C_0} = \dfrac{7.45}{133} \approx 0.056$，查表 16-5 可得 $e = 0.26$。

2）$\dfrac{F_a}{F_r} = \dfrac{7.45}{20} \approx 0.37 > e$，由表 16-5 可得 $X = 0.56$，$Y = 1.71$。

3）由表 16-6 查表 $f_d = 1.2$；查表 16-3 得 $f_t = 1$；球轴承的寿命指数 $\varepsilon = 3$。

4）计算当量动载荷 P

$$P = f_d(XF_r + YF_a) = 1.2 \times (0.56 \times 20 + 1.71 \times 7.45)\text{kN} \approx 28.73\text{kN}$$

5）计算轴承寿命 L_{10h}

$$L_{10h} = \frac{10^6}{60n}\left(\frac{f_t C}{P}\right)^\varepsilon = \frac{10^6}{60 \times 256} \times \left(\frac{136}{28.73}\right)^3 \text{h} \approx 6906\text{h}$$

第六节　滚动轴承的画法

滚动轴承是由多种零件装配而成的标准部件，并由专业轴承厂进行生产和供应。因此，在一般机械设计时，不必画出其组成零件的零件图，而只需在装配图中画出整个轴承部件。为了简化作图，国家标准 GB/T 4459.7—2017《机械制图　滚动轴承表示法》中，规定了在装配图中不需要确切地表示其形状和结构的滚动轴承的标准画法：通用画法、特征画法（统称简化画法）和规定画法。下面分别予以介绍。

一、基本规定

（1）图线　通用画法、特征画法和规定画法中的各种符号、矩形线框和轮廓线均用粗实线绘制。

（2）尺寸和比例　绘制滚动轴承时，其矩形线框或外形轮廓的大小应与滚动轴承的外形尺寸（外径 D、内径 d、宽度 B 或 T）一致，并与所属图样采用同一比例。

（3）剖面符号　在剖视图中，用简化画法绘制滚动轴承时，一律不画剖面符号（剖面线）；用规定画法绘制滚动轴承时，轴承的滚动体不画剖面线，其各套圈等可画成方向和间隔相同的剖面线。

二、通用画法

在剖视图中，当不需要确切地表示滚动轴承的外形轮廓、载荷特性、结构特征时，可用矩形线框及位于线框中央正立的十字形符号表示，如图 16-9a 所示；如需确切地表示滚动轴承的外形，则应画出剖面轮廓，并在轮廓中央画出正立的十字形符号，如图 16-9b 所示。

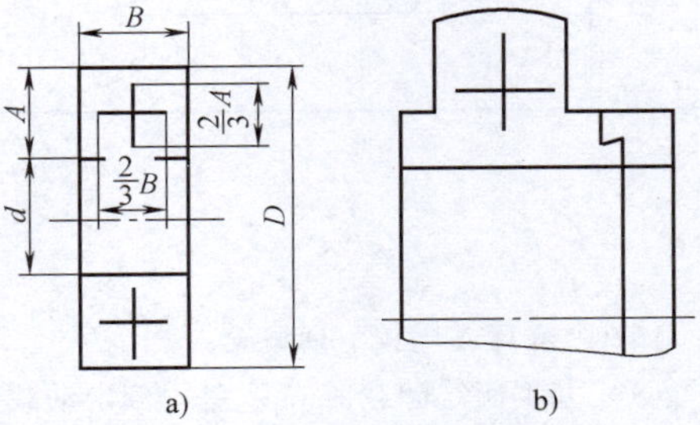

图 16-9　滚动轴承的通用画法
a）一般通用画法　b）画出外形轮廓的通用画法

三、特征画法

在剖视图中，如需较形象地表示滚动轴承的结构特征和载荷特性时，可采用在矩形线框内画出其结构要素符号的方法表示。几种常用滚动轴承的特征画法见表16-7。

四、规定画法

必要时，在滚动轴承的产品图样、产品样本、产品标准、用户手册和使用说明书中，可采用规定画法绘制滚动轴承（在装配图中，滚动轴承的保持架及倒角等可省略不画）。几种常用滚动轴承的规定画法见表16-7。

规定画法一般绘制在轴的一侧，另一侧按通用画法绘制。

表 16-7　常用滚动轴承的特征画法和规定画法

轴承类型	深沟球轴承	圆锥滚子轴承	推力球轴承
特征画法	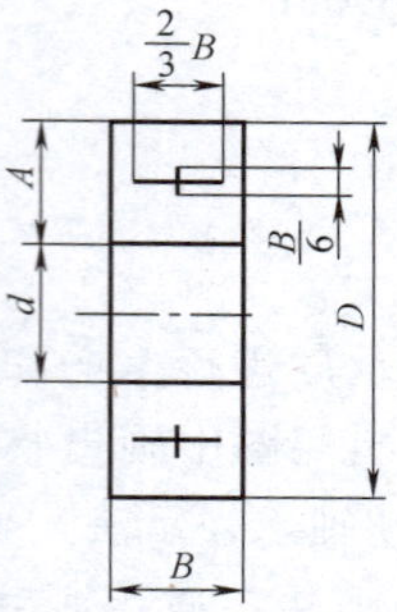	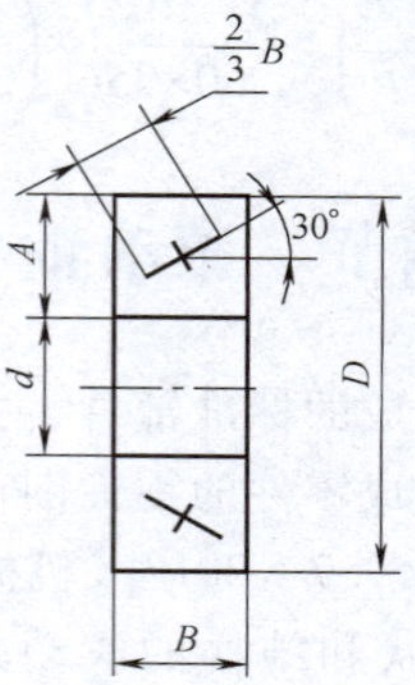	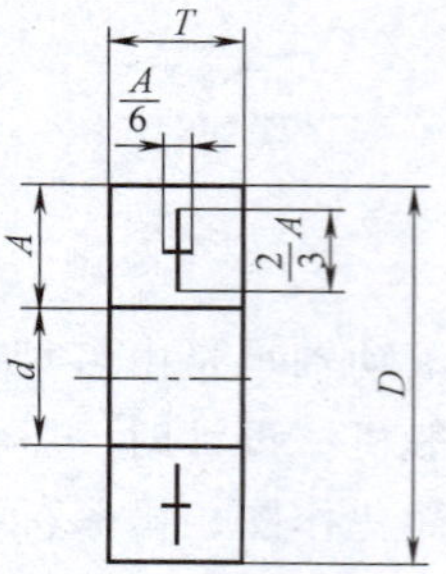
规定画法	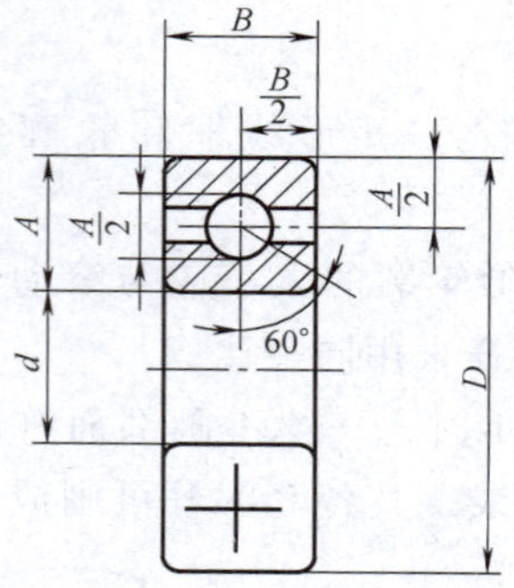	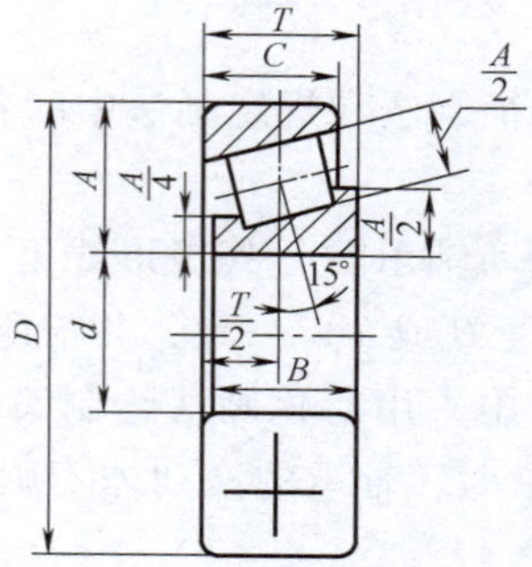	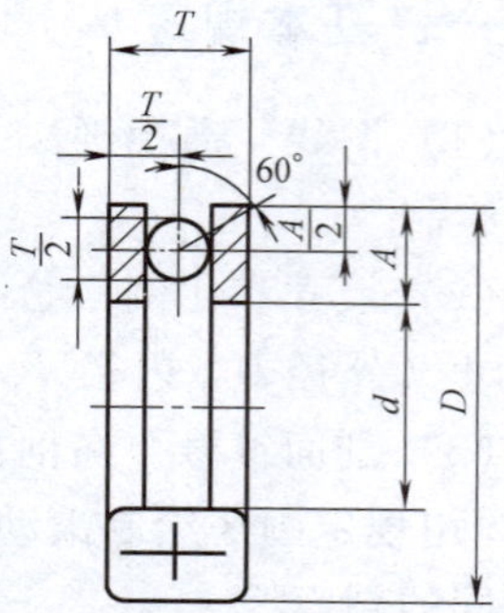

习　题

16-1　解释或比较下列概念：

（1）基本额定静载荷 C_0、基本额定动载荷 C 和当量动载荷 P。

（2）滚动轴承的寿命、基本额定寿命、（修正）额定寿命、预期计算寿命。

（3）滚子轴承和球轴承，可分离轴承和不可分离轴承，调心轴承和刚性轴承，单列轴承和多列轴承，游隙可调轴承和游隙不可调轴承，径向接触轴承、角接触向心轴承、轴向接触轴承、角接触推力轴承。

（4）直径系列、宽度系列、尺寸系列。

（5）径向载荷系数 X、轴向载荷系数 Y、轴向载荷影响的判断系数 e、冲击载荷系数 f_d、温度系数 f_t、寿命指数 ε。

16-2　试说明下列轴承代号的含义：

①6208/P63；②30210/P6X；③N2210。

16-3　有四个型号规格相同的深沟球轴承，已知轴承 1 的转速 $n_1 = 1000\text{r/min}$，当量动载荷 $P_1 = 2500\text{N}$，其额定寿命为 $L_{h1} = 8000\text{h}$，试求：

1）当轴承 2 的转速 $n_2 = 2n_1 = 2000\text{r/min}$，当量动载荷 $P_2 = P_1 = 2500\text{N}$ 时，其额定寿命 L_{h2} 为多少？

2）当轴承 3 的转速 $n_3 = n_1 = 1000\text{r/min}$，当量动载荷 $P_3 = 2P_1 = 5000\text{N}$ 时，其额定寿命 L_{h3} 为多少？

3）当轴承 4 的转速 $n_4 = n_1/2 = 500\text{r/min}$，当量动载荷 $P_4 = 2P_1 = 5000\text{N}$ 时，其额定寿命 L_{h4} 为多少？

16-4　某水泵轴的支承选用型号为 6307 的一对深沟球轴承，已知水泵转速 $n = 2900\text{r/min}$，两个轴承所受的径向载荷分别为 $F_{r1} = 1800\text{N}$，$F_{r2} = 1300\text{N}$，轴向载荷分别为 $F_{a1} = 0$，$F_{a2} = 750\text{N}$，要求这对轴承的预期计算寿命为 6000h，试问这一对轴承能否满足使用要求？（查表得 6307 轴承的基本额定静载荷 $C_0 = 17900\text{N}$，基本额定动载荷 $C = 26200\text{N}$）

16-5　指出图 16-10 所示轴系装配图中的各种错误。

示例：①齿轮非啮合区少画分度线——点画线。

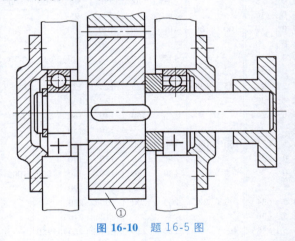

图 16-10　题 16-5 图

附录1 标准尺寸（摘自 GB/T 2822—2005）　　　　（单位：mm）

R10	R'10	R20	R'20	R40	R'40	R10	R'10	R20	R'20	R40	R'40	R10	R'10	R20	R'20	R40	R'40
10.0	10	10.0	10.0							67	67					375	(380)
		11.2	(11)					71	71	71	71	400	400	400	400	400	400
12.5	(12)	12.5	(12)	12.5	(12)					75	75					425	(420)
				13.2	(13)	80	80	80	80	80	80			450	450	450	450
		14.0	14	14.0	14					85	85					475	(480)
				15.0	15			90	90	90	90	500	500	500	500	500	500
16.0	16	16.0	16	16.0	16					95	95					530	530
				17.0	17	100	100	100	100	100	100			560	560	560	560
		18.0	18	18.0	18					106	(105)					600	600
				19.0	19			112	(110)	112	(110)	630	630	630	630	630	630
20.0	20	20.0	20	20.0	20					118	(120)					670	670
				21.2	(21)	125	125	125	125	125	125			710	710	710	710
		22.4	(22)	22.4	(22)					132	(130)					750	750
				23.6	(24)			140	140	140	140	800	800	800	800	800	800
25.0	25	25.0	25	25.0	25					150	150					850	850
				26.5	(26)	160	160	160	160	160	160			900	900	900	900
		28.0	28	28.0	28					170	170					950	950
				30.0	30			180	180	180	180	1000	1000	1000	1000	1000	1000
31.5	(32)	31.5	(32)	31.5	(32)					190	190					1060	1060
				33.5	(34)	200	200	200	200	200	200			1120	1120	1120	1120
		35.5	(36)	35.5	(36)					212	(210)					1180	1180
				37.5	(38)			224	(220)	224	(220)	1250	1250	1250	1250	1250	1250
40.0	40	40.0	40	40.0	40					236	(240)					1320	1320
				42.5	(42)	250	250	250	250	250	250			1400	1400	1400	1400
		45.0	45	45.0	45					265	(260)					1500	1500
				47.5	(48)			280	280	280	280	1600	1600	1600	1600	1600	1600
50.0	50	50.0	50	50.0	50					300	300					1700	1700
				53.0	53	315	(320)	315	(320)	315	(320)			1800	1800	1800	1800
		56.0	56	56.0	56					335	(340)					1900	1900
				60.0	60			355	(360)	355	(360)	2000	2000	2000	2000	2000	2000
63	63	63	63	63	63												

注：1. GB/T 2822—2005 规定了：0.01~20000mm 范围内，机械制造业内常用的直径长度、高度等标准尺寸系列。而本表仅摘录了：10~2000mm 范围内的数值。

2. 本标准适用于有互换性和系列化要求的尺寸，如安装连接尺寸，有公差要求的配合尺寸，决定产品系列的公称尺寸等，其他尺寸也应尽可能采用。

3. 选择尺寸时，按 R10、R20、R40 的顺序，优先选用 R 系列。如必须将数值圆整，可选择相应的 R′系列，应按照 R10′、R20′和 R40′的顺序选择。

4. R′系列（ ）中的数字为 R 系列相应各项优先数的化整值。

附录 2　常用化学元素符号（摘自 GB/T 3102.8—1993）

元素符号	Cr	Ni	Si	Mn	Al	P	W	Mo	V	Ti	Cu	Fe	B	Co	N
元素名称	铬	镍	硅	锰	铝	磷	钨	钼	钒	钛	铜	铁	硼	钴	氮
元素符号	Nb	Ta	Ca	C	RE	S	Be	Bi	Cd	Mg	Pb	Sb	Sn	Zn	In
元素名称	铌	钽	钙	碳	稀土	硫	铍	铋	镉	镁	铅	锑	锡	锌	铟

附录 3　普通螺纹（摘自 GB/T 192、193、196—2003，GB/T 197—2018）

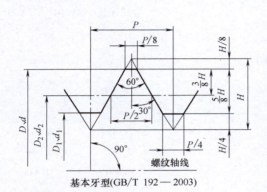

基本牙型(GB/T 192—2003)

1. D—内螺纹大径；d—外螺纹大径；D_2—内螺纹中径；d_2—外螺纹中径；D_1—内螺纹小径；d_1—外螺纹小径；P—螺距；H—原始三角形高度

2. $H = \dfrac{\sqrt{3}}{2}P = 0.866P$

$$D_2(d_2) = D(d) - 2 \times \frac{3}{8}H = D(d) - 0.6495P$$

$$D_1(d_1) = D(d) - 2 \times \frac{5}{8}H = D(d) - 1.0825P$$

3. 螺纹标记：
   M24：公称直径为 24mm 的粗牙普通螺纹；
   M24×1.5：公称直径为 24mm，螺距为 1.5mm 的细牙普通螺纹；
   M24×1.5-LH：公称直径为 24mm，螺距为 1.5mm，旋向为左旋的细牙普通螺纹

（单位：mm）

公称直径 D、d 第一系列	公称直径 D、d 第二系列	螺距 P	中径 D_2 或 d_2	小径 D_1 或 d_1	公称直径 D、d 第一系列	公称直径 D、d 第二系列	螺距 P	中径 D_2 或 d_2	小径 D_1 或 d_1	公称直径 D、d 第一系列	公称直径 D、d 第二系列	螺距 P	中径 D_2 或 d_2	小径 D_1 或 d_1
6		1	5.350	4.917		18	2.5	16.376	15.294		33	3.5	30.727	29.211
		0.75	5.513	5.188			2	16.701	15.835			3	31.051	29.752
							1.5	17.026	16.376			2	31.701	30.835
							1	17.350	16.917			1.5	32.026	31.376
8		1.25	7.188	6.647	20		2.5	18.376	17.294	36		4	33.402	31.670
		1	7.350	6.917			2	18.701	17.835			3	34.051	32.752
		0.75	7.513	7.188			1.5	19.026	18.376			2	34.701	33.835
							1	19.350	18.917			1.5	35.026	34.376
10		1.5	9.026	8.376		22	2.5	20.376	19.294		39	4	36.402	34.670
		1.25	9.188	8.647			2	20.701	19.835			3	37.051	35.752
		1	9.350	8.917			1.5	21.026	20.376			2	37.701	36.835
		0.75	9.513	9.188			1	21.350	20.917			1.5	38.026	37.376
12		1.75	10.863	10.106	24		3	22.051	20.752	42		4.5	39.077	37.129
		1.5	11.026	10.376			2	22.701	21.835			4	39.402	37.670
		1.25	11.188	10.674			1.5	23.026	22.376			3	40.051	38.752
		1	11.350	10.917			1	23.350	22.917			2	40.701	39.835
												1.5	41.026	40.376
	14	2	12.701	11.835		27	3	25.051	23.752		45	4.5	42.077	40.129
		1.5	13.026	12.376			2	25.701	24.835			4	42.402	40.670
		1.25	13.188	12.647			1.5	26.026	25.376			3	43.051	41.752
		1	13.350	12.917			1	26.350	25.917			2	43.701	42.835
												1.5	44.026	43.376
16		2	14.701	13.835	30		3.5	27.727	26.211	48		5	44.752	42.587
		1.5	15.026	14.376			3	28.051	26.752			4	45.402	43.670
		1	15.350	14.917			2	28.701	27.835			3	46.051	44.752
							1.5	29.026	28.376			2	46.071	45.835
							1	29.350	28.917			1.5	47.026	46.376

注：1. GB/T 193—2003 规定螺纹公称直径为 1～600mm，本表仅摘录 6～48mm 部分。

　　2. 公称直径优先选用第一系列，其次第二系列，本表未列入第三系列和标准建议尽可能不用的螺距。

　　3. 在每个直径所对应的螺距中，第一个数字为粗牙普通螺纹螺距，其余为细牙普通螺纹螺距。

附录4 55°非密封管螺纹（摘自 GB/T 7307—2001）

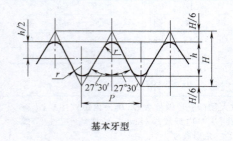

基本牙型

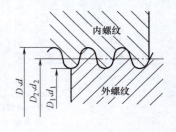

标 记 示 例

1. 内螺纹：G $1^1/_2$
2. A 级外螺纹：G $1^1/_2$ A
3. B 级外螺纹：G $1^1/_2$ B
4. 左旋内螺纹：G $1^1/_2$ LH
5. 左旋 A 级外螺纹：G $1^1/_2$ A-LH

螺纹的基本尺寸

（单位：mm）

尺寸代号	每25.4 mm 内的牙数 n	螺距 P	牙高 h	基本直径		
				大径 $d=D$	中径 $d_2=D_2$	小径 $d_1=D_1$
1/16	28	0.907	0.581	7.723	7.142	6.561
1/8	28	0.907	0.581	9.728	9.147	8.566
1/4	19	1.337	0.856	13.157	12.301	11.445
3/8	19	1.337	0.856	16.662	15.806	14.950
1/2	14	1.814	1.162	20.955	19.793	18.631
5/8	14	1.814	1.162	22.911	21.749	20.587
3/4	14	1.814	1.162	26.441	25.279	24.117
7/8	14	1.814	1.162	30.201	29.039	27.877
1	11	2.309	1.479	33.249	31.770	30.291
$1^1/_2$	11	2.309	1.479	37.897	36.418	34.939
$1^1/_4$	11	2.309	1.479	41.910	40.431	38.952
$1^1/_2$	11	2.309	1.479	47.803	46.324	44.845
$1^3/_4$	11	2.309	1.479	53.746	52.267	50.788
2	11	2.309	1.479	59.614	58.135	56.656
$2^1/_4$	11	2.309	1.479	65.710	64.231	62.752
$2^1/_2$	11	2.309	1.479	75.184	73.705	72.226
$2^3/_4$	11	2.309	1.479	81.534	80.055	78.576
3	11	2.309	1.479	87.884	86.405	84.926
$3^1/_2$	11	2.309	1.479	100.330	98.851	97.372
4	11	2.309	1.479	113.030	111.551	110.072
$4^1/_2$	11	2.309	1.479	125.730	124.251	122.772
5	11	2.309	1.479	138.430	136.951	135.472
$5^1/_2$	11	2.309	1.479	151.130	149.651	148.172
6	11	2.309	1.479	163.830	162.351	160.872

注：1. GB/T 7307—2001标准规定了牙型角为55°、螺纹副本身不具有密封性的圆柱管螺纹的牙型、尺寸、公差和标记，适用于管子、阀门、管接头、旋塞及其他管路附件的螺纹联接。

2. 若要求此联接具有密封性，应在螺纹以外设计密封面结构（例如圆锥面、平端面等）。在密封面内添加合适的密封介质，利用螺纹将密封面锁紧密封。

附录5　梯形螺纹（摘自 GB/T 5796.1~5796.4—2022）

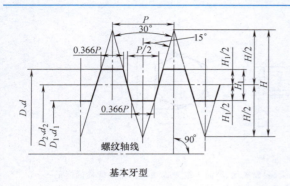

基本牙型

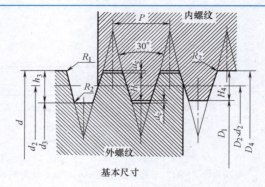

基本尺寸

D、d—内、外螺纹大径

D_2、d_2—内、外螺纹中径

D_1、d_1—内、外螺纹小径

P—螺距

H—原始三角形高度

H_1—基本牙型高度

螺纹代号示例：

例1：公称直径为40mm；螺距为7mm的单线梯形螺纹：Tr 40×7

例2：公称直径为40mm，导程为14mm，螺距为7mm，左旋的双线梯形螺纹：

Tr 40×14P7-LH

（单位：mm）

公称直径 d		螺距 P	中径 $d_2 = D_2$	大径 D_4	小径		公称直径 d		螺距 P	中径 $d_2 = D_2$	大径 D_4	小径	
第一系列	第二系列				d_3	D_1	第一系列	第二系列				d_3	D_1
8		1.5	7.25	8.3	6.2	6.5	28		5	25.5	28.5	22.5	23
	9	2	8	9.5	6.5	7		30	6	27	31	23	24
10		2	9	10.5	7.5	8	32		6	29	33	25	26
	11	2	10	11.5	8.5	9		34	6	31	35	27	28
12		3	10.5	12.5	8.5	9	36		6	33	37	29	30
	14	3	12.5	14.5	10.5	11		38	7	34.5	39	30	31
16		4	14	16.5	11.5	12	40		7	36.5	41	32	33
	18	4	16	18.5	13.5	14		42	7	38.5	43	34	35
20		4	18	20.5	15.5	16	44		7	40.5	45	36	37
	22	5	19.5	22.5	16.5	17		46	8	42	47	37	38
24		5	21.5	24.5	18.5	19	48		8	44	49	39	40
	26	5	23.5	26.5	20.5	21	50		8	46	51	41	42

注：1. GB/T 5796.1~5796.4—2022规定了一般用途梯形螺纹基本牙型，公称直径为8~300mm（本表仅摘录8~50mm）的直径与螺距系列以及基本尺寸。

2. 应优先选用第一系列的直径。

3. 在每个直径所对应的螺距中，本表仅摘录应优先选用的螺距和相应的基本尺寸。

附录 6 六角头螺栓（摘自 GB/T 5782—2016）

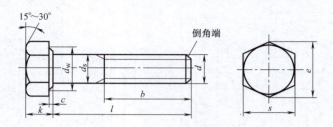

标 记 示 例

螺纹规格 d＝M12，公称长度 l＝80mm，性能等级为 8.8 级，表面氧化、产品等级为 A 级的六角头螺栓的标记：

螺栓 GB/T 5782 M12×80

（单位：mm）

螺纹规格 d		M5	M6	M8	M10	M12	M16	M20	M24	M30	M36	M42	M48
螺距 P		0.8	1	1.25	1.5	1.75	2	2.5	3	3.5	4	4.5	5
$b_{参考}$	$l \leqslant 125$	16	18	22	26	30	38	46	54	66	—	—	—
	$125 < l \leqslant 200$	22	24	28	32	36	44	52	60	72	84	96	108
	$l > 200$	35	37	41	45	49	57	65	73	85	97	109	121
c	max	0.5	0.5	0.6	0.6	0.6	0.8	0.8	0.8	0.8	0.8	1.0	1.0
	min	0.15	0.15	0.15	0.15	0.15	0.2	0.2	0.2	0.2	0.2	0.3	0.3
d_s	公称＝max	5	6	8	10	12	16	20	24	30	36	42	48
d_{wmin}	A	6.88	8.88	11.63	14.63	16.63	22.49	28.19	33.61	—	—	—	—
	B	6.74	8.74	11.47	14.47	16.47	22	27.7	33.25	42.75	51.11	59.95	69.45
e_{min}	A	8.79	11.05	14.38	17.77	20.03	26.75	33.53	39.98	—	—	—	—
	B	8.63	10.89	14.20	17.59	19.85	26.17	32.95	39.55	50.85	60.79	71.3	82.6
k	公称	3.5	4	5.3	6.4	7.5	10	12.5	15	18.7	22.5	26	30
s	公称＝max	8	10	13	16	18	24	30	36	46	55	65	75
l	范围	25~50	30~60	40~80	45~100	50~120	65~160	80~200	90~240	110~300	140~360	160~440	180~480
l	系列	20~70（5 进位）、70~160（10 进位）、160~500（20 进位）											

注：1. GB/T 5782—2016 规定螺纹规格为 M1.6~M64。本表仅摘录优选系列中的 M5~M48 部分。

2. 当螺栓长度小于 l 范围的上限值时，建议采用全螺纹螺栓 GB/T 5783—2016；当需要细牙螺纹的螺栓时，可采用 GB/T 5785—2016 和 GB/T 5786—2016。

3. 产品等级：A 级用于 $d \leqslant 24$mm 和 $l \leqslant 10d$ 或 $l \leqslant 150$mm（按较小值）；B 级用于 $d > 24$mm，或 $l > 10d$ 或 $l > 150$mm（按较小值）。

附录7 双头螺柱

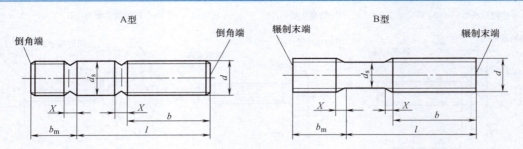

$b_{\mathrm{m}}=1d\,(\text{GB/T 897}—1988)\,,\ b_{\mathrm{m}}=1.25d\,(\text{GB/T 898}—1988)$

$b_{\mathrm{m}}=1.5d\,(\text{GB/T 899}—1988)\,,\ b_{\mathrm{m}}=2d\,(\text{GB/T 900}—1988)$

标 记 示 例

1. 两端均为粗牙普通螺纹，$d=10\text{mm}$，$l=50\text{mm}$，性能等级为 4.8 级，不经表面处理，B 型，$b_{\mathrm{m}}=1d$ 的螺柱：

螺柱　GB/T 897　M10×50

2. 旋入机体一端为粗牙普通螺纹，旋螺母一端为螺距 $P=1\text{mm}$ 的细牙普通螺纹，$d=10\text{mm}$，$l=50\text{mm}$，性能等级为 4.8 级，不经表面处理，A 型，$b_{\mathrm{m}}=2d$ 的螺柱：

螺柱　GB/T 900　AM10-M10×1×50

(单位:mm)

螺纹规格 d		M5	M6	M8	M10	M12	M16	M20	M24	M30	M36	M42	M48
b_{m}	GB/T 897	5	6	8	10	12	16	20	24	30	36	42	48
	GB/T 898	6	8	10	12	15	20	25	30	38	45	52	60
	GB/T 899	8	10	12	15	18	24	30	36	45	54	63	72
	GB/T 900	10	12	16	20	24	32	40	48	60	72	84	96
d_{smax}		5	6	8	10	12	16	20	24	30	36	42	48
X_{max}							1.5P						
$\dfrac{l}{b}$		$\dfrac{16\sim22}{10}$	$\dfrac{20\sim22}{10}$	$\dfrac{20\sim22}{12}$	$\dfrac{25\sim28}{14}$	$\dfrac{25\sim30}{16}$	$\dfrac{30\sim40}{20}$	$\dfrac{35\sim45}{25}$	$\dfrac{45\sim50}{30}$	$\dfrac{60\sim65}{40}$	$\dfrac{65\sim75}{45}$	$\dfrac{70\sim80}{50}$	$\dfrac{80\sim90}{60}$
		$\dfrac{25\sim50}{16}$	$\dfrac{25\sim30}{14}$	$\dfrac{25\sim30}{16}$	$\dfrac{30\sim38}{16}$	$\dfrac{32\sim40}{20}$	$\dfrac{40\sim55}{30}$	$\dfrac{45\sim65}{35}$	$\dfrac{55\sim75}{45}$	$\dfrac{70\sim90}{50}$	$\dfrac{80\sim110}{60}$	$\dfrac{85\sim110}{70}$	$\dfrac{95\sim110}{80}$
			$\dfrac{32\sim75}{18}$	$\dfrac{32\sim90}{22}$	$\dfrac{40\sim120}{26}$	$\dfrac{45\sim120}{30}$	$\dfrac{60\sim120}{38}$	$\dfrac{70\sim120}{46}$	$\dfrac{80\sim120}{54}$	$\dfrac{95\sim120}{66}$	$\dfrac{120}{78}$	$\dfrac{120}{90}$	$\dfrac{120}{102}$
					$\dfrac{130}{32}$	$\dfrac{130\sim180}{36}$	$\dfrac{130\sim200}{44}$	$\dfrac{130\sim200}{52}$	$\dfrac{130\sim200}{60}$	$\dfrac{130\sim200}{72}$	$\dfrac{130\sim200}{84}$	$\dfrac{130\sim200}{96}$	$\dfrac{130\sim200}{108}$
										$\dfrac{210\sim250}{85}$	$\dfrac{210\sim300}{97}$	$\dfrac{210\sim300}{109}$	$\dfrac{210\sim300}{121}$
l 系列													

l 系列：16,(18),20,(22),25,(28),30,(32),35,(38),40,45,50,(55),60,(65),70,(75),80,(85),90,(95),100~260(10 进位),260~300(20 进位)

注：1. l 系列中，尽可能不采用括号内的规格。

2. P 为粗牙螺距。

3. 当 $b-b_{\mathrm{m}}\leqslant5\text{mm}$ 时，旋螺母一端应制成倒圆端，或在端面中心制出凹点。

4. 允许采用细牙螺纹和过渡配合螺纹。

附录 8　开槽螺钉

开槽圆柱头螺钉(GB/T 65—2016)

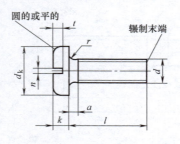

开槽盘头螺钉(GB/T 67—2016)

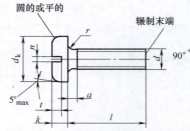

开槽沉头螺钉(GB/T 68—2016)

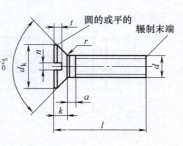

标 记 示 例

螺纹规格 d = M5,公称长度 l = 20mm,性能等级 4.8 级,不经表面处理的开槽圆柱头螺钉:

螺钉　GB/T 65　M5×20

（单位:mm）

螺纹规格 d		M1.6	M2	M2.5	M3	M4	M5	M6	M8	M10
螺距 P		0.35	0.4	0.45	0.5	0.7	0.8	1	1.25	1.5
GB/T 65 —2016	d_{kmax}	3	3.8	4.5	5.5	7	8.5	10	13	16
	k_{max}	1.1	1.4	1.8	2	2.6	3.3	3.9	5	6
	t_{min}	0.45	0.6	0.7	0.85	1.1	1.3	1.6	2	2.4
	r_{min}	0.1	0.1	0.1	0.1	0.2	0.2	0.25	0.4	0.4
	l 范围	2~16	3~20	3~25	4~30	5~40	6~50	8~60	10~80	12~80
	全螺纹长度	30	30	30	30	40	40	40	40	40
GB/T 67 —2016	d_{kmax}	3.2	4	5	5.6	8	9.5	12	16	20
	k_{max}	1	1.3	1.5	1.8	2.4	3	3.6	4.8	6
	t_{min}	0.35	0.5	0.6	0.7	1	1.2	1.4	1.9	2.4
	r_{min}	0.1	0.1	0.1	0.1	0.2	0.2	0.25	0.4	0.4
	l 范围	2~16	2.5~20	3~25	4~30	5~40	6~50	8~60	10~80	12~80
	全螺纹长度	30	30	30	30	40	40	40	40	40
GB/T 68 —2016	d_{kmax}	3	3.8	4.7	5.5	8.4	9.3	11.3	15.8	18.3
	k_{max}	1	1.2	1.5	1.65	2.7	2.7	3.3	4.65	5
	t_{min}	0.32	0.4	0.5	0.6	1	1.1	1.2	1.8	2
	r_{max}	0.4	0.5	0.6	0.8	1	1.3	1.5	2	2.5
	l 范围	2.5~16	3~20	4~25	5~30	6~40	8~50	8~60	10~80	12~80
	全螺纹长度	30	30	30	30	45	45	45	45	45
a_{max}		0.7	0.8	0.9	1	1.4	1.6	2	2.5	3
b_{min}		25	25	25	25	38	38	38	38	38

（续）

螺纹规格 d	M1.6	M2	M2.5	M3	M4	M5	M6	M8	M10
$n_{公称}$	0.4	0.5	0.6	0.8	1.2	1.2	1.6	2	2.5
x_{max}	0.9	1	1.1	1.25	1.75	2	2.5	3.2	3.8
l 系列	2,3,4,5,6,8,10,12,（14）,16,20,25,30,35,40,45,50,（55）,60,（65）,70, （75）,80								

注：无螺纹部分杆径约等于螺纹中径或允许等于螺纹大径。

附录 9 十字槽螺钉

十字槽盘头螺钉（GB/T 818—2016）

十字槽沉头螺钉（GB/T 819.1—2016）

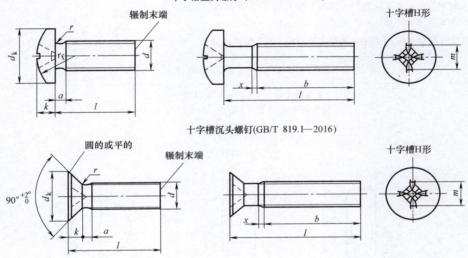

标 记 示 例

螺纹规格 d=M5,公称长度 l=20mm,性能等级为 4.8 级,不经表面处理的 H 型十字槽盘头螺钉:

螺钉 GB/T 818 M5×20

螺纹规格 d=M5,公称长度 l=20mm,性能等级为 4.8 级,不经表面处理的 H 型十字槽沉头螺钉:

螺钉 GB/T 819.1 M5×20

（单位:mm）

螺纹规格 d			M1.6	M2	M2.5	M3	M4	M5	M6	M8	M10
螺距 P			0.35	0.4	0.45	0.5	0.7	0.8	1	1.25	1.5
a	max		0.7	0.8	0.9	1	1.4	1.6	2	2.5	3
b	min		25	25	25	25	38	38	38	38	38
x	max		0.9	1	1.1	1.25	1.75	2	2.5	3.2	3.8
十字槽槽号 No.			0	0	1	1	2	2	3	4	4
l 系列			3,4,5,6,8,10,12,（14）,16,20,25,30,35,40,45,50,（55）,60								
GB/T 818 —2016	d_k		3.2	4	5	5.6	8	9.5	12	16	20
	k		1.3	1.6	2.1	2.4	3.1	3.7	4.6	6	7.5
	r		0.1	0.1	0.1	0.1	0.2	0.2	0.25	0.4	0.4
	r_f		2.5	3.2	4	5	6.5	8	10	13	16
	m		1.7	1.9	2.7	3	4.4	4.9	6.9	9	10.1
	l 范围		3~16	3~20	3~25	4~30	5~40	6~45	8~60	10~60	12~60
	全螺纹长度		25	25	25	25	40	40	40	40	40

（续）

螺纹规格 d		M1.6	M2	M2.5	M3	M4	M5	M6	M8	M10
GB/T 819.1—2016	d_k	3.0	3.8	4.7	5.5	8.4	9.3	11.3	15.8	18.3
	k	1	1.2	1.5	1.65	2.7	2.7	3.3	4.65	5
	r	0.4	0.5	0.6	0.8	1	1.3	1.5	2	2.5
	m	1.6	1.9	2.9	3.2	4.6	5.2	6.8	8.9	10
	l 范围	3~16	3~20	3~25	4~30	5~40	6~50	8~60	10~60	12~60
	全螺纹长度	30	30	30	30	45	45	45	45	45

注：1. 材料为钢，螺纹公差 6g，性能等级 4.8，产品等级 A。

2. 无螺纹部分杆径约等于螺纹中径或允许等于螺纹大径。

3. 十字槽螺钉的槽型有 H 型和 Z 型两种，本表仅摘录 H 型。对于 Z 型的型式和尺寸 m 可查国家标准。

附录 10　1 型六角螺母

1 型六角螺母（摘自 GB/T 6170—2015）

1 型六角头螺母-细牙（摘自 GB/T 6171—2016）

允许制造的形式

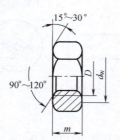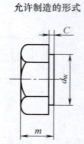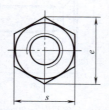

标 记 示 例

螺纹规格 M12、性能等级为 8 级、不经表面处理、产品等级为 A 级的 1 型六角螺母的标记：

螺母　GB/T 6170　M12

（单位：mm）

螺纹规格 D	M4	M5	M6	M8	M10	M12	M16	M20	M24	M30	M36	M42	M48
螺距 P	0.7	0.8	1	1.25	1.5	1.75	2	2.5	3	3.5	4	4.5	5
C_{max}	0.4	0.5			0.6				0.8				1
s_{max}	7	8	10	13	16	18	24	30	36	46	55	65	75
e_{min}	7.66	8.79	11.05	14.38	17.77	20.03	26.75	32.95	39.55	50.85	60.79	72.02	82.6
m_{max}	3.2	4.7	5.2	6.8	8.4	10.8	14.8	18	21.5	25.6	31	34	38
d_{wmin}	5.9	6.9	8.9	11.6	14.6	16.6	22.5	27.7	33.2	42.7	51.1	60.6	69.4

注：1. A 级用于 D≤16mm 的螺母；B 级用于 D>16mm 的螺母。

2. 螺纹公差：A、B 级为 6H；力学性能等级：A、B 级为 6、8、10 级。

附录 11　普通垫圈

平垫圈　A级(GB/T 97.1—2002)　　平垫圈　倒角型　A级(GB/T 97.2—2002)

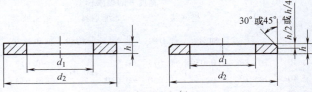

标 记 示 例

标准系列、公称规格8mm、由钢制造的硬度等级为200HV级、不经表面处理、产品等级为A级的平垫圈的标记：

垫圈　GB/T 97.1　8

（单位：mm）

公称规格（螺纹大径 d）	5	6	8	10	12	16	20	24	30	36
内径 d_1（公称 min）	5.3	6.4	8.4	10.5	13	17	21	25	31	37
外径 d_2（公称 max）	10	12	16	20	24	30	37	44	56	66
厚度 h（公称）	1	1.6	1.6	2	2.5	3	3	4	4	5

注：本表仅摘录 GB/T 97.1—2002 和 GB/T 97.2—2002 中公称规格（螺纹大径）为 5~36mm 的优选尺寸。

附录 12　标准型弹簧垫圈（摘自 GB/T 93—1987）

标记示例：

规格16mm，材料65Mn，表面氧化的标准型弹簧垫圈：

垫圈　GB/T 93—1987　16

（单位：mm）

规格（螺纹大径）	5	6	8	10	12	16	20	24	30	36	42	48
d_{min}	5.1	6.1	8.1	10.2	12.2	16.2	20.2	24.5	30.5	36.5	42.5	48.5
$S(b)$（公称）	1.3	1.6	2.1	2.6	3.1	4.1	5	6	7.5	9	10.5	12
H_{min}	2.6	3.2	4.2	5.2	6.2	8.2	10	12	15	18	21	24
$m \leqslant$	0.65	0.8	1.05	1.3	1.55	2.05	2.5	3	3.75	4.5	5.25	6

注：m 应大于零。

附录 13　普通平键

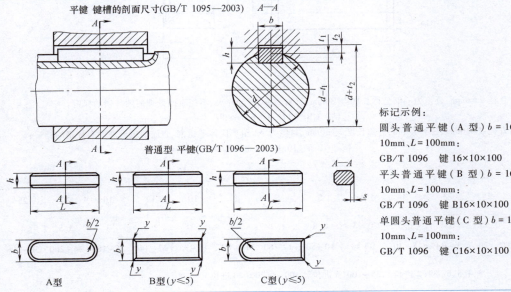

平键　键槽的剖面尺寸(GB/T 1095—2003)　　A—A

普通型　平键(GB/T 1096—2003)

A型　　B型($y \leqslant 5$)　　C型($y \leqslant 5$)

标记示例：

圆头普通平键（A 型）$b = 16$mm、$h = 10$mm，$L = 100$mm：

GB/T 1096　键 16×10×100

平头普通平键（B 型）$b = 16$mm、$h = 10$mm，$L = 100$mm：

GB/T 1096　键 B16×10×100

单圆头普通平键（C 型）$b = 16$mm、$h = 10$mm，$L = 100$mm：

GB/T 1096　键 C16×10×100

（单位:mm）（续）

轴	键			键 槽								
公称直径 d	公称尺寸 $b×h$	C 或 r	L 范围	宽度 b 的极限偏差					深 度			
				松联接		正常联接		紧密联接	轴 t_1		毂 t_2	
				轴 H9	毂 D10	轴 N9	毂 JS9	轴和毂 P9	公称尺寸	极限偏差	公称尺寸	极限偏差
>12~17	5×5	0.25~0.40	10~56	+0.030	+0.078	0	±0.015	-0.012	3.0	+0.1	2.3	+0.1
>17~22	6×6	0.25~0.40	14~70	0	+0.030	-0.030		-0.042	3.5	0	2.8	0
>22~30	8×7	0.25~0.40	18~90	+0.036	+0.098	0	±0.018	-0.015	4.0		3.3	
>30~38	10×8	0.40~0.60	22~110	0	+0.040	-0.036		-0.051	5.0		3.3	
>38~44	12×8	0.40~0.60	28~140						5.0		3.3	
>44~50	14×9	0.40~0.60	36~160	+0.043	+0.120	0	±0.0215	-0.018	5.5		3.8	
>50~58	16×10	0.40~0.60	45~180	0	+0.050	-0.043		-0.061	6.0	+0.2	4.3	+0.2
>58~65	18×11	0.40~0.60	50~200						7.0	0	4.4	0
>65~75	20×12	0.60~0.80	56~220						7.5		4.9	
>75~85	22×14	0.60~0.80	63~250	+0.052	+0.149	0	±0.026	-0.022	9.0		5.4	
>85~95	25×14	0.60~0.80	70~280	0	+0.065	-0.052		-0.074	9.0		5.4	
>95~110	28×16	0.60~0.80	80~320						10.0		6.4	
键的长度系列	10,12,14,16,18,20,22,25,28,32,36,40,45,50,56,63,70,80,90,100,110,125,140,160,180,220,250,280,320											

注：1. 轴的公称直径 d（对应可查选用键的尺寸 $b×h$）的数据并非标准规定，为作者所推荐，仅供参考。

2. 在工作图中，轴槽深用（$d-t_1$）标注，轮毂槽深用（$d+t_2$）标注。（$d-t_1$）和（$d+t_2$）两组合尺寸的极限偏差按相应的 t_1 和 t_2 的极限偏差选取，但（$d-t_1$）极限偏差值应取负号"-"。

3. 平键长 L 公差为 h14，宽 b 公差为 h9，高 h 公差为 h11。

4. 平键轴槽的长度公差用 H14。

5. 轴槽、轮毂槽的键槽宽度 b 两侧面表面粗糙度参数 Ra 值推荐为 1.6~3.2μm，轴槽底面、轮毂槽底面的表面粗糙度参数 Ra 值为 6.3μm。

6. 轴槽及轮毂槽对轴及轮毂轴线的对称度公差一般可按 GB/T 1184—1996 中的 7~9 级选取。

附录 14 圆柱销和圆锥销（摘自 GB/T 119.1—2000、GB/T 117—2000）

末端形状，由制造者确定(允许倒圆或凹穴)

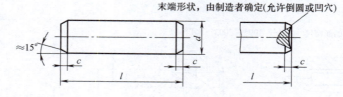

标记示例

公称直径 d=6mm、公差为 m6、公称长度 l=30mm、材料为钢、不经淬火、不经表面处理的圆柱销的标记：

销　GB/T 119.1　6 m6×30

公称直径 d=10mm、公差为 m6、公称长度 l=30mm、材料为 A1 组奥氏体不锈钢、表面简单处理的圆柱销的标记：

销　GB/T 119.1　10 m6×30-A1

（单位:mm）

d（公称）m6/h8	2	25	3	4	5	6	8	10	12	16	20	25
$c≈$	0.35	0.4	0.5	0.63	0.8	1.2	1.6	2	2.5	3	3.5	4
$l_{范围}$	6~20	6~24	8~30	8~40	10~50	12~60	14~80	18~95	22~140	26~180	35~200	50~200
$l_{系列}$（公称）	2、3、4、5、6~32(2 进位)、35~100(5 进位)、100~≥200(20 进位)											

（续）

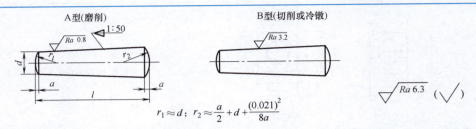

$$r_1 \approx d;\ r_2 \approx \frac{a}{2} + d + \frac{(0.021)^2}{8a}$$

标记示例

公称直径 $d = 10\text{mm}$、长度 $l = 60\text{mm}$、材料为 35 钢、热处理硬度 28～38HRC、表面氧化处理的 A 型圆锥销的标记：

销　GB/T 117　10×60

（单位：mm）

d公称	2	2.5	3	4	5	6	8	10	12	16	20	25
$a \approx$	0.25	0.3	0.4	0.5	0.63	0.8	1.0	1.2	1.6	2.0	2.5	3.0
l范围	10～35	10～35	12～45	14～55	18～60	22～90	22～120	26～160	32～180	40～200	45～200	50～200
l系列	2、3、4、5、6～32（2 进位）、35～100（5 进位）、100～≥200（20 进位）											

附录 15　紧固件通孔及沉孔尺寸

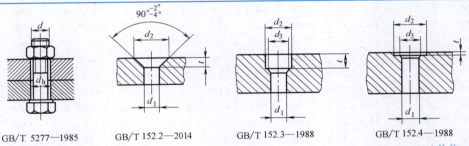

GB/T 5277—1985　　GB/T 152.2—2014　　GB/T 152.3—1988　　GB/T 152.4—1988

（单位：mm）

螺纹规格		M4	M5	M6	M8	M10	M12	M14	M16	M18	M20	M22	M24	M27	M30
螺栓和螺钉通孔 d_h （GB/T 5277—1985）	精装配	4.3	5.3	6.4	8.4	10.5	13	15	17	19	21	23	25	28	31
	中等装配	4.5	5.5	6.6	9	11	13.5	15.5	17.5	20	22	24	26	30	33
	粗装配	4.8	5.8	7	10	12	14.5	16.5	18.5	21	24	26	28	32	35
沉头螺钉及半沉头螺钉用沉孔 （GB/T 152.2—2014）	d_2	9.6	10.6	12.8	17.6	20.3	24.4	28.4	32.4	—	40.4	—	—	—	—
	$t \approx$	2.7	2.7	3.3	4.6	5	6	7	8	—	10	—	—	—	—
圆柱头螺钉用沉孔 （GB/T 152.3—1988）	d_2	8	10	11	15	18	20	24	26	—	33	—	40	—	48
	d_3	—	—	—	—	—	16	18	20	—	24	—	28	—	36
	t GB/T 70.1—2008 GB/T 70.2—2015 GB/T 70.3—2023	4.6	5.7	6.8	9	11	13	15	17.5	—	21.5	—	25.5	—	32
	t GB/T 65—2016	3.2	4	4.7	6	7	8	9	10.5	—	12.5	—	—	—	—
六角头螺栓和六角螺母用沉孔 （GB/T 152.4—1988）	d_2	10	11	13	18	22	26	30	33	36	40	43	48	53	61
	d_3	—	—	—	—	—	16	18	20	22	24	26	28	33	36
	t	只要能制出与通孔轴线垂直的圆平面即可（刮平）													

注：1. GB/T 152.2—2014、GB/T 152.3—1988、GB/T 152.4—1988 中，通孔直径 d_1 与中等装配时的螺栓和螺钉通孔 d_h 相同。

　　2. GB/T 152.3—1988 中的 t，分别用于内六角圆柱头螺钉（GB/T 70.1—2008、GB/T 70.2—2015、GB/T 70.3—2023）和开槽圆柱头螺钉（GB/T 65—2016）。

附录 16　深沟球轴承（摘自 GB/T 276—2013）

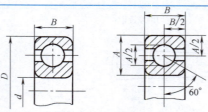

外形尺寸　　　　简化画法

标记示例：

滚动轴承 6012 GB/T 276—2013

轴承代号	外形尺寸/mm			额定负荷/kN		极限转速/r·min⁻¹		轴承代号	外形尺寸/mm			额定负荷/kN		极限转速/r·min⁻¹	
	d	D	B	C_r	C_{0r}	脂润滑	油润滑		d	D	B	C_r	C_{0r}	脂润滑	油润滑
6004	20	42	12	7.22	4.45	15000	19000	6304	20	52	15	12.2	7.78	13000	17000
6005	25	47	12	8.08	5.18	13000	17000	6305	25	62	17	17.2	11.2	10000	14000
6006	30	55	13	10.2	6.88	10000	14000	6306	30	72	19	20.8	14.2	9000	12000
6007	35	62	14	12.5	8.60	9000	12000	6307	35	80	21	25.8	17.8	8000	10000
6008	40	68	15	13.2	9.42	8500	11000	6308	40	90	23	31.2	22.2	7000	9000
6009	45	75	16	16.2	11.8	8000	10000	6309	45	100	25	40.8	29.8	6300	8000
6010	50	80	16	16.8	12.8	7000	9000	6310	50	110	27	47.5	35.6	6000	7500
6011	55	90	18	20.5	15.8	6300	8000	6311	55	120	29	55.2	41.8	5800	6700
6012	60	95	18	24.5	19.2	6000	7500	6312	60	130	31	62.8	48.5	5600	6300
6013	65	100	18	24.8	19.8	5600	7000	6313	65	140	33	72.2	56.5	4500	5600
6014	70	110	20	29.8	24.2	5300	6700	6314	70	150	35	80.2	63.2	4300	5300
6015	75	115	20	30.8	26.0	5000	6300	6315	75	160	37	87.2	71.5	4000	5000
6016	80	125	22	36.5	31.2	4800	6000	6316	80	170	39	94.5	80.0	3800	4800
6017	85	130	22	39.0	33.5	4500	5600	6317	85	180	41	102	89.2	3600	4500
6018	90	140	24	44.5	39.0	4300	5300	6318	90	190	43	112	100	3400	4300
6019	95	145	24	44.5	39.0	4000	5000	6319	95	200	45	122	112	3200	4000
6020	100	150	24	49.5	43.8	3800	4800	6320	100	215	47	136	133	2800	3600
6204	20	47	14	9.88	6.18	14000	18000	6404	20	72	19	23.8	16.8	9500	13000
6205	25	52	15	10.8	6.95	12000	16000	6405	25	80	21	29.5	21.2	8500	11000
6206	30	62	16	15.0	10.0	9500	13000	6406	30	90	23	36.5	26.8	8000	10000
6207	35	72	17	19.8	13.5	8500	11000	6407	35	100	25	43.8	32.5	6700	8500
6208	40	80	18	22.8	15.8	8000	10000	6408	40	110	27	50.2	37.8	6300	8000
6209	45	85	19	24.5	17.5	7000	9000	6409	45	120	29	59.5	45.5	5600	7000
6210	50	90	20	27.0	19.8	6700	8500	6410	50	130	31	71.0	55.2	5300	6700
6211	55	100	21	33.5	25.0	6000	7500	6411	55	140	33	77.5	62.5	4800	6000
6212	60	110	22	36.8	27.8	5600	7000	6412	60	150	35	83.8	70.0	4500	5600
6213	65	120	23	44.0	34.0	5000	6300	6413	65	160	37	90.8	78.0	4300	5300
6214	70	125	24	46.8	37.5	4800	6000	6414	70	180	42	108	99.2	3800	4800
6215	75	130	25	50.8	41.2	4500	5600	6415	75	190	45	118	115	3600	4500
6216	80	140	26	55.0	44.8	4300	5300	6416	80	200	48	125	125	3400	4300
6217	85	150	28	64.0	53.2	4000	5000	6417	85	210	52	135	138	3200	4000
6218	90	160	30	73.8	60.5	3800	4800	6418	90	225	54	148	188	2800	3600
6219	95	170	32	84.8	70.5	3600	4500	6419	95	240	55	172	195	2400	3200
6220	100	180	34	94.0	79.0	3400	4300	6420	100	250	58	198	235	2000	2800

注：1. 表中 6000 型、6200 型、6300 型、6400 型轴承的尺寸系列分别为：（1）0、（0）2、（0）3 和（0）4，且用括号 "（　）" 括住的数字表示在组合代号中省略。

2. 表中额定负荷 C_r 和 C_{0r} 值摘自轴承产品样本，并非国家标准。

附录 17　角接触球轴承（摘自 GB/T 292—2023）

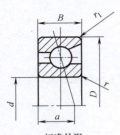

标准外形

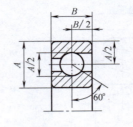

简化画法

标记示例：

滚动轴承 7205C GB/T 292—2023

轴承代号	外形尺寸/mm			轴承代号	外形尺寸/mm		
	d	D	B		d	D	B
7004	20	42	12	7214	70	125	24
7005	25	47	12	7215	75	130	25
7006	30	55	13	7216	80	140	26
7007	35	62	14	7217	85	150	28
7008	40	68	15	7218	90	160	30
7009	45	75	16	7219	95	170	32
7010	50	80	16	7220	100	180	34
7011	55	90	18	7221	105	190	36
7012	60	95	18	7222	110	200	38
7013	65	100	18	7224	120	215	40
7014	70	110	20	7304	20	52	15
7015	75	115	20	7305	25	62	17
7016	80	125	22	7306	30	72	19
7017	85	130	22	7307	35	80	21
7018	90	140	24	7308	40	90	23
7019	95	145	24	7309	45	100	25
7020	100	150	24	7310	50	110	27
7021	105	160	26	7311	55	120	29
7022	110	170	28	7312	60	130	31
7024	120	180	28	7313	65	140	33
7204	20	47	14	7314	70	150	35
7205	25	52	15	7315	75	160	37
7206	30	62	16	7316	80	170	39
7207	35	72	17	7317	85	180	41
7208	40	80	18	7318	90	190	43
7209	45	85	19	7319	95	200	45
7210	50	90	20	7320	100	215	47
7211	55	100	21	7321	105	225	49
7212	60	110	22	7322	110	240	50
7213	65	120	23	7324	120	260	55

注：1. 相同型号的角接触球轴承，因接触角 α 不同，可分为 7000C（$\alpha = 15°$）、7000AC（$\alpha = 25°$）和 7000B（$\alpha = 40°$）三种，而它们的外形尺寸则相同。

2. 表中 7000、7200 和 7300 型轴承的尺寸系列分别为（1）0、（0）2 和（0）3，其中括号中表示宽度系列的数字在组合代号中省略。

附录 18　圆锥滚子轴承（摘自 GB/T 297—2015）

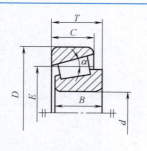

外形尺寸

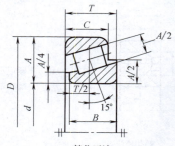

简化画法

标记示例：
滚动轴承 30205 GB/T 297—2015

轴承代号	外形尺寸/mm					轴承代号	外形尺寸/mm				
	d	D	T	B	C		d	D	T	B	C
30204	20	47	15.25	14	12	32204	20	47	19.25	18	15
30205	25	52	16.25	15	13	32205	25	52	19.25	18	16
30206	30	62	17.25	16	14	32206	30	62	21.25	20	17
30207	35	72	18.25	17	15	32207	35	72	24.25	23	19
30208	40	80	19.75	18	16	32208	40	80	24.75	23	19
30209	45	85	20.75	19	16	32209	45	85	24.75	23	19
30210	50	90	21.75	20	17	32210	50	90	24.75	23	19
30211	55	100	22.75	21	18	32211	55	100	26.75	25	21
30212	60	110	23.75	22	19	32212	60	110	29.75	28	24
30213	65	120	24.75	23	20	32213	65	120	32.75	31	27
30214	70	125	26.25	24	21	32214	70	125	33.25	31	27
30215	75	130	27.25	25	22	32215	75	130	33.25	31	27
30216	80	140	28.25	26	22	32216	80	140	35.25	33	28
30217	85	150	30.5	28	24	32217	85	150	38.5	36	30
30218	90	160	32.5	30	26	32218	90	160	42.5	40	34
30219	95	170	34.5	32	27	32219	95	170	45.5	43	37
30220	100	180	37	34	29	32220	100	180	49	46	39
30304	20	52	16.25	15	13	32304	20	52	22.25	21	18
30305	25	62	18.25	17	15	32305	25	62	25.25	24	20
30306	30	72	20.75	19	16	32306	30	72	28.75	27	23
30307	35	80	22.75	21	18	32307	35	80	32.75	31	25
30308	40	90	25.25	23	20	32308	40	90	35.25	33	27
30309	45	100	27.25	25	22	32309	45	100	38.25	36	30
30310	50	110	29.25	27	23	32310	50	110	42.25	40	33
30311	55	120	31.5	29	25	32311	55	120	45.5	43	35
30312	60	130	33.5	31	26	32312	60	130	48.5	46	37
30313	65	140	36	33	28	32313	65	140	51	48	39
30314	70	150	38	35	30	32314	70	150	54	51	42
30315	75	160	40	37	31	32315	75	160	58	55	45
30316	80	170	42.5	39	33	32316	80	170	61.5	58	48
30317	85	180	44.5	41	34	32317	85	180	63.5	60	49
30318	90	190	46.5	43	36	32318	90	190	67.5	64	53
30319	95	200	49.5	45	38	32319	95	200	71.5	67	55
30320	100	215	51.5	47	39	32320	100	215	77.5	73	60

附录 19　单向推力球轴承（摘自 GB/T 301—2015）

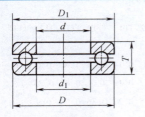
外形尺寸

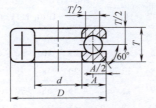
简化画法

标记示例：
滚动轴承 51210 GB/T 301—2015

（单位：mm）

轴承代号	外形尺寸					轴承代号	外形尺寸				
	d	D	T	d_1	D_1		d	D	T	d_1	D_1
51104	20	35	10	21	35	51304	20	47	18	22	47
51105	25	42	11	26	42	51305	25	52	18	27	52
51106	30	47	11	32	47	51306	30	60	21	32	60
51107	35	52	12	37	52	51307	35	68	24	37	68
51108	40	60	13	42	60	51308	40	78	26	42	78
51109	45	65	14	47	65	51309	45	85	28	47	85
51110	50	70	14	52	70	51310	50	95	31	52	95
51111	55	78	16	57	78	51311	55	105	35	57	105
51112	60	85	17	62	85	51312	60	110	35	62	110
51113	65	90	18	67	90	51313	65	115	36	67	115
51114	70	95	18	72	95	51314	70	125	40	72	125
51115	75	100	19	77	100	51315	75	135	44	77	135
51116	80	105	19	82	105	51316	80	140	44	82	140
51117	85	110	19	87	110	51317	85	150	49	88	150
51118	90	120	22	92	120	51318	90	155	50	93	155
51120	100	135	25	102	135	51320	100	170	55	103	170
51204	20	40	14	22	40	51405	25	60	24	27	60
51205	25	47	15	27	47	51406	30	70	28	2	70
51206	30	52	16	32	52	51407	35	80	32	37	80
51207	35	62	18	37	62	51408	40	90	36	42	90
51208	40	68	19	42	68	51409	45	100	39	47	100
51209	45	73	20	47	73	51410	50	110	43	52	110
51210	50	78	22	52	78	51411	55	120	48	57	120
51211	55	90	25	57	90	51412	60	130	51	62	130
51212	60	95	26	62	95	51413	65	140	56	68	140
51213	65	100	27	67	100	51414	70	150	60	73	150
51214	70	105	27	72	105	51415	75	160	65	78	160
51215	75	110	27	77	110	51416	80	170	68	83	170
51216	80	115	28	82	115	51417	85	180	72	88	177
51217	85	125	31	88	125	51418	90	190	77	93	187
51218	90	135	35	93	135	51420	100	210	85	103	205
51220	100	150	38	103	150	51422	110	230	95	113	225

附录 20　标准公差数值（摘自 GB/T 1800.1—2020）

公称尺寸/mm 大于	至	IT1	IT2	IT3	IT4	IT5	IT6	IT7	IT8	IT9	IT10	IT11	IT12	IT13	IT14	IT15	IT16	IT17	IT18
		μm											mm						
—	3	0.8	1.2	2	3	4	6	10	14	25	40	60	0.1	0.14	0.25	0.4	0.6	1	1.4
3	6	1	1.5	2.5	4	5	8	12	18	30	48	75	0.12	0.18	0.3	0.48	0.75	1.2	1.8
6	10	1	1.5	2.5	4	6	9	15	22	36	58	90	0.15	0.22	0.36	0.58	0.9	1.5	2.2
10	18	1.2	2	3	5	8	11	18	27	43	70	110	0.18	0.27	0.43	0.7	1.1	1.8	2.7
18	30	1.5	2.5	4	6	9	13	21	33	52	84	130	0.21	0.33	0.52	0.84	1.3	2.1	3.3
30	50	1.5	2.5	4	7	11	16	25	39	62	100	160	0.25	0.39	0.62	1	1.6	2.5	3.9
50	80	2	3	5	8	13	19	30	46	74	120	190	0.3	0.46	0.74	1.2	1.9	3	4.6
80	120	2.5	4	6	10	15	22	35	54	87	140	220	0.35	0.54	0.87	1.4	2.2	3.5	5.4
120	180	3.5	5	8	12	18	25	40	63	100	160	250	0.4	0.63	1	1.6	2.5	4	6.3
180	250	4.5	7	10	14	20	29	46	72	115	185	290	0.46	0.72	1.15	1.85	2.9	4.6	7.2
250	315	6	8	12	16	23	32	52	81	130	210	320	0.52	0.81	1.3	2.1	3.2	5.2	8.1
315	400	7	9	13	18	25	36	57	89	140	230	360	0.57	0.89	1.4	2.3	3.6	5.7	8.9
400	500	8	10	15	20	27	40	63	97	155	250	400	0.63	0.97	1.55	2.5	4	6.3	9.7

附录 21　轴的基本偏差数值（摘自 GB/T 1800.1—2020）　　　　（单位：μm）

公称尺寸/mm 大于	至	基本偏差数值(上极限偏差 es) 所有标准公差等级						基本偏差数值(下极限偏差 ei)				
		c	d	f	g	h	js	IT 4~IT 7 k	≤IT 3 / >IT 7 n	p	s	u
—	3	−60	−20	−6	−2	0	偏差 $=\pm\dfrac{ITn}{2}$ 式中, ITn 是 IT 的值数	0	+4	+6	+14	+18
3	6	−70	−30	−10	−4	0		+1	+8	+12	+19	+23
6	10	−80	−40	−13	−5	0		+1	+10	+15	+23	+28
10	18	−95	−50	−16	−6	0		+1	+12	+18	+28	+33
18	24	−110	−65	−20	−7	0		+2	+15	+22	+35	+41
24	30	−110				0		+2			+35	+48
30	40	−120	−80	−25	−9	0		+2	+17	+26	+43	+60
40	50	−130				0		+2			+43	+70
50	65	−140	−100	−30	−10	0		+2	+20	+32	+53	+87
65	80	−150				0		+2			+59	+102
80	100	−170	−120	−36	−12	0		+3	+23	+37	+71	+124
100	120	−180				0		+3			+79	+144
120	140	−200	−145	−43	−14	0		+3	+27	+43	+92	+170
140	160	−210				0		+3			+100	+190
160	180	−230				0		+3			+108	+210
180	200	−240	−170	−50	−15	0		+4	+31	+50	+122	+236
200	225	−260				0		+4			+130	+258
225	250	−280				0		+4			+140	+284
250	280	−300	−190	−56	−17	0		+4	+34	+56	+158	+315
280	315	−330				0		+4			+170	+350
315	355	−360	−210	−62	−18	0		+4	+37	+62	+190	+390
355	400	−400				0		+4			+208	+435
400	450	−440	−230	−68	−20	0		+5	+40	+68	+232	+490
450	500	−480				0		+5			+252	+540

附录

附录22 轴的极限偏差（摘自 GB/T 1800.2—2020） （单位：μm）

公称尺寸/mm		公差带												
		a	b		c			d				e		
大于	至	11	11	12	9	10	11*	8	9*	10	11	7	8	9
—	3	-270	-140	-140	-60	-60	-60	-20	-20	-20	-20	-14	-14	-14
		-330	-200	-240	-85	-100	-120	-34	-45	-60	-80	-24	-28	-39
3	6	-270	-140	-140	-70	-70	-70	-30	-30	-30	-30	-20	-20	-20
		-345	-215	-260	-100	-118	-145	-48	-60	-78	-105	-32	-38	50
6	10	-280	-150	-150	-80	-80	-80	-40	-40	-40	-40	-25	-25	-25
		-370	-240	-300	-116	-138	-170	-62	-76	-98	-130	-40	-47	-61
10	14	-290	-150	-150	-95	-95	-95	-50	-50	-50	-50	-32	-32	-32
14	18	-400	-260	-330	-138	-165	-205	-77	-93	-120	-160	-50	-59	-75
18	24	-300	-160	-160	-110	-110	-110	-65	-65	-65	-65	-40	-40	-40
24	30	-430	-290	-370	-162	-194	-240	-98	-117	-149	-195	-61	-73	-92
30	40	-310	-170	-170	-120	-120	-120	-80	-80	-80	-80	-50	-50	-50
		-470	-330	-420	-182	-220	-280	-119	-142	-180	-240	-75	-89	-112
40	50	-320	-180	-180	-130	-130	-130							
		-480	-340	-430	-192	-230	-290							
50	65	-340	-190	-190	-140	-140	-140	-100	-100	-100	-100	-60	-60	-60
		-530	-380	-490	-214	-260	-330	-146	-174	-220	-290	-90	-106	-134
65	80	-360	-200	-200	-150	-150	-150							
		-550	-390	-500	-224	-270	-340							
80	100	-380	-220	-220	-170	-170	-170	-120	-120	-120	-120	-72	-72	-72
		-600	-440	-570	-257	-310	-390	-174	-207	-260	-340	-107	-126	-159
100	120	-410	-240	-240	-180	-180	-180							
		-630	-460	-590	-267	-320	-400							
120	140	-460	-260	-260	-200	-200	-200	-145	-145	-145	-145	-85	-85	-85
		-710	-510	-660	-300	-360	-450							
140	160	-520	-280	-280	-210	-210	-210							
		-770	-530	-680	-310	-370	-460							
160	180	-580	-310	-310	-230	-230	-230	-208	-245	-305	-395	-125	-148	-185
		-830	-560	710	-330	-390	-480							
180	200	-660	-340	-340	-240	-240	-240	-170	-170	-170	-170	-100	-100	-100
		-950	-630	-800	-355	-425	-530							
200	225	-740	-380	-380	-260	-260	-260							
		-1 030	-670	-840	-375	-445	-550							
225	250	-820	-420	-420	-280	-280	-280	-242	-285	-355	-460	-146	-172	-215
		-1 110	-710	-880	-395	-465	-570							
250	280	-920	-480	-480	-300	-300	-300	-190	-190	-190	-190	-110	-110	-110
		-1 240	-800	-1 000	-430	-510	-620							
280	315	-1 050	-540	-540	-330	-330	-330	-271	-320	-400	-510	-162	-191	-240
		-1 370	-860	-1 060	-460	-540	-650							
315	355	-1 200	-600	-600	-360	-360	-360	-210	-210	-210	-210	-125	-125	-125
		-1 560	-960	-1 170	-500	-590	-720							
355	400	-1 350	-680	-680	-400	-400	-400	-299	-350	-440	-570	-182	-214	-265
		-1 710	-1 040	-1 250	-540	-630	-760							
400	450	-1 500	-760	-760	-440	-440	-440	-230	-230	-230	-230	-135	-135	-135
		-1 900	-1 160	-1 390	-595	-690	-840							
450	500	-1 650	-840	-840	-480	-480	-480	-327	-385	-480	-630	-198	-232	-290
		-2 050	-1 240	-1 470	-635	-730	-880							

（续）

公称尺寸/mm		公差带															
		f					g			h							
大于	至	5	6	7*	8	9	5	6*	7	5	6*	7*	8	9*	10	11*	12
—	3	−6	−6	−6	−6	−6	−2	−2	−2	0	0	0	0	0	0	0	0
		−10	−12	−16	−20	−31	−6	−8	−12	−4	−6	−10	−14	−25	−40	−60	−100
3	6	−10	−10	−10	−10	−10	−4	−4	−4	0	0	0	0	0	0	0	0
		−15	−18	−22	−28	−40	−9	−12	−16	−5	−8	−12	−18	−30	−48	−75	−120
6	10	−13	−13	−13	−13	−13	−5	−5	−5	0	0	0	0	0	0	0	0
		−19	−22	−28	−35	−49	−11	−14	−20	−6	−9	−15	−22	−36	−58	−90	−150
10	14	−16	−16	−16	−16	−16	−6	−6	−6	0	0	0	0	0	0	0	0
14	18	−24	−27	−34	−43	−59	−14	−17	−24	−8	−11	−18	−27	−43	−70	−110	−180
18	24	−20	−20	−20	−20	−20	−7	−7	−7	0	0	0	0	0	0	0	0
24	30	−29	−33	−41	−53	−72	−16	−20	−28	−9	−13	−21	−33	−52	−84	−130	−210
30	40	−25	−25	−25	−25	−25	−9	−9	−9	0	0	0	0	0	0	0	0
40	50	−36	−41	−50	−64	−87	−20	−25	−34	−11	−16	−25	−39	−62	−100	−160	−250
50	65	−30	−30	−30	−30	−30	−10	−10	−10	0	0	0	0	0	0	0	0
65	80	−43	−49	−60	−76	−104	−23	−29	−40	−13	−19	−30	−46	−74	−120	−190	−300
80	100	−36	−36	−36	−36	−36	−12	−12	−12	0	0	0	0	0	0	0	0
100	120	−51	−58	−71	−90	−123	−27	−34	−47	−15	−22	−35	−54	−87	−140	−220	−350
120	140	−43	−43	−43	−43	−43	−14	−14	−14	0	0	0	0	0	0	0	0
140	160																
160	180	−61	−68	−83	−106	−143	−32	−39	−54	−18	−25	−40	−63	−100	−160	−250	−400
180	200	−50	−50	−50	−50	−50	−15	−15	−15	0	0	0	0	0	0	0	0
200	225																
225	250	−70	−79	−96	−122	−165	−35	−44	−61	−20	−29	−46	−72	−115	−185	−290	−460
250	280	−56	−56	−56	−56	−56	−17	−17	−17	0	0	0	0	0	0	0	0
280	315	−79	−88	−108	−137	−186	−40	−49	−69	−23	−32	−52	−81	−130	−210	−320	−520
315	355	−62	−62	−62	−62	−62	−18	−18	−18	0	0	0	0	0	0	0	0
355	400	−87	−98	−119	−151	−202	−43	−54	−75	−25	−36	−57	−89	−140	−320	−360	−570
400	450	−68	−68	−68	−68	−68	−20	−20	−20	0	0	0	0	0	0	0	0
450	500	−95	−108	−131	−165	−223	−47	−60	−83	−27	−40	−63	−97	−155	−250	−400	−630

（续）

公称尺寸/mm		公差带													
		js			k			m			n			p		
大于	至	5	6	7	5	6*	7	5	6	7	5	6*	7	5	6*	7
—	3	±2	±3	±5	+4/0	+6/0	+10/0	+6/+2	+8/+2	+12/+2	+8/+4	+10/+4	+14/+4	+10/+6	+12/+6	+16/+6
3	6	±2.5	±4	±6	+6/+1	+9/+1	+13/+1	+9/+4	+12/+4	+16/+4	+13/+8	+16/+8	+20/+8	+17/+12	+20/+12	+24/+12
6	10	±3	±4.5	±7	+7/+1	+10/+1	+16/+1	+12/+6	+15/+6	+21/+6	+16/+10	+19/+10	+25/+10	+21/+15	+24/+15	+30/+15
10	14	±4	±5.5	±9	+9/+1	+12/+1	+19/+1	+15/+7	+18/+7	+25/+7	+20/+12	+23/+12	+30/+12	+26/+18	+29/+18	+36/+18
14	18	±4	±5.5	±9	+9/+1	+12/+1	+19/+1	+15/+7	+18/+7	+25/+7	+20/+12	+23/+12	+30/+12	+26/+18	+29/+18	+36/+18
18	24	±4.5	±6.5	±10	+11/+2	+15/+2	+23/+2	+17/+8	+21/+8	+29/+8	+24/+15	+28/+15	+36/+15	+31/+22	+35/+22	+43/+22
24	30	±4.5	±6.5	±10	+11/+2	+15/+2	+23/+2	+17/+8	+21/+8	+29/+8	+24/+15	+28/+15	+36/+15	+31/+22	+35/+22	+43/+22
30	40	±5.5	±8	±12	+13/+2	+18/+2	+27/+2	+20/+9	+25/+9	+34/+9	+28/+17	+33/+17	+42/+17	+37/+26	+42/+26	+51/+26
40	50	±5.5	±8	±12	+13/+2	+18/+2	+27/+2	+20/+9	+25/+9	+34/+9	+28/+17	+33/+17	+42/+17	+37/+26	+42/+26	+51/+26
50	65	±6.5	±9.5	±15	+15/+2	+21/+2	+32/+2	+24/+11	+30/+11	+41/+11	+33/+20	+39/+20	+50/+20	+45/+32	+51/+32	+62/+32
65	80	±6.5	±9.5	±15	+15/+2	+21/+2	+32/+2	+24/+11	+30/+11	+41/+11	+33/+20	+39/+20	+50/+20	+45/+32	+51/+32	+62/+32
80	100	±7.5	±11	±17	+18/+3	+25/+3	+38/+3	+28/+13	+35/+13	+48/+13	+38/+23	+45/+23	+58/+23	+52/+37	+59/+37	+72/+37
100	120	±7.5	±11	±17	+18/+3	+25/+3	+38/+3	+28/+13	+35/+13	+48/+13	+38/+23	+45/+23	+58/+23	+52/+37	+59/+37	+72/+37
120	140	±9	±12.5	±20	+21/+3	+28/+3	+43/+3	+33/+15	+40/+15	+55/+15	+45/+27	+52/+27	+67/+27	+61/+43	+68/+43	+83/+43
140	160	±9	±12.5	±20	+21/+3	+28/+3	+43/+3	+33/+15	+40/+15	+55/+15	+45/+27	+52/+27	+67/+27	+61/+43	+68/+43	+83/+43
160	180	±9	±12.5	±20	+21/+3	+28/+3	+43/+3	+33/+15	+40/+15	+55/+15	+45/+27	+52/+27	+67/+27	+61/+43	+68/+43	+83/+43
180	200	±10	±14.5	±23	+24/+4	+33/+4	+50/+4	+37/+17	+46/+17	+63/+17	+51/+31	+60/+31	+77/+31	+70/+50	+79/+50	+96/+50
200	225	±10	±14.5	±23	+24/+4	+33/+4	+50/+4	+37/+17	+46/+17	+63/+17	+51/+31	+60/+31	+77/+31	+70/+50	+79/+50	+96/+50
225	250	±10	±14.5	±23	+24/+4	+33/+4	+50/+4	+37/+17	+46/+17	+63/+17	+51/+31	+60/+31	+77/+31	+70/+50	+79/+50	+96/+50
250	280	±11.5	±16	±26	+27/+4	+36/+4	+56/+4	+43/+20	+52/+20	+72/+20	+57/+34	+66/+34	+86/+34	+79/+56	+88/+56	+108/+56
280	315	±11.5	±16	±26	+27/+4	+36/+4	+56/+4	+43/+20	+52/+20	+72/+20	+57/+34	+66/+34	+86/+34	+79/+56	+88/+56	+108/+56
315	355	±12.5	±18	±28	+29/+4	+40/+4	+61/+4	+46/+21	+57/+21	+78/+21	+62/+37	+73/+37	+94/+37	+87/+62	+98/+62	+119/+62
355	400	±12.5	±18	±28	+29/+4	+40/+4	+61/+4	+46/+21	+57/+21	+78/+21	+62/+37	+73/+37	+94/+37	+87/+62	+98/+62	+119/+62
400	450	±13.5	±20	±31	+32/+5	+45/+5	+68/+5	+50/+23	+63/+23	+86/+23	+67/+40	+80/+40	+103/+40	+95/+68	+108/+68	+121/+68
450	500	±13.5	±20	±31	+32/+5	+45/+5	+68/+5	+50/+23	+63/+23	+86/+23	+67/+40	+80/+40	+103/+40	+95/+68	+108/+68	+121/+68

(续)

公称尺寸 /mm		公差带														
		r			s			t			u		v	x	y	z
大于	至	5	6	7	5	6*	7	5	6	7	6*	7	6	6	6	6
—	3	+14 / +10	+16 / +10	+20 / +10	+18 / +14	+20 / +14	+24 / +14	—	—	—	+24 / +18	+28 / +18	—	+26 / +20	—	+32 / +26
3	6	+20 / +15	+23 / +15	+27 / +15	+24 / +19	+27 / +19	+31 / +19	—	—	—	+31 / +23	+35 / +23	—	+36 / +28	—	+43 / +35
6	10	+25 / +19	+28 / +19	+34 / +19	+29 / +23	+32 / +23	+38 / +23	—	—	—	+37 / +28	+43 / +28	—	+43 / +34	—	+51 / +42
10	14	+31 / +23	+34 / +23	+41 / +23	+36 / +28	+39 / +28	+46 / +28	—	—	—	+44 / +33	+51 / +33	—	+51 / +40	—	+61 / +50
14	18							—	—	—			+50 / +39	+56 / +45	—	+71 / +60
18	24	+37 / +28	+41 / +28	+49 / +28	+44 / +35	+48 / +35	+56 / +35	—	—	—	+54 / +41	+62 / +41	+60 / +47	+67 / +54	+76 / +63	+86 / +73
24	30							+50 / +41	+54 / +41	+62 / +41	+61 / +48	+69 / +48	+68 / +55	+77 / +64	+88 / +75	+101 / +88
30	40	+45 / +34	+50 / +34	+59 / +34	+54 / +43	+59 / +43	+68 / +43	+59 / +48	+64 / +48	+73 / +48	+76 / +60	+85 / +60	+84 / +68	+96 / +80	+110 / +94	+128 / +112
40	50							+65 / +54	+70 / +54	+79 / +54	+86 / +70	+95 / +70	+97 / +81	+113 / +97	+130 / +114	+152 / +136
50	65	+54 / +41	+60 / +41	+71 / +41	+66 / +53	+72 / +53	+83 / +53	+79 / +66	+85 / +66	+96 / +66	+106 / +87	+117 / +87	+121 / +102	+141 / +122	+163 / +144	+191 / +172
65	80	+56 / +43	+62 / +43	+73 / +43	+72 / +59	+78 / +59	+89 / +59	+88 / +75	+94 / +75	+105 / +75	+121 / +102	+132 / +102	+139 / +120	+165 / +146	+193 / +174	+229 / +210
80	100	+66 / +51	+73 / +51	+86 / +51	+86 / +71	+93 / +71	+106 / +71	+106 / +91	+113 / +91	+126 / +91	+146 / +124	+159 / +124	+168 / +146	+200 / +178	+236 / +214	+280 / +258
100	120	+69 / +54	+76 / +54	+89 / +54	+94 / +79	+101 / +79	+114 / +79	+119 / +104	+126 / +104	+139 / +104	+166 / +144	+179 / +144	+194 / +172	+232 / +210	+276 / +254	+332 / +310
120	140	+81 / +63	+88 / +63	+102 / +63	+110 / +92	+117 / +92	+132 / +92	+140 / +122	+147 / +122	+162 / +122	+195 / +170	+210 / +170	+227 / +202	+273 / +248	+325 / +300	+390 / +365
140	160	+83 / +65	+90 / +65	+105 / +65	+118 / +100	+125 / +100	+140 / +100	+152 / +134	+159 / +134	+174 / +134	+215 / +190	+230 / +190	+253 / +228	+305 / +280	+365 / +340	+440 / +415
160	180	+86 / +68	+93 / +68	+108 / +68	+126 / +108	+133 / +108	+148 / +108	+164 / +146	+171 / +146	+186 / +146	+235 / +210	+250 / +210	+277 / +252	+335 / +310	+405 / +380	+490 / +465
180	200	+97 / +77	+106 / +77	+123 / +77	+142 / +122	+151 / +122	+168 / +122	+186 / +166	+195 / +166	+212 / +166	+265 / +236	+282 / +236	+313 / +284	+379 / +350	+454 / +425	+549 / +520
200	225	+100 / +80	+109 / +80	+126 / +80	+150 / +130	+159 / +130	+176 / +130	+200 / +180	+209 / +180	+226 / +180	+287 / +258	+304 / +258	+339 / +310	+414 / +385	+499 / +470	+604 / +575
225	250	+104 / +84	+113 / +84	+130 / +84	+160 / +140	+169 / +140	+186 / +140	+216 / +196	+225 / +196	+242 / +196	+313 / +284	+330 / +284	+369 / +340	+454 / +425	+549 / +520	+669 / +640
250	280	+117 / +94	+126 / +94	+146 / +94	+181 / +158	+190 / +158	+210 / +158	+241 / +218	+250 / +218	+270 / +218	+347 / +315	+367 / +315	+417 / +385	+507 / +475	+612 / +580	+742 / +710
280	315	+121 / +98	+130 / +98	+150 / +98	+198 / +170	+202 / +170	+222 / +170	+263 / +240	+272 / +240	+292 / +240	+382 / +350	+402 / +350	+457 / +425	+557 / +525	+682 / +650	+822 / +790
315	355	+133 / +108	+144 / +108	+165 / +108	+215 / +190	+226 / +190	+247 / +190	+293 / +268	+304 / +268	+325 / +268	+426 / +390	+447 / +390	+511 / +475	+626 / +590	+766 / +730	+936 / +900
355	400	+139 / +114	+150 / +114	+171 / +114	+233 / +208	+244 / +208	+265 / +208	+319 / +294	+330 / +294	+351 / +294	+471 / +435	+492 / +435	+566 / +530	+696 / +660	+856 / +820	+1036 / +1000
400	450	+153 / +126	+166 / +126	+189 / +126	+259 / +232	+272 / +232	+295 / +232	+357 / +330	+370 / +330	+393 / +330	+530 / +490	+553 / +490	+635 / +595	+780 / +740	+980 / +920	+1140 / +1100
450	500	+159 / +132	+172 / +132	+195 / +132	+279 / +252	+292 / +252	+315 / +252	+387 / +360	+400 / +360	+423 / +360	+580 / +540	+603 / +540	+700 / +660	+860 / +820	+1040 / +1000	+1290 / +1250

注：1. *为优先公差带，其余为常用公差带，本表未摘录一般用途公差带。

2. 公称尺寸小于1mm时，各级的a和b均不采用。

附录 23　优先用途孔的极限偏差（GB/T 1800.2—2020）　　　（单位：μm）

公称尺寸/mm 大于	至	C11	D9	F8	G7	H7	H8	H9	H11	K7	N7	P7	S7	U7
—	3	+120 +60	+45 +20	+20 +6	+12 +2	+10 0	+14 0	+25 0	+60 0	0 −10	−4 −14	−6 −16	−14 −24	−18 −28
3	6	+145 +70	+60 +30	+28 +10	+16 +4	+12 0	+18 0	+30 0	+75 0	+3 −9	−4 −16	−8 −20	−15 −27	−19 −31
6	10	+170 +80	+76 +40	+35 +13	+20 +5	+15 0	+22 0	+36 0	+90 0	+5 −10	−4 −19	−9 −24	−17 −32	−22 −37
10	18	+205 +95	+93 +50	+43 +16	+24 +6	+18 0	+27 0	+43 0	+110 0	+6 −12	−5 −23	−11 −29	−21 −39	−26 −44
18	24	+240 +110	+117 +65	+53 +20	+28 +7	+21 0	+33 0	+52 0	+130 0	+6 −15	−7 −28	−14 −35	−27 −48	−33 −54
24	30	+240 +110	+117 +65	+53 +20	+28 +7	+21 0	+33 0	+52 0	+130 0	+6 −15	−7 −28	−14 −35	−27 −48	−40 −61
30	40	+280 +120	+142 +80	+64 +25	+34 +9	+25 0	+39 0	+62 0	+160 0	+7 −18	−8 −33	−17 −42	−34 −59	−51 −76
40	50	+290 +130	+142 +80	+64 +25	+34 +9	+25 0	+39 0	+62 0	+160 0	+7 −18	−8 −33	−17 −42	−34 −59	−61 −86
50	65	+330 +140	+174 +100	+76 +30	+40 +10	+30 0	+46 0	+74 0	+190 0	+9 −21	−9 −39	−21 −51	−42 −72	−76 −106
65	80	+340 +150	+174 +100	+76 +30	+40 +10	+30 0	+46 0	+74 0	+190 0	+9 −21	−9 −39	−21 −51	−48 −78	−91 −121
80	100	+390 +170	+207 +120	+90 +36	+47 +12	+35 0	+54 0	+87 0	+220 0	+10 −25	−10 −45	−24 −59	−58 −93	−111 −146
100	120	+400 +180	+207 +120	+90 +36	+47 +12	+35 0	+54 0	+87 0	+220 0	+10 −25	−10 −45	−24 −59	−66 −101	−131 −166
120	140	+450 +200	+245 +145	+106 +43	+54 +14	+40 0	+63 0	+100 0	+250 0	+12 −28	−12 −52	−28 −68	−77 −117	−155 −195
140	160	+460 +210	+245 +145	+106 +43	+54 +14	+40 0	+63 0	+100 0	+250 0	+12 −28	−12 −52	−28 −68	−85 −125	−175 −215
160	180	+480 +230	+245 +145	+106 +43	+54 +14	+40 0	+63 0	+100 0	+250 0	+12 −28	−12 −52	−28 −68	−93 −133	−195 −235
180	200	+530 +240	+285 +170	+122 +50	+61 +15	+46 0	+72 0	+115 0	+290 0	+13 −33	−14 −60	−33 −79	−105 −151	−219 −265
200	225	+550 +260	+285 +170	+122 +50	+61 +15	+46 0	+72 0	+115 0	+290 0	+13 −33	−14 −60	−33 −79	−113 −159	−241 −287
225	250	+570 +280	+285 +170	+122 +50	+61 +15	+46 0	+72 0	+115 0	+290 0	+13 −33	−14 −60	−33 −79	−123 −169	−267 −313
250	280	+620 +300	+320 +190	+137 +56	+69 +17	+52 0	+81 0	+130 0	+320 0	+16 −36	−14 −66	−36 −88	−138 −190	−295 −347
280	315	+650 +330	+320 +190	+137 +56	+69 +17	+52 0	+81 0	+130 0	+320 0	+16 −36	−14 −66	−36 −88	−150 −202	−330 −382
315	355	+720 +360	+350 +210	+151 +62	+75 +18	+57 0	+89 0	+140 0	+360 0	+17 −40	−16 −73	−41 −98	−169 −226	−369 −426
355	400	+760 +400	+350 +210	+151 +62	+75 +18	+57 0	+89 0	+140 0	+360 0	+17 −40	−16 −73	−41 −98	−187 −244	−414 −471
400	450	+840 +440	+385 +230	+165 +68	+83 +20	+63 0	+97 0	+155 0	+400 0	+18 −45	−17 −80	−45 −108	−209 −272	−467 −530
450	500	+880 +480	+385 +230	+165 +68	+83 +20	+63 0	+97 0	+155 0	+400 0	+18 −45	−17 −80	−45 −108	−229 −292	−517 −580

附录 24 几何公差的公差值（摘自 GB/T 1184—1996）

公差项目	主参数 L/mm	公差等级											
		1	2	3	4	5	6	7	8	9	10	11	12
		公差值/μm											
直线度、平面度	≤10	0.2	0.4	0.8	1.2	2	3	5	8	12	20	30	60
	>10~16	0.25	0.5	1	1.5	2.5	4	6	10	15	25	40	80
	>16~25	0.3	0.6	1.2	2	3	5	8	12	20	30	50	100
	>25~40	0.4	0.8	1.5	2.5	4	6	10	15	25	40	60	120
	>40~63	0.5	1	2	3	5	8	12	20	30	50	80	150
	>63~100	0.6	1.2	2.5	4	6	10	15	25	40	60	100	200
	>100~160	0.8	1.5	3	5	8	12	20	30	50	80	120	250
	>160~250	1	2	4	6	10	15	25	40	60	100	150	300
圆度[①]、圆柱度	≤3	0.2	0.3	0.5	0.8	1.2	2	3	4	6	10	14	25
	>3~6	0.2	0.4	0.6	1	1.5	2.5	4	5	8	12	18	30
	>6~10	0.25	0.4	0.6	1	1.5	2.5	4	6	9	15	22	36
	>10~18	0.25	0.5	0.8	1.2	2	3	5	8	11	18	27	43
	>18~30	0.3	0.6	1	1.5	2.5	4	6	9	13	21	33	52
	>30~50	0.4	0.6	1	1.5	2.5	4	7	11	16	25	39	62
	>50~80	0.5	0.8	1.2	2	3	5	8	13	19	30	46	74
	>80~120	0.6	1	1.5	2.5	4	6	10	15	22	35	54	87
	>120~180	1	1.2	2	3.5	5	8	12	18	25	40	63	100
	>180~250	1.2	2	3	4.5	7	10	14	20	29	46	72	115
平行度、垂直度、倾斜度	≤10	0.4	0.8	1.5	3	5	8	12	20	30	50	80	120
	>10~16	0.5	1	2	4	6	10	15	25	40	60	100	150
	>16~25	0.6	1.2	2.5	5	8	12	20	30	50	80	120	200
	>25~40	0.8	1.5	3	6	10	15	25	40	60	100	150	250
	>40~63	1	2	4	8	12	20	30	50	80	120	200	300
	>63~100	1.2	2.5	5	10	15	25	40	60	100	150	250	400
	>100~160	1.5	3	6	12	20	30	50	80	120	200	300	500
	>160~250	2	4	8	15	25	40	60	100	150	250	400	600
同轴度、对称度、圆跳动、全跳动	≤1	0.4	0.6	1.0	1.5	2.5	4	6	10	15	25	40	60
	>1~3	0.4	0.6	1.0	1.5	2.5	4	6	10	20	40	60	120
	>3~6	0.5	0.8	1.2	2	3	5	8	12	25	50	80	150
	>6~10	0.6	1	1.5	2.5	4	6	10	15	30	60	100	200
	>10~18	0.8	1.2	2	3	5	8	12	20	40	80	120	250
	>18~30	1	1.5	2.5	4	6	10	15	25	50	100	150	300
	>30~50	1.2	2	3	5	8	12	20	30	60	120	200	400
	>50~120	1.5	2.5	4	6	10	15	25	40	80	150	250	500
	>120~250	2	3	5	8	12	20	30	50	100	200	300	600

① 圆度、圆柱度公差有 0、1、…、12 共 13 个等级，本表未列入较少采用的 0 级。

附录 25　金属热处理工艺分类及代号（摘自 GB/T 12603—2005）

工艺总称	代号	工艺类型	代号	工艺名称	代号
热处理	5	整体热处理	1	退火	1
				正火	2
				淬火	3
				淬火和回火	4
				调质	5
				稳定化处理	6
				固溶处理；水韧处理	7
				固溶处理+时效	8
		表面热处理	2	表面淬火和回火	1
				物理气相沉积	2
				化学气相沉积	3
				等离子体增强化学气相沉积	4
				离子注入	5
		化学热处理	3	渗碳	1
				碳氮共渗	2
				渗氮	3
				氮碳共渗	4
				渗其他非金属	5
				渗金属	6
				多元共渗	7

附录 26　加热方式及代号（摘自 GB/T 12603—2005）

加热方式	可控气氛（气体）	真空	盐浴（液体）	感应	火焰	激光	电子束	等离子体	固体装箱	流态床	电接触
代号	01	02	03	04	05	06	07	08	09	10	11

附录 27　退火工艺及代号（摘自 GB/T 12603—2005）

退火工艺	去应力退火	均匀化退火	再结晶退火	石墨化退火	脱氢处理	球化退火	等温退火	完全退火	不完全退火
代号	St	H	R	G	D	Sp	I	F	P

附录 28　淬火冷却介质和冷却方法及代号（摘自 GB/T 12603—2005）

冷却介质和方法	空气	油	水	盐水	有机聚合物水溶液	热浴	加压淬火	双介质淬火	分级淬火	等温淬火	形变淬火	气冷淬火	冷处理
代号	A	O	W	B	Po	H	Pr	I	M	At	Af	G	C

附录 29　碳素结构钢的种类、牌号及应用

种类	牌号	应用
铸造碳钢 GB/T 11352—2009	ZG 200-400	低碳铸钢,韧性及塑性均好,但强度和硬度较低,低温冲击韧性大,脆性转变温度低,磁导、电导性能良好,焊接性好,但铸造性差。主要用于受力不大,但要求韧性的零件。ZG 200-400 用于机座、电磁吸盘、变速器箱体等;ZG 230-450 用于轴承盖、底板、阀体、机座、侧架、轧钢机架、铁道车辆摇枕、箱体、犁柱、砧座等
	ZG 230-450	
	ZG 270-500	中碳铸钢,有一定的韧性及塑性,强度和硬度较高,可加工性良好,焊接性尚可,铸造性能比低碳铸钢好。ZG 270-500 应用广泛,如飞轮、车辆车钩、水压机工作缸、机架、蒸汽锤气缸、轴承座、连杆、箱体、曲拐等;ZG 310-570 用于重负荷零件,如联轴器、大齿轮、缸体、气缸、机架、制动轮、轴及辊子等
	ZG 310-570	
	ZG 340-640	高碳铸钢,具有高强度,高硬度及高耐磨性,塑性、韧性低,铸造性、焊接性均差,裂纹敏感性较大。用于起重运输机齿轮、联轴器、齿轮、车轮、棘轮、叉头等
碳素结构钢 GB/T 700—2006	Q195	有较高的伸长率,具有良好的焊接性能和韧性。常用于制造地脚螺栓、铆钉、犁板、烟筒、炉撑、钢丝网屋面板、低碳钢丝、薄板、焊管、拉杆、短轴、心轴、凸轮(轻载)、吊钩、垫圈、支架及焊接件等
	Q215	
	Q235	有一定的伸长率和强度,韧性及铸造性均良好,且易于冲压及焊接。广泛用于制造一般机械零件,如连杆、拉杆、销轴、螺丝、钩子、套圈盖、螺母、螺栓、气缸、齿轮、支架、机架横梁、机架、焊接件、建筑结构桥梁等用的角钢、工字钢、槽钢、垫板、钢筋等
	Q275	有较高的强度,一定的焊接性,可加工性及塑性均较好。可用于制造较高强度要求的零件,如齿轮心轴、转轴、销轴、链轮、键、螺母、螺栓、垫圈、制动杆、鱼尾板、农机用型钢、异型钢、机架、耙齿等
优质碳素结构钢 GB/T 699—2015	10	采用镦锻、弯曲、冷冲、垫压、拉延及焊接等多种加工方法,制造各种韧性高、负荷小的零件,如卡环、钢管垫片、垫圈、摩擦片、汽车车身、防尘罩、容器、缓冲器皿、搪瓷制品、冷镦螺栓、螺母等
	15	用于受载不大、韧性要求较高的零件,渗碳件、冲模锻件、紧固件,不需热处理的低负载零件,焊接性能较好的中小结构件,如螺栓、螺钉、法兰盘、化工容器、蒸汽锅炉、小轴、挡铁、齿轮、滚子等
	20	制造负载不大,但韧性要求高的零件,如拉杆、杠杆、钩环、套筒、夹具及衬垫、手制动、蹄片、杠杆轴、变速叉、被动齿轮、气门挺杆、凸轮轴、悬挂平衡器、内外衬套等
	25	用于制造焊接构件以及经锻造、热冲压和切削加工,且负荷较小的零件,如辊子、轴、垫圈、螺栓、螺母、螺钉以及汽车、拖拉机中的横梁车架、大梁、脚踏板等
	35	用于制造负载较大,但截面尺寸较小的各种机械零件、热压件,如轴销、轴、曲轴、横梁、连杆、杠杆、星轮、轮圈、垫圈、圆盘、钩环、螺栓、螺钉、螺母等
	40	用于制造机器中的运动件,心部强度要求不高,表面耐磨性好的淬火零件及截面尺寸较小、负载较大的调质零件,应力不大的大型正火件,如传动轴心轴、曲轴、曲柄销、辊子、拉杆、连杆、活塞杆、齿轮、圆盘、链轮等
	45	适用于制造较高强度的运动零件,如空压机、泵的活塞,蒸汽透平机的叶轮,重型及通用机械中的轧制轴、连杆、蜗杆、齿条、齿轮、销子等
	50	主要用于制造动负荷、冲击载荷不大以及要求耐磨性好的机械零件,如锻造齿轮、轴、摩擦盘、机床主轴、发动机、曲轴、轧辊、拉杆、弹簧垫圈、不重要的弹簧等
	55	主要用于制造耐磨、强度较高的机械零件以及弹性零件,如连杆、齿轮、机车轮箍、轮缘、轮圈、轧辊、扁弹簧等
	30Mn	一般用于制造低负荷的各种零件,如杠杆、拉杆、小轴、制动踏板、螺栓、螺钉和螺母以及农机中的钩环链的链环、刀片、横向制动机齿轮等
	50Mn	一般用于制造高耐磨性、高应力的零件,如直径小于 80mm 的心轴、齿轮轴、齿轮摩擦盘、板弹簧等,高频淬火后还可制造火车轴、蜗杆、连杆及汽车曲轴等
	65Mn	用于制造中等负载的板弹簧、螺旋弹簧、弹簧垫圈、弹簧卡环、弹簧发条、轻型汽车的离合器弹簧、制动弹簧、气门弹簧以及受摩擦、高弹性、高强度的机械零件,如收割机的铲、犁、切碎机切刀、翻土板、整地机械圆盘、机床主轴、机床丝杠、弹簧夹头、钢轨等

附录 30　合金结构钢的种类、牌号及应用

种类	牌号	应用
低合金高强度结构钢 GB/T 1591—2018	Q345	综合力学性能良好,低温冲击韧性、冷冲压和可加工性、焊接性都好。广泛用于桥梁、船舶、管道、锅炉、大型容器、油罐、重型机械设备、矿山机器、电站、厂房结构等
	Q390	用于制造高、中压石油化工容器、锅炉汽包、桥梁、船舶、起重机,较重负荷的焊接件,锅炉钢管以及载荷较大的连接构件
	Q420	强度高,塑性及韧性好,焊接性能和冷热加工性良好。适用于制造大型船舶、机车、车辆、中高压锅炉、容器、桥梁以及其他大型的焊接结构件
	Q460	强度特高($R_m = 550 \sim 720$MPa),并保持良好的塑性($A = 17\%$)。适用于大型高压锅炉和容器,铁路桥的大梁、巨型船舶以及重负荷的焊接结构件等
	Q500　Q550 Q620　Q690	这是新增加的强度最高的4个牌号,主要是在合金中加入了元素硼,从而显著提高了强度。故适用于要求强度高、自重小的特别重要的工程结构件
合金结构钢 GB/T 3077—2015	20Mn2	用于制造渗碳的小齿轮、小轴、力学性能要求不高的十字头销、活塞销、柴油机套筒、气门顶杆、变速齿轮操纵杆、钢套等
	20Cr	用于制造小截面、形状简单、较高转速、载荷较小、表面耐磨、心部强度较高的各种渗碳或碳氮共渗零件,如小齿轮、小轴、阀、活塞销、托盘、凸轮、蜗杆等
	20CrNi	用于制造重载大型重要的渗碳零件,如花键轴、轴、键、齿轮、活塞销,也可用于制造高冲击韧性的调质零件
	20CrMnTi	用于制造汽车拖拉机中截面尺寸小于30mm的中载或重载、冲击、耐磨且高速的各种重要零件,如齿轮轴、齿圈、齿轮、十字轴、滑动轴承支承的主轴、蜗杆等
	38CrMoAl	用于制造高疲劳强度、高耐磨性、较高强度的小尺寸渗氮零件,如气缸套、座套、底盖、活塞螺栓、检验规、精密磨床主轴、车床主轴、镗杆、精密丝杠和齿轮、蜗杆等
	40Cr	制造中速、中载的调质零件,如机床齿轮、轴、蜗杆、花键轴、顶尖套,制造表面高硬度、耐磨的调质表面淬火零件,如主轴、曲轴、心轴、套筒、销子、连杆以及淬火回火后重载零件等
	40CrNi	用于制造锻造和冷冲压且截面尺寸较大的重要调质件,如连杆、圆盘、曲轴、齿轮、轴、螺钉等
	40MnB	用于制造拖拉机、汽车及其他通用机器设备中的中小重要调质零件,如汽车半轴、转向轴、花键轴、蜗杆和机床主轴、齿轮轴等
	50Cr	用于制造重载、耐磨的零件,如热轧辊传动轴、齿轮、止推环、支承辊的心轴、柴油机连杆、挺杆、拖拉机离合器、螺栓以及中等弹性的弹簧等
弹簧钢 GB/T 1222—2016	60Si2Mn	制造截面尺寸较大的弹簧,如车厢板簧、机车板簧、缓冲卷簧等
	50CrVA	主要用于制造截面大的、受载大的和工作温度较高的螺旋弹簧、阀门弹簧、小型汽车、载货汽车板簧、扭杆簧、低于350℃的耐热弹簧等
不锈钢棒 GB/T 1220—2007	20Cr13	制造能抗弱腐蚀性介质、能承受冲击载荷的零件,如汽轮机叶片、水压机阀、结构架、螺栓、螺母等
	06Cr18Ni11Ti	用于耐酸容器及设备衬里,输送管道等设备和零件,抗磁仪表、医疗器械等
高碳铬轴承钢 GB/T 18254—2016	GCr15	制造中小型滚动轴承元件(壁厚小于20mm的套圈,直径小于50mm的钢球)及其他各种耐磨零件,如柴油机泵、喷油器偶件等
	GCr15SiMn	制造大型、重载滚动轴承元件(壁厚大于30mm的套圈,直径50~100mm的钢球)

附录31　铸铁的种类、牌号及应用

种类	牌号	应用
灰铸铁 GB/T 9439—2023	HT100	机床中受轻负荷、磨损无关紧要的铸件,如托盘、盖、罩、手轮、把手、重锤等形状简单且性能要求不高的零件
	HT150	承受中等弯曲应力,摩擦面间压强高于500kPa的铸件,如多数机床的底座,有相对运动和磨损的零件,如溜板、工作台等,汽车中的变速器箱体、排气管、进气管等
	HT200	承受较大弯曲应力,要求保持气密性的铸件,如机床立柱、刀架、齿轮箱体、多数机床床身滑板、箱体、液压缸、泵体、阀体、制动毂、飞轮、气缸盖、带轮、轴承盖、叶轮等
	HT250	炼钢用轨道板、气缸套、齿轮、机床立柱、齿轮箱体、机床床身、磨床转台、液压缸、泵体、阀体
	HT300	承受高弯曲应力、拉应力、要求保持高度气密性的铸件,如重型机床床身、多轴机床主轴箱、卡盘齿轮、高压液压缸、泵体、阀体
	HT350	轧钢滑板、辊子、炼焦柱塞、圆筒混合机齿圈、支承轮座、挡轮座
球墨铸铁 GB/T 1348—2019	QT400-18	韧性高,低温性能较好,具有一定的耐蚀性。用于制造汽车拖拉机中的驱动桥壳体、离合器壳体、差速器壳体、减速器壳体,1.62~6.48MPa(16~64个大气压)阀门的阀体、阀盖等
	QT400-15	
	QT450-10	具有中等的强度和韧性,用于制造内燃机中液压泵齿轮、汽轮机的中温气缸隔板、水轮机阀门体、机车车辆轴瓦等
	QT500-7	
	QT600-3	具有较高的强度、耐磨性及一定的韧性。用于制造部分机床的主轴,内燃机、空压机、冷冻机、制氧机和泵的曲轴、缸体、缸套等
	QT700-2	
	QT800-2	
	QT900-2	具有高强度、耐磨性、较高的弯曲疲劳强度。用于制造内燃机中的凸轮轴、拖拉机的减速齿轮、汽车中的螺旋锥齿轮等

附录32　铸造铜合金、铸造铝合金、铸造轴承合金的种类、牌号及应用

合金种类		牌号(代号)	应用
铸造铜及铜合金 GB/T 1176—2013	锡青铜	ZCuSn5Pb5Zn5	在较高负荷、中等滑动速度下工作的耐磨、耐蚀零件,如轴瓦、衬套、缸套、活塞、离合器、泵件压盖以及蜗轮等
		ZCuSn10Pb1	用于高负荷(20MPa以下)和高滑动速度(8m/s)下工作的耐磨零件,如连杆、衬套、轴瓦、齿轮、蜗轮等
	铅青铜	ZCuPb10Sn10	表面压力高又存在侧压力的滑动轴承,如轧辊、车辆用轴承、内燃机双金属轴瓦以及活塞销套、摩擦片等
		ZCuPb20Sn5	高滑动速度的轴承及破碎机、水泵、冷轧机轴承
	铝青铜	ZCuAl9Mn2	耐蚀、耐磨零件,形状简单的大型铸件,如衬套、齿轮、蜗轮
		ZCuAl10Fe3	要求强度高、耐磨、耐蚀的重型铸件,如轴套、螺母、蜗轮以及在250℃以下工作的管配件
	黄铜	ZCuZn38	一般结构件和耐蚀零件,如法兰、阀座、支架、手柄和螺母等
		ZCuZn25Al6-Fe3Mn3	适用于高强度、耐磨零件,如桥梁支承板、螺母、螺杆、耐磨板、滑块和蜗轮
铸造铝合金 GB/T 1173—2013	铝硅合金	ZAlSi7Mg (ZL101)	适于铸造承受中等负荷、形状复杂的零件,也可用于要求高气密性、耐蚀性和焊接性能良好、工作温度不超过200℃的零件,如水泵、仪表、传动装置壳体、气缸体、化油器等
		ZAlSi5Cu1Mg (ZL105)	用于铸造形状复杂、高静载荷的零件以及要求焊接性能良好、气密性高或工作温度在225℃以下的零件,如发动机的气缸体、气缸头、气缸盖和曲轴箱等

（续）

合金种类		牌号（代号）	应用
铸造铝合金 GB/T 1173—2013	铝铜合金	ZAlCu5Mn （ZL201）	用于铸造工作温度为175～300℃或室温下受高负荷、形状简单的零件，如支臂、挂架梁
		ZAlCu4 （ZL203）	用于铸造形状简单、承受中载、冲击负荷、工作温度不超过200℃、可加工性良好的小型零件，如曲轴箱、支架、飞轮盖等
	铝镁合金	ZAlMg10 （ZL301）	铸造工作温度不大于200℃的海轮配件、机器壳和航空配件等
	铝锌合金	ZAlZn11Si7 （ZL401）	铸造工作温度不大于200℃的汽车零件、医疗器械和仪器零件等
铸造轴承合金 GB/T 1174—2022	锡基	ZSnSb12Pb10Cu4	工作温度不高的一般机器的主轴承衬
		ZSnSb8Cu4	大型机器轴承及轴衬，高速重载汽车发动机薄壁双金属轴承
	铅基	ZPbSb15Sn10	中等负荷机器的轴承，还可作高温轴承之用
		ZPbSb10Sn6	耐磨、耐蚀、重负荷的轴承
	铜基	ZCuSn5Pb5Zn5	作为轴承材料，铜基和铅基轴承合金的性能不如锡基和铅基轴承合金，但相对价廉。故适用于制造各种使用场合下的整体滑动轴承
		ZCuPb10Sn10	
	铝基	ZAlSn6Cu1Ni1	

附录33　各种非金属材料的种类、名称、牌号（或代号）及其应用

种类	名称、牌号或代号	性能及应用
塑料 术语 GB/T 2035—2024	聚酰胺俗称尼龙 （PA）	具有良好的力学强度和耐磨性，广泛用作机械、化工及电气零件，如轴承、齿轮、凸轮、滚子、辊轴、泵叶轮、风扇叶轮、蜗轮、螺钉、螺母、垫圈、高压密封圈、阀座、输油管、储油容器等
	聚四氟乙烯 （PTFE）	在强酸、强碱、强氧化剂中不腐蚀，也不溶于任何溶剂，美称"塑料王"。又有良好的高低温性能、电绝缘性、不吸水和低摩擦系数等。用于机械中的耐蚀零件、密封垫圈、活塞环、轴承、化工设备管道、泵、阀门以及人造血管、心脏等
	聚甲醛 （POM）	具有良好的耐磨损性能和良好的干摩擦性能，用于制造轴承、齿轮、滚轮、辊子、阀门上的阀杆螺母、垫圈、法兰、垫片、泵叶轮、鼓风轮叶片、弹簧、管道等
	聚碳酸酯 （PC）	具有高的冲击韧性和优异的尺寸稳定性，用于制造齿轮、蜗轮、蜗杆、齿条、凸轮、心轴、轴承、滑轮、铰链、传动链、螺栓、螺母、垫圈、铆钉、泵叶轮、汽车化油器部件、节流阀、各种外壳等
	丙烯腈-丁二烯-苯乙烯（ABS）	作一般结构或耐磨受力传动零件和耐蚀设备，用ABS制成的泡沫夹层板可做小轿车车身
	硬聚氯乙烯 （PVC）	制品有管、棒、板、焊条及管件，除作日常生活用品外，主要用作耐蚀的结构材料或设备衬里材料及电气绝缘材料
	聚甲基丙烯酸甲酯俗称有机玻璃 （PMMA）	具有高的透明度和一定强度，耐紫外线及大气老化，易于成型加工。可用于要求有一定强度的透明结构材料，如各种油标的罩面板等
工业用橡胶板 GB/T 5574—2008	A 类 （不耐油）	有一定的硬度和较好的耐磨性、弹性等力学性能，能在一定压力下、温度为-30～+60℃的空气中工作，用于制造密封垫圈、垫板和密封条等
	B 类（中等耐油） C 类（耐油）	有较高硬度和耐溶剂膨胀性能，可在温度为-30～+80℃的机油、变压器油、润滑油、汽油等介质中工作，适用于冲制各种形状的垫圈

（续）

种 类	名称、牌号或代号	性能及应用
软钢纸板 QB/T 2200—1996	A 类	供飞机发动机制造密封连接处的垫片及其他部件用
	B 类	供汽车、拖拉机的发动机及其他内燃机制造密封垫片及其他部件用
工业用毛毡 FZ/T 25001—2012	T112（特品毡） 112（一般毡）等	常用作密封、防漏油、防振、缓冲衬垫，还可用作隔热保温、过滤和抛磨光材料等，按需要选用细毛、半粗毛、粗毛
油封毡圈 FZ/T 92010—1991	标记：毡圈 25 FZ/T 92010 （轴径 $d_0 = 25mm$ 用）	用于轴伸出端处、轴与轴承盖之间的密封（密封处速度 $v<5m/s$ 的脂润滑及转速不高的稀油润滑）
石棉橡胶板 GB/T 3985—2008	XB510、XB450 XB400、XB350 XB300、XB200 XB150	分别用于温度为 510℃、450℃、400℃、350℃、300℃、200℃、150℃ 以下（压力为 7MPa、6MPa、5MPa、4MPa、3MPa、1.5MPa、0.8MPa 以下），以水和水蒸气等非油、非酸介质为主的设备中的密封材料，如管道法兰连接处的密封衬垫
耐油石棉橡胶板 GB/T 539—2008	NY510、NY400 NY300、NY250 NY150	一般工业用，分别用于温度为 510℃、400℃、300℃、250℃、150℃ 以下（压力为 5MPa、4MPa、3MPa、2.5MPa、1.5MPa 以下）以油为介质的一般工业设备中的密封
	HNY300	航空工业用，用于温度为 300℃ 以下的航空燃油、石油基润滑油及冷气系统的密封垫片

参 考 文 献

[1]   范思冲. 机械基础 ［M］. 南京：东南大学出版社，1989.
[2]   范思冲. 机械基础习题集 ［M］. 南京：东南大学出版社，1989.
[3]   范思冲. 机械制图与计算机绘图 ［M］. 北京：机械工业出版社，2014.
[4]   范思冲. 机械制图与计算机绘图习题集 ［M］. 北京：机械工业出版社，2014.
[5]   范思冲. 画法几何及机械制图 ［M］. 2 版. 北京：机械工业出版社，2018.
[6]   范思冲. 画法几何及机械制图习题集 ［M］. 2 版. 北京：机械工业出版社，2018.
[7]   范思冲. 机械基础 ［M］. 4 版. 北京：机械工业出版社，2016.
[8]   范思冲. 机械基础习题集 ［M］. 4 版. 北京：机械工业出版社，2015.